Pythonを

光電

博士(工学) 梶川浩太郎

工学博士 岡本 隆之

コロナ社

まえがき

　微小な構造をもつ物質の光学応答を議論する際には，しばしば電磁場解析が必要となる．その原理は光学の教科書に記されているが，実際にそれを計算したり，可視化する際には，多くの場合に計算機を用いる必要がある．この計算には，これまで Fortran や BASIC，C 言語が用いられてきたが，プログラミングに慣れるまでは相当の時間を要していた．Mathematica を用いた電磁場解析は，見通しのよいプログラミングが可能であり，少ない労力で多くの知見を与えてくれるが，高価なソフトウエアであり，誰もが利用できるわけではない．

　本書で用いるコンピュータ言語である Python は，プログラムコードの記述性がよく，誰でも見通しのよいプログラムを書くことができる（ことになっている）．また，科学技術計算用のさまざまな関数や解析結果の可視化のためのツールなど，多くのライブラリーが充実しており，利用することができる．また，機械学習や統計の分野でも広く用いられているため，インターネット上には情報が豊富に存在する．そして，多くの場合には十分な計算速度を提供してくれる．著者らのようなプログラミングの専門家ではないが，光学実験の解釈や光学構造の設計において，計算機の利用が必要な研究者には適した言語である．そしてなによりも，オープンソースであり，さまざまなプラットフォームで—Linux でも Windows でも，そして Mac OS でも—無料で自由に用いることができる．

　本書では，Python を使ったプログラム例を挙げながら，微小な構造や系の光学応答を計算したり，可視化する手法について述べた．言語の仕様を知ることから実際にプログラミングすることの間に生じる「隙間」を埋めることを目的とした．掲載したプログラム例は最適なものではないかもしれないが，背景にある電磁界解析をわかりやすく解説して，それをプログラムに翻訳し，実際

の研究現場で役に立つ内容にしたつもりである。

　解析的な計算に関する部分である 1～4 章と 7 章は梶川が，数値計算に関する部分である 5 章と 6 章を岡本が担当した。解析的な計算も数値計算もそれぞれ長所と短所があり，場合によって使い分けることが重要である。今後，本書を基にこの分野で新しい知見が得られることを期待したい。

　なお，Python にはバージョン 2 とバージョン 3 があるが，本書に掲載したプログラムはすべてバージョン 3 に準拠している。また，プログラムコードは，コロナ社 Web ページの本書の紹介ページである，以下の URL からダウンロードできる（プログラムの使用については各自の責任で行うこと）。

　　　http://www.coronasha.co.jp/np/isbn/9784339009262/

2019 年 6 月

梶川浩太郎，岡本隆之

目　　　次

1.　反射率や透過率の計算

1.1　電磁波としての光 …………………………………………………… *1*
1.2　反　射　と　屈　折 …………………………………………………… *3*
1.3　薄膜の反射と透過 …………………………………………………… *12*
1.4　等方性媒質の伝搬行列法 …………………………………………… *16*
1.5　異方性媒質の伝搬行列法 …………………………………………… *21*
　　1.5.1　固有伝搬モードと境界条件 …………………………………… *21*
　　1.5.2　異方性媒質の伝搬行列法 ……………………………………… *24*
　　1.5.3　応用例（ハイパボリックメタマテリアル） ………………… *27*
引用・参考文献 …………………………………………………………… *36*

2.　球の電磁場解析

2.1　理　　　　　論 ……………………………………………………… *38*
　　2.1.1　長　波　長　近　似 …………………………………………… *38*
　　2.1.2　遅延を取り入れた球の計算 …………………………………… *39*
　　2.1.3　コアシェル構造（遅延を考えない場合） …………………… *41*
　　2.1.4　コアシェル構造（遅延を考える場合） ……………………… *42*
2.2　プログラミング ……………………………………………………… *44*
　　2.2.1　長　波　長　近　似 …………………………………………… *44*
　　2.2.2　遅延を考えた球の計算 ………………………………………… *48*
　　2.2.3　コアシェル構造 ………………………………………………… *50*

引用・参考文献 ··· 55

3. 円柱の電磁場解析

3.1 長波長近似 ··· 56
3.2 遅延を取り入れた計算 ··· 57
    3.2.1 円柱構造 ·· 57
    3.2.2 コアシェル構造 ·· 59
3.3 プログラミング ·· 61
    3.3.1 円柱構造 ·· 61
    3.3.2 コアシェル構造 ·· 63
引用・参考文献 ··· 68

4. その他の形状の解析的な計算

4.1 回転楕円体 ·· 69
4.2 基板上の球 ·· 73
4.3 2 連球 ··· 79
4.4 基板上の切断球 ··· 81
引用・参考文献 ··· 86

5. RCWA（厳密結合波解析）法

5.1 基本理論 ··· 88
    5.1.1 TE偏光の場合 ··· 89
    5.1.2 TM偏光の場合 ·· 93
    5.1.3 正しいフーリエ級数表記 ·· 97
5.2 S 行列法 ··· 100

- 5.2.1　T 行列，S 行列，R 行列 ································ 100
- 5.2.2　S 行 列 法································· 101
- 5.2.3　T 行列を経由しない方法 ································ 107
- 5.2.4　入射場，反射場，透過場との関係 ·················· 109
- 5.2.5　格子領域における場 ································· 111
- 5.2.6　S 行列の入射側からの再帰的計算法 ················ 113
- 5.3　2 次 元 格 子 ···································· 114
  - 5.3.1　直交座標系における 2 次元格子 ···················· 115
  - 5.3.2　収束性の向上 ······································· 122
  - 5.3.3　斜交座標系における 2 次元格子 ···················· 126
- 5.4　RCWA 法の限界 ·· 132
- 5.5　プログラムコードの例 ··································· 132
- 引用・参考文献 ·· 134

6. FDTD 法

- 6.1　離散化と時間発展 ·· 136
  - 6.1.1　計 算 機 上 で は ······································ 140
  - 6.1.2　セルサイズと時間ステップ ························· 142
  - 6.1.3　物体の Yee 格子への配置 ···························· 143
  - 6.1.4　完全電気導体と完全磁気導体 ······················· 145
  - 6.1.5　系の対称性を用いた計算量の低減 ·················· 146
- 6.2　分 散 性 媒 質 ·· 149
  - 6.2.1　ドルーデ分散 ······································· 149
  - 6.2.2　ローレンツ分散 ····································· 154
- 6.3　PML 吸収境界 ·· 157
  - 6.3.1　Split-Field PML ······································ 157
  - 6.3.2　Un-Split PML ·· 164

6.3.3　CPML ……………………………………………… *166*
6.3.4　PMLにおけるパラメータ ………………………… *172*
6.4　波　　　源 …………………………………………………… *174*
6.4.1　双極子波源 ………………………………………… *174*
6.4.2　TF/SF　　法 ………………………………………… *175*
6.4.3　TF/SF境界を分散性媒質が横切る場合 …………… *182*
6.4.4　数値分散の影響 ……………………………………… *183*
6.4.5　斜入射平面波 ………………………………………… *185*
6.4.6　励振波形 ……………………………………………… *191*
6.4.7　周波数解析 …………………………………………… *193*
6.4.8　周期境界の下での斜入射 …………………………… *195*
6.5　近接場から遠方場への変換 ………………………………… *196*
6.6　後　計　算 …………………………………………………… *205*
6.6.1　散乱，吸収，消衰断面積 …………………………… *205*
6.6.2　吸収分布 ……………………………………………… *209*
6.6.3　電荷密度分布 ………………………………………… *209*
6.6.4　緩和調和振動の振幅と位相 ………………………… *210*
6.7　局在表面プラズモン共鳴の計算例 ………………………… *214*
6.8　サンプルプログラム ………………………………………… *223*
引用・参考文献 ……………………………………………………… *224*

7.　DDA（離散双極子近似）

7.1　DDAの原理 …………………………………………………… *228*
7.2　DDSCATの使い方の実際 …………………………………… *230*
7.3　DDSCATのためのプログラム ……………………………… *232*
引用・参考文献 ……………………………………………………… *236*

付　　　　録 ……………………………………………… *237*
A.1　表面プラズモン共鳴のプログラム ……………………………… *237*
A.2　多層 EMA の計算プログラム …………………………………… *238*
A.3　2 連球の光学応答の計算プログラム …………………………… *244*
A.4　切断球の光学応答の計算プログラム …………………………… *246*
A.5　RCWA 法の計算プログラム ……………………………………… *252*
A.6　FDTD 法の計算プログラム ……………………………………… *256*
A.7　形状を可視化するプログラム（DDSCAT 用）………………… *288*

索　　　　引 ……………………………………………… *290*

反射率や透過率の計算

　光を媒質に入射した際の反射率や透過率の計算は，光学のみならず物理や化学，生物学，材料科学や電子工学などの幅広い分野で利用される。例えば，薄膜の厚さの測定や顕微鏡像の解析などで利用される。本章では，光の透過と反射について，Pythonを用いたプログラミングと計算の実際について述べる。

1.1　電磁波としての光

　準備として電磁波としての光について簡単に紹介する[†1]。光は粒子としての性質と波としての性質の両方を併せもつ。反射や透過，散乱などを考える際には波として考える。この場合，光はラジオ波などと同じような電磁波の一種である。真空中の波長 λ_0 と振動数 ν には以下のような関係がある。

$$\lambda_0 = \frac{c}{\nu} \tag{1.1}$$

ここで，c は真空中の光速である。波の位相速度を決める屈折率 n は最も基本的な光学定数である。光が屈折率 n の媒質中を進む場合には，波長 λ は λ_0 に対して屈折率 n の分だけ変わり

$$\lambda = \frac{\lambda_0}{n} = \frac{c}{n\nu} \tag{1.2}$$

となる。また，屈折率 n は媒質の誘電率 ε と $n = \sqrt{\varepsilon}$ の関係がある[†2]。

[†1]　この分野の教科書を章末の引用・参考文献1)～10)に挙げる。
[†2]　本書では単に「誘電率」と記す場合には，比誘電率を指すことにする。透磁率に関しても同様である。

1. 反射率や透過率の計算

振動数 ν の代わりに，2π を乗じた角振動数 ω がよく用いられる。角振動数 ω は，長さ 2π 当りの波の数を表す波数 k ($=2\pi/\lambda$) に対応する。波数ベクトル $\boldsymbol{k}$ は，大きさが波数 k で向きが波面の進む方向のベクトルである。光の運動量ベクトル $\boldsymbol{p}$ に関連した量であり，プランク定数を 2π で割った量 $\hbar$ を使うと $\boldsymbol{p}=\hbar\boldsymbol{k}$ の関係がある。一方，角振動数 ω は，光のエネルギー U に関連した量であり，$U=\hbar\omega$ の関係がある。ω と k の関係を**分散関係**という。境界をもたない屈折率 n の媒質中（自由空間）を伝搬する光には，$k=nk_0=n(\omega/c)$ の関係があるが，導波路やフォトニック結晶，表面などの境界のある構造中を伝搬する場合には分散関係は複雑になる。ここで，k_0 は真空中の波数であり，$k_0=\omega/c$ である。

さて，波数ベクトル $\boldsymbol{k}$ の光が屈折率 n の均一な媒質中を伝搬する場合を考える。位置 $\boldsymbol{r}$ における自由空間中を伝搬する電磁波の電場 $\boldsymbol{E}$ は以下のように表される。

$$\boldsymbol{E}=\boldsymbol{E}_0\exp[i(\boldsymbol{k}\cdot\boldsymbol{r}-\omega t)] \tag{1.3}$$

電場 $\boldsymbol{E}$ の状態や方向を**偏光**と呼ぶ。自由空間中では電場 $\boldsymbol{E}$ に対して垂直方向に磁場 $\boldsymbol{H}$ が存在する。磁場もベクトルであり，電場 $\boldsymbol{E}$ との間には以下の関係がある。

$$\boldsymbol{H}=\frac{\boldsymbol{k}\times\boldsymbol{E}}{\mu_0\mu\omega} \tag{1.4}$$

$$\boldsymbol{E}=-\frac{\boldsymbol{k}\times\boldsymbol{H}}{\varepsilon_0\varepsilon\omega} \tag{1.5}$$

ここで × は外積を表す。ε_0 と μ_0 はそれぞれ真空の誘電率と透磁率である。ε_0，μ_0，および真空中の光速 c の間の関係式 $c=1/\sqrt{\varepsilon_0\mu_0}$ を使えば，この二つの式は同じように電場と磁場の関係を与え，それは，真空のインピーダンス Z_0 を用いて

$$H=\frac{nE}{Z_0} \tag{1.6}$$

と表せる。ただし

$$Z_0=\sqrt{\frac{\mu_0}{\varepsilon_0}} \tag{1.7}$$

である。

　光は一般に光検出器などにより強度として観測される。単位時間に観測される光エネルギーの流れ（ポインティングベクトル）S は以下のように表される。

$$S = E \times H \tag{1.8}$$

ポインティングベクトルの方向はエネルギーの流れの方向であり，等方媒質中では波数ベクトル k の方向に等しい。ポインティングベクトルの時間平均が**強度**（irradience）として定義され，それを I とすれば以下のように表される[†1]。

$$I = \int_0^{2\pi} S\, dt = \int_0^{2\pi} E \times H\, dt = \frac{1}{2}|E_0||H_0| = \frac{n}{2Z_0}|E_0|^2 \tag{1.9}$$

比例定数を無視して $I = |E|^2$ とすることが多く，本書でも特に断わらないかぎり，電場の2乗を強度と考える。ただし，E は複素数であるため，一般には $I = EE^*$ である。ここで E^* は E の複素共役である。

1.2　反射と屈折

　最も基本的な例として，図 **1.1** に示すように，二つの媒質の界面に光を入射する場合を考える。入射側を媒質1，透過側を媒質2とする。このとき，光の偏光方向は二つある。一つは入射面内[†2]で振動する **p-偏光** であり，もう一つは入射面に垂直な方向に振動する **s-偏光** である。前者は **TM** (transverse magnetic) **偏光**，後者は **TE** (transverse electric) **偏光** とも呼ばれる。反射光の p-偏光の正の方向の定義は二つ考えられるが，本書では図 (a) に示すように定義する。

　光が屈折率の異なる界面を通るとき，屈折が生じて入射角 θ_1 と屈折角 θ_2 は等しくならない。これらの間には

$$n_1 \sin\theta_1 = n_2 \sin\theta_2 \tag{1.10}$$

の関係がある。これを**スネルの法則**という。これは，界面をまたいで波数ベク

[†1] 光の強度 I は単位時間に単位面積に降り注ぐ光子数に比例する。一方，光のパワーはその総量であり，光の強度 I を面積で積分したものである。

[†2] 入射光の波数ベクトルと表面の法線ベクトルを含む面を入射面という。

1. 反射率や透過率の計算

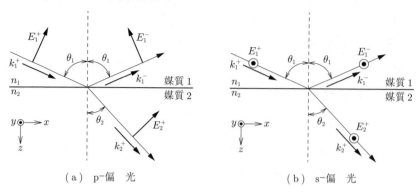

（a）p-偏光　　　　　　　　　　（b）s-偏光

図 **1.1**　反射や透過計算で用いる光学配置

トルの接線方向成分が保存されるということであり，最小作用の法則より導き出される．よって，スネルの法則は，$k_{1x} = k_{2x}$ と書くこともできる．ここで，k_{ix}（$i = 1$ または 2）は，媒質 i を進む光の波数ベクトルの接線方向（x 方向）成分である．

電場はベクトルで表されるが，透過や反射の問題を考える際には，p-偏光とs-偏光で区別し，それぞれの偏光の大きさ E として扱うほうが便利である．入射光の電場の大きさを E_1^+，反射光の電場の大きさを E_1^-，透過光の電場の大きさを E_2^+ とする．下付きの添字は媒質の番号，上付きの + と - はそれぞれ下向きと上向きに伝搬する光を表している．入射光に対する反射光の電場の大きさの比を**反射係数**と呼び，媒質 1 から媒質 2 に入射する際の反射係数を添字を加えて r_{12} と書くことにする．同様に，入射光に対する透過光の電場の比を**透過係数**と呼び，媒質 1 から媒質 2 に入射する際の透過係数を t_{12} と書く．反射係数および透過係数は複素数である．

以下，反射係数 r_{12}，透過係数 t_{12} を示す．反射係数や透過係数は偏光により異なるため，s-偏光に対しては，それぞれ r_{12}^s，t_{12}^s，p-偏光に対しては，それぞれ r_{12}^p，t_{12}^p と表す．入射角を θ_1，屈折角を θ_2，媒質 1，媒質 2 の屈折率を n_1，n_2 とすれば，それらは以下のようになる．

$$r_{12}^s = \frac{n_1 \cos\theta_1 - n_2 \cos\theta_2}{n_1 \cos\theta_1 + n_2 \cos\theta_2} = \frac{k_{1z} - k_{2z}}{k_{1z} + k_{2z}} \tag{1.11}$$

$$t_{12}^{\mathrm{s}} = \frac{2n_1 \cos\theta_1}{n_1 \cos\theta_1 + n_2 \cos\theta_2} = \frac{2k_{1z}}{k_{1z} + k_{2z}} \tag{1.12}$$

$$r_{12}^{\mathrm{p}} = \frac{n_2 \cos\theta_1 - n_1 \cos\theta_2}{n_2 \cos\theta_1 + n_1 \cos\theta_2} = \frac{\varepsilon_2 k_{1z} - \varepsilon_1 k_{2z}}{\varepsilon_2 k_{1z} + \varepsilon_1 k_{2z}} \tag{1.13}$$

$$t_{12}^{\mathrm{p}} = \frac{2n_1 \cos\theta_1}{n_2 \cos\theta_1 + n_1 \cos\theta_2} = \frac{2n_1 n_2 k_{1z}}{\varepsilon_2 k_{1z} + \varepsilon_1 k_{2z}} \tag{1.14}$$

ここで，k_{iz} は波数ベクトルの z 方向成分であり，$k_{iz} = n_i k_0 \cos\theta_i$ である。

入射光強度に対する反射光強度の比を**反射率** R，透過光強度の比を**透過率** T と呼ぶ。R と T は $0 \sim 1$ の実数である。光の強度は式 (1.9) で示されるので

$$R = rr^* \tag{1.15}$$

$$T = \frac{n_2 \cos\theta_2}{n_1 \cos\theta_1} tt^* \tag{1.16}$$

である。透過率の計算で $\cos\theta$ の比をとるのは，屈折により光の波数の z 方向成分が変わるためである。これらの式から，媒質に吸収がなければエネルギー保存則

$$R + T = 1 \tag{1.17}$$

が成り立つことが確認できる。

以上を基に，まず，屈折率 1.0 の媒質 1 から屈折率 1.5 の媒質 2 に光が入射された際の各偏光における反射係数 r，透過係数 t を計算する。本書で紹介する初めのプログラムなので，少し詳しく説明する。プログラム 1.1 にその例を示す。1 行目で数値計算ライブラリ scipy を読み込む。数値計算だけなら，これらで十分であるが，計算結果をグラフに表すため 2 行目で matplotlib ライブラリを読み込む。4 行目と 5 行目でそれぞれのライブラリで用いる関数を記述する。まず，7 行目で媒質 1 の屈折率を変数 n1 に，8 行目で媒質 2 の屈折率を変数 n2 に代入する。つぎに，10 行目の linspace コマンドで入射角度の配列である t1Deg を作成する。linspace コマンドの引数は (最初の値, 終わりの値, 分割数) である。これを，11 行目でラジアンに直した配列が t1 である。配列を使った単純な計算では，Fortran や C 言語のように成分について一つずつ代入するプロセスを書かなくてもよい。12 行目で式 (1.10) で示したスネルの法則

を使って，屈折角を配列にした t2 を作成する。13～16 行で式 (1.11)～(1.14) を使って p–偏光における透過係数 tp，反射係数 rp，s–偏光における透過係数 ts，反射係数 rs の配列を計算する。つぎに，得られた結果のプロットの部分となる。matplotlib ライブラリの plot コマンドの引数は (x 軸の変数の配列，y 軸の変数の配列，グラフ名の定義) である。18 行目以降で，x 軸，y 軸のラベル名とフォントサイズを指定する。r"..." の部分に上付き文字やギリシャ文字などを TeX のコマンドで記述できる。title コマンドでグラフのタイトルとフォントサイズ，グリッドの有無，プロット範囲などを指定したあと，show() コマンドでグラフを表示している。

プログラム 1.1

```
1   import scipy as sp
2   import matplotlib as mpl
3   import matplotlib.pyplot as plt
4   from scipy import pi,sin,cos,tan,arcsin,linspace
5   from matplotlib.pyplot import plot,show,xlabel,ylabel,title,legend,grid,axis,
        tight_layoutht_layout
6
7   n1 = 1 # 媒質 1 の屈折率
8   n2 = 1.5 # 媒質 2 の屈折率
9
10  t1Deg = linspace(0, 90, 91)    # 入射角 t1 の配列の生成〔°〕
11  t1 = t1Deg /180*pi      # 入射角をラジアンに直す
12  t2 = arcsin((n1/n2)*sin(t1))    # 屈折角 t2 を求める
13  tp = 2*n1*cos(t1)/(n2*cos(t1)+n1*cos(t2))      # tp: p-偏光透過係数
14  rp = (n2*cos(t1)-n1*cos(t2))/(n2*cos(t1)+n1*cos(t2))    # rp: p-偏光反射係数
15  ts = 2*n1*cos(t1)/(n1*cos(t1)+n2*cos(t2))      # ts: s-偏光透過係数
16  rs = (n1*cos(t1)-n2*cos(t2))/(n1*cos(t1)+n2*cos(t2))    # rs: s-偏光反射係数
17
18  plt.figure(figsize=(8,6))  # 図の大きさを設定
19  plot(t1Deg,rp, label=r"$r_{12}^{\rm{p}}$",linewidth = 3.0,
20       color='black', linestyle='dashed')  # rp をプロット
21  plot(t1Deg,tp, label=r"$t_{12}^{\rm{p}}$",linewidth = 3.0, color='black')
             # tp をプロット
22  plot(t1Deg,rs, label=r"$r_{12}^{\rm{s}}$",linewidth = 3.0, color='gray',
         linestyle='dashed')   # rs をプロット
23  plot(t1Deg,ts, label=r"$t_{12}^{\rm{s}}$",linewidth = 3.0, color='gray')
             # ts をプロット
24  xlabel(r"$\theta_1$ (deg.)",fontsize=20) # x 軸のラベル
25  ylabel(r"$r, t$",fontsize=20) # y 軸のラベル
26  title("Reflection and Transmission Coeffieient",fontsize=18) # グラフタイ
                トル
27  grid(True)   # グリッドを表示
28  axis([0.0,90,-1,1]) # プロット範囲
29  legend(fontsize=20,loc='lower right') # 凡例の表示とフォントサイズ
30  plt.tick_params(labelsize=20)     # 軸の目盛表示とフォントサイズの指定
31  tight_layout() # 枠に収まるようなグラフにするコマンド
32  show()   # グラフを表示
```

1.2 反射と屈折

このプログラムを用いて得られた結果を図 1.2 に示す。入射角 $0°$ では，透過係数 t_{12}^{p}, t_{12}^{s} は共に等しく 0.8 である。垂直入射の場合には，p–偏光と s–偏光の区別がないためでる。角度を大きくしていくと，透過係数は単調に低下していき入射角 $90°$ で 0 となる。一方，反射係数 r_{12}^{p} は 0.2，反射係数 r_{12}^{s} は -0.2 となっている。入射角 $0°$ では p–偏光と s–偏光の区別がないにもかかわらず値が異なるのは，p–偏光の場合の入射光と反射光の電場の正の方向の定義が反対であるためである。r_{12}^{p} と r_{12}^{s} は共に単調減少していき，入射角 $90°$ で -1 となる。この間，r_{12}^{p} は 0 を横切ることに注意する。0 を横切る前と後では，反射光の電場の符号が反転している。

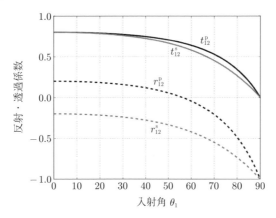

図 1.2 透過係数と反射係数（$n_1 = 1$, $n_2 = 1$ の場合）

つぎに，プログラム 1.2 を用いて，屈折率 1.0 の媒質 1 から屈折率 1.5 の媒質 2 に光が入射された際の，各偏光における反射率 R，透過率 T を計算した結果を，図 1.3 に示す。偏光方向を上付き文字として表し，T_{12}^{p}, T_{12}^{s}, R_{12}^{p}, R_{12}^{s} とした。

プログラム 1.2

```
1  import scipy as sp
2  import matplotlib as mpl
3  import matplotlib.pyplot as plt
4  from numpy import pi,sin,cos,tan,arcsin,linspace,arange
5  from matplotlib.pyplot import plot,show,xlabel,ylabel,title,legend,grid, axis
       ,tight_layout
6
7  n1 = 1 # 媒質 1 の屈折率
```

```
8   n2 = 1.5  # 媒質 2 の屈折率

10  t1Deg = linspace(0, 90, 90) # 入射角 t1 の配列の生成〔°〕
11  t1 = t1Deg /180*pi  # 入射角をラジアンに直す
12  t2 = arcsin((n1/n2)*sin(t1))   # 屈折角 t2 を求める

14  tp = 2*n1*cos(t1)/(n2*cos(t1)+n1*cos(t2))   # tp: p-偏光透過係数
15  rp = (n2*cos(t1)-n1*cos(t2))/(n2*cos(t1)+n1*cos(t2))   # rp: p-偏光反射係数
16  ts = 2*n1*cos(t1)/(n1*cos(t1)+n2*cos(t2))   # ts: s-偏光透過係数
17  rs = (n1*cos(t1)-n2*cos(t2))/(n1*cos(t1)+n2*cos(t2))   # rs: s-偏光反射係数

19  Rp = rp**2  # Tp: p-偏光透過率
20  Tp = tp**2*(n2*cos(t2))/(n1*cos(t1))   # Rp: p-偏光反射率
21  Rs = rs**2  # Ts: s-偏光透過率
22  Ts = ts**2*(n2*cos(t2))/(n1*cos(t1))   # Rs: s-偏光反射率

24  plt.figure(figsize=(8,6)) # figure size
25  plot(t1Deg,Rp, label=r"$R_{12}^{\rm{p}}$",linewidth = 3.0, color='black',
        linestyle='dashed')    # Rp をプロット
26  plot(t1Deg,Tp, label=r"$T_{12}^{\rm{p}}$",linewidth = 3.0, color='black')
        # Tp をプロット
27  plot(t1Deg,Rs, label=r"$R_{12}^{\rm{s}}$",linewidth = 3.0, color='gray',
        linestyle='dashed')    # Rs をプロット
28  plot(t1Deg,Ts, label=r"$T_{12}^{\rm{s}}$",linewidth = 3.0, color='gray')
        # Ts をプロット Transmittance with Label for Legend
29  xlabel(r"$\theta_1$ (deg.)",fontsize=20) # x 軸のラベル
30  ylabel(r"$R, T$",fontsize=20) # y 軸のラベル
31  title("Reflectivity and Transmittance",fontsize=18)  # グラフタイトル
32  grid(True)     # グリッドを表示
33  axis([0.0,90,0,1.1])    # プロット範囲
34  legend(fontsize=20,loc='lower left') # 凡例の表示とフォントサイズ
35  plt.tick_params(labelsize=20)       # 軸の目盛表示とフォントサイズ
36  tight_layout()  # 枠に収まるようなグラフにするコマンド
37  show()       # グラフを表示
```

入射角 $0°$ では,$R_{12}^{\rm p}$,$R_{12}^{\rm s}$ は共に 0.04 である。p-偏光に対する反射率 $R_{12}^{\rm p}$

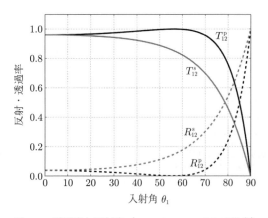

図 **1.3** 透過率と反射率 ($n_1 = 1$, $n_2 = 1.5$ の場合)

は，ブリュースター角 θ_B までは低下して 0 となる．その後，入射角を大きくしていくと，T_{12}^s は急激に上がり入射角 $90°$ で 1 となる．一方で，s–偏光に対する反射係数 R_{12}^s は単調に増加して入射角 $90°$ で 1 となる．重要な点は，つねに $R_{12}^p < R_{12}^s$ となることである．すなわち，入射角が $0°$ と $90°$ 以外では，s–偏光の光のほうが p–偏光の光より反射率がつねに高い．

ブリュースター角 θ_B は，式 (1.13) の r_{12}^p が 0 となる角度を求めることにより得られる．よって

$$\tan\theta_B = \frac{n_2}{n_1} \tag{1.18}$$

である．ブリュースター角では，反射率が 0，すなわち透過率が 1 となる．高出力のレーザの出射窓は，レーザ内部が窓での反射光による損傷を受けないように，この角度となるようにつくられている．

透過率について見ると，垂直入射では T_{12}^p，T_{12}^s は共に等しく 0.96 である．入射角を大きくしていくと，s–偏光では T_{12}^s は単調に減少していき入射角 $90°$ で 0 となる．一方で，T_{12}^p は，ブリュースター角 θ_B までは増加して 1 となる．その後，入射角を大きくしていくと T_{12}^s は単調に減少していき入射角 $90°$ で 0 となる．

つぎに，入射側の媒質の屈折率が透過側の媒質の屈折率より高い場合を考える．式 (1.10) に示したスネルの法則から，$\sin\theta_2$ は

$$\sin\theta_2 = \frac{n_1}{n_2}\sin\theta_1 \tag{1.19}$$

と書けるが，$\sin\theta_1 = n_2/n_1$ となる入射角 θ_c より，入射角が大きくなった場合には $\sin\theta_2 > 1$ となってしまう．このときの入射角を**臨界角**と呼び，θ_c と表す．入射角が臨界角より大きくなったときの屈折角 θ_2 は，数学的には θ_2 を複素数とすることにより解決するが，Python で計算のプログラムを組む際には工夫が必要となる．また，このときの $\cos\theta_2$ は虚数となる．なぜなら

$$\cos\theta_2 = \pm\sqrt{1-\sin^2\theta_2} = \pm i\sqrt{\left(\frac{n_1}{n_2}\right)^2\sin^2\theta_1 - 1} \tag{1.20}$$

となるためである。ここで $i = \sqrt{-1}$ である。よって，以下に示すプログラム 1.3 では $\sin\theta_1$, $\sin\theta_2$, $\cos\theta_1$, $\cos\theta_2$ をそれぞれ複素変数 s1, s2, c1, c2 として記述する。また，反射係数である rs や rp も複素数であるため，強度に直す際には，24, 25 行目に記したようにその絶対値の 2 乗をとらなければならない。この部分はプログラム 1.2 では単に 2 乗しただけであるが，プログラム 1.3 では abs 関数を用いてそれを 2 乗して反射率を求めている。

プログラム **1.3**

```
1   import scipy as sp
2   import matplotlib as mpl
3   import matplotlib.pyplot as plt
4   from scipy import pi,sin,cos,tan,arcsin,linspace,arange,sqrt,zeros
5   from matplotlib.pyplot import plot,show,xlabel,ylabel,title,legend,grid, axis
6
7   n1 = 1.5 # 媒質 1 の屈折率
8   n2 = 1.0 # 媒質 2 の屈折率
9   ep1 = n1**2 # 媒質 1 の誘電率
10  ep2 = n2**2 # 媒質 2 の誘電率
11
12  t1Deg = linspace(0, 90, 90) # 入射角 t1 の配列の生成〔°〕
13  t1 = t1Deg /180*pi # 入射角をラジアンに直す
14  s1 = sin(t1) # sin(t1)
15  c1 = cos(t1) # cos(t1)
16  s2 = n1/n2*s1 # sin(t1)
17  c2 = sqrt(1-s2**2) # cos(t2)
18  n1z = n1*c1 # n1z=k1z/k0
19  n2z = n2*c2 # n2z=k1z/k0
20
21  rs = (n1z-n2z)/(n1z+n2z) # s-偏光反射係数
22  rp = (ep2*n1z-ep1*n2z)/(ep2*n1z+ep1*n2z) # p-偏光反射係数
23
24  RsAbs = abs(rs)**2 # s-偏光反射率
25  RpAbs = abs(rp)**2 # p-偏光反射率
26
27  plot(t1Deg,RpAbs, label=r"$R_{12}^{\rm{p}}$") # p-偏光反射率のプロット
28  plot(t1Deg,RsAbs, label=r"$R_{12}^{\rm{s}}$") # s-偏光反射率のプロット
29  xlabel(r"$\theta_1$ (deg.)",fontsize=20) # x 軸のラベル
30  ylabel(r"$R, T$",fontsize=20) # y 軸のラベル
31  title("Reflectivity",fontsize=20) # グラフタイトル
32  grid(True)   # グリッドを表示
33  axis([0.0,90,0,1.1]) # プロット範囲
34  legend(fontsize=20,loc='lower right') # 凡例の表示とフォントサイズ
35  plt.tick_params(labelsize=20)     # 軸の目盛表示とフォントサイズの指定
36  tight_layout() # 枠に収まるようなグラフにするコマンド
37  show()   # グラフを表示
```

このプログラムを用いて得られた結果を図 **1.4** に示す。屈折率が高い側から入射した際にも，p–偏光に対するブリュースター角が存在する。また，s–偏光

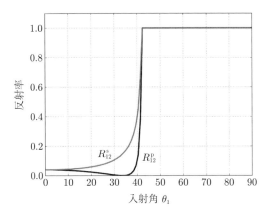

図 **1.4** 全反射 ($n_1 = 1.5$, $n_2 = 1$ の場合)

の光のほうが p–偏光の光より反射率がつねに高い。入射角を大きくしていくと臨界角を境に高角度側では反射率は 1 となり，光エネルギーはすべて反射されることがわかる。この状態を**全反射**という。光エネルギーはすべて反射されて媒質 1 に戻るが，媒質 2 の側には**消衰波（エバネッセント光）**が存在する。消衰波とは媒質 1 と媒質 2 の界面から離れるに従って強度が弱まっていく電磁波（光）のことである。エバネッセント光は以下の式で表すことができる。

$$E_2^+ = t_{12} E_1^+ \exp\left[i\left(\frac{n_1}{n_2} k_2 \sin\theta_1 x\right)\right] \\ \times \exp\left[-k_2 \sqrt{\left(\frac{n_1}{n_2}\right)^2 - \sin^2\theta_1} \cdot z\right] \exp(-i\omega t) \tag{1.21}$$

x 方向には $(n_1/n_2)k_2$ の波数をもつ振動波が存在し，その振幅は z 方向には界面からの距離に従って減衰する。振幅の強度が $1/e$ になる距離を**侵入長** z_d といい，式 (1.21) より

$$z_\mathrm{d} = \frac{\lambda}{2\pi\sqrt{n_1^2 \sin^2\theta_1 - n_2^2}} \tag{1.22}$$

である。侵入長は概ね波長の数分の 1 程度であるが，入射角が臨界角 θ_c に近づくと急激に伸びて，臨界角では無限大に発散する。

1.3 薄膜の反射と透過

前節では二つの等方性媒質界面での反射と透過の計算について記した．水面や厚いガラス板の反射などに適用できるが，実際には試料や観察対象は膜やスラブになっていることが多いため，多層膜の反射率や透過率を求める必要が生じる．ここでは，まず簡単な3層の問題を考え，つぎに，多層膜の反射率や透過率の計算ができる伝搬行列法について記す．

図 1.5 に示すように，薄膜に光が入射した場合を考える．例えば，媒質 1 と媒質 3 が空気であり，媒質 2 が石けんの膜であるシャボン玉がこれに当たる．各層における屈折率を n_1, n_2, n_3 として，この多層膜の反射係数 r_{13} と透過係数 t_{13}，反射率 R_{13} と透過率 T_{13} を求めてみよう．反射係数，透過係数は図に示すような反射光電場と透過光電場の無限級数和として計算することができる．ここでは結果のみを示す．

$$r = \frac{r_{12} + r_{23}\exp(2k_{2z}d_2 i)}{1 + r_{23}r_{12}\exp(2k_{2z}d_2 i)} \tag{1.23}$$

$$t = \frac{t_{12}t_{23}\exp(k_{2z}d_2 i)}{1 + r_{23}r_{12}\exp(2k_{2z}d_2 i)} \tag{1.24}$$

r_{ij}, t_{ij} は媒質 i から媒質 j に光が入射した際の反射係数と透過係数である．また，k_{2z} は波数ベクトルの z 方向成分であり，層 2 における屈折角 θ_2 と波長 λ を使って以下のように記述される．

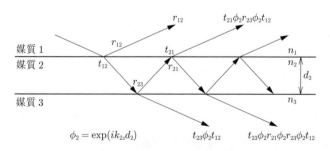

図 1.5 薄膜における多重反射

1.3 薄膜の反射と透過

$$k_{2z} = \frac{2\pi}{\lambda} n_2 \cos\theta_2 \tag{1.25}$$

プログラム 1.4 に入射角を変えた際の透過係数や透過率を計算するプログラムの例を示す。17 行目で入射角 t1Deg を配列として定義する。18 行目から 24 行目で, s1 = $\sin\theta_1$, c1 = $\cos\theta_1$ のように三角関数を変数として定義する。これによって, 三角関数が複素数となっても計算が可能となる。t1Deg で定義した配列に対応して, s1～s3, c1～c3 も配列である。35 行目, 36 行目で exp の引数で用いている 1j は Python での虚数単位の書き方である。

プログラム 1.4

```
1  import scipy as sp
2  import matplotlib as mpl
3  import matplotlib.pyplot as plt
4  from scipy import pi,sin,cos,tan,exp,arcsin,linspace,arange,sqrt,zeros
5  from matplotlib.pyplot import plot,show,xlabel,ylabel,title,legend,grid,axis,
       tight_layout
6
7  n1=1.0 # 媒質 1 の屈折率
8  n2=1.5 # 媒質 2 の屈折率
9  n3=1.0 # 媒質 3 の屈折率
10 ep1=n1**2 # 媒質 1 の誘電率
11 ep2=n2**2 # 媒質 2 の誘電率
12 ep3=n3**2 # 媒質 3 の誘電率
13 d2=100 # 媒質 2 の厚さ d2 [nm]
14 WL=500 # 真空中の波長 WL [nm]
15 k0=2*pi/WL # 真空中の波数
16
17 t1Deg = linspace(0, 90, 90) # 入射角 t1 の配列の生成 [°]
18 t1 = t1Deg /180*pi # 入射角をラジアンに直す
19 s1 = sin(t1) # sin(t1)
20 c1 = cos(t1) # cos(t1)
21 s2 = n1/n2*s1 # sin(t1)
22 c2 = sqrt(1-s2**2) # cos(t2)
23 s3 = n1/n3*s1 # sin(t1)
24 c3 = sqrt(1-s3**2) # cos(t3)
25
26 n1z=n1*c1 # n1z=k1z/k0
27 n2z=n2*c2 # n2z=k1z/k0
28 n3z=n3*c3 # n2z=k1z/k0
29
30 rs12=(n1z-n2z)/(n1z+n2z) # s-偏光反射係数 rs12
31 rp12=(ep2*n1z-ep1*n2z)/(ep2*n1z+ep1*n2z) # p-偏光反射係数 rp12
32 rs23=(n2z-n3z)/(n2z+n3z) # s-偏光反射係数 rs23
33 rp23=(ep3*n2z-ep2*n3z)/(ep3*n2z+ep2*n3z) # p-偏光反射係数 rp23
34
35 rs=(rs12+rs23*exp(2*1j*n2z*k0*d2))/(1+rs23*rs12*exp(2*1j*n2z*k0*d2))
36 rp=(rp12+rp23*exp(2*1j*n2z*k0*d2))/(1+rp23*rp12*exp(2*1j*n2z*k0*d2))
37
38 RsAbs=abs(rs)**2 # s-偏光反射率
39 RpAbs=abs(rp)**2 # p-偏光反射率
```

```
40
41  plt.figure(figsize=(8,6)) # figure size
42  plot(t1Deg,RpAbs, label="Rp",linewidth = 3.0, color='black') # p-偏光反射率の
        プロット
43  plot(t1Deg,RsAbs, label="Rs",linewidth = 3.0, color='gray') # s-偏光反射率の
        プロット
44  xlabel(r"$\theta_1$ (deg.)",fontsize=20) # x軸のラベル
45  ylabel(r"Reflectivity",fontsize=20) # y軸のラベル
46  title("Reflectivity",fontsize=20) # グラフタイトル
47  grid(True)    # グリッドを表示
48  axis([0.0,90,-1,1]) # プロット範囲
49  legend(fontsize=20,loc='lower right') # 凡例の表示とフォントサイズ
50  plt.tick_params(labelsize=20)      # 軸の目盛表示とフォントサイズの指定
51  tight_layout() # 枠に収まるようなグラフにするコマンド
52  show()    # グラフを表示
```

得られた反射率の入射角依存性を図 1.6 (a) に示す。屈折率がすべて実数であるため p-偏光の反射率が 0 となる角度（ブリュースター角）が存在する。一方で s-偏光は入射角を大きくすると反射率は単調に増加する。

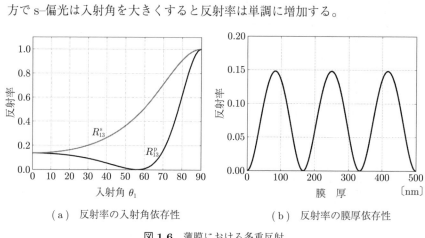

（a）反射率の入射角依存性　　　　（b）反射率の膜厚依存性

図 1.6　薄膜における多重反射

つぎにプログラム 1.5 で，この薄膜に垂直で波長 $\lambda = 500$ nm 光を入射した際の反射率の膜厚依存性を伝搬行列法を使って計算する。16 行目で変数 d2 を配列として定義する。一方で，18 行目に定義する入射角 t1Deg は定数 0 とするため，19 行目から 25 行目で定義する s1～s3, c1～c3 も定数となる。得られた結果を図 (b) に示す。膜厚が厚くなるにつれて反射率が大きくなるが，光学膜厚が波長の 1/4 になったところで最大値となる。その後膜厚が厚くなるにつれて反射率が低下して，膜厚が波長の 1/2 になったところで 0 となる。このよ

うに，反射率は膜厚に対して振動することがわかる。

プログラム 1.5

```
1   import scipy as sp
2   import matplotlib as mpl
3   import matplotlib.pyplot as plt
4   from scipy import pi,sin,cos,tan,arcsin,linspace,sqrt,exp
5   from matplotlib.pyplot import plot,show,xlabel,ylabel,title,legend,grid,axis,
        tight_layout
6
7   n1=1.0 # 媒質 1 の屈折率
8   n2=1.5 # 媒質 2 の屈折率
9   n3=1.0 # 媒質 3 の屈折率
10  ep1=n1**2 # 媒質 1 の誘電率
11  ep2=n2**2 # 媒質 2 の誘電率
12  ep3=n3**2 # 媒質 3 の誘電率
13  WL=500 # 真空中の波長 WL [nm]
14  k0=2*pi/WL # 真空中の波数
15
16  d2=linspace(0, 500, 501) # 媒質 2 の厚さの配列   0 nm から 500 nm の 501 個
17
18  t1Deg = 0 # 入射角 t1
19  t1 = t1Deg /180*pi # 入射角をラジアンに直す
20  s1 = sin(t1) # sin(t1)
21  c1 = cos(t1) # cos(t1)
22  s2 = n1/n2*s1 # sin(t1)
23  c2 = sqrt(1-s2**2) # cos(t2)
24  s3 = n1/n3*s1 # sin(t1)
25  c3 = sqrt(1-s3**2) # cos(t3)
26
27  n1z=n1*c1 # n1z=k1z/k0
28  n2z=n2*c2 # n2z=k1z/k0
29  n3z=n3*c3 # n2z=k1z/k0
30
31  rs12=(n1z-n2z)/(n1z+n2z) # s-偏光反射係数 rs12
32  rp12=(ep2*n1z-ep1*n2z)/(ep2*n1z+ep1*n2z) # p-偏光反射係数 rp12
33  rs23=(n2z-n3z)/(n2z+n3z) # rs-偏光反射係数 rs23
34  rp23=(ep3*n2z-ep2*n3z)/(ep3*n2z+ep2*n3z) # p-偏光反射係数 rp23
35
36  rs=(rs12+rs23*exp(2*1j*n2z*k0*d2))/(1+rs23*rs12*exp(2*1j*n2z*k0*d2))
37  rp=(rp12+rp23*exp(2*1j*n2z*k0*d2))/(1+rp23*rp12*exp(2*1j*n2z*k0*d2))
38
39  RsAbs=abs(rs)**2 # s-偏光反射率
40  RpAbs=abs(rp)**2 # p-偏光反射率
41
42  plot(d2,RpAbs, label="$R_p$",linewidth = 3.0, color='black') # p-偏光反射率
        のプロット
43  xlabel(r"$d_2$ (nm)",fontsize=20) # x 軸のラベル
44  ylabel("Reflectivity",fontsize=20) # y 軸のラベル
45  title("Reflectivity",fontsize=20) # グラフタイトル
46  grid(True) # グリッドを表示
47  axis([0.0,500,0,0.2]) # プロット範囲
48  plt.tick_params(labelsize=20)    # 軸の目盛表示とフォントサイズの指定
49  tight_layout() # 枠に収まるようなグラフにするコマンド
50  show() # グラフを表示
```

1.4 等方性媒質の伝搬行列法

複数の薄膜が重なった多層膜では，以下に紹介する伝搬行列法を用いるほうが簡便である[11]†。図 1.7 に示すように，f 層の等方性媒質の薄膜構造を計算する。各層における屈折率を n_1, n_2, ..., n_f として，この多層膜の反射係数 r_{1f} と透過係数 t_{1f}，反射率 R_{1f} と透過率 T_{1f} を求めてみよう。偏光については，上付き文字として r_{1f}^{p} と表現するが，どちらの偏光でも同じ表現となる場合には偏光の表記は省略する。また，1 層目と f 層目は厚さは考えないが，2 層目から $(f-1)$ 層目までは，厚さがある。これらを d_2, d_3, ..., d_{f-1} とする。

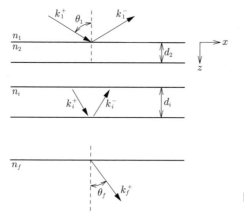

図 1.7 伝搬行列法

この多層構造の透過係数や反射係数は，以下のように計算される行列 $\mathbf{G}$ を使って求めることができる。

$$\mathbf{G} = \mathbf{M}_{f(f-1)} a \mathbf{\Phi}_{f-1} \cdots \mathbf{M}_{32} \mathbf{\Phi}_2 \mathbf{M}_{21} \tag{1.26}$$

ここで，$\mathbf{M}_{ij}$ は i 層目と j 層目の間の境界条件を表した行列であり，$\mathbf{\Phi}_i$ は層 i を光が伝搬する際の位相変化を表した行列である。$\mathbf{M}_{ij}$ は偏光により変わるが，$\mathbf{\Phi}_i$ は偏光によらない。

---

† 肩付き番号は，章末の引用・参考文献の番号を示す。

$$\mathbf{M}_{ij} = \frac{1}{2n_i n_j k_{iz}} \begin{bmatrix} n_i^2 k_{jz} + n_j^2 k_{iz} & n_i^2 k_{jz} - n_j^2 k_{iz} \\ n_i^2 k_{jz} - n_j^2 k_{iz} & n_i^2 k_{jz} + n_j^2 k_{iz} \end{bmatrix} \quad \text{(p--偏光)} \tag{1.27}$$

$$\mathbf{M}_{ij} = \frac{1}{2k_{iz}} \begin{bmatrix} k_{iz} + k_{jz} & k_{iz} - k_{jz} \\ k_{iz} - k_{jz} & k_{iz} + k_{jz} \end{bmatrix} \quad \text{(s--偏光)} \tag{1.28}$$

$$\mathbf{\Phi}_i = \begin{bmatrix} \exp(ik_{iz}d_i) & 0 \\ 0 & \exp(-ik_{iz}d_i) \end{bmatrix} \tag{1.29}$$

ここで，k_{iz} は z 方向の波数ベクトル成分であり，層 1 では入射角を θ_1，それ以外の層 i ではその層の屈折角を θ_i とすると，波長 λ の光に対して以下のように記述される．

$$k_{iz} = \frac{2\pi}{\lambda} n_i \cos\theta_i \tag{1.30}$$

2×2 行列 $\mathbf{G}$ の成分 G_{ij} を使って，層全体の反射係数 r_{1f} および透過係数 t_{1f} は

$$r_{1f} = -\frac{\mathrm{G}_{21}}{\mathrm{G}_{22}} \tag{1.31}$$

$$t_{1f} = \mathrm{G}_{11} + r_{1f}\mathrm{G}_{12} = \mathrm{G}_{11} - \mathrm{G}_{12}\frac{\mathrm{G}_{21}}{\mathrm{G}_{22}} \tag{1.32}$$

となる．これを使って，反射率 R_{1f} と透過率 T_{1f} は以下のように表される．

$$R_{1f} = r_{1f} r_{1f}^* \tag{1.33}$$

$$T_{1f} = \frac{k_{fz}}{k_{1z}} t_{1f} t_{1f}^* \tag{1.34}$$

ここで，r_{1f}^* および t_{1f}^* はそれぞれ r_{1f} および t_{1f} の複素共役である．

伝搬行列を用いて，薄膜の反射率の計算を行うプログラム 1.6 を示す．7 行目と 10 行目，15 行目で matrix コマンドを用いて $\mathbf{M}_{ij}$ と $\mathbf{\Phi}_i$ を作成する関数を定義する．46 行目から 52 行目で，各角度における反射係数や透過係数が入る array を準備する．66 行目と 67 行目で $\mathbf{M}_{ij}$ と $\mathbf{\Phi}_i$ の掛け算を行い伝搬行列 $\mathbf{G}$ を作成する．これより，69 行目から 72 行目で反射係数や透過係数を求め，74 行目と 75 行目で反射率と透過率を求めている．得られた結果はプログラム 1.5 で求めたものと同じである．

プログラム 1.6

```
1   import scipy as sp
2   import matplotlib as mpl
3   import matplotlib.pyplot as plt
4   from scipy import pi,sin,cos,tan,arcsin,exp,linspace,arange,sqrt,zeros,array,
            matrix,asmatrix
5   from matplotlib.pyplot import plot,show,xlabel,ylabel,title,legend,grid, axis
6
7   def mMATs(n1z,n2z):
8       return (1/(2*n1z))*matrix([[n1z+n2z,n1z-n2z],[n1z-n2z,n1z+n2z]])
9                       # s-偏光 $M_{ij}$ 行列の定義
10  def mMATp(n1z,n2z,n1,n2):
11      return (1/(2*n1*n2*n1z))*\
12              matrix([[n1**2*n2z+n2**2*n1z,n1**2*n2z-n2**2*n1z],\
13                      [n1**2*n2z-n2**2*n1z,n1**2*n2z+n2**2*n1z]])
14                      # p-偏光 $M_{ij}$ 行列の定義
15  def matFAI(n1z,d1,k0):
16      return matrix([[exp(1j*n1z*k0*d1), 0],[0,exp(-1j*n1z*k0*d1)]])
17                      # Φ 行列の定義
18
19  n1=1.0 # 媒質 1 の屈折率
20  n2=1.5 # 媒質 2 の屈折率
21  n3=1.0 # 媒質 3 の屈折率
22  ep1=n1**2 # 媒質 1 の誘電率
23  ep2=n2**2 # 媒質 2 の誘電率
24  ep3=n3**2 # 媒質 3 の誘電率
25  d2=100         # 媒質 2 の厚さ d2 [nm]
26  WL=500 # 真空中の波長 WL [nm]
27  k0=2*pi/WL # 真空中の波数
28
29  t1start=0 # 始めの角度
30  t1end=89 # 終わりの角度
31  t1points=90 # プロット数
32
33  t1Deg = linspace(t1start,t1end,t1points) # 入射角 t1 の配列の生成 [°]
34  t1 = t1Deg /180*pi # 入射角をラジアンに直す
35  s1 = sin(t1) # sin(t1)
36  c1 = cos(t1) # cos(t1)
37  s2 = n1/n2*s1 # sin(t1)
38  c2 = sqrt(1-s2**2) # cos(t2)
39  s3 = n1/n3*s1 # sin(t3)
40  c3 = sqrt(1-s3**2) # cos(t3)
41
42  n1z=n1*c1 # n1z=k1z/k0
43  n2z=n2*c2 # n2z=k1z/k0
44  n3z=n3*c3 # n2z=k1z/k0
45
46  mMats21=zeros((t1points,2,2),dtype=complex) # s-偏光 $M_{21}$ 行列初期化
47  mMats32=zeros((t1points,2,2),dtype=complex) # s-偏光 $M_{32}$ 行列初期化
48  mMatp21=zeros((t1points,2,2),dtype=complex) # p-偏光 $M_{21}$ 行列初期化
49  mMatp32=zeros((t1points,2,2),dtype=complex) # p-偏光 $M_{32}$ 行列初期化
50  matFAI2=zeros((t1points,2,2),dtype=complex) # $Φ_2$ 行列初期化
51  matTs=zeros((t1points,2,2),dtype=complex) # s-偏光伝搬行列 Ts 初期化
52  matTp=zeros((t1points,2,2),dtype=complex) # p-偏光伝搬行列 Tp 初期化
53  rs=zeros((t1points),dtype=complex) # rs 初期化
54  ts=zeros((t1points),dtype=complex) # ts 初期化
55  rp=zeros((t1points),dtype=complex) # rp 初期化
56  tp=zeros((t1points),dtype=complex) # tp 初期化
```

1.4 等方性媒質の伝搬行列法

```
57
58  for i in range(t1points):
59      mMats21[i]=mMATs(n2z[i],n1z[i])  # M₂₁ 作成
60      mMats32[i]=mMATs(n3z[i],n2z[i])  # M₃₂ 作成
61      mMatp21[i]=mMATp(n2z[i],n1z[i],n2,n1)  # M₂₁ 作成
62      mMatp32[i]=mMATp(n3z[i],n2z[i],n3,n2)  # M₃₂ 作成
63
64      matFAI2[i]=matFAI(n2z[i],d2,k0)  # Φ₂ 行列
65
66      matTs[i]=mMats32[i]@matFAI2[i]@mMats21[i]  # s-偏光伝搬行列 Ts 作成
67      matTp[i]=mMatp32[i]@matFAI2[i]@mMatp21[i]  # p-偏光伝搬行列 Tp 作成
68
69      rs[i]=-matTs[i,1,0]/matTs[i,1,1]  # s-偏光反射係数
70      ts[i]=matTs[i,0,0]-matTs[i,0,1]*matTs[i,1,0]/matTs[i,1,1]  # s-偏光透過係
            数
71      rp[i]=-matTp[i,1,0]/matTp[i,1,1]  # p-偏光反射係数
72      tp[i]=matTp[i,0,0]-matTp[i,0,1]*matTp[i,1,0]/matTp[i,1,1]  # p-偏光透過係
            数
73
74  RsAbs=abs(rs)**2  # s-偏光反射率
75  RpAbs=abs(rp)**2  # p-偏光反射率
76
77  plot(t1Deg,RpAbs, label="Rp")  # p-偏光反射率のプロット
78  plot(t1Deg,RsAbs, label="Rs")  # s-偏光反射率のプロット
79  xlabel(r"$\theta_1$ (deg.)",fontsize=20)  # x 軸のラベル
80  ylabel(r"$r, t$",fontsize=20)  # y 軸のラベル
81  title("Reflectivity",fontsize=20)  # グラフスタイル
82  grid(True)  # グリッドを表示
83  legend(fontsize=16)  # 凡例の表示とフォントサイズ
84  plt.tick_params(labelsize=20)     # 軸の目盛表示とフォントサイズの指定
85  tight_layout()  # 枠に収まるようなグラフにするコマンド
86  show()    # グラフを表示
```

なお，Python 2 では，66 行目と 67 行目の伝搬行列 **G** を作成する部分で $\mathbf{M}_{ij}$ と $\mathbf{\Phi}_i$ の掛け算に @ が使えないので，この部分はプログラム 1.7 のように，dot コマンドを入れ子にして記述する必要がある．

プログラム 1.7

```
1  tmatrixs = mMATs(n3z,n2z).dot(matFAI(n2z,d2,k0).dot(mMATs(n2z,n1z)))
2  tmatrixp = mMATp(n3z,n2z,n3,n2).dot(matFAI(n2z,d2,k0).dot(mMATp(n2z,n1z,n2,n1
       )))
```

最後に応用例として，全反射減衰法を利用した表面プラズモン共鳴スペクトルの計算を行う[12]．**表面プラズモン共鳴**は，ある条件で金属薄膜中の自由電子波が表面で光と相互作用する現象である．結果として，光吸収が生じたり，表面近傍の電場強度の増強が起こったりする．その一例として，図 1.8 (a) のようにプリズムを使って p-偏光の光を入射した際の反射率を測定すると，共鳴が生じる入射角で反射率が低下して最小となる．この角度を**共鳴角**と呼ぶ．金属

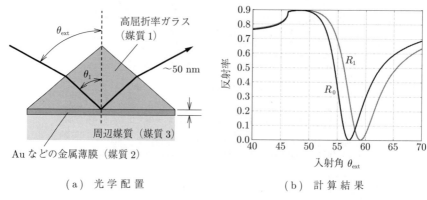

(a) 光学配置　　　　　(b) 計算結果

図 1.8 表面プラズモン共鳴

の表面に誘電体層が吸着したり周辺媒質の屈折率が変化したりすると共鳴角が変化するため，屈折率やバイオ由来物質のための光学センサとして用いられる。

巻末付録に示したプログラム A.1 を用いて計算した結果を図 1.8 (b) に示す。プログラム 1.7 と同様に，伝搬行列を定義した後に光学ジオメトリーや屈折率などの設定を行う。周辺媒質として水（屈折率 1.33）を想定しているため，プリズムには高屈折率ガラス（屈折率 1.86）を仮定した。金属薄膜には金を用い，その厚さは 47 nm とした。直角プリズムへの入射角 t1DegOut を配列として定義する。プリズムに光を入射した際に斜面での屈折により生じる内角 θ_1（プログラムでは s1）が異なることによる。空気中で屈折率 n_1 の直角プリズムへの入射角 θ_{ext} とプリズム内での入射角 θ_1 の間には $\theta_1 = 45° + \sin(\theta_{\text{ext}} - 45°)/n_1$ の関係がある。結果を見ると，1.5 の厚さ 10 nm の薄膜が金薄膜の表面上に存在する場合の反射率 R_1 は，ない場合の反射率 R_0 と比較して，2.1° の共鳴角変化が生じることがわかる。角度の測定精度は 1/1 000〜1/100° であるため，0.1 Å 以下の膜厚に相当する微小な物質の吸脱着が測定できることがわかる。

1.5 異方性媒質の伝搬行列法

1.5.1 固有伝搬モードと境界条件

　光学的な異方性媒質とは，光の偏光方向や進む方向により屈折率が異なる媒質である．光学結晶の多くや液晶，延伸した高分子フィルムなどは異方性媒質である．三つの異なる屈折率をもつ **2 軸性媒質** と二つの異なる屈折率をもつ **1 軸性媒質** がある．ここでは，取扱いが容易な例として，図 **1.9** に示すような層の表面法線方向に光軸が一致する 1 軸性媒質を考える．この場合，光軸方向の偏光に対する **異常光主屈折率** n_e と表面面内の偏光に対する **常光屈折率** n_o が定義される†．1 軸性媒質中を伝搬する光は，**常光**と**異常光**に分かれ，偏光方向は 90° 異なる．常光に対する屈折率が前述の常光屈折率であり，異常光に対する屈折率は **異常光屈折率** $n_\mathrm{e}(\theta)$ と呼ばれる．θ は光の進む方向と主軸のなす角である．異常光屈折率は異常光主屈折率と常光屈折率の間の値をもつ．例外は，光軸に沿って光が伝搬する場合であり，このときには常光のみが存在し，すべての偏光方向で同じ常光屈折率が適用される．

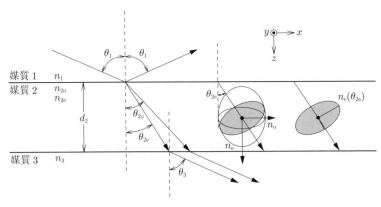

図 **1.9** 異方性薄膜における反射と透過

---

† 異常光主屈折率と異常光屈折率を区別することが大切である．常光屈折率は一つしかないので，常光「主」屈折率とは記さない．

さて，異方性媒質の多層膜における反射や透過の計算方法を紹介する。いくつかの計算方法が提案されているが，まず，境界条件を与えてマクスウェル方程式を解く最も基本的な解法について記す。図 1.9 に光学配置を示した。表面法線を z 軸方向として光の伝搬方向を正とした。等方性媒質 1 から入射角 θ_1 で光を入射して，異方性媒質 2 の薄膜（膜厚 d_2）を通過して等方性媒質 3 に屈折角 θ_3 で透過する。媒質 1 と媒質 3 の屈折率をそれぞれ n_1, n_3 とする。等方性媒質 i における波数ベクトル $\boldsymbol{k}_i$ の z 成分を真空中の波数で割った量を $\eta_i = k_{iz}/k_0$（$i = 1$ または 3）とする。また，媒質 2 は異常光主屈折率 n_e と常光屈折率を n_o をもつ。それぞれに対応する屈折角を $\theta_{2\mathrm{e}}$ と $\theta_{2\mathrm{o}}$ とする。

まず，媒質 2 を伝搬する光の波数ベクトル $\boldsymbol{k}_2$ と固有偏光の関係を求める。この光の固有方程式は，媒質 2 の光電場を $\boldsymbol{E}_2$ とし，k_0 を真空中の波数として

$$\left(k_2^2 - \boldsymbol{k}_2\boldsymbol{k}_2 - k_0^2\hat{\varepsilon}\right)\boldsymbol{E}_2 = 0 \tag{1.35}$$

のように書き表される。$\hat{\varepsilon}$ は媒質 2 の誘電率テンソルであり，異常光主屈折率 n_e と常光屈折率 n_o を用いて

$$\hat{\varepsilon} = \begin{bmatrix} n_\mathrm{o}^2 & 0 & 0 \\ 0 & n_\mathrm{o}^2 & 0 \\ 0 & 0 & n_\mathrm{e}^2 \end{bmatrix} \tag{1.36}$$

と表される。$\boldsymbol{E}_2 = (E_{2x}, E_{2y}, E_{2z})$ の成分を含めて計算を行うと以下のようになる。

$$\begin{bmatrix} \eta_2^2 - n_\mathrm{o}^2 & 0 & -\kappa\eta_2 \\ 0 & \kappa^2 + \eta_2^2 - n_\mathrm{o}^2 & 0 \\ -\kappa\eta_2 & 0 & \kappa^2 - n_\mathrm{e}^2 \end{bmatrix} \begin{bmatrix} E_{2x} \\ E_{2y} \\ E_{2z} \end{bmatrix} = 0 \tag{1.37}$$

ここで，κ は波数ベクトルの x 方向成分 k_x に対応する量であり，$\kappa = k_x/k_0$ で定義され，スネルの法則から各層で等しい値である。また，η_2 は媒質 2 における波数ベクトルの z 方向成分 k_{2z} に対応する量であり，$\eta_2 = k_{2z}/k_0$ で定義される。この式が意味をもつためには，行列式がゼロに等しいことが必要であることより，以下の関係が得られる。

媒質 2 と媒質 3 の境界条件を記すと

$$\cos\theta'_2\phi^+_{2\mathrm{e}}E^+_2 - \cos\theta'_2\phi^-_{2\mathrm{e}}E^-_2 = \frac{\eta_3}{n_3}E^+_3 \tag{1.45}$$

$$\frac{n^2_{2\mathrm{o}}}{n_{2\mathrm{e}}}\cos\theta'_2\phi^+_{2\mathrm{e}}E^+_2 + \frac{n^2_{2\mathrm{o}}}{n_{2\mathrm{e}}}\cos\theta'_2\phi^-_{2\mathrm{e}}E^-_2 = n_3 E^+_3 \tag{1.46}$$

となる。ここで、ϕ_2 は伝搬中の位相差であり、$\phi^\pm_{2\mathrm{e}} = \exp(\pm i\eta_{2\mathrm{e}}d_2)$ である。未知数は五つであるが、E^+_1 に対する E^-_1 の比が反射係数 $r = E^-_1/E^+_1$ であり、E^+_1 に対する E^+_3 の比が透過係数 $t = E^+_3/E^+_1$ となるため、これらの式は解くことができる。

つぎに s–偏光における媒質 1 と媒質 2 の境界条件を記述する。

$$E^+_1 + E^-_1 = E^+_2 + E^-_2 \tag{1.47}$$

$$\eta_1 E^+_1 - \eta_1 E^-_1 = \eta_{2\mathrm{o}}E^+_2 - \eta_{2\mathrm{o}}E^-_2 \tag{1.48}$$

また、媒質 2 と媒質 3 の境界条件は以下のようになる。

$$\phi^+_{2\mathrm{o}}E^+_2 + \phi^-_{2\mathrm{o}}E^-_2 = E^+_3 \tag{1.49}$$

$$\eta_{2\mathrm{o}}\phi^+_{2\mathrm{o}}E^+_2 - \eta_{2\mathrm{o}}\phi^-_{2\mathrm{o}}E^-_2 = \eta_3 E^+_3 \tag{1.50}$$

ここで、$\phi^\pm_{2\mathrm{o}} = \exp(\pm i\eta_{2\mathrm{o}}d_2)$ である。以上より、s–偏光に対する透過係数と透過率が求まる。

1.5.2 異方性媒質の伝搬行列法

境界条件から連立方程式を立てて解く方法は、物理的な意味がわかりやすいが、多くの層を扱う計算では実用的ではない。また、光軸が表面法線や入射面内にない場合などでは、記述が面倒である。ここでは、それらを解決する伝播行列法を用いた計算方法を紹介する[13]。

まず、各固有ベクトルに対応する偏光単位ベクトル $\boldsymbol{u}$ を求める。光軸が表面法線に平行な 1 軸性媒質の場合には、以下に示すように $\boldsymbol{u}$ は簡単に求めることができるが、それ以外の場合には多少の計算が必要である。異常光では、電場ベクトルは xz 平面内にあること、波数ベクトルに直交すること、単位ベクトル

1.5 異方性媒質の伝搬行列法

$$(\kappa^2 + \eta_2^2 - n_o^2)(n_e^2 n_o^2 - \eta_2^2 n_o^2 - \kappa^2 n_e^2) = 0$$

κ, n_o, n_e は既知なので，η_2 を求めることができる．常光に対応する絶対値を η_{2o}，異常光に対応する η_2 の絶対値を η_{2e} と記す．それぞれ重解と正負が光の伝搬方向に対応し，正が前方（z 軸の正の方向），負が後方に伝搬する光に対応する．それらは以下のように求まる．

$$\eta_2 = \pm \eta_{2o} \qquad \left(\eta_{2o} = \sqrt{n_o^2 - \kappa^2} \right) \tag{1.39}$$

$$\eta_2 = \pm \eta_{2e} \qquad \left(\eta_{2e} = \left(\frac{n_o}{n_e} \right) \sqrt{n_e^2 - \kappa^2} \right) \tag{1.40}$$

四つの**固有伝搬モード**を区別するために，$\eta_2^{(1)} = \eta_{2e}$, $\eta_2^{(2)} = -\eta_{2e}$, $\eta_2^{(3)} = \eta_{2o}$, $\eta_2^{(4)} = -\eta_{2o}$ のように番号を付ける．$\eta_2^{(1)}$ は媒質 2 中を前方へ伝搬する異常光，$\eta_2^{(2)}$ は後方へ伝搬する異常光，$\eta_2^{(3)}$ は前方へ伝搬する常光，$\eta_2^{(4)}$ は後方へ伝搬する常光に対応する．

表面法線に光軸をもつ 1 軸性媒質の場合には，p–偏光と s–偏光の光はたがいに影響しないため，独立に扱うことができる．まず，p–偏光における媒質 1 と媒質 2 の境界条件を記述すると，電場と磁場の接線成分が連続でなければならないから

$$\frac{\eta_1}{n_1} E_1^+ - \frac{\eta_1}{n_1} E_1^- = \cos \theta_2' E_2^+ - \cos \theta_2' E_2^- \tag{1.41}$$

$$n_1 E_1^+ + n_1 E_1^- = \frac{n_{2o}^2}{n_{2e}} \cos \theta_2' E_2^+ + \frac{n_{2o}^2}{n_{2e}} \cos \theta_2' E_2^- \tag{1.42}$$

となる．ここで，θ_2' は表面法線とポインティングベクトルがなす角である．異方性媒質では波数ベクトルとポインティングベクトルは同じ方向にならず，屈折角 θ_{2o} や θ_{2e} とは異なる．θ_2' の余弦と正弦は，n_e と n_o を用いて，以下のように表される．

$$\cos \theta_2' = \frac{n_e \sqrt{n_e^2 - \kappa^2}}{\sqrt{n_e^4 + \kappa^2 (n_o^2 - n_e^2)}} = \frac{n_e^2 \eta_{2e}}{n_o \sqrt{n_e^4 + \kappa^2 (n_o^2 - n_e^2)}} \tag{1.43}$$

$$\sin \theta_2' = \frac{n_o \kappa}{\sqrt{n_e^4 + \kappa^2 (n_o^2 - n_e^2)}} \tag{1.44}$$

であることの三つの条件から

$$\boldsymbol{u}^{(1)} = \begin{bmatrix} -\cos\theta' \\ 0 \\ \sin\theta' \end{bmatrix}, \quad \boldsymbol{u}^{(2)} = \begin{bmatrix} \cos\theta' \\ 0 \\ \sin\theta' \end{bmatrix} \tag{1.51}$$

である。ここで，θ' は，ポインティングベクトルが z 軸となす角である。また，常光については，光軸が表面法線にあるので媒質が変わっても偏光方向は変わらず，以下のようになる。

$$\boldsymbol{u}^{(3)} = \boldsymbol{u}^{(4)} = \begin{bmatrix} 0 \\ 1 \\ 0 \end{bmatrix} \tag{1.52}$$

境界条件は，電場と磁場の接線方向が連続であるということである。1.4 節に示したように，媒質 i における p–偏光と s–偏光の光に関して，前方に伝搬する光と後方に伝搬する光の電場強度をまとめて，ベクトルとした $\boldsymbol{E}_i$ を定義する。偏光と光の進行方向をそれぞれ上付き文字として表すと，以下のようになる。

$$\boldsymbol{E}_i = \begin{bmatrix} E_i^{\mathrm{p}+} \\ E_i^{\mathrm{p}-} \\ E_i^{\mathrm{s}+} \\ E_i^{\mathrm{s}-} \end{bmatrix} \tag{1.53}$$

一方，境界における連続条件を取り入れるためには，**ベルマンベクトル $\boldsymbol{\psi}$** と呼ばれる，つぎのような電場と磁場の四つの成分を考えれば十分である。

$$\boldsymbol{\psi}_i = \begin{bmatrix} E_x \\ B_y \\ E_y \\ -B_x \end{bmatrix} \tag{1.54}$$

$\boldsymbol{\psi}$ と $\boldsymbol{E}_i$ の関係は，テンソル $\boldsymbol{\Pi}_i$ を使って

$$\boldsymbol{\psi}_i = \boldsymbol{\Pi}_i \boldsymbol{E}_i \tag{1.55}$$

と表される。ここで $\boldsymbol{\Pi}_i$ は，式 (1.5) から媒質 2 の η と u を用いてつぎのよう

に書くことができる。

$$\mathbf{\Pi}_i = \begin{bmatrix} u_x^{(1)} & u_x^{(2)} & u_x^{(3)} & u_x^{(4)} \\ \eta^{(1)} u_x^{(1)} - \kappa u_z^{(1)} & \eta^{(2)} u_x^{(2)} - \kappa u_z^{(2)} & \eta^{(3)} u_x^{(3)} - \kappa u_z^{(3)} & \eta^{(4)} u_x^{(4)} - \kappa u_z^{(4)} \\ u_y^{(1)} & u_y^{(2)} & u_y^{(3)} & u_y^{(4)} \\ \eta^{(1)} u_y^{(1)} & \eta^{(2)} u_y^{(2)} & \eta^{(3)} u_y^{(3)} & \eta^{(4)} u_y^{(4)} \end{bmatrix} \tag{1.56}$$

前述の場合と同様に，媒質2が1軸性媒質で光軸が表面法線に平行な場合について計算すると，以下のようになる。

$$\mathbf{\Pi}_2 = \begin{bmatrix} \cos\theta_2' & -\cos\theta_2' & 0 & 0 \\ \dfrac{n_{2o}^2}{n_{2e}}\cos\theta_2' & \dfrac{n_{2o}^2}{n_{2e}}\cos\theta_2' & 0 & 0 \\ 0 & 0 & 1 & 1 \\ 0 & 0 & \eta_{2o} & -\eta_{2o} \end{bmatrix} \tag{1.57}$$

二つの独立な2×2の行列となり，p–偏光とs–偏光を独立に扱えることがわかる。しかし，一般的には対角成分が生じ，p–偏光とs–偏光の光が相互作用する。つまり，p–偏光の光を入射すると反射光や透過光にs–偏光成分が表れる。

媒質1と媒質3は等方性媒質であり，そのとき$\mathbf{\Pi}_i$（$i=1$または3）は以下のように記述される。

$$\mathbf{\Pi}_i = \begin{bmatrix} \dfrac{\eta_i}{n_i} & -\dfrac{\eta_i}{n_i} & 0 & 0 \\ n_i & n_i & 0 & 0 \\ 0 & 0 & 1 & 1 \\ 0 & 0 & \eta_i & -\eta_i \end{bmatrix} \tag{1.58}$$

さて，媒質iにおけるベルマンベクトルをψ_iとすると

$$\mathbf{\Pi}_2 \psi_2 = \mathbf{\Pi}_1 \psi_1 \tag{1.59}$$

$$\mathbf{\Pi}_3 \psi_3 = \mathbf{\Pi}_2 \mathbf{\Phi}_2 \psi_2 \tag{1.60}$$

である。$\mathbf{\Phi}_2$は媒質2を伝搬する光の位相差を与え，以下のように表される。

$$\boldsymbol{\Phi}_2 = \begin{bmatrix} \phi_{2\mathrm{e}}^+ & 0 & 0 & 0 \\ 0 & \phi_{2\mathrm{e}}^- & 0 & 0 \\ 0 & 0 & \phi_{2\mathrm{o}}^+ & 0 \\ 0 & 0 & 0 & \phi_{2\mathrm{o}}^- \end{bmatrix} \tag{1.61}$$

ここで，$\phi_{2\mathrm{e}}^\pm = \exp(\pm i\eta_{2\mathrm{e}} d_2)$ および $\phi_{2\mathrm{o}}^\pm = \exp(\pm i\eta_{2\mathrm{o}} d_2)$ である。

式 (1.59) と式 (1.60) から

$$\boldsymbol{\Pi}_3 \boldsymbol{\psi}_3 = (\boldsymbol{\Pi}_3^{-1} \boldsymbol{\Pi}_2) \boldsymbol{\Phi}_2 (\boldsymbol{\Pi}_2^{-1} \boldsymbol{\Pi}_1) \boldsymbol{\psi}_1 = \mathbf{M}_{32} \boldsymbol{\Phi}_2 \mathbf{M}_{21} \tag{1.62}$$

となる。ここで，$\mathbf{M}_{ji} = \boldsymbol{\Pi}_j^{-1} \boldsymbol{\Pi}_i$ である。等方性媒質の場合や表面法線と光軸が一致する場合の一軸性媒質では $\boldsymbol{\Pi}$ の逆行列は存在しないが，今回考えている光学モデルでは以下に示す実効的な逆行列を用いることができる。

$$\boldsymbol{\Pi}_2^{-1} = \frac{1}{2} \begin{bmatrix} \dfrac{1}{\cos\theta_2'} & \dfrac{\eta_{2\mathrm{e}}}{n_{2\mathrm{o}}^2 \cos\theta_2'} & 0 & 0 \\ -\dfrac{1}{\cos\theta_2'} & \dfrac{\eta_{2\mathrm{e}}}{n_{2\mathrm{o}}^2 \cos\theta_2'} & 0 & 0 \\ 0 & 0 & 1 & \dfrac{1}{\eta_{2\mathrm{o}}} \\ 0 & 0 & 1 & -\dfrac{1}{\eta_{2\mathrm{o}}} \end{bmatrix} \tag{1.63}$$

$$\boldsymbol{\Pi}_i^{-1} = \frac{1}{2} \begin{bmatrix} \dfrac{n_i}{\eta_i} & \dfrac{1}{n_i} & 0 & 0 \\ -\dfrac{n_i}{\eta_i} & \dfrac{1}{n_i} & 0 & 0 \\ 0 & 0 & 1 & \dfrac{1}{\eta_i} \\ 0 & 0 & 1 & -\dfrac{1}{\eta_i} \end{bmatrix} \quad (i = 1 \text{ または } 3) \tag{1.64}$$

1.5.3 応用例（ハイパボリックメタマテリアル）

ハイパボリックメタマテリアル（**HMM**）における反射率や透過率の計算を異方性媒質の計算の例として紹介する。図 **1.10** (a) に示すような波長に比べて十分薄い膜で構成される多層膜は，表面法線方向と面内方向の固有波数ベク

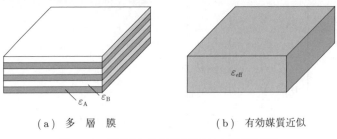

(a) 多層膜　　　　　　　　(b) 有効媒質近似

図 **1.10**　多層膜と有効媒質近似による実効媒質

トルが異なる異方性媒質である。特に，金属と誘電体を交互に積層した場合には，等波数面が双曲線表面である HMM となり，表面法線方向の波数を大きくできる，など特異な光学特性が現れる[14]。これは，図 (b) に示すように，多層膜を実効的な一つの媒質として近似する**有効媒質近似**により理解することができる。2 種類の媒質 A，B により HMM が構成される場合を考えよう。それぞれの誘電率を ε_A，ε_B とする。各媒質で構成される薄膜の膜厚は等しく，それぞれ d_A，d_B とする。実効的な誘電率は偏光方向に依存し，z 方向および面内方向の誘電率をそれぞれ ε_z，$\varepsilon_\parallel$ とすると以下のように記述できる。

$$\varepsilon_z = \frac{\varepsilon_A \varepsilon_B}{f\varepsilon_B + (1-f)\varepsilon_A} \tag{1.65}$$

$$\varepsilon_\parallel = f\varepsilon_A + (1-f)\varepsilon_B \tag{1.66}$$

ここで，f は媒質 A の体積分率であり，$f = d_A/(d_A + d_B)$ である。よって，表面に垂直な z 方向成分と表面面内成分は異なり，HMM の有効媒質は表面垂直方向に光軸をもつ 1 軸の異方性媒質であることがわかる。

さて，一般に x，y，z 方向に光学軸をもつ異方性媒質は，対角化された誘電率テンソルをもつ。x，y，z 方向それぞれの成分を ε_{xx}，ε_{yy}，ε_{zz} とすると，以下の式で示される誘電率楕円体を考えることができる。

$$\frac{x^2}{\varepsilon_{xx}} + \frac{y^2}{\varepsilon_{yy}} + \frac{z^2}{\varepsilon_{zz}} = 1 \tag{1.67}$$

この媒質を伝搬する光の分散関係は，式 (1.38) から求めることができる。$\varepsilon_{xx} = \varepsilon_{yy} = \varepsilon_\parallel$，$\varepsilon_z = \varepsilon_{zz}$ として，両辺に真空中の波数を掛けることにより，常光に

1.5 異方性媒質の伝搬行列法

対しては

$$\frac{k_x^2}{\varepsilon_\parallel} + \frac{k_y^2}{\varepsilon_\parallel} + \frac{k_z^2}{\varepsilon_\parallel} = \left(\frac{\omega}{c}\right)^2 \tag{1.68}$$

となり，異常光に対しては

$$\frac{k_x^2}{\varepsilon_z} + \frac{k_y^2}{\varepsilon_z} + \frac{k_z^2}{\varepsilon_\parallel} = \left(\frac{\omega}{c}\right)^2 \tag{1.69}$$

となる。

常光の分散関係は半径 $\sqrt{\varepsilon_\parallel}(\omega/c)$ の球となることは明らかなので，ここでは異常光に対する分散関係を扱う。$\varepsilon_\parallel$ と ε_z の符号に応じて三つの場合に分けて考える必要がある。プログラム 1.8 は，$\varepsilon_\parallel$ と ε_z の符号が共に正の場合の波数ベクトル成分がとる値の関係（分散関係）を計算するプログラムである。式 (1.68) は極角 θ と方位角 ϕ で媒介変数で表すとわかりやすい。すなわち

$$x = \sqrt{\varepsilon_z}\sin\theta\cos\phi \tag{1.70}$$

$$y = \sqrt{\varepsilon_z}\sin\theta\sin\phi \tag{1.71}$$

$$z = \sqrt{\varepsilon_\parallel}\cos\theta \tag{1.72}$$

と書ける。

プログラム **1.8**

```
1  import scipy as sp
2  from scipy import pi,sin,cos,tan, meshgrid,arange
3  import pylab as pylab
4  import mpl_toolkits.mplot3d.axes3d as pylab3
5
6  u=arange(0,2*pi,0.1)  # メッシュ作成の変数方位角 φ 周り 0 から 2π, 0.1 刻み
7  v=arange(0,1*pi,0.1)  # メッシュ作成の変数方位角 θ 周り 0 から π, 0.1 刻み
8
9  epz = 4       # z 方向の誘電率
10 epx = 9       # x 方向の誘電率
11
12 uu,vv=meshgrid(u,v)        # メッシュの作成
13
14 x=epz*cos(uu)*sin(vv)      # 誘電率楕円体の媒介変数表示   x 方向
15 y=epz*sin(uu)*sin(vv)      # 誘電率楕円体の媒介変数表示   y 方向
16 z=epx*cos(vv)              # 誘電率楕円体の媒介変数表示   z 方向
17
18 fig=pylab.figure()
19 ax = pylab3.Axes3D(fig,aspect=1)     # 3D 図の作成宣言
20 ax.plot_wireframe(x,y,z)             # ワイヤフレームのプロット
21 ax.set_xlabel('X')        # x 方向ラベル
```

```
22  ax.set_ylabel('Y')        #   y方向ラベル
23  ax.set_zlabel('Z')        #   z方向ラベル
24
25  ax.set_xlim3d(-10, 10)    #   x方向プロット範囲
26  ax.set_ylim3d(-10, 10)    #   y方向プロット範囲
27  ax.set_zlim3d(-10, 10)    #   z方向プロット範囲
28
29  pylab.show()              #   グラフの表示
```

図は 3 次元となるあるため，プロットの前に 12 行目で gridmesh コマンドでメッシュを作成して，リストの uu と vv に格納する。プロットは plot_wireframe コマンドで行う。計算結果は，図 1.11（a）に示すように回転楕円体となる。

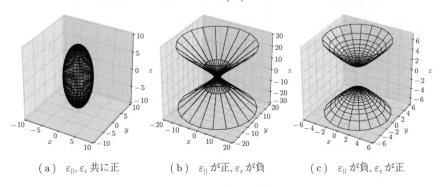

（a）$\varepsilon_\parallel, \varepsilon_z$ 共に正　　　（b）$\varepsilon_\parallel$ が正, ε_z が負　　　（c）$\varepsilon_\parallel$ が負, ε_z が正

図 1.11　さまざまな分散関係

一方で，$\varepsilon_\parallel$ が正で ε_z が負の場合，分散関係は図（b）に示すような双曲線面となる。この場合，式 (1.68) を媒介変数で表すと，$\varepsilon_\parallel$ が正で ε_z が負の場合には

$$x = \sqrt{\varepsilon_z} \sec\theta \cos\phi \tag{1.73}$$

$$y = \sqrt{\varepsilon_z} \sec\theta \sin\phi \tag{1.74}$$

$$z = \sqrt{\varepsilon_\parallel} \tan\theta \tag{1.75}$$

$\varepsilon_\parallel$ が負で ε_z が正の場合には

$$x = \sqrt{\varepsilon_z} \tan\theta \cos\phi \tag{1.76}$$

$$y = \sqrt{\varepsilon_z} \tan\theta \sin\phi \tag{1.77}$$

$$z = \sqrt{\varepsilon_\parallel} \sec\theta \tag{1.78}$$

となる。これを図示するプログラムをプログラム 1.9 に示す。epx と epz は共

に誘電率の絶対値であり，その正負は媒介変数の記述により選ぶ．分散関係が双曲線面となることは，ある波数ベクトル成分に限れば，大きな値をとれる可能性を示している．

プログラム 1.9

```
1   import scipy as sp
2   import matplotlib.pyplot as plt
3   from matplotlib.pyplot import plot,show,grid,axis,figure
4   from scipy import pi,sin,cos,tan,arcsin,meshgrid,linspace,sqrt
5   import mpl_toolkits.mplot3d.axes3d as p3d
6
7   def sec(x):
8       return 1/cos(x)   # 関数 sec を定義
9
10  u=linspace(0, 2*pi, 20) # メッシュ作成の変数方位角 θ 周り 0 から 2π, 20 等分
11  v=linspace(0, 2*pi, 20) # メッシュ作成の変数方位角 φ 周り 0 から 2π, 20 等分
12
13  epz = 3       # z 方向の誘電率の絶対値 （負の値）
14  epx = 5       # x 方向の誘電率 （正の値）
15
16  uu,vv=meshgrid(u,v)      # メッシュの作成
17
18  x=sqrt(epz)*sec(uu)*cos(vv)    # 屈折率楕円体の媒介変数表示 x 方向
19  y=sqrt(epz)*sec(uu)*sin(vv)    # 屈折率楕円体の媒介変数表示 y 方向
20  z=sqrt(epx)*tan(uu)            # 屈折率楕円体の媒介変数表示 z 方向
21
22  fig=figure()
23  ax = p3d.Axes3D(fig,aspect=1)    # 3D 図の作成宣言
24  ax.plot_wireframe(x,y,z)      # ワイヤフレームのプロット
25  ax.set_xlabel('X')       # x 方向ラベル
26  ax.set_ylabel('Y')       # y 方向ラベル
27  ax.set_zlabel('Z')       # z 方向ラベル
28
29  ax.set_xlim3d(-20, 20)      # x 方向プロット範囲
30  ax.set_ylim3d(-20, 20)      # y 方向プロット範囲
31  ax.set_zlim3d(-30, 30)      # z 方向プロット範囲
32
33  show()       # グラフの表示
```

最後に $\varepsilon_\parallel$ が負で ε_z が正の場合について計算した結果を図 (c) に示す．そして，そのプログラムをプログラム 1.10 に示す．epx と epz は共に誘電率の絶対値である．メッシュグリッド作成の都合で，z 軸の正の部分と負の部分を分けてプロットして，最後に一つの曲面として示す．この場合には，k_z にギャップが生じるという特徴がある．

プログラム 1.10

```
1   import scipy as sp
2   import matplotlib.pyplot as plt
3   from matplotlib.pyplot import plot,show,grid, axis,subplot,figure
```

32 　　1. 反射率や透過率の計算

```
 4  from scipy import pi,sin,cos,tan,arcsin,meshgrid,linspace,sqrt
 5  import mpl_toolkits.mplot3d.axes3d as p3d
 6
 7  def sec(x):
 8      return 1/cos(x)    # 関数 sec を定義
 9
10  u=linspace(0, 0.4*pi, 20) # メッシュ作成の変数方位角 θ 周り 0 から 0.4π, 20 等分
11  v=linspace(0, 2*pi, 20)   # メッシュ作成の変数方位角 φ 周り 0 から 2π, 20 等分
12
13  epz = 3         # z 方向の誘電率（正の値）
14  epx = 5         # x 方向の誘電率の絶対値（負の値）
15
16  uu,vv=meshgrid(u,v)      # メッシュの作成
17
18  x1=sqrt(epz)*tan(uu)*cos(vv)    # 屈折率楕円体　x 方向（z が正の範囲）
19  y1=sqrt(epz)*tan(uu)*sin(vv)    # 屈折率楕円体　y 方向（z が正の範囲）
20  z1=sqrt(epx)*sec(uu)            # 屈折率楕円体　z 方向（z が正の範囲）
21
22  x2=sqrt(epz)*tan(uu)*cos(vv)    # 屈折率楕円体　x 方向（z が負の範囲）
23  y2=sqrt(epz)*tan(uu)*sin(vv)    # 屈折率楕円体　y 方向（z が負の範囲）
24  z2=-sqrt(epx)*sec(uu)           # 屈折率楕円体　z 方向（z が負の範囲）
25
26
27  fig=figure()
28  ax = p3d.Axes3D(fig,aspect=1)     # ワイヤフレームのプロット
29  ax.plot_wireframe(x1,y1,z1)       # ワイヤフレームのプロット
30  ax.plot_wireframe(x2,y2,z2)       # ワイヤフレームのプロット
31
32  ax.set_xlabel('X')       # x 方向ラベル
33  ax.set_ylabel('Y')       # y 方向ラベル
34  ax.set_zlabel('Z')       # z 方向ラベル
35
36  ax.set_xlim3d(-6, 6)     # x 方向プロット範囲
37  ax.set_ylim3d(-6, 6)     # y 方向プロット範囲
38  ax.set_zlim3d(-7, 7)     # z 方向プロット範囲
39
40  show()       # グラフの表示
```

さて，図 1.12 (a) や図 (b) に示すように，厚さ 10 nm の誘電体（TiO_2）と金属（Ag）が 8 層重ね合わさった多層膜構造について，反射率や透過率の波長

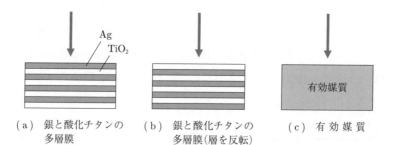

図 1.12　銀（Ag）と酸化チタン（TiO_2）の多層膜とその有効媒質

依存性を計算し，図 (c) に示すような有効媒質近似により求めた誘電率をもつ厚さ 80 nm の媒質の反射率と比較をする．図 (a) と図 (b) の違いは，最上層が金属 (Ag) であるか誘電体 (TiO_2) であるかである．多層膜構造についての計算は 1.4 節で紹介した方法を用いて計算できる．一方，有効媒質は 1 層であるが異方性媒質であるため，1.5 節で紹介した計算を行う必要がある．また，誘電体 (TiO_2) の誘電率 ε_{TiO2} と金属 (Ag) の誘電率 ε_{Ag} は以下の式に従うとする[15]．

$$\varepsilon_{TiO2} = 5.193 + \frac{0.244}{(\lambda/1\,000)^2 - 0.080\,3} \tag{1.79}$$

$$\varepsilon_{Ag} = 3.691 - \frac{9.152\,2}{(1\,242/\lambda)^2 + i0.021(1\,242/\lambda)} \tag{1.80}$$

巻末付録に示したプログラム A.2 を使って，図 **1.13** に入射角 0° の場合の反射率と透過率，図 **1.14** に入射角 45° の場合の反射率と透過率を示す．反射率では ML1 と ML2 はわずかに異なるが，透過率では一致する．反射率の違いは Ag によるわずかな吸収の違いによるものであり，透過率の一致は透過における光の相反定理が成り立つことで説明できる．EMA モデルと ML モデルは 450 nm より長波長側ではほぼ一致する．短波長側では値は異なるが特徴はほ

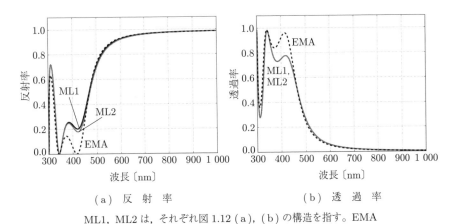

(a) 反 射 率　　　　　　　　(b) 透 過 率

ML1, ML2 は，それぞれ図 1.12 (a), (b) の構造を指す．EMA は図 1.12 (c) に示した有効媒質である

図 1.13 垂直入射時の多層膜およびその有効媒質における反射率と透過率の計算結果

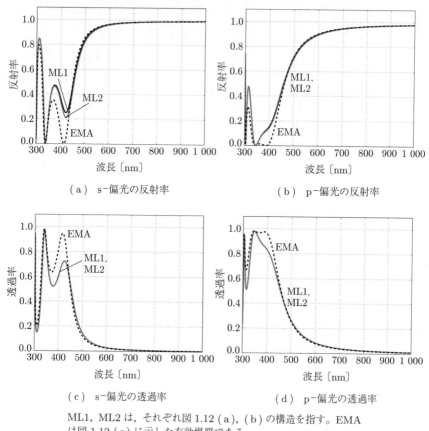

(a) s-偏光の反射率　　　(b) p-偏光の反射率

(c) s-偏光の透過率　　　(d) p-偏光の透過率

ML1, ML2 は，それぞれ図 1.12 (a), (b) の構造を指す。EMA は図 1.12 (c) に示した有効媒質である

図 1.14 入射角 45° で入射した場合の多層膜およびその有効媒質における反射率と透過率の計算結果

ぼ一致している。また，入射角が 45° の場合でも，入射角 0° の場合と同様に EMA モデルと ML モデルは 450 nm より長波長側ではほぼ一致する。

プログラム 1.11 を使って有効媒質の有効誘電率 $\varepsilon_\parallel$ と ε_z をプロットしたものを**図 1.15** に示す。ここからわかるように，$\varepsilon_\parallel$ の虚部はきわめて小さいが，実部は 450 nm を境に短波長側で正，長波長側で負である。つまり，短波長側では有効媒質は誘電体として振る舞い，長波長側では金属として振る舞う。また，450 nm で $\varepsilon_\parallel = 0$ が実現されており，屈折率の実部が 0 に近いことを示してい

1.5 異方性媒質の伝搬行列法

る。一方で，ε_z の実部の符号は $\varepsilon_\parallel$ と逆になる。

プログラム 1.11

```
import scipy as sp
import matplotlib as mpl
import matplotlib.pyplot as plt
from scipy import pi,arange,sqrt,zeros,array
from matplotlib.pyplot import plot,show,xlabel,ylabel,title,legend,grid,axis

def func_nAg(WLs):
    ep=3.691-9.1522**2/((1240/WLs)**2+1j*0.021*(1240/WLs))
    index=sqrt(ep)
    return index        # 銀の誘電関数

def func_nTiO2(WLs):
    ep=5.193 + 0.244/((WLs/1000)**2-0.0803)
    index=sqrt(ep)
    return index        # TiO2 の誘電関数

WLmin = 300             # 波長（短波長側）〔nm〕
WLmax = 1000            # 波長（長波長側）〔nm〕
WLperiod = 1            # 波長間隔〔nm〕
WLx = arange(WLmin, WLmax+1, WLperiod)    # 波長の配列
NumWLx = int((WLmax-WLmin)/WLperiod)+1    # 波長の数
k0=2*pi/WLx                               # 各波長の波数

nTiO2=zeros((NumWLx),dtype=complex)   # TiO2 屈折率の配列の初期化
nAg=zeros((NumWLx),dtype=complex)     # Ag 屈折率の配列の初期化

for i in range(NumWLx):
    nTiO2[i]=func_nTiO2(WLx[i])      # TiO2 屈折率の生成
    nAg[i]=func_nAg(WLx[i])          # Ag 屈折率の生成

epx=0.5*(nTiO2**2 + nAg**2)           # EMA による誘電率の計算  x 方向
epz=2*(nTiO2**2)*(nAg**2)/((nTiO2**2)+(nAg**2)) #
     EMA による誘電率の計算  z 方向

plot(WLx,epx.real, label=r"Re$(\varepsilon_{\rm \parallel})$") #
     x 方向有効媒質の誘電率（実部）のプロット
plot(WLx,epx.imag, label=r"Im$(\varepsilon_{\rm \parallel})$") #
     x 方向有効媒質の誘電率（虚部）のプロット
xlabel(r"Wavelength(nm)",fontsize=20) # x 軸のラベル
ylabel(r"$ \varepsilon_{\rm \parallel}$",fontsize=20) # y 軸のラベル
title("",fontsize=20)        # グラフのタイトル
grid(True)              # グリッドを表示
axis([300,1000,-30,30])         # プロット範囲
legend(fontsize=16)          # 凡例の表示
plt.tick_params(labelsize=20)   # 軸の目盛の表示とフォントサイズの指定
show()             # グラフを表示

plot(WLx,epz.real, label=r"Re$(\varepsilon_{\rm z})$") #
     z 方向有効媒質の誘電率（実部）のプロット
plot(WLx,epz.imag, label=r"Im$(\varepsilon_{\rm z})$") #
     z 方向有効媒質の誘電率（虚部）のプロット
xlabel(r"Wavelength(nm)",fontsize=20) # x 軸のラベル
ylabel(r"$ \varepsilon_{\rm z}$",fontsize=20) # y 軸のラベル
title("",fontsize=20) # グラフのタイトル
grid(True) # グリッドを表示
```

```
51  axis([300,1000,-100,100])  # プロット範囲
52  legend(fontsize=16)  # 凡例の表示
53  plt.tick_params(labelsize=18)    # 軸の目盛表示とフォントサイズの指定
54  show()        # グラフを表示
```

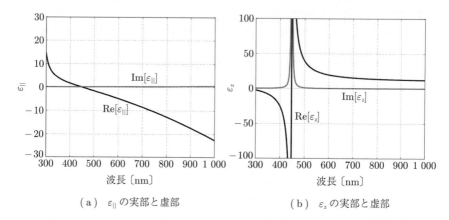

(a) $\varepsilon_{\parallel}$ の実部と虚部　　　(b) ε_z の実部と虚部

図 1.15　有効媒質の誘電率

引用・参考文献

1) G.R. Fowles："Introduction to Modern Optics," Dover, New York (1968)
2) M. Born and E. Wolf："Principles of Optics," Pergamon Press, Oxford (1959)
3) B.E.A. Saleh and M.C. Teich："Fundamentals of Photonics," Wiley, New York (2007)
4) 辻内順平：「光学概論 I・II」, 朝倉書店 (1979)
5) 鶴田匡夫：「応用光学 I・II」, 培風館 (1990)
6) 工藤惠栄, 上原冨美哉：「基礎光学」, 現代工学社 (1990)
7) 三好旦六：「光・電磁波論」, 培風館 (1987)
8) 黒田和夫：「物理光学」, 朝倉書店 (2011)
9) 藤原裕之：「分光エリプソメトリー」, 丸善 (2011)
10) 梶川浩太郎：「先端機能材料の光学」, 内田老鶴圃 (2016)
11) D.S. Bethune："Optical harmonic generation and mixing in multilayer media: analysis using optical transfer matrix techniques," J. Opt. Soc. Am. B,

6, pp.910–916 (1989)

12) 岡本隆之, 梶川浩太郎：「プラズモニクス」, 講談社 (2010)

13) D.S. Bethune："Optical harmonic generation and mixing in multilayer media: extension of optical transfer matrix approach to include anisotropic materials," J. Opt. Soc. Am. B, **8**, pp.367–373 (1991)

14) A. Poddubny, I. Iorsh, P. Belov and Y. Kivshar："Hyperbolic metamaterials," Nat. Photon., **7**, pp.958–967 (2013)

15) K.-H. Kim, Y.-S. No, S. Chang, J.-H. Choi and H.-G. Park："Invisible Hyperbolic Metamaterial Nanotube at Visible Frequency," Sci. Rep., **5**, 16027 (2015)

2 球の電磁場解析

微小構造に光を照射すると光散乱と光吸収が生じる。微小構造として球や円柱の場合には解析解があり，精度の高い計算を行うことができる。この章では，球による散乱や吸収の計算方法について述べる。

2.1 理　　　論

2.1.1　長波長近似

長波長近似（準静電近似）は，球の直径が光の波長に比べて十分に小さいとき（概ね波長の 1/7 以下）に適用できる近似である。光電場を静電場として考えるため，後述の遅延を取り入れた計算と比べて取扱いが格段に楽である。図 2.1 (a) に示すような最も簡単な，微小球の吸収スペクトルや散乱スペクトルについて考える。周辺媒質の屈折率を n_1，微小球の屈折率を n_2 とするとき，半径 R の微小球の分極率 α は以下の式で示すことができる[1]~[4]。

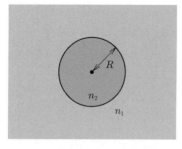
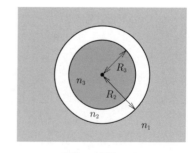

（a）球　　　　　　　　　（b）コアシェル

図 2.1　球とコアシェル構造

$$\alpha = -4\pi n_1^2 R^3 \frac{n_2^2 - n_1^2}{n_2^2 + 2n_1^2} \tag{2.1}$$

金属球の場合には n_2 は複素数であり，波長依存性（波長分散）がある。分母の $n_2^2 + 2n_1^2$ が最小となる波長で分極率 α が最大になり，共鳴が生じる。これが**局在表面プラズモン共鳴**である。実部のみを考えれば，$n_2^2 = -2n_1^2$ の波長のときとなる。共鳴波長は球の屈折率 n_2 の波長依存性のみで決まり，球の半径には依存しないことに注意する。これより**散乱断面積** C_{sca}，**消光断面積** C_{ext} は

$$C_{\text{sca}} = \frac{k^4}{6\pi}|\alpha|^2 \tag{2.2}$$

$$C_{\text{abs}} = k\,\text{Im}[\alpha] \tag{2.3}$$

$$C_{\text{ext}} = C_{\text{sca}} + C_{\text{abs}} \tag{2.4}$$

となる。ここで，C_{abs} は吸収断面積で，k は周辺媒質中の光の波数である。**吸収効率** Q_{abs}，**散乱効率** Q_{sca}，**消光効率** Q_{ext} は，光の進行方向を法線とする中心を通る面で球や楕円などを切断したときの断面積 S で規格化したものである[†]。すなわち，断面積を大円の面積で割れば**効率** Q を求めることができる。

2.1.2 遅延を取り入れた球の計算

球の半径が大きくなると遅延を取り入れた計算（ミー理論）が必要となる。図 2.1（a）において，相対屈折率 m を $m = n_2/n_1$ と定義する。球は対称性がよいので，例えば，球座標系で z 方向に伝搬する z 方向に偏光する光を考えれば一般化される。真空中の光の波長と波数をそれぞれ λ，k_0 とし，角振動数を ω とする。入射光電場ベクトル $\boldsymbol{E}_i$ は，ベクトル球面調和関数を使って球面波に展開すると

$$\boldsymbol{E}_i = \sum_{n=1}^{\infty} E_n \left(\mathbf{M}_{o1n}^{(1)} - i\mathbf{N}_{e1n}^{(1)} \right) \tag{2.5}$$

となる[1]〜[4]。ここで，$E_n = i^n\{(2n+1)/[n(n+1)]\}E_0$ である。また，磁場 $\boldsymbol{H}_i$ は

[†] 形状が複雑な場合には断面積 S が決まらないので効率は求められない。

$$\boldsymbol{H}_i = -\frac{k_0}{\omega\mu_0}\sum_{n=1}^{\infty} E_n \left(\mathbf{M}_{e1n}^{(1)} + i\mathbf{N}_{o1n}^{(1)} \right) \tag{2.6}$$

となる。

球の内部の電場 $\boldsymbol{E}_2$ と磁場 $\boldsymbol{H}_2$ は係数 c_n, d_n を用いて

$$\boldsymbol{E}_2 = \sum_{n=1}^{\infty} E_n \left(c_n \mathbf{M}_{o1n}^{(1)} - id_n \mathbf{N}_{e1n}^{(1)} \right) \tag{2.7}$$

$$\boldsymbol{H}_2 = -\frac{mk_0}{\omega\mu_0}\sum_{n=1}^{\infty} E_n \left(d_n \mathbf{M}_{e1n}^{(1)} + ic_n \mathbf{N}_{o1n}^{(1)} \right) \tag{2.8}$$

と書ける。さらに、散乱場 $\boldsymbol{E}_\mathrm{s}$ と $\boldsymbol{H}_\mathrm{s}$ は係数 a_n, b_n を用いて以下のようになる。

$$\boldsymbol{E}_\mathrm{s} = \sum_{n=1}^{\infty} E_n \left(ia_n \mathbf{N}_{e1n}^{(3)} - ib_n \mathbf{M}_{o1n}^{(3)} \right) \tag{2.9}$$

$$\boldsymbol{H}_\mathrm{s} = \frac{k_0}{\omega\mu_0}\sum_{n=1}^{\infty} E_n \left(ib_n \mathbf{N}_{o1n}^{(3)} + ia_n \mathbf{M}_{e1n}^{(3)} \right) \tag{2.10}$$

係数 a_n, b_n, c_n, d_n を球の表面における境界条件から

$$a_n = \frac{m\psi_n(mx)\psi_n'(x) - \psi_n(x)\psi_n'(mx)}{m\psi_n(mx)\xi_n'(x) - \xi_n(x)\psi_n'(mx)} \tag{2.11}$$

$$b_n = \frac{\psi_n(mx)\psi_n'(x) - m\psi_n(x)\psi_n'(mx)}{\psi_n(mx)\xi_n'(x) - m\xi_n(x)\psi_n'(mx)} \tag{2.12}$$

$$c_n = \frac{m\psi_n(x)\xi_n'(x) - m\xi_n(x)\psi_n'(x)}{\psi_n(mx)\xi_n'(x) - m\xi_n(x)\psi_n'(mx)} \tag{2.13}$$

$$d_n = \frac{m\psi_n(x)\xi_n'(x) - m\xi_n(x)\psi_n'(x)}{m\psi_n(mx)\xi_n'(x) - \xi_n(x)\psi_n'(mx)} \tag{2.14}$$

と求まる。ここでプライム $'$ は，括弧内の変数による微分を表す。ここで，x はサイズパラメータと呼ばれ，$x = k_0 R$ である。また，$\psi_n(\rho)$, $\xi_n(\rho)$ はリッカチ・ベッセル (Riccati–Bessel) 関数と呼ばれ，球ベッセル関数 $j_n(\rho)$ と球ハンケル関数 $h_n(\rho)$ を使って

$$\psi_n(\rho) = \rho j_n(\rho) \tag{2.15}$$

$$\xi_n(\rho) = \rho h_n(\rho) \tag{2.16}$$

である。時間依存性を $e^{-i\omega t}$ としたので，第 1 種の球ハンケル関数を用いる。散乱断面積 C_sca, 消光断面積 C_ext は

$$C_{\text{sca}} = \frac{2\pi}{k_0^2} \sum_{n=1}^{\infty} (2n+1)(|a_n|^2 + |b_n|^2) \tag{2.17}$$

$$C_{\text{ext}} = \frac{2\pi}{k_0^2} \sum_{n=1}^{\infty} (2n+1)\text{Re}[a_n + b_n] \tag{2.18}$$

と表される。

2.1.3 コアシェル構造（遅延を考えない場合）

図 2.1（b）のような，屈折率 n_1 の周辺媒質中に，屈折率 n_3 のコアとそれを覆う屈折率 n_2 のシェルによる**コアシェル構造**を考える。まず，コアシェルが波長に比べて十分小さく，準静電近似が適用できる場合を考える。

計算には球座標系 (r,θ,ϕ) を用いる。計算を簡単にするため，r はコアの半径 R_3 で規格化されている。すると，$r=1$ がコアの表面に対応し，シェルの表面は $r=R_2/R_3=s$ となる。z 方向に単位電場が印加された際に生じる媒質 i におけるポテンシャル ψ_i は，ルジャンドル関数 $P_j(t)$ を使って

$$\psi_1 = rt + \sum_{j=1}^{\infty} B_{1j} r^{-(j+1)} P_j(t) \tag{2.19}$$

$$\psi_2 = \sum_{j=1}^{\infty} \left[A_{2j} r^j P_j(t) + B_{2j} r^{-(j+1)} P_j(t) \right] \tag{2.20}$$

$$\psi_3 = \sum_{j=1}^{\infty} A_{3j} r^j P_j(t) \tag{2.21}$$

と書くことができる[5]。ここで，$t=\cos\theta$ である。また，A_{ij} と B_{ij} は，媒質 i における次数 j の係数である。コアとシェルの界面 $r=1$ およびシェルと周辺媒質の界面 $r=s$ における境界条件†から，以下の四つの式が得られる。

$$A_{31} - A_{21} - B_{21} = 0 \tag{2.22}$$

$$\varepsilon_3 A_{31} - \varepsilon_2 A_{21} + 2\varepsilon_2 B_{21} = 0 \tag{2.23}$$

---

† 境界面でポテンシャルが連続であること，ポテンシャルの微分に誘電率を乗じた値が連続であること，の二つの条件を満たすことである。

2. 球の電磁場解析

$$s^3 A_{21} + B_{21} - B_{11} - s^3 = 0 \tag{2.24}$$

$$\varepsilon_2 s^3 A_{21} - 2\varepsilon_2 B_{21} + 2\varepsilon_1 B_{11} = \varepsilon_1 s^3 \tag{2.25}$$

以下にこの連立方程式を解いた結果を示す[6),7)]。ただし,媒質 i における誘電率 ε_i は $\varepsilon_i = n_i^2$ である。

$$A_{21} = \frac{s^3}{\Delta}[3\varepsilon_1(2\varepsilon_2 + \varepsilon_3)] \tag{2.26}$$

$$B_{21} = \frac{s^3}{\Delta}[3\varepsilon_1(\varepsilon_2 - \varepsilon_3)] \tag{2.27}$$

$$A_{31} = \frac{s^3}{\Delta}(9\varepsilon_1\varepsilon_2) \tag{2.28}$$

$$B_{11} = \frac{s^3}{\Delta}\{\varepsilon_2[\varepsilon_1(1+2s^3) - \varepsilon_3(2+s^3)] + (2\varepsilon_2^2 - \varepsilon_1\varepsilon_3)(1-s^3)\} \tag{2.29}$$

ここで

$$\Delta = \varepsilon_2[2\varepsilon_1(1+2s^3) + \varepsilon_3(2+s^3)] - 2(\varepsilon_2^2 + \varepsilon_1\varepsilon_3)(1-s^3) \tag{2.30}$$

である。分極率 α は以下の式で求まる。

$$\alpha = -4\pi\varepsilon_1 R_2^3 B_{11} \tag{2.31}$$

以上より,散乱断面積 C_{sca},吸収断面積 C_{abs},そして消光断面積 C_{ext} を求めることができる。

2.1.4 コアシェル構造(遅延を考える場合)

つぎに,コアシェルのサイズが大きく,遅延を考慮しなければならない場合を考える[2)]。前述のミー理論の場合と同様の扱いとなる。図 2.1(b)のような,屈折率 n_1 の周辺媒質中に,半径 R_3,屈折率 n_3 のコアとそれを覆う半径 R_2,屈折率 n_2 のシェルによるコアシェル構造を考える。相対屈折率は,コアとシェルそれぞれに,$m_3 = n_3/n_1$, $m_2 = n_2/n_1$ であり,サイズパラメータも $x = k_0 R_3$ と $y = k_0 R_2$ が定義される。

球内部の電場,磁場を $\boldsymbol{E}_3$, $\boldsymbol{H}_3$,シェルの電場,磁場を $\boldsymbol{E}_2$, $\boldsymbol{H}_2$,入射場の電

場，磁場を $\boldsymbol{E}_\mathrm{i}$, $\boldsymbol{H}_\mathrm{i}$, 散乱場の電場，磁場を $\boldsymbol{E}_\mathrm{s}$, $\boldsymbol{H}_\mathrm{s}$ とする．入射場と散乱場は

$$\boldsymbol{E}_i = \sum_{n=1}^{\infty} E_n \left(\mathbf{M}_{o1n}^{(1)} - i\mathbf{N}_{e1n}^{(1)} \right) \tag{2.32}$$

$$\boldsymbol{H}_i = -\frac{k_0}{\omega\mu_0} \sum_{n=1}^{\infty} E_n \left(\mathbf{M}_{e1n}^{(1)} + i\mathbf{N}_{o1n}^{(1)} \right) \tag{2.33}$$

$$\boldsymbol{E}_\mathrm{s} = \sum_{n=1}^{\infty} E_n \left(ia_n \mathbf{N}_{e1n}^{(3)} - ib_n \mathbf{M}_{o1n}^{(3)} \right) \tag{2.34}$$

$$\boldsymbol{H}_\mathrm{s} = \frac{k_0}{\omega\mu_0} \sum_{n=1}^{\infty} E_n \left(ib_n \mathbf{N}_{o1n}^{(3)} + ia_n \mathbf{M}_{e1n}^{(3)} \right) \tag{2.35}$$

である．また，コアである媒質 3 における電場と磁場は

$$\boldsymbol{E}_3 = \sum_{n=1}^{\infty} E_n \left(c_n \mathbf{M}_{o1n}^{(1)} - id_n \mathbf{N}_{e1n}^{(1)} \right) \tag{2.36}$$

$$\boldsymbol{H}_3 = -\frac{m_3 k_0}{\omega\mu_0} \sum_{n=1}^{\infty} E_n \left(d_n \mathbf{M}_{e1n}^{(1)} + ic_n \mathbf{N}_{o1n}^{(1)} \right) \tag{2.37}$$

と記述される．一方で，シェルでは球の内部への進行波と外部への進行波の和となるので

$$\boldsymbol{E}_2 = \sum_{n=1}^{\infty} E_n \left(f_n \mathbf{M}_{o1n}^{(1)} - ig_n \mathbf{N}_{e1n}^{(1)} + v_n \mathbf{M}_{o1n}^{(2)} - iw_n \mathbf{N}_{e1n}^{(2)} \right) \tag{2.38}$$

$$\boldsymbol{H}_2 = -\frac{m_2 k_0}{\omega\mu_0} \sum_{n=1}^{\infty} E_n \left(g_n \mathbf{M}_{e1n}^{(1)} + if_n \mathbf{N}_{o1n}^{(1)} + w_n \mathbf{M}_{e1n}^{(2)} + iv_n \mathbf{N}_{o1n}^{(2)} \right) \tag{2.39}$$

と記述される．これらを $\rho = R_2$ および $\rho = R_3$ における境界条件で解くと以下のようになる．

$$a_n = \frac{\psi_n(y)[\psi_n'(m_2 y) - A_n \chi_n'(m_2 y)] - m_2 \psi_n'(y)[\psi_n(m_2 y) - A_n \chi_n(m_2 y)]}{\xi_n(y)[\psi_n'(m_2 y) - A_n \chi_n'(m_2 y)] - m_2 \xi_n'(y)[\psi_n(m_2 y) - A_n \chi_n(m_2 y)]} \tag{2.40}$$

$$b_n = \frac{m_2 \psi_n(y)[\psi_n'(m_2 y) - B_n \chi_n'(m_2 y)] - \psi_n'(y)[\psi_n(m_2 y) - B_n \chi_n(m_2 y)]}{m_2 \xi_n(y)[\psi_n'(m_2 y) - B_n \chi_n'(m_2 y)] - \xi_n'(y)[\psi_n(m_2 y) - B_n \chi_n(m_2 y)]} \tag{2.41}$$

ここで，A_n, B_n は

$$A_n = \frac{m_2 \psi_n(m_2 x) \psi'_n(m_2 x) - m_1 \psi'_n(m_2 x) \psi(m_3 x)}{m_2 \chi_n(m_2 x) \psi'(m_3 x) - m_1 \chi'_n(m_2 x) \psi(m_3 x)} \quad (2.42)$$

$$B_n = \frac{m_2 \psi_n(m_2 x) \psi'_n(m_2 x) - m_1 \psi_n(m_2 x) \psi'(m_3 x)}{m_2 \chi'_n(m_2 x) \psi(m_3 x) - m_1 \psi'_n(m_3 x) \chi(m_2 x)} \quad (2.43)$$

である。ここで，リッカチ・ベッセル関数 $\chi(\rho)$ は第二種の球ベッセル関数 $y_n(\rho)$ を使って，$\chi(\rho) = -\rho y_n(\rho)$ である。

2.2 プログラミング

2.2.1 長波長近似

波長に比べて十分小さい金属球の散乱，吸収および消光スペクトル，すなわち，散乱断面積 C_{sca}，吸収断面積 C_{abs} および消光断面積 C_{ext} の波長依存性を求めることになる。そのため，さまざまな波長における球の材料の金属（ここでは，金と銀）の屈折率のデータが必要となる。金属の屈折率のデータは波長依存性をもつが，これは論文などで関数ではなく数値として与えられている[8]。よって，補間を行って細かい波長間隔のスペクトルを得ることになる。補間にはいくつかの種類があるが，最も単純な線形補間は interpolate.interp1d である。この他，スプライン補間など，さまざまな種類の補間が用意されている。これらをモジュール化して，RI.py というファイル名で同じディレクトリ（フォルダ）に置いておく。以下のプログラム 2.1 では，スプライン補間を用いた。このモジュールを import しておくことにより，プログラム中で屈折率や誘電率の設定を省略することができる。

プログラム **2.1**

```
1  from scipy import array,interpolate, arange,zeros
2
3  RIAu=array([
4      [292.4, 1.49, 1.878], [300.9, 1.53, 1.889], [310.7, 1.53, 1.893],
5      [320.4, 1.54, 1.898], [331.5, 1.48, 1.883], [342.5, 1.48, 1.871],
6      [354.2, 1.50, 1.866], [367.9, 1.48, 1.895], [381.5, 1.46, 1.933],
7      [397.4, 1.47, 1.952], [413.3, 1.46, 1.958], [430.5, 1.45, 1.948],
8      [450.9, 1.38, 1.914], [471.4, 1.31, 1.849], [495.9, 1.04, 1.833],
9      [520.9, 0.62, 2.081], [548.6, 0.43, 2.455], [582.1, 0.29, 2.863],
```

```
         [616.8, 0.21, 3.272], [659.5, 0.14, 3.697], [704.5, 0.13, 4.103],
         [756.0, 0.14, 4.542], [821.1, 0.16, 5.083], [892.0, 0.17, 5.663],
         [984.0, 0.22, 6.350], [1088.0, 0.27, 7.150]])

RIAg=array([
    [292.4, 1.39, 1.161],[300.9, 1.34, 0.964],[310.7, 1.13, 0.616],
    [320.4, 0.81, 0.392],[331.5, 0.17, 0.829],[342.5, 0.14, 1.142],
    [354.2, 0.10, 1.419],[367.9, 0.07, 1.657],[381.5, 0.05, 1.864],
    [397.4, 0.05, 2.070],[413.3, 0.05, 2.275],[430.5, 0.04, 2.462],
    [450.9, 0.04, 2.657],[471.4, 0.05, 2.869],[495.9, 0.05, 3.093],
    [520.9, 0.05, 3.324],[548.6, 0.06, 3.586],[582.1, 0.05, 3.858],
    [616.8, 0.06, 4.152],[659.5, 0.05, 4.483],[704.5, 0.04, 4.838],
    [756.0, 0.03, 5.242],[821.1, 0.04, 5.727],[892.0, 0.04, 6.312],
    [984.0, 0.04, 6.992],[1088.0, 0.04, 7.795]])

NumWL = 26
WL=zeros(NumWL, dtype=int)
RIAuRe=zeros(NumWL, dtype=float)
RIAuIm=zeros(NumWL, dtype=float)
RIAgRe=zeros(NumWL, dtype=float)
RIAgIm=zeros(NumWL, dtype=float)

WLmin = 300
WLmax = 1000
WLperiod = 1
WLx = arange(WLmin, WLmax+1, WLperiod)  # 補間を行った波長 300～1 000 nm 1 nm 間隔
NumWLx = int((WLmax+1-WLmin)/WLperiod)   # 補間を行った波長の数

for i in range(NumWL):
    WL[i]=RIAu[i,0]       # 2 次元配列の 0 番目が波長
    RIAuRe[i]=RIAu[i,1]   # 2 次元配列の 1 番目が実部 (金)
    RIAuIm[i]=RIAu[i,2]   # 2 次元配列の 2 番目が虚部 (金)
    RIAgRe[i]=RIAg[i,1]   # 2 次元配列の 1 番目が実部 (銀)
    RIAgIm[i]=RIAg[i,2]   # 2 次元配列の 2 番目が虚部 (銀)

fRIAuReInt2 = interpolate.splrep(WL,RIAuRe,s=0) # 補間 (金・実部)
RIAuReInt2 = interpolate.splev(WLx,fRIAuReInt2,der=0) # 補間 (金・実部)

fRIAuImInt2 = interpolate.splrep(WL,RIAuIm,s=0) # 補間 (金・虚部)
RIAuImInt2 = interpolate.splev(WLx,fRIAuImInt2,der=0) # 補間 (金・虚部)

fRIAgReInt2 = interpolate.splrep(WL,RIAgRe,s=0) # 補間 (銀・実部)
RIAgReInt2 = interpolate.splev(WLx,fRIAgReInt2,der=0) # 補間 (銀・実部)

fRIAgImInt2 = interpolate.splrep(WL,RIAgIm,s=0) # 補間 (銀・虚部)
RIAgImInt2 = interpolate.splev(WLx,fRIAgImInt2,der=0) # 補間 (銀・虚部)

RIAu=zeros(NumWLx, dtype=complex)
epAu=zeros(NumWLx, dtype=complex)
RIAg=zeros(NumWLx, dtype=complex)
epAg=zeros(NumWLx, dtype=complex)

RIAu=RIAuReInt2+1j*RIAuImInt2    # RIAu: 金の屈折率
RIAg=RIAgReInt2+1j*RIAgImInt2    # RIAg: 銀の屈折率
epAu=RIAu**2        # epAu: 金の誘電率
epAg=RIAg**2        # epAg: 銀の誘電率
```

まず，銀の微小球について計算を行う．以下に示すプログラム 2.2 では，6 行

目で RI.py から銀の屈折率や誘電率を読み取った後，微小球の分極率を求めるプログラムである。計算結果を図 2.2 に示す。図 (a) は銀の屈折率であり，図 (b) は銀の誘電率である。銀は誘電率の虚部が小さく，可視光領域では損失が小さいことがわかる。図 (c) では銀の微小球（$R = 25\,\mathrm{nm}$）の散乱断面積 C_{sca} および吸収断面積 C_{abs} の計算結果を，そして，図 (d) ではその微小球の散乱効率 Q_{sca}，および吸収効率 Q_{abs} の計算結果を示した。銀の誘電率の実部が -2 になる波長 360 nm 付近で，分極率の虚部がピークをもつ。このピークは，銀微小球の局在表面プラズモン共鳴に由来する。同様のプログラムを使って，金の微小球に対する光学定数の波長依存性と分極率の変化をプロットしたものが図 2.3 である。局在表面プラズモン共鳴が約 510 nm 付近で起こることがわか

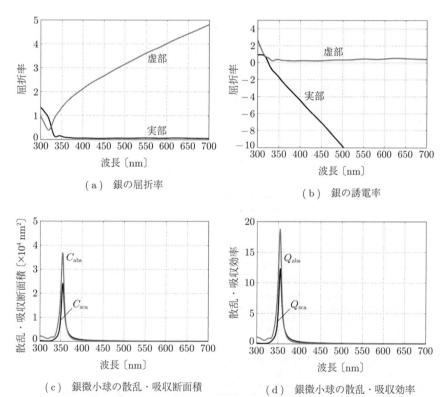

図 2.2　銀の屈折率と誘電率，および銀微小球の散乱・吸収断面積と散乱・吸収効率

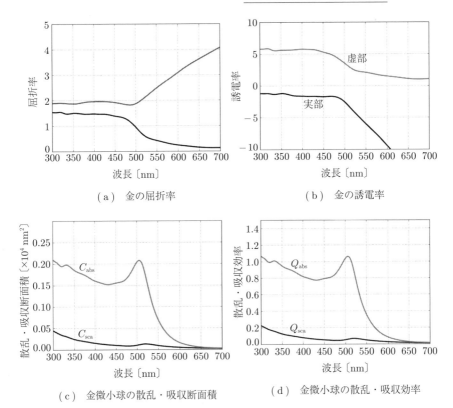

(a) 金の屈折率　　　(b) 金の誘電率

(c) 金微小球の散乱・吸収断面積　　　(d) 金微小球の散乱・吸収効率

図 **2.3**　金の屈折率と誘電率，および金微小球の散乱・吸収断面積と散乱・吸収効率

る．銀に比べて誘電率の虚部が大きいため，分極率のピークの幅が広く絶対値も小さい．

プログラム 2.2

```
1  import scipy as sp
2  import matplotlib as mpl
3  import matplotlib.pyplot as plt
4  from matplotlib.pyplot import plot,show,xlabel,ylabel,title,legend,grid,axis,
       rcParams,tight_layout
5  from scipy import real,imag,pi
6  from RI import WLx, epAg, epAu, RIAu, RIAg
7
8  n1 = 1   # 周辺媒質の屈折率
9  n2 = RIAg # 粒子の屈折率
10 r=25   # 粒子の半径
11 k = 2 * pi / WLx   # 波数の配列
12 alpha = 4 * pi * (r**3) * (n1**2) * (n2**2 - n1**2) / (n2**2 + 2 * n1
       **2)  # 分極率の計算
```

```
13  Csca = k**4 / (6 * pi) * abs(alpha)**2   # 散乱断面積
14  Cabs = k * imag(alpha)                   # 吸収断面積
15  Qsca = Csca / ((r**2) * pi)              # 散乱効率
16  Qabs = Cabs / ((r**2) * pi)              # 吸収効率
17
18  plt.figure(figsize=(8,6))
19  plot(WLx,real(RIAg), label="real",linewidth = 3.0, color='black')
20  plot(WLx,imag(RIAg), label="imaginary",linewidth = 3.0, color='gray')
21  xlabel("wavelength (nm)",fontsize=22)
22  ylabel("refractive index",fontsize=22)
23  title("Refractive index of Ag",fontsize=22)
24  grid(True)
25  axis([300,700,0,5])
26  plt.tick_params(labelsize=20)
27  legend(fontsize=20,loc='lower right')
28  tight_layout()
29  show()
30
31  以下同様にプロット
```

2.2.2 遅延を考えた球の計算

遅延を取り入れた場合の，球の散乱断面積 C_{sca}，吸収断面積 C_{abs} および消光断面積 C_{ext} の波長依存性を求めるプログラムをプログラム 2.3 で紹介する。5 行目で金属の屈折率のデータを RI.py から読み込む。8 行目でベッセル関数とハンケル関数を利用するため，それらを読み込み，それぞれを微分した関数を準備しておく。10 行目と 12 行目，および 14 行目と 16 行目で第一種，第三種リッカチ・ベッセル関数（psi と xi）とその微分を定義する。C_{sca} や C_{abs} を求める場合に和をとる必要がある。39 行目から n についての和をとっているが，range を使った場合には n は 0 から始まることに注意する。

プログラム 2.3

```
1   import scipy as sp
2   import scipy.special
3   import matplotlib as mpl
4   import matplotlib.pyplot as plt
5   from RI import WLx, NumWLx, epAu, RIAu
6   from scipy import pi,arange,zeros,array,real,imag
7   from matplotlib.pyplot import plot,show,xlabel,ylabel,title,legend,grid,axis
8   from scipy.special import spherical_jn,spherical_yn
9
10  def psi(n,z): # 第一種 Riccati-Bessel 関数
11      return z*spherical_jn(n,z)
12  def psiDz(n,z): # 第一種 Riccati-Bessel 関数の微分
13      return spherical_jn(n,z)+z*spherical_jn(n,z,1)
14  def xi(n,z): # 第三種 Riccati-Bessel 関数
```

2.2 プログラミング

```
15      return z*(spherical_jn(n,z)+1j*spherical_yn(n,z))
16  def xiDz(n,z): # 第三種 Riccati-Bessel 関数の微分
17      return (spherical_jn(n,z)+1j*spherical_yn(n,z)) \
18          +z*(spherical_jn(n,z,1)+1j*spherical_yn(n,z,1))
19  def a(n,m,x):
20      return (m*psi(n,m*x)*psiDz(n,x)-psi(n,x)*psiDz(n,m*x))/ \  # 散乱係数 an
21          (m*psi(n,m*x)*xiDz(n,x)-xi(n,x)*psiDz(n,m*x))
22  def b(n,m,x):
23      return (psi(n,m*x)*psiDz(n,x)-m*psi(n,x)*psiDz(n,m*x))/ \  # 散乱係数 bn
24          (psi(n,m*x)*xiDz(n,x)-m*xi(n,x)*psiDz(n,m*x))
25
26  n1 = 1.0 # 周辺媒質の屈折率
27  n2 = RIAu # 粒子の屈折率
28  r = 100   # 粒子の半径
29  qq = 50 # ベッセル関数の次数
30
31  Csca = zeros(NumWLx, dtype=complex)
32  Cext = zeros(NumWLx, dtype=complex)
33  Cabs = zeros(NumWLx, dtype=complex)
34
35  k0 = 2*pi/WLx # 真空中の波数
36  x = k0*n1*r # サイズ　パラメータ
37  m = n2/n1 # 比屈折率
38
39  for n in range(qq):  # 各次数の和をとる　0~qq 次まで
40      Csca = Csca + (2*pi/k0**2)*(2*(n+1)+1)*(abs(a(n+1,m,x)**2)+abs(b(n+1,m
          ,x)**2))
41      Cext = Cext + (2*pi/k0**2)*(2*(n+1)+1)*(real(a(n+1,m,x)+b(n+1,m,x)))
42      Cabs = Cext - Csca
43
44  Qsca = Csca / ((r**2) * pi) # 散乱効率
45  Qabs = Cabs / ((r**2) * pi)  # 吸収効率
46
47  plot(WLx,Qsca, label=r"$Q_{\rm sca}$",linewidth = 3.0, color='black')
48  plot(WLx,Qabs, label=r"$Q_{\rm abs}$",linewidth = 3.0, color='gray')
49
50  xlabel("wavelength (nm)",fontsize=22)
51  ylabel("efficiency",fontsize=22)
52  title(r"$Q_{{\rm sca}}, Q_{{\rm abs}} of Au sphere",fontsize=22)
53  grid(True)
54  axis([400,800,0,5])
55  legend(fontsize=20,loc='lower right')
56  plt.tick_params(labelsize=18)
57  show()
```

半径が 10, 25, 50, 100 nm の場合の金の微小球の散乱効率 $Q_{\rm sca}$, 吸収効率 $Q_{\rm abs}$ および消光効率 $Q_{\rm ext}$ の計算結果を図 2.4 に示す。球の半径が小さい場合には，散乱はきわめて小さい。局在表面プラズモンに由来するピーク波長も長波長近似の結果に近い。半径が大きくなると散乱効率のピーク波長が長波長側にシフトしてピーク幅も広くなる。多重極子の影響が無視できなくなるためである。一方，吸収効率のスペクトルの形は，サイズが変わっても概ね変化はない。

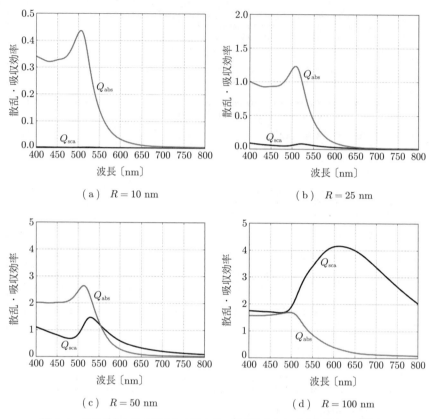

図 2.4　さまざまなサイズの金の微小球の散乱効率および吸収効率の計算結果

2.2.3　コアシェル構造

　プログラム 2.4 に遅延を考えない場合のコアシェル構造の散乱効率 Q_{sca} と吸収効率 Q_{abs} のスペクトル計算プログラムを示す。コアに屈折率 1.5 の球（半径 25 nm）を考え，シェルとして金薄膜を用いている。まず，金属の屈折率のデータを読み込み，式 (2.31) を使って計算を行う。プログラム 2.4 を用いて行った計算結果を図 2.5 に示す。シェルの厚さは図 2.1(b) に示した構造で，$s = R_2/R_3$ で記述する。波長に比べて十分小さい金の微小球のスペクトルのピークが 510 nm 付近であるのに対して，同じサイズの微小球でも，金のシェルの膜厚を選ぶこ

とにより近赤外領域まで広い範囲で大きな消光（主に吸収）効率が得られることがわかる。また，図 2.4 (b) に示した同じ大きさの金の球と比較するとわかるように，消光効率，吸収効率，散乱効率はいずれも 10 倍程度大きい。

プログラム 2.4

```
1   import scipy as sp
2   import matplotlib as mpl
3   import matplotlib.pyplot as plt
4   from matplotlib.pyplot import plot,show,xlabel,ylabel,title,legend,grid,axis,
        rcParams,tight_layout
5   from scipy import real,imag,pi
6   from RI import WLx, epAg, epAu, RIAu, RIAg
7
8   r3 = 25      # コアの半径
9   s = 1.1      # シェルの半径/コアの半径
10  r2 = r3*s    # シェルの半径
11  n1 = 1       # 周辺媒質の屈折率
12  n2 = RIAu    # シェルの屈折率
13  n3 = 1.5     # 微粒子コアの屈折率
14  k = 2 * pi / WLx   # 波数の配列
15
16  delta = (n2**2) * (2 * (n1**2)) * (1 + 2 * (s**3)) + (n3**2) * (2 + s
        **3)) - 2 * ((n2**2)**2 + (n1**2) * (n3**2)) * (1 - s**3)
17  b11 = (s**3 / delta) * ((n2**2) * ((n1**2) * (1 + 2*s**3) - (n3**2) * (2
        + s**3)) + (2 * (n2**2)**2 - (n1**2) * (n3**2)) * (1 - s**3))
18
19  alpha = -4 * pi * r2**3 * (n1**2) * b11     # 分極率
20  Csca = k**4 / (6 * pi) * abs(alpha)**2      # 散乱断面積
21  Cabs = k * imag(alpha)                      # 吸収断面積
22  Qsca = Csca / ((r2**2) * pi)                # 散乱効率
23  Qabs = Cabs / ((r2**2) * pi)                # 吸収効率
24
25  plt.figure(figsize=(8,6))
26  plot(WLx,Qsca, label=r"$Q_{{\rm sca}}$",linewidth = 3.0, color='black')
27  plot(WLx,Qabs, label=r"$Q_{{\rm abs}}$",linewidth = 3.0, color='gray')
28  xlabel("wavelength (nm)",fontsize=22)
29  ylabel("efficiency",fontsize=22)
30  title(r"$Q_{{\rm sca}}, Q_{{\rm abs}}$ of Au ($R=25$ nm)",fontsize=22)
31  grid(True)
32  axis([300,1000,0,15])
33  plt.tick_params(labelsize=20)
34  legend(fontsize=20,loc='lower left')
35  tight_layout()
36  show()
```

つぎに，コアシェル構造の遅延を考えた計算をプログラム 2.5 に示す。大きなサイズの球に適用できる。冒頭で第一種，第三種リッカチ・ベッセル関数（$\psi_n(\rho)$，$\xi_n(\rho)$, $\chi_n(\rho)$）とその微分を定義する。界面が二つあるため，二つのサイズパラメータ x, y を定義する。また，aa と bb，a と b の 2 種類の散乱係数が必要である。そして，式 (2.40)～(2.41) および式 (2.42)～(2.43) を使って散乱係数

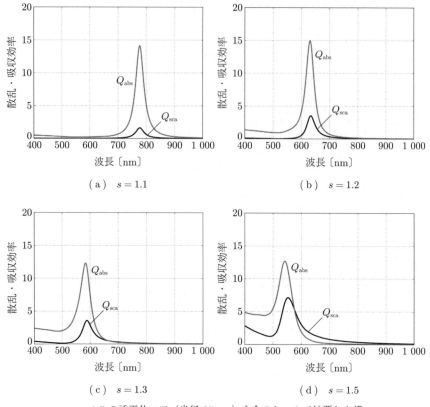

$n=1.5$ の誘電体コア(半径 25 nm)を金のシェルで被覆した構造を計算した。金の膜厚は誘電体コアの半径に対する比 s で記述されている

図 2.5 静電近似の下でのコアシェル構造の散乱効率,吸収効率の計算結果

を求める。得られた計算結果を図 **2.6** に示す。内殻の半径が 25 nm で $s=1.1$ である図 2.5(a)に示した静電近似の結果と,遅延を考慮した計算結果である図 2.6(b)を比較することができる。ピークの位置はほぼ同じであるが,強度は異なる。これは,半径 25 nm でも遅延効果があるためである。また,図 2.4 に示した遅延を考慮した金の微小球の計算結果と図 2.5(a)を比べると,各効率は 1 桁以上大きく,ピークが長波長側にシフトしている。また,ピークの幅もコアシェルのほうが狭く,鋭いピークが得られていることがわかる。

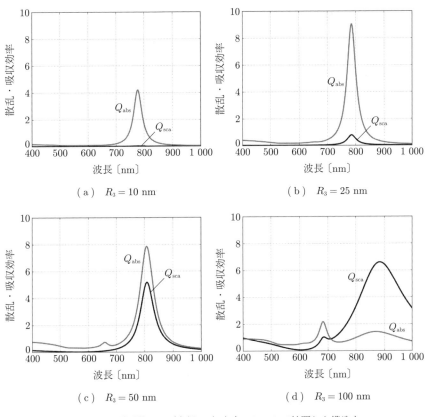

(a) $R_3 = 10$ nm

(b) $R_3 = 25$ nm

(c) $R_3 = 50$ nm

(d) $R_3 = 100$ nm

$n = 1.5$ の誘電体コア(半径 R_3)を金のシェルで被覆した構造を計算した。$s = R_2/R_3 = 1.1$ とした

図 2.6 遅延を考えたコアシェル構造の散乱効率,吸収効率の計算結果

プログラム 2.5

```
1  import scipy as sp
2  import scipy.special
3  import matplotlib as mpl
4  import matplotlib.pyplot as plt
5  from RI import WLx, NumWLx, epAu, RIAu
6  from scipy import pi,arange,zeros,array,real,imag
7  from matplotlib.pyplot import plot,show,xlabel,ylabel,title,legend,grid, axis
8  from scipy.special import spherical_jn,spherical_yn
9
10 def psi(n,z): # Riccati-Bessel function of first kind
11     return z*spherical_jn(n,z)
12 def psiDz(n,z): # Derivative of Riccati-Bessel function of first kind
```

```python
        return spherical_jn(n,z)+z*spherical_jn(n,z,1)
def xi(n,z): # Riccati-Bessel function of third kind
    return z*(spherical_jn(n,z)+1j*spherical_yn(n,z))
def xiDz(n,z): # Derivative of Riccati-Bessel function of third kind
    return (spherical_jn(n,z)+1j*spherical_yn(n,z)) \
           +z*(spherical_jn(n,z,1)+1j*spherical_yn(n,z,1))
def chi(n,z):
    return -z*spherical_yn(n,z)
def chiDz(n,z):
    return -spherical_yn(n,z)-z*spherical_yn(n,z,1)

def aa(n,m1,m2,x):
    return (m2*psi(n,m2*x)*psiDz(n,m1*x)-m1*psiDz(n,m2*x)*psi(n,m1*x)) \
           /(m2*chi(n,m2*x)*psiDz(n,m1*x)-m1*chiDz(n,m2*x)*psi(n,m1*x))
def bb(n,m1,m2,x):
    return (m2*psi(n,m1*x)*psiDz(n,m2*x)-m1*psi(n,m2*x)*psiDz(n,m1*x)) \
           /(m2*chiDz(n,m2*x)*psi(n,m1*x)-m1*psiDz(n,m1*x)*chi(n,m2*x))

def a(n,m1,m2,x,y):
    return (psi(n,y)*(psiDz(n,m2*y)-aa(n,m1,m2,x)*chiDz(n,m2*y)) \
           -m2*psiDz(n,y)*(psi(n,m2*y)-aa(n,m1,m2,x)*chi(n,m2*y))) \
           /(xi(n,y)*(psiDz(n,m2*y)-aa(n,m1,m2,x)*chiDz(n,m2*y)) \
           -m2*xiDz(n,y)*(psi(n,m2*y)-aa(n,m1,m2,x)*chi(n,m2*y)))
def b(n,m1,m2,x,y):
    return (m2*psi(n,y)*(psiDz(n,m2*y)-bb(n,m1,m2,x)*chiDz(n,m2*y)) \
           -psiDz(n,y)*(psi(n,m2*y)-bb(n,m1,m2,x)*chi(n,m2*y))) \
           /(m2*xi(n,y)*(psiDz(n,m2*y)-bb(n,m1,m2,x)*chiDz(n,m2*y)) \
           -xiDz(n,y)*(psi(n,m2*y)-bb(n,m1,m2,x)*chi(n,m2*y)))

r3 = 100   # コアの半径
s = 1.1    # シェルの半径/コアの半径
r2 = r3*s  # シェルの半径
qq = 20    # ベッセル関数の次数

k0 = 2*pi/WLx  # 真空中の波数
n1 = 1         # 周辺媒質の屈折率
n2 = RIAu      # 微粒子コアの屈折率
n3 = 1.5       # シェルの屈折率

x = k0 * n1 * r3 # サイズ パラメータ (コア)
y = k0 * n1 * r2 # サイズ パラメータ (シェル)

m2 = n2 / n1   # 比屈折率 (シェル)
m3 = n3 / n1   # 比屈折率 (コア)

Csca = zeros(NumWLx, dtype=complex)
Cext = zeros(NumWLx, dtype=complex)
Cabs = zeros(NumWLx, dtype=complex)

for n in range(qq):
    Csca = Csca + (2*pi / k0**2) * \
           (2 * (n+1)+1) * (abs(a(n+1,m3,m2,x,y))**2 + abs(b(n+1,m3,m2,x,y
           ))**2))
    Cext = Cext + (2*pi / k0**2) * \
           (2 * (n+1)+1) * (real(a(n+1,m3,m2,x,y) + b(n+1,m3,m2,x,y)))
    Cabs = Cext - Csca

Qsca = Csca / ((r2**2) * pi) # 散乱効率
```

```
70  Qabs = Cabs / ((r2**2) * pi) # 吸収効率
71
72  plot(WLx,abs(Qsca), label=r"$Q_{\rm sca}$",linewidth = 3.0, color='black')
73  plot(WLx,abs(Qabs), label=r"$Q_{\rm abs}$",linewidth = 3.0, color='gray')
74
75  xlabel("wavelength (nm)",fontsize=22)
76  ylabel("efficiency",fontsize=22)
77  title(r"$Q_{{\rm sca}}, Q_{{\rm abs}}, Q_{{\rm ext}}$ of Au sphere",
        fontsize=22)
78  grid(True)
79  axis([400,1000,0,10])
80  legend(fontsize=20,loc='lower left')
81  plt.tick_params(labelsize=18)
82  show()
```

引用・参考文献

1) 岡本隆之, 梶川浩太郎：「プラズモニクス」, 講談社 (2010)
2) C.F. Bohren and D.R. Huffman："Absorption and scattering of light by small particles," Wiley, New York (1983)
3) H.C. van de Hulst："Light Scattering by Small Particles," Dover, New York (1957)
4) J.A. Stratton："Electromagnetic Theory," McGraw–Hill, New York (1941)
5) 砂川重信：「理論電磁気学」, 紀伊國屋書店 (1999)
6) A.E. Neeves and M.H. Birnboim："Composite structures for the enhancement of nonlinear–optical susceptibility," J. Opt. Soc. Am. B, **6**, p.787–796 (1989)
7) 梶川浩太郎, 岡本隆之, 高原淳一, 岡本晃一：「アクティブ・プラズモニクス」, コロナ社 (2013)
8) R.B. Johnson and R.W. Christy："Optical Constants of the Noble Metals," Phys. Rev. B, **6**, p.4370–4379 (1972)

円柱の電磁場解析

この章では，無限長の円柱について，散乱や吸収の計算方法について述べる。長さが有限な場合には，解析解は存在せず，FDTD 法などの数値計算が必要となる。といっても直径に比べて長さが十分長ければよい近似となるので，多くの場合に適用できる。近年では，物質の不可視化（クローキング）に用いるメタマテリアルの設計にも用いられている。

3.1 長波長近似

球と同様に長さが無限に長い円柱構造に関しても，解析解を求めることは可能である。この場合も，円柱の直径が波長に比べて十分に小さい場合には準静電近似（長波長近似）が適用できる。式 (2.1) に示すように，球の場合には分極率 α が記述できたが，円柱の場合はこのような形に表すことはできない。代わりに，円柱の中心軸から位置 r 離れた場所における散乱光の電場の大きさ E を記述する。図 3.1 にその光学配置を示す。散乱光の電場の大きさ E は，軸に垂直な偏光（TE 偏光）をもつ入射光電場 E_0，円柱（半径 R）の屈折率 n_1，周辺媒質の屈折率 n_2 を用いて以下のように記述される[1]。

$$E = 4\pi n_2^2 \left(\frac{R}{r}\right)^2 \frac{n_1^2 - n_2^2}{n_1^2 + n_2^2} \tag{3.1}$$

金属円柱の場合には屈折率 n_1 には波長依存性（波長分散）があり，分母の $n_1^2 + n_2^2$ が最小となる波長で散乱電場 E が最大になり，共鳴が生じることがわかる。球の場合には $n_1^2 + 2n_2^2$ が最小となる波長で共鳴が生じたが，円柱の場合

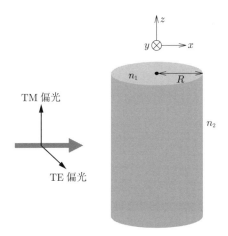

図 **3.1** 円柱構造の光学配置

には少し異なる結果となる[†1]。静電近似が成立する範囲では，円柱のサイズに依存しないことは同様である。計算は，球の場合と同じなので，ここでは遅延を取り入れた厳密解について紹介する。

3.2 遅延を取り入れた計算

3.2.1 円柱構造

図 3.1 に示すような半径 R の円柱構造（屈折率 m_1）による散乱や吸収を考える。周辺媒質の屈折率を m_2 とする[†2]。x 軸の正の方向に伝搬する光電場 $\boldsymbol{E}$ を印加した際に生じるポテンシャルは，円柱の中 ϕ_1 と円柱の外 ϕ_2 について，円柱座標系を使って，それぞれ以下のように表すことができる[2)~4)]。

$$\phi_1 = \sum_{n=-\infty}^{\infty} F_n [b_n J_n(kr)] \tag{3.2}$$

$$\phi_2 = \sum_{n=-\infty}^{\infty} F_n [J_n(kr) - a_n H_n(kr)] \tag{3.3}$$

[†1] 本章では，2 章で論じた球の場合に対して，媒質の番号の順番が逆になっていることに注意する。

[†2] 本章では，屈折率として n ではなく m を使う。ベッセル関数の次数 n と区別するためである。

ここで，$F_n = E e^{in\theta + i\omega t}(-1)^n$ であり，$E = |\boldsymbol{E}|$ である。また，k は各媒質における波数であり，真空中の波数 k_0 と媒質の屈折率 m を用いて，$k = mk_0$ である。

円柱の表面 $r = R$ における接続条件は偏光により異なる。円柱軸に平行な偏光（TM 偏光）の場合は

$$m_1 \phi_1 = m_2 \phi_2 \tag{3.4}$$

$$m_1 \frac{\partial \phi_1}{\partial r} = m_2 \frac{\partial \phi_2}{\partial r} \tag{3.5}$$

であり，円柱軸に垂直な偏光（TE 偏光）の接続条件は

$$m_1^2 \phi_1 = m_2^2 \phi_2 \tag{3.6}$$

$$\frac{\partial \phi_1}{\partial r} = \frac{\partial \phi_2}{\partial r} \tag{3.7}$$

である。これより，TM 偏光の場合には

$$m_1 J_n(m_1 x) b_n = m_2 J_n(m_2 x) - m_2 H_n(m_2 x) a_n \tag{3.8}$$

$$m_1^2 J_n'(m_1 x) b_n = m_2^2 J_n'(m_2 x) - m_2^2 H_n'(m_2 x) a_n \tag{3.9}$$

の二つの式が立てられる。ここで，x はサイズパラメータで，$x = k_0 R$ である。これより，散乱光に関する係数 a_n は以下のようになる。

$$a_n = \frac{m_1 J_n'(m_1 x) J_n(m_2 x) - m_2 J_n(m_1 x) J_n'(m_2 x)}{m_1 J_n'(m_1 x) H_n(m_2 x) - m_2 H_n'(m_2 x) J_n(m_1 x)} \tag{3.10}$$

TE 偏光の場合には

$$m_1^2 J_n(m_1 x) b_n = m_2^2 J_n(m_2 x) - m_2^2 H_n(m_2 x) a_n \tag{3.11}$$

$$m_1 J_n'(m_1 x) b_n = m_2 J_n'(m_2 x) - m_2 H_n'(m_2 x) a_n \tag{3.12}$$

の二つの式が立てられる。これより，a_n は以下のようになる。

$$a_n = \frac{m_2 J_n(m_2 x) J_n'(m_1 x) - m_1 J_n(m_1 x) J_n'(m_2 x)}{m_2 J_n'(m_1 x) H_n(m_2 x) - m_1 H_n'(m_2 x) J_n(m_1 x)} \tag{3.13}$$

散乱断面積 C_{sca}，消光断面積 C_{ext}，そして吸収断面積 C_{abs} は，a_n を使って以下のように計算される。

$$C_{\text{sca}} = \frac{2}{x} \sum_{n=-\infty}^{\infty} |a_n|^2 \tag{3.14}$$

$$C_{\text{ext}} = \frac{2}{x} \sum_{n=-\infty}^{\infty} \text{Re}[a_n] \tag{3.15}$$

$$C_{\text{abs}} = C_{\text{ext}} - C_{\text{sca}} \tag{3.16}$$

3.2.2 コアシェル構造

つぎに，遅延を取り入れたコアシェル構造の光学応答の計算について述べる。図 **3.2** にその構造を示した。コアの半径は R_1 であり，シェルの半径は R_2 である。よって，シェルの厚さは $R_2 - R_1$ となる。各媒質について内側から番号をふる。x 軸の正の方向に伝搬する光電場 $\boldsymbol{E}$ を印加した際に生じる各媒質におけるポテンシャル $\phi_1 \sim \phi_3$ は，係数 $a_n \sim d_n$ を使って以下のように表される[5]。

$$\phi_1 = \sum_{n=-\infty}^{\infty} F_n[a_n J_n(m_1 k_0 r)] \tag{3.17}$$

$$\phi_2 = \sum_{n=-\infty}^{\infty} F_n[b_n J_n(m_2 k_0 r) - c_n H_n(m_2 k_0 r)] \tag{3.18}$$

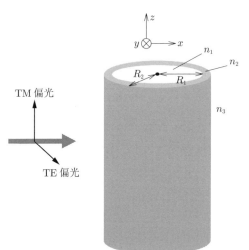

図 **3.2** コアシェル円柱構造の光学配置

$$\phi_3 = \sum_{n=-\infty}^{\infty} F_n [J_n(m_3 k_0 r) - d_n H_n(m_3 k_0 r)] \tag{3.19}$$

境界条件より，TM 偏光の場合には以下のような四つの式が得られる．

$$m_1 J_n(m_1 x_1) a_n = m_2 J_n(m_2 x_1) b_n - m_2 H_n(m_2 x_1) c_n \tag{3.20}$$

$$m_1^2 J_n'(m_1 x_1) a_n = m_2^2 J_n'(m_2 x_1) b_n - m_2^2 H_n'(m_2 x_1) c_n \tag{3.21}$$

$$m_2 J_n(m_2 x_2) b_n - m_2 H_n(m_2 x_2) c_n = m_3 J_n(m_3 x_2) - m_3 H_n(m_3 x_2) d_n \tag{3.22}$$

$$m_2^2 J_n'(m_2 x_2) b_n - m_2^2 H_n'(m_2 x_2) c_n = m_3^2 J_n'(m_3 x_2) - m_3^2 H_n'(m_3 x_2) d_n \tag{3.23}$$

ここで，$x_1 = k_0 R_1$, $x_2 = k_0 R_2$ である．

また，TE 偏光の場合には以下のようになる．

$$m_1^2 J_n(m_1 x_1) a_n = m_2^2 J_n(m_2 x_1) b_n - m_2^2 H_n(m_2 x_1) c_n \tag{3.24}$$

$$m_1 J_n'(m_1 x_1) a_n = m_2 J_n'(m_2 x_1) b_n - m_2 H_n'(m_2 x_1) c_n \tag{3.25}$$

$$m_2^2 J_n(m_2 x_2) b_n - m_2^2 H_n(m_2 x_2) c_n = m_3^2 J_n(m_3 x_2) - m_3^2 H_n(m_3 x_2) d_n \tag{3.26}$$

$$m_2 J_n'(m_2 x_2) b_n - m_2 H_n'(m_2 x_2) c_n = m_3 J_n'(m_3 x_2) - m_3 H_n'(m_3 x_2) d_n \tag{3.27}$$

行列などを使って，これらの方程式を解く．Python では連立方程式を解くコマンドがあるのでそれを用いればよい．なお，散乱断面積 C_sca，消光断面積 C_ext，そして吸収断面積 C_abs は，d_n を使って以下のように計算される．

$$C_\text{sca} = \frac{2}{x_2} \sum_{n=-\infty}^{\infty} |d_n|^2 \tag{3.28}$$

$$C_\text{ext} = \frac{2}{x_2} \sum_{n=-\infty}^{\infty} \text{Re}[d_n] \tag{3.29}$$

$$C_\text{abs} = C_\text{ext} - C_\text{sca} \tag{3.30}$$

3.3 プログラミング

3.3.1 円柱構造

円柱構造の散乱に関するプログラムをプログラム 3.1 に示す。ここでは，銀の円柱を対象とした。静電近似の下で予測された，銀の円柱の TE 偏光での散乱スペクトルが波長 330 nm 付近で共鳴をもつことを，遅延を含めた厳密な計算で確認するためである。

プログラム 3.1

```
import scipy as sp
import matplotlib as mpl
import matplotlib.pyplot as plt
from matplotlib.pyplot import plot,show,xlabel,ylabel,title,legend,grid,axis,\
    tight_layout
from scipy import pi,sqrt,zeros,array,real,imag
from scipy.special import jv,jvp,hankel1,h1vp
from RI import WLx, NumWLx, epAg, epAu, RIAu, RIAg

def h1v(n,x):
    return hankel1(n,x)        # ハンケル関数（短く定義）
def a(n,x,mA,mB):
    return (mB*jv(n,mB*x)*jvp(n,mA*x)-mA*jv(n,mA*x)*jvp(n,mB*x))/ \ # 散乱
        係数 (TE 偏光)
    (mB*jv(n,mB*x)*h1vp(n,mA*x)-mA*h1v(n,mA*x)*jvp(n,mB*x))
def b(n,x,mA,mB):
    return (mA*jv(n,mB*x)*jvp(n,mA*x)-mB*jv(n,mA*x)*jvp(n,mB*x))/ \ # 散乱
        係数 (TM 偏光)
    (mA*jv(n,mB*x)*h1vp(n,mA*x)-mB*h1v(n,mA*x)*jvp(n,mB*x))
def fn(n,phi):
    return (1/k0)*(cos(n*phi)+1j*sin(n*phi))*(pow(-1j,n))    # 係数 fn

rr = 25      # 円柱の半径
qq = 20      # ベッセル関数の次数

k0 = 2 * pi / WLx   # 真空中の波数
m1 = RIAg     # 円柱の屈折率
m2 = 1.0      # 周辺媒質の屈折率
x = k0 * m2 * rr    #サイズ　パラメータ

Qsca_tm = zeros(NumWLx, dtype=float)
Qext_tm = zeros(NumWLx, dtype=float)
Qsca_te = zeros(NumWLx, dtype=float)
Qext_te = zeros(NumWLx, dtype=float)

for n in range(-qq,qq):
    Qsca_tm = Qsca_tm + (2/x) * abs(b(n,x,m2,m1))**2  # TM 偏光散乱効率
    Qext_tm = Qext_tm + (2/x) * real(b(n,x,m2,m1))    # TM 偏光消光効率
    Qsca_te = Qsca_te + (2/x) * abs(a(n,x,m2,m1))**2  # TE 偏光散乱効率
    Qext_te = Qext_te + (2/x) * real(a(n,x,m2,m1))    # TE 偏光消光効率
```

```
38
39  Qabs_tm = Qext_tm - Qsca_tm
40  Qabs_te = Qext_te - Qsca_te
41
42  plt.figure(figsize=(8,6))
43  plot(WLx,Qsca_tm, label=r"$Q_{\rm sca}(\rm TM)$",linewidth = 3.0, color='
        black')
44  plot(WLx,Qsca_te, label=r"$Q_{\rm sca}(\rm TE)$",linewidth = 3.0, color='
        gray')
45  xlabel("wavelength (nm)",fontsize=22)
46  ylabel("efficiency",fontsize=22) l
47  title("Qsca",fontsize=22)
48  grid(True)
49  axis([300,800,0,5])
50  legend(fontsize=20,loc='lower right')
51  plt.tick_params(labelsize=20)
52  tight_layout()
53  show()
```

11 行目と 14 行目で，それぞれ，TE 偏光と TM 偏光に対する散乱係数 a_n，b_n を与える関数を記述する．17 行目の F_n は，今回の計算では用いないが，散乱光強度の角度依存性を計算する際に必要であるため記述した．

このプログラムの計算結果を図 **3.3** に示す．ここでは，銀の円柱の半径を 10 nm とした．図 2.2（b）で示したように，銀の誘電率の実部は 335 nm 付近で -1 の値をもつ．銀の誘電率の実部の値は，その後も波長とともに単調に減少する．一方で，虚部は 0～0.1 のほぼ一定の値をもっており，損失が少ないことがわかる．図 3.3（a），（b）に，それぞれ円柱の半径が 10 nm および 25 nm

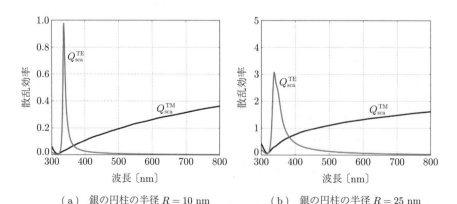

（a）銀の円柱の半径 $R = 10$ nm   （b）銀の円柱の半径 $R = 25$ nm

図 **3.3**　円柱構造の散乱効率の計算結果

の場合について，TE 偏光および TM 偏光の散乱効率をプロットした。TE 偏光では予測どおり 335 nm に局在プラズモン共鳴に由来するピークをもつのに対して，TM 偏光では単調増加するのみであり，共鳴は示さないことがわかる。銀円柱の半径を 50 nm とすると，ピークは 350 nm 付近にシフトして半値幅も広くなる。これは，遅延の効果であり円柱の半径が大きくなるにつれて，遅延の効果が無視できなくなることを表している。

3.3.2 コアシェル構造

つぎに円柱のコアシェル構造の計算プログラムについて解説する。前項プログラム 3.1 の円柱のプログラムでは，散乱係数 b_n を与えていた。コアシェル円柱構造の場合には，少し長いが，散乱係数 b_n は以下のようになる。まず，TM 偏光の場合には，散乱係数 $b_n = p_n/q_n$ は

$$\begin{aligned}
p_n = &\, m_1 m_2^3 m_3^2 J'_n(m_2 x_1) J'_n(m_3 x_2) H_n(m_2 x_2) J_n(m_1 x_1) \\
&- m_1^2 m_2^2 m_3^2 J'_n(m_1 x_1) J'_n(m_3 x_2) H_n(m_2 x_2) J_n(m_2 x_1) \\
&+ m_1^2 m_2^2 m_3^2 J'_n(m_1 x_1) J'_n(m_3 x_2) H_n(m_2 x_1) J_n(m_2 x_2) \\
&- m_1 m_2^3 m_3^2 J'_n(m_2 x_1) J'_n(m_3 x_2) J_n(m_1 x_1) J_n(m_2 x_2) \\
&- m_1^2 m_2^3 m_3 J'_n(m_1 x_1) J'_n(m_2 x_2) H_n(m_2 x_1) J_n(m_3 x_2) \\
&- m_1 m_2^4 m_3 J'_n(m_2 x_2) J'_n(m_2 x_1) J_n(m_1 x_1) J_n(m_3 x_2) \\
&+ m_1 m_2^4 m_3 J'_n(m_2 x_1) J'_n(m_2 x_2) J_n(m_1 x_1) J_n(m_3 x_2) \\
&+ m_1^2 m_2^3 m_3 J'_n(m_2 x_2) J'_n(m_1 x_1) J_n(m_2 x_1) J_n(m_3 x_2) \quad (3.31) \\
q_n = &\, -m_1^2 m_2^3 m_3 J'_n(m_1 x_1) J'_n(m_2 x_2) H_n(m_2 x_1) H_n(m_3 x_2) \\
&+ m_1 m_2^3 m_3^2 J'_n(m_3 x_2) J'_n(m_2 x_1) H_n(m_2 x_2) J_n(m_1 x_1) \\
&- m_1 m_2^4 m_3 J'_n(m_2 x_2) J'_n(m_2 x_1) H_n(m_3 x_2) J_n(m_1 x_1) \\
&+ m_1 m_2^4 m_3 J'_n(m_2 x_1) J'_n(m_2 x_2) H_n(m_3 x_2) J_n(m_1 x_1) \\
&- m_1^2 m_2^2 m_3^2 J'_n(m_3 x_2) J'_n(m_1 x_1) H_n(m_2 x_2) J_n(m_2 x_1)
\end{aligned}$$

$$
\begin{aligned}
&+ m_1^2 m_2^3 m_3 J_n'(m_2 x_2) J_n'(m_1 x_1) H_n(m_3 x_2) J_n(m_2 x_1) \\
&+ m_1^2 m_2^2 m_3^2 J_n'(m_3 x_2) J_n'(m_1 x_1) H_n(m_2 x_1) J_n(m_2 x_2) \\
&- m_1 m_2^3 m_3^2 J_n'(m_2 x_1) J_n'(m_3 x_2) J_n(m_1 x_1) J_n(m_2 x_2)
\end{aligned} \tag{3.32}
$$

である。また，TM 偏光の場合には，散乱係数 $b_n = p_n/q_n$ は

$$
\begin{aligned}
p_n =\ & m_1^2 m_2^3 m_3 J_n'(n, m_2 x_1) J_n'(n, m_3 x_2) H_n(m_2 x_2) J_n(m_1 x_1) \\
& - m_1 m_2^4 m_3 J_n'(n, m_1 x_1) J_n'(n, m_3 x_2) H_n(m_2 x_2) J_n(m_2 x_1) \\
& + m_1 m_2^4 m_3 J_n'(n, m_1 x_1) J_n'(n, m_3 x_2) H_n(m_2 x_1) J_n(m_2 x_2) \\
& - m_1^2 m_2^3 m_3 H_n'(n, m_2 x_1) J_n'(n, m_3 x_2) J_n(m_1 x_1) J_n(m_2 x_2) \\
& - m_1 m_2^3 m_3^2 J_n'(n, m_1 x_1) J_n'(n, m_2 x_2) H_n(m_2 x_1) J_n(m_3 x_2) \\
& - m_1^2 m_2^2 m_3^2 H_n'(n, m_2 x_2) J_n'(n, m_2 x_1) J_n(m_1 x_1) J_n(m_3 x_2) \\
& + m_1^2 m_2^2 m_3^2 H_n'(n, m_2 x_1) J_n'(n, m_2 x_2) J_n(m_1 x_1) J_n(m_3 x_2) \\
& + m_1 m_2^3 m_3^2 H_n'(n, m_2 x_2) J_n'(n, m_1 x_1) J_n(m_2 x_1) J_n(m_3 x_2)
\end{aligned}
$$
$$\tag{3.33}$$

$$
\begin{aligned}
q_n =\ & -m_1 m_2^3 m_3^2 J_n'(n, m_1 x_1) J_n'(n, m_2 x_2) H_n(m_2 x_1) H_n(m_3 x_2) \\
& + m_1^2 m_2^3 m_3 H_n'(n, m_3 x_2) J_n'(n, m_2 x_1) H_n(m_2 x_2) J_n(m_1 x_1) \\
& - m_1^2 m_2^2 m_3^2 H_n'(n, m_2 x_2) J_n'(n, m_2 x_1) H_n(m_3 x_2) J_n(m_1 x_1) \\
& + m_1^2 m_2^2 m_3^2 H_n'(n, m_2 x_1) J_n'(n, m_2 x_2) H_n(m_3 x_2) J_n(m_1 x_1) \\
& - m_1 m_2^4 m_3 H_n'(n, m_3 x_2) J_n'(n, m_1 x_1) H_n(m_2 x_2) J_n(m_2 x_1) \\
& + m_1 m_2^3 m_3^2 H_n'(n, m_2 x_2) J_n'(n, m_1 x_1) H_n(m_3 x_2) J_n(m_2 x_1) \\
& + m_1 m_2^4 m_3 H_n'(n, m_3 x_2) J_n'(n, m_1 x_1) H_n(m_2 x_1) J_n(m_2 x_2) \\
& - m_1^2 m_2^3 m_3 H_n'(n, m_2 x_1) H_n'(n, m_3 x_2) J_n(m_1 x_1) J_n(m_2 x_2)
\end{aligned}
$$
$$\tag{3.34}$$

3.3 プログラミング

となる．これを関数として記述して計算をすると高速な計算が可能である．しかしながら，これらをプログラムに書き込むのはたいへんな作業となる．

Pythonでは，連立方程式を解くコマンドが用意されており，計算速度を追求しないのであれば，これを利用するほうが楽である．すなわち，式 (3.20)～(3.23)，そして式 (3.24)～(3.27) の係数をそのまま配列として記述する．以下にそのプログラム 3.2 を示す．21 行目と 36 行目で sp.array を使って係数の行列 A の左辺を記述する．同様に 27 行目と 42 行目で右辺を縦ベクトル matF として定義する．33 行目または 48 行目で sp.linalg.solve コマンドを用いて，連立方程式の解を縦ベクトル matX として求める．このプログラムでは各波長および次数 n ごとに連立方程式の解を求めるため，高速ではないが，見通しのよいプログラムとなる．

プログラム 3.2

```
 1  import scipy as sp
 2  import scipy.special
 3  import matplotlib as mpl
 4  import matplotlib.pyplot as plt
 5  from scipy import pi,arange,sqrt,zeros,array,matrix,asmatrix,real,imag
 6  from matplotlib.pyplot import plot,show,xlabel,ylabel,title,legend,grid,axis,
        tight_layout
 7  from scipy.special import jv,jvp,hankel1,h1vp
 8  from RI import WLx, NumWLx, epAg, epAu, RIAu, RIAg
 9
10  def h1v(n,x):
11      return hankel1(n,x)
12  def a(n,x,mA,mB):
13      return (mB*jv(n,mB*x)*jvp(n,mA*x)-mA*jv(n,mA*x)*jvp(n,mB*x))/ \
14              (mB*jv(n,mB*x)*h1vp(n,mA*x)-mA*h1v(n,mA*x)*jvp(n,mB*x))
15  def b(n,x,mA,mB):
16      return (mA*jv(n,mB*x)*jvp(n,mA*x)-mB*jv(n,mA*x)*jvp(n,mB*x))/ \
17              (mA*jv(n,mB*x)*h1vp(n,mA*x)-mB*h1v(n,mA*x)*jvp(n,mB*x))
18  def fn(n,phi):
19      return (1/k0)*(cos(n*phi)+1j*sin(n*phi))*(pow(-1j,n))
20
21  def matA_tm(n,m1,m2,m3,x1,x2):
22      return array([[m1*jv(n,m1*x1),  -m2*jv(n,m2*x1),  m2*h1v(n,m2*x1), 0],
23                  [m1**2*jvp(n,m1*x1), -m2**2*jvp(n,m2*x1), m2**2*h1vp(n,
                    m2*x1), 0],
24                  [0, m2*jv(n,m2*x2), -m2*h1v(n,m2*x2), m3*h1v(n,m3*x2)],
25                  [0, m2**2*jvp(n,m2*x2),-m2**2*h1vp(n,m2*x2), m3**2*h1vp(
                    n,m3*x2)]])
26
27  def matF_tm(n,m3,x2):
28      return array([[0],
29                  [0],
30                  [m3*jv(n,m3*x2)],
```

```
                        [m3**2*jvp(n,m3*x2)]]])

def matX_tm(n,m1,m2,m3,x1,x2):
    return sp.linalg.solve(matA_tm(n,m1,m2,m3,x1,x2), matF_tm(n,m3,x2))

def matA_te(n,m1,m2,m3,x1,x2):
    return array([[m1**2*jv(n,m1*x1), -m2**2*jv(n,m2*x1), m2**2*h1v(n,m2*
        x1), 0],
                  [m1*jvp(n,m1*x1), -m2*jvp(n,m2*x1), m2*h1vp(n,m2*x1),
                   0],
                  [0, m2**2*jv(n,m2*x2), -m2**2*h1v(n,m2*x2), m3**2*h1v(n,
                    m3*x2)],
                  [0, m2*jvp(n,m2*x2), -m2*h1vp(n,m2*x2), m3*h1vp(n,m3*x2
                   )]])

def matF_te(n,m3,x2):
    return array([[0],
                  [0],
                  [m3**2*jv(n,m3*x2)],
                  [m3*jvp(n,m3*x2)]])

def matX_te(n,m1,m2,m3,x1,x2):
    return sp.linalg.solve(matA_te(n,m1,m2,m3,x1,x2), matF_te(n,m3,x2))

r1=50      # コアの半径
r2=55      # シェルの半径
qq=5       # ベッセル関数の次数

Qsca_tm=zeros(NumWLx, dtype=float)
Qext_tm=zeros(NumWLx, dtype=float)
Qabs_tm=zeros(NumWLx, dtype=float)
Qsca_te=zeros(NumWLx, dtype=float)
Qext_te=zeros(NumWLx, dtype=float)
Qabs_te=zeros(NumWLx, dtype=float)

k0 = 2 * pi / WLx # 真空中の波数
m1 = 1.5    # シェルの屈折率
m2 = RIAg   # 円柱コアの屈折率
m3 = 1.0    # 周辺媒質の屈折率
x1 = k0*r1 # サイズ パラメータ（コア）
x2 = k0*r2 # サイズ パラメータ（シェル）

for i in range(NumWLx):
    for n in range(-qq,qq):
        Qsca_tm[i] = Qsca_tm[i] + (2/x2[i])*abs(matX_tm(n,m1,m2[i],m3,x1[i],
            x2[i])[3,0])**2
        Qext_tm[i] = Qext_tm[i] + (2/x2[i])*real(matX_tm(n,m1,m2[i],m3,x1[i
            ],x2[i])[3,0])
        Qsca_te[i] = Qsca_te[i] + (2/x2[i])*abs(matX_te(n,m1,m2[i],m3,x1[i],
            x2[i])[3,0])**2
        Qext_te[i] = Qext_te[i] + (2/x2[i])*real(matX_te(n,m1,m2[i],m3,x1[i
            ],x2[i])[3,0])

Qabs_tm = Qext_tm - Qsca_tm
Qabs_te = Qext_te - Qsca_te

plt.figure(figsize=(8,6))
plot(WLx,Qsca_tm, label=r"$Q_{\rm sca}$",linewidth = 3.0, color='black')
```

3.3 プログラミング

```
81  plot(WLx,Qabs_tm, label=r"$Q_{\rm abs}$",linewidth = 3.0, color='gray')
82  xlabel("wavelength (nm)",fontsize=22) # x-axis label
83  ylabel("efficiency",fontsize=22) # y-axis label
84  title(r"$Q_{\rm sca}$(TE) and $Q_{\rm abs}$(TE)",fontsize=22)
85  grid(True)
86  axis([300,800,0,1])
87  legend(fontsize=20,loc='lower right')
88  plt.tick_params(labelsize=20)
89  tight_layout()
90  show()
91
92  plt.figure(figsize=(8,6))
93  plot(WLx,Qsca_te, label=r"$Q_{\rm sca}$",linewidth = 3.0,color='black')
94  plot(WLx,Qabs_te, label=r"$Q_{\rm abs}$",linewidth = 3.0,color='gray')
95  xlabel("wavelength (nm)",fontsize=22)
96  ylabel("efficiency",fontsize=22)
97  title(r"$Q_{\rm sca}$(TE) and $Q_{\rm abs}$(TE)",fontsize=22)
98  grid(True)
99  axis([300,1000,0,10])
100 legend(fontsize=20,loc='lower left')
101 plt.tick_params(labelsize=20)
102 tight_layout()
103 show()
```

このプログラムで得られた結果を図 **3.4** に示す。図 (a) に示す TM 偏光では 450 nm 付近で散乱効率が 0 となる。わずかに吸収があるので完全に透明ではないが，この方法を用いれば物体を不可視化（見えなく）することができる。一方で，図 (b) に示す TE 偏光では 880 nm 付近で吸収や散乱効率のピークが観測できる。散乱が非常に大きな光学媒質をつくることができたり，非線形光学材料との組合せによりこれを利用した光のスイッチング素子を提案できる。

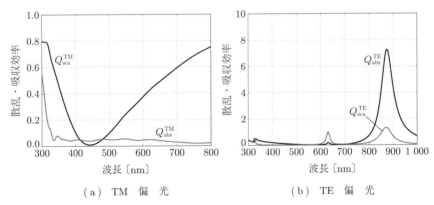

(a) TM 偏光　　　　　　(b) TE 偏光

図 **3.4**　円柱コアシェル構造の散乱効率の計算結果

引用・参考文献

1) 岡本隆之, 梶川浩太郎：「プラズモニクス」, 講談社 (2010)
2) C.F. Bohren and D.R. Huffman："Absorption and scattering of light by small particles," Wiley, New York (1983)
3) H.C. van de Hulst："Light Scattering by Small Particles," Dover, New York (1957)
4) 梶川浩太郎：「先端機能材料の光学」, 内田老鶴圃 (2016)
5) M. Kerker and E. Matijević："Scattering of Electromagnetic Waves from Concentric Infinite Cylinders," J. Opt. Soc. Am., **51**, pp.506–508 (1961)

その他の形状の解析的な計算

この章では，円や円柱以外の構造について長波長近似を用いた計算を紹介する．ナノロッドや基板上の球，会合体球，島状蒸着薄膜など，さまざまな構造における特異な光学応答の計算に有用である．

4.1 回 転 楕 円 体

球ではなくナノロッドやナノ円盤などの構造の光学応答を計算する際，近似モデルとして図 4.1 に示すような**回転楕円体**がよく使われる．回転楕円体には，回転軸（c 軸）が回転体の半径より長い**葉巻型**（$a=b<c$）と回転軸が回転体の半径より短い**パンケーキ型**（$a=b>c$）があり，取扱いが異なる．いずれも，波長に比べて構造の大きさが小さい場合には，準静電近似が適用できて，比較

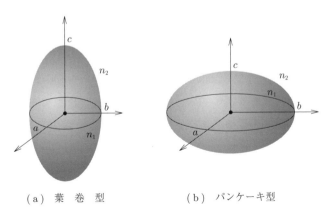

(a) 葉 巻 型　　　　(b) パンケーキ型

図 4.1　回転楕円体構造の光学配置

的簡単に計算できる.回転楕円体の屈折率を n_1,周辺媒質の屈折率を n_2 とすれば,軸 i に対する反電場係数 L_i を求めることにより,以下の式で分極 α_i が求まり,光学応答を計算することができる[1]。

$$\alpha_i = 4\pi abc \frac{n_1^2 - n_2^2}{3[n_2^2 + L_i(n_1^2 - n_2^2)]} \tag{4.1}$$

なお,ここでは,軸については回転軸を $\parallel$,それに垂直な軸を $\perp$ とし,関連変数の添字にそれとわかるように記載する。

〔1〕葉巻型　葉巻型の場合には,長軸方向の**分極率** $\alpha_\parallel$ は,回転軸方向の**反電場係数** $L_\parallel$ を用いて計算する。$L_\parallel$ は以下の式で計算できる。

$$L_\parallel = \frac{1 - e^2}{2e^2} \left(\frac{1}{2e} \ln \frac{1 + e}{1 - e} - 1 \right) \tag{4.2}$$

ただし

$$e^2 = 1 - \frac{a^2}{c^2} \tag{4.3}$$

である。e は**離心率**と呼ばれ,形が円や球からどれくらい離れているかを示す指標である。短軸方向の分極率は $L_\parallel + 2L_\perp = 1$ の関係から反電場係数 $L_\perp$ を求める。分極率 α を使って,散乱断面積や吸収断面積が求まるのは,球の場合と同様である。

プログラム 4.1 に葉巻型の回転楕円体の分極率を計算するプログラムを示す。長軸 (c 軸) の長さ c は 100 nm で,短軸 (a 軸または b 軸) の長さは 20 nm とした。得られる反電場係数は,長軸方向が $L_\parallel = 0.058$ で短軸方向が $L_\perp = 0.472$ である。分極率を求めた後に,式 (2.2)〜(2.4) を用いて散乱断面積 C_sca および吸収断面積 C_abs を求める。その後,光の進行方向を法線とする中心を通る面で規格化し,散乱効率 Q_sca や消光効率 Q_ext を求める。

プログラム 4.1

```
1  import scipy as sp
2  import matplotlib as mpl
3  import matplotlib.pyplot as plt
4  from matplotlib.pyplot import plot,show,xlabel,ylabel,title,legend,grid,axis,
       rcParams,tight_layout
5  from scipy import real,imag,pi,sqrt,log
6  from RI import WLx, epAg, epAu, RIAu, RIAg
```

4.1 回転楕円体

```
 7
 8  n1 = RIAu  # 回転楕円体の屈折率
 9  n2 = 1  # 周辺媒質の屈折率
10  a = b = 10  # 非回転軸の長さ〔nm〕
11  c = 50  # 回転軸の長さ〔nm〕
12  ee = sqrt(1-(a/c)**2)  # 離心率
13  lz = (1-ee**2)/ee**2 * (1/(2*ee) * log((1+ee)/(1-ee))-1) # z方向 反電場係数
14  lx = (1-lz)/2  # x方向 反電場係数
15  k = 2 * pi / WLx  # 真空中の波数
16
17  alphax = 4*pi*a*b*c*(n2**2)*((n1**2)-(n2**2))/(3*((n2**2)+lx*((n1**2)-(n2**2)))) # x方向 分極率
18  alphaz = 4*pi*a*b*c*(n2**2)*((n1**2)-(n2**2))/(3*((n2**2)+lz*((n1**2)-(n2**2)))) # z方向 分極率
19
20  Csca_x = k**4 / (6 * pi) * abs(alphax)**2 # x方向 散乱断面積
21  Cabs_x = k * imag(alphax) # x方向 吸収断面積
22  Qsca_x = Csca_x / (a*a*pi) # x方向 散乱効率
23  Qabs_x = Cabs_x / (a*a*pi) # x方向 吸収効率
24
25  Csca_z = k**4 / (6 * pi) * abs(alphaz)**2 # z方向 散乱断面積
26  Cabs_z = k * imag(alphaz) # z方向 吸収断面積
27  Qsca_z = Csca_z / (a*c*pi) # z方向 散乱効率
28  Qabs_z = Cabs_z / (a*c*pi) # z方向 吸収効率
29
30  plt.figure(figsize=(8,6))
31  plot(WLx,Qsca_x, label=r"$Q_{{\rm sca},a}$",linewidth = 3.0, color='black')
32  plot(WLx,Qabs_x, label=r"$Q_{{\rm abs},a}$",linewidth = 3.0, color='gray')
33  xlabel("wavelength (nm)",fontsize=22) # x-axis label
34  ylabel("efficiency",fontsize=22) # y-axis label
35  title("Efficiency $a$-axis",fontsize=22) # Title of the graph
36  grid(True) # Show Grid
37  axis([300,1000,0,1]) # Plot Range
38  plt.tick_params(labelsize=20)
39  legend(fontsize=20,loc='lower right')
40  tight_layout()
41  show()
42
43  plt.figure(figsize=(8,6))
44  plot(WLx,Qsca_z, label=r"$Q_{{\rm sca},c}$",linewidth = 3.0, color='black')
45  plot(WLx,Qabs_z, label=r"$Q_{{\rm abs},c}$",linewidth = 3.0, color='gray')
46  xlabel("wavelength (nm)",fontsize=22) # x-axis label
47  ylabel("efficiency",fontsize=22) # y-axis label
48  title("Efficiency $c$-axis",fontsize=22) # Title of the graph
49  grid(True) # Show Grid
50  axis([300,1000,0,50]) # Plot Range
51  plt.tick_params(labelsize=20)
52  legend(fontsize=20,loc='lower left')
53  tight_layout()
54  show()
```

$a = 10\,\mathrm{nm}$, $c = 50\,\mathrm{nm}$ の金の回転楕円体微粒子についての散乱効率 Q_{sca} や吸収効率 Q_{abs} を計算した結果を図 **4.2** に示す。図 (a) は短軸方向に偏光した

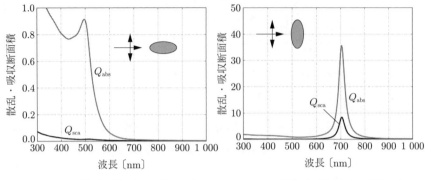

(a) 短軸（a軸）方向に偏光した入射光の場合

(b) 長軸（c軸）方向に偏光した入射光の場合

図 4.2　金の回転楕円体微粒子の散乱効率と吸収効率の計算結果

光を入れた場合，図 (b) は長軸方向に偏光した光を入れた場合の結果である。短軸方向に偏光した光を入れた場合では，散乱効率および吸収効率のピークは 1 以下の小さい値である。ピーク波長も 500 nm 付近であり，球状の金微粒子の表面プラズモン共鳴のピーク波長と変わらない。一方で，長軸方向に偏光した光を入れた場合では，表面プラズモンに起因する鋭いピークが 700 nm 付近に見られ，吸収効率は 35，散乱効率は 8 程度の高い値を示している。回転楕円体のアスペクト比 c/a を大きくしていくと，ピークは長波長側にシフトして散乱効率や吸収効率もさらに高いものとなる。これらの性質は応用上有用であり，回転楕円体に近い形状の金属ロッド構造の研究が盛んに行われている。

〔2〕**パンケーキ型**　回転軸が短いパンケーキ型の回転楕円体では，回転軸に垂直な方向の反電場係数 $L_\perp$ は以下の式で表される。

$$L_\perp = \frac{g}{2e^2}\left(\frac{\pi}{2} - \tan^{-1} g\right) - \frac{g^2}{2} \tag{4.4}$$

$$g = \left(\frac{1-e^2}{e^2}\right)^{1/2} \tag{4.5}$$

$$e^2 = 1 - \frac{c^2}{a^2} \tag{4.6}$$

葉巻型と同様に短軸方向の反電場係数 $L_\perp$ は $L_\parallel + 2L_\perp = 1$ の関係から求まる。式 (4.1) と反電場係数を使ってそれぞれの方向の分極率が求まる。

〔3〕 **コアシェル構造** 回転楕円体のコアシェル構造の光学応答について記す。コアの屈折率を n_1，シェルの屈折率を n_2，周辺媒質の屈折率を n_3 とする。また，コアの回転軸半径を c_1，それ以外の軸の半径を $a_1 = b_1$，シェルの回転軸半径とそれ以外の軸の半径をそれぞれ c_2, $a_2 = b_2$ とする。葉巻型の場合もパンケーキ型の場合も式 (4.2)，(4.3) や式 (4.4)〜(4.6) より反電場係数を求めることができる。形状で決まる i 方向の偏光に対する反電場係数を L_i とする。シェルの厚さが一定の場合には，シェルの反電場係数も等しくなり，分極率 α_i は以下の式で求められる。

$$\alpha_i = \frac{4\pi abc}{3} \frac{L_i(n_2^2 - n_3^2)[n_2^2 + (n_1^2 - n_2^2)(1-Q)] + Qn_2^2(n_1^2 - n_2^2)}{[n_2^2 + L_i(n_1^2 - n_2^2)(1-Q)][n_3^2 + L_i(n_2^2 - n_3^2)] + QL_i n_2^2(n_1^2 - n_2^2)} \quad (4.7)$$

ここで，Q はコアとシェルの体積比であり，$Q = a_1 b_1 c_1 / (a_2 b_2 c_2)$ で与えられる。球の場合には $L_i = 1/3$ となり，2章で論じた式 (2.31) に帰着する。

4.2 基板上の球

実験では基板上に粒子を固定化することが多い。そのため，基板上に固定化された球の光学応答の議論が必要になることもある。基板が石英やシリカガラスなどの屈折率が比較的低い誘電体の場合には，基板の影響は小さく多くの場合には粒子そのものの応答を議論すればよいが，基板に金属や高屈折率の誘電体や半導体を使用した場合には，粒子の光学応答は基板の影響を大きく受ける。そのため，粒子のみでは起こらない光学応答が生じ，新しい機能を発現させることもできる。

ここでは，図 4.3 に示すように誘電率 ε_1 の周辺媒質中に，誘電率 ε_2 の基板上にギャップ g の距離で固定化された誘電率 ε_3 で半径 R の微小球が固定化された場合の光学応答について考える[2]。屈折率の代わりに誘電率を使うのは記述をシンプルにするためである。球の中心を原点とした球座標系 (ρ, θ, ϕ) を考える。ρ を R で規格化してこれを r とする。すると，球の表面を $r = 1$ として表せ

4. その他の形状の解析的な計算

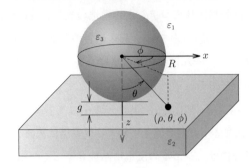

図 4.3 基板上の球の光学応答の計算に用いる光学配置

球の中心を原点とする極座標 (ρ, θ, ϕ) を使う

る。また，電場 E_0 が印加された際に生じる媒質 i におけるポテンシャル V_i は，$-E_0 R$ で規格化してポテンシャル ψ_i として表す。ここで，$r_0 = 1 + g/R$ である。

〔1〕**垂直成分** 基板表面に垂直方向（z 方向）に電場 E_0 をかけたときに生じる媒質 1～3 における規格化されたポテンシャル ψ は，多重極子を考慮して以下のように表される。

$$\psi_1 = rt + \sum_{j=1}^{\infty} r^{-(j+1)} P_j^0(t) A_{1j} + V_j^0(r,t) A'_{1j} \tag{4.8}$$

$$\psi_2 = \psi'_2 + \alpha rt + \sum_{j=1}^{\infty} r^{-(j+1)} P_j^0(t) A_{2j} \tag{4.9}$$

$$\psi_3 = \sum_{j=1}^{\infty} r^j P_j^0(t) A_{3j} \tag{4.10}$$

ここで $P_j^0(t)$ はルジャンドル関数であり，$t = \cos\theta$ とおいた。また

$$A'_{1j} = \frac{\varepsilon_1 - \varepsilon_2}{\varepsilon_1 + \varepsilon_2}(-1)^j A_{1j} \tag{4.11}$$

$$A_{2j} = \frac{2\varepsilon_1}{\varepsilon_1 + \varepsilon_2} A_{1j} \tag{4.12}$$

である。また，式 (4.8) の $V_j^0(r,t)$ は以下のように書ける。

$$V_j^m(r,t) = \frac{P_j^m\left(\dfrac{rt - 2r_0}{(r^2 - 4rr_0 t + 4r_0^2)^{1/2}}\right)}{(r^2 - 4rr_0 t + 4r_0^2)^{(j+1)/2}} \tag{4.13}$$

これは基板中の鏡像からの寄与を表している。A_{ij} は，媒質 i における次数 j の

多重極係数である。α や ψ_2' はそれぞれ未知数であるが，これらを含めて，適当な境界条件を用いてこれを解くと

$$\sum_{j=1}^{\infty}\left\{\delta_{ij}+\frac{k(\varepsilon_2-\varepsilon_1)(\varepsilon_1-\varepsilon_3)}{(\varepsilon_2+\varepsilon_1)[(k+1)\varepsilon_1+k\varepsilon_3]}\frac{(k+j)!}{k!j!(2r_0)^{k+j+1}}\right\}A_{1j}=\frac{\varepsilon_1-\varepsilon_3}{2\varepsilon_1+\varepsilon_3}\delta_{k1} \tag{4.14}$$

となる[2),3)]。δ_{pq} はクロネッカーのデルタであり，$p=q$ のとき $\delta_{pq}=1$ でそれ以外の場合は 0 である。この式は，無限個の未定係数をもつ連立方程式であるが，実際には 10〜15 個の未定係数を考えれば十分である。得られた係数 A_{11} から，以下の式を使って分極率の垂直成分 α_z を求める。

$$\alpha_z = -4\pi\varepsilon_1 R^3 A_{11} \tag{4.15}$$

これより，表面に垂直な光電場成分に対する散乱断面積 $C_{\mathrm{sca},z}$ と吸収断面積 $C_{\mathrm{abs},z}$ は

$$C_{\mathrm{sca},z} = \frac{k^4}{6\pi}|\alpha_z|^2 \tag{4.16}$$

$$C_{\mathrm{abs},z} = k\,\mathrm{Im}[\alpha_z] \tag{4.17}$$

となる。ここで，k は周辺媒質中の光の波数である。さらに，それを球の大円の面積で規格化して，面内に垂直な偏光に対する散乱効率 $Q_{\mathrm{sca},z}$ や吸収効率 $Q_{\mathrm{abs},z}$ が求まる。

〔2〕**水 平 成 分**　基板表面に水平方向（x 方向や y 方向）に電場 E_0 をかけたときに生じるポテンシャルは以下のように表される。

$$\psi_1 = r\sqrt{1-t^2}\cos\phi + \sum_{j=1}^{\infty}r^{-(j+1)}P_j^1(t)B_{1j}\cos\phi + V_j^1(r,t)B_{1j}'\cos\phi \tag{4.18}$$

$$\psi_2 = \psi_2' + \beta r\sqrt{1-t^2}\cos\phi + \sum_{j=1}^{\infty}r^{-(j+1)}P_j^1(t)B_{2j}\cos\phi \tag{4.19}$$

$$\psi_3 = \sum_{j=1}^{\infty}r^j P_j^1(t)\cos\phi B_{3j} \tag{4.20}$$

ここで $P_j^m(t)$ は，位数 1 のルジャンドル陪関数であり，B_{ij} は，媒質 i における次数 j の多重極係数である．また

$$B'_{1j} = \frac{\varepsilon_1 - \varepsilon_2}{\varepsilon_1 + \varepsilon_2}(-1)^{j+1} B_{1j} \tag{4.21}$$

$$B_{2j} = \frac{2\varepsilon_1}{\varepsilon_1 + \varepsilon_2} B_{1j} \tag{4.22}$$

である．

β や ψ'_2 を含めて，垂直成分と同様に解くと

$$\sum_{j=1}^{\infty} \left\{ \delta_{ij} + \frac{k(\varepsilon_2 - \varepsilon_1)(\varepsilon_1 - \varepsilon_3)}{(\varepsilon_2 + \varepsilon_1)[(k+1)\varepsilon_1 + k\varepsilon_3]} \frac{(k+j)!}{(k+1)!(j-1)!(2r_0)^{k+j+1}} \right\} B_{1j}$$
$$= \frac{\varepsilon_1 - \varepsilon_3}{2\varepsilon_1 + \varepsilon_3} \delta_{k1} \tag{4.23}$$

となる．得られた係数 B_{11} から，垂直成分と同様の手続きで分極率の面内成分 $\alpha_{\parallel}$ を求め，表面面内の光電場成分に対する散乱断面積 $C_{\mathrm{sca},\parallel}$ と吸収断面積 $C_{\mathrm{abs},\parallel}$ を求めることができる．

以上の結果を基に，基板上に固定化された球の光学応答の計算の例を，プログラム 4.2 に示す．階乗の関数 math.factorial は事前に読み込んでおく．ただし，この関数名は長いので，改めて 14 行目で kjo として定義しておく．式 (4.14) や式 (4.23) で計算する係数について，それぞれ関数 perpen と parallel として定義する．連立方程式で考慮する未定係数の数は qq とする．ここでは qq = 15 として計算しており，15 元 1 次の連立方程式を解くことになる．未定係数の行列を 52 行目から 70 行目までに記述して，72 行目と 73 行目でそれを linalg.solve を用いて解いている．さらに，係数から断面積を求め，さらに球の大円の面積で規格化して効率を求める．

プログラム 4.2

```
1  import numpy as np
2  import scipy as sp
3  import scipy.special
4  import math
5  import cmath
6  import matplotlib as mpl
7  import matplotlib.pyplot as plt
8  from RI import WLx, NumWLx, epAg, epAu, RIAu, RIAg
```

4.2 基板上の球   77

```
 9
10  from scipy import pi,sin,cos,tan,arcsin,exp,linspace,arange,sqrt,zeros,array,
        matrix,asmatrix,real,imag
11  from matplotlib.pyplot import plot,show,xlabel,ylabel,title,legend,grid,axis,
        tight_layout
12  from scipy.special import factorial
13
14  def kjo(k):
15      return math.factorial(k)
16
17  def perpen(k,j,r0,ep1,ep2,ep3):
18      return ((ep2-ep1)*(ep1-ep3)*k*kjo(k+j))/((ep2+ep1)*((k+1)*ep1+k*ep3)*
           kjo(k)*kjo(j)*(2*r0)**(k+j+1))
19
20  def parallel(k,j,r0,ep1,ep2,ep3):
21      return ((ep2-ep1)*(ep1-ep3)*k*kjo(k+j))/((ep2+ep1)*((k+1)*ep1+k*ep3)*
           kjo(k+1)*kjo(j-1)*(2*r0)**(k+j+1))
22
23  def uhen(ep1,ep2,ep3):
24      return (ep1-ep3)/(2*ep1+ep3)
25
26  k0 = 2 * pi / WLx   # 真空中の波数
27
28  qq=15  # 計算する多重極の次数
29  r=50   # 粒子の半径
30  gap=1  # ギャップ長
31  d=gap+r  # D パラメータ
32  r0=d/r  # r0 パラメータ
33
34  alpha_A=zeros(NumWLx, dtype=complex) # A 係数初期化
35  alpha_B=zeros(NumWLx, dtype=complex) # B 係数初期化
36
37  ep1=zeros(NumWLx, dtype=complex)
38  ep2=zeros(NumWLx, dtype=complex)
39  ep3=zeros(NumWLx, dtype=complex)
40  al=zeros([NumWLx,qq,qq], dtype=complex)
41  bl=zeros([NumWLx,qq,qq], dtype=complex)
42  fl=zeros([NumWLx,qq], dtype=complex)
43  Xal=zeros([NumWLx,qq], dtype=complex)
44  Xbl=zeros([NumWLx,qq], dtype=complex)
45  a1l1=zeros([NumWLx,qq], dtype=complex)
46  b1l1=zeros([NumWLx,qq], dtype=complex)
47
48  for i in range(NumWLx):
49      ep1[i] = 1        # 周辺媒質の誘電率
50      ep2[i] = epAu[i]  # 球の誘電率
51      ep3[i] = epAu[i]  # 基板の誘電率
52      for k in range(qq):   # 連立方程式の作成 垂直方向 (A 係数)
53          for j in range(qq):
54              if k==j:
55                  al[i,k,j]=1+perpen(k+1,j+1,r0,ep1[i],ep2[i],ep3[i])
56              else:
57                  al[i,k,j]=perpen(k+1,j+1,r0,ep1[i],ep2[i],ep3[i])
58
59      for k in range(qq):   # 連立方程式の作成 垂直方向 (B 係数)
60          for j in range(qq):
61              if k==j:
62                  bl[i,k,j]=1+parallel(k+1,j+1,r0,ep1[i],ep2[i],ep3[i])
```

78　　4.　その他の形状の解析的な計算

```
63                 else:
64                     bl[i,k,j]=parallel(k+1,j+1,r0,ep1[i],ep2[i],ep3[i])
65
66         for k in range(qq):      # 連立方程式の作成　右辺
67             if k==0:
68                 fl[i,k]=uhen(ep1[i],ep2[i],ep3[i])
69             else:
70                 fl[i,k]=0
71
72         Xal[i]=np.linalg.solve(al[i],fl[i]) # 連立方程式を解く（A 係数）
73         Xbl[i]=np.linalg.solve(bl[i],fl[i]) # 連立方程式を解く（B 係数）
74
75         alpha_A[i]=-4*pi*r**3*ep1[i]*Xal[i,0]   # 分極率を求める（A 係数）
76         alpha_B[i]=-4*pi*r**3*ep1[i]*Xbl[i,0]   # 分極率を求める（B 係数）
77
78   Csca_A = k0**4/(6*pi)*abs(alpha_A)**2   # 散乱断面積を求める（A 係数）
79   Csca_B = k0**4/(6*pi)*abs(alpha_B)**2   # 散乱断面積を求める（B 係数）
80   Cabs_A = k0*imag(alpha_A)     # 吸収断面積を求める（A 係数）
81   Cabs_B = k0*imag(alpha_B)     # 吸収断面積を求める（B 係数）
82
83   Qsca_A = Csca_A / ((r**2) * pi)
84   Qabs_A = Cabs_A / ((r**2) * pi)
85   Qsca_B = Csca_B / ((r**2) * pi)
86   Qabs_B = Cabs_B / ((r**2) * pi)
87
88   plt.figure(figsize=(8,6))
89   plot(WLx,Qsca_A, label=r"$Q_{\rm sca}$", linewidth=3.0,color='black')
90   plot(WLx,Qabs_A, label=r"$Q_{\rm abs}$", linewidth=3.0,color='gray')
91   axis([400,700,0,12])
92   xlabel("wavelength (nm)",fontsize=22)
93   ylabel("efficiency",fontsize=22)
94   plt.tick_params(labelsize=20) # scale fontsize=18pt
95   legend(fontsize=20,loc='upper left')
96   tight_layout()
97   show()
```

金の粒子が金基板上に配置された光学配置について計算した結果を図 **4.4** に

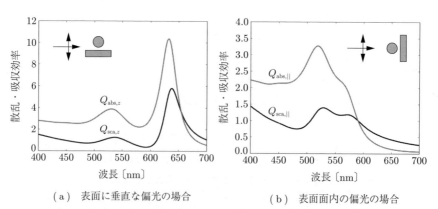

(a) 表面に垂直な偏光の場合　　　(b) 表面面内の偏光の場合

図 **4.4**　基板上の球の光学応答（散乱効率と吸収効率）の計算結果

示す。球の半径は 50 nm でギャップは 1 nm である。表面に垂直な偏光に対する散乱効率 $Q_{\mathrm{sca},z}$ と吸収効率 $Q_{\mathrm{abs},z}$ を図 (a) に，表面面内の偏光に対する散乱効率 $Q_{\mathrm{sca},\|}$ と吸収効率 $Q_{\mathrm{abs},\|}$ を図 (b) に示す。表面に垂直な偏光の場合は，孤立した金粒子の吸収ピークより大きく長波長側にシフトしたピークを生じることがわかる。これは，球と基板との相互作用の結果である。基板がガラスなどの誘電体ではこのような大きなシフトは生じない。また，面内偏光の場合は若干のシフトは見られるものの，その変位は大きくない。これは，基板との相互作用があまり大きくないことを示している。

4.3　2　連　球

図 **4.5** に示す **2 連球**の光学応答の計算方法が提案されているが[4]，この場合も前述の式 (4.14) と式 (4.23) を使って求めることができる[2]。なぜなら，基板を理想金属とすれば，基板の中に鏡像としてもう一つの球が存在すると考えることができるからである。この場合，球の間の隙間は $2g$ となることに注意する。実際の計算では，式 (4.14) と式 (4.23) において

$$\frac{\varepsilon_2 - \varepsilon_1}{\varepsilon_2 + \varepsilon_1} = 1 \tag{4.24}$$

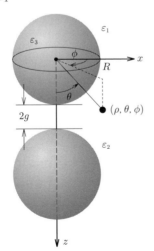

図 **4.5**　2 連球の光学配置

水平成分では

$$\frac{\varepsilon_2 - \varepsilon_1}{\varepsilon_2 + \varepsilon_1} = -1 \tag{4.25}$$

とおいて計算を行う。すなわち，以下の連立方程式を適当な数の未定係数について解き，分極率を求めて，散乱断面積や吸収断面積を計算する。

$$\sum_{j=1}^{\infty} \left\{ \delta_{ij} + \frac{k(\varepsilon_1 - \varepsilon_3)}{[(k+1)\varepsilon_1 + k\varepsilon_3]} \frac{(k+j)!}{k!j!(2r_0)^{k+j+1}} \right\} A_{1j}$$
$$= \frac{\varepsilon_1 - \varepsilon_3}{2\varepsilon_1 + \varepsilon_3} \delta_{k1} \tag{4.26}$$

$$\sum_{j=1}^{\infty} \left\{ \delta_{ij} - \frac{k(\varepsilon_1 - \varepsilon_3)}{[(k+1)\varepsilon_1 + k\varepsilon_3]} \frac{(k+j)!}{(k+1)!(j-1)!(2r_0)^{k+j+1}} \right\} B_{1j}$$
$$= \frac{\varepsilon_1 - \varepsilon_3}{2\varepsilon_1 + \varepsilon_3} \delta_{k1} \tag{4.27}$$

巻末付録のプログラム A.3 による計算結果を図 4.6 に示す。金の微小球の大きさは半径 50 nm であり，ギャップ間隔は 1 nm である。このプログラム中ではgap の値を 0.5 nm とおく。この条件は図 4.4 に示した基板上の球の光学応答の計算結果と比較することができる。前述の基板上の球の場合には，垂直な偏光に対する吸収ピークは 635 nm 付近であり，吸収効率も大きい。一方，2 連球では，軸方向の偏光に対する吸収ピークは 590 nm 付近であり，吸収効率は

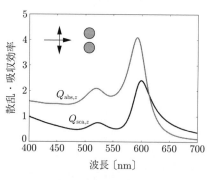

（a）偏光が 2 連球の軸方向の場合

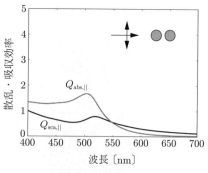

（b）偏光が 2 連球の軸に垂直な場合

図 4.6　金の 2 連球の光学応答（吸収効率と散乱効率）の計算結果（ギャップ間隔は 1 nm とした）

基板上の球に比べて若干小さい。2連球の計算では基板に理想金属を用いてその鏡像を利用して計算を行っているが，基板上の球の光学応答の計算結果は実在金属である金を用いている。そのため，基板の誘電率は虚数成分をもち，それが理想金属より強い相互作用をもたらしているようである。例えば，銀を基板に用いた場合では，吸収ピークは理想金属と金の間の 605 nm 付近に現れる。水平成分については，孤立粒子の計算結果とあまり変わらない。これは粒子同士の相互作用が弱いためと考えられる。

4.4　基板上の切断球

図 4.7 に示すような球を切断した形の光学応答も，解析的な計算で求めることができる[2]。媒質 1 を周辺媒質，媒質 2 を基板，媒質 3 は切断球の微粒子，媒質 4 を基板とする。これらの誘電率を ε_i ($i = 1 \sim 4$) とする。座標は球座標系 (ρ, θ, ϕ) を用いる。媒質 2 と媒質 4 は同じ媒質であり，$\varepsilon_2 = \varepsilon_4$ である。そして，切断球の切断角度を図 4.7 に示すように θ_{sh} と定義する。球の場合には $\theta_{\mathrm{sh}} = 180°$ であり半球では $\theta_{\mathrm{sh}} = 90°$ である。プログラムでは，計算しやすいように $\theta_{\mathrm{a}} = 180° - \theta_{\mathrm{sh}}$ を定義して用いる。球の中心の基板表面からの距離

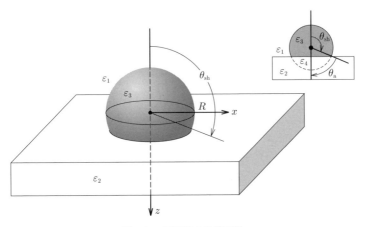

図 4.7　切断球の光学配置

D および ρ は球の半径 R で規格化して，それぞれ $r_0 = \cos\theta_a = D/R$ および $r = \rho/R$ とする。また，電場 E を加えた際に生じる媒質 i におけるポテンシャルを V_i とする。

規格化されたポテンシャル ψ_i $(i = x, y, z)$ を $\psi_i = -V_i/(ER)$ とすれば，これは多重極係数 A_j^q および $\bar{A}_j^q$ を使って

$$\psi_x = r\sin\theta\cos\phi + \sum_{j=1}^{\infty} \frac{A_j^{\parallel} P_j^1(\cos\theta)\cos\phi}{r^{j+1}} + \bar{A}_j^{\parallel} V_j^1(r, \cos\theta)\cos\phi \tag{4.28}$$

$$\psi_y = r\sin\theta\sin\phi + \sum_{j=1}^{\infty} \frac{A_j^{\parallel} P_j^1(\cos\theta)\sin\phi}{r^{j+1}} + \bar{A}_j^{\parallel} V_j^1(r, \cos\theta)\sin\phi \tag{4.29}$$

$$\psi_z = r\cos\theta + \sum_{j=1}^{\infty} \frac{A_j^z P_j^0(\cos\theta)}{r^{j+1}} + \bar{A}_j^z V_j^0(r, \cos\theta) \tag{4.30}$$

と表すことができる。ここで，$P_j^m(\cos\theta)$ はルジャンドル陪関数であり，鏡像に関する関数 $V_j^m(r, \cos\theta)$ および $W_j^m(r, \cos\theta)$ は

$$V_j^m(r, \cos\theta) = \frac{P_j^m\left(\frac{r\cos\theta - 2r_0}{\sqrt{r^2 - 4rr_0\cos\theta + 4r_0^2}}\right)}{\left(\sqrt{r^2 - 4rr_0\cos\theta + 4r_0^2}\right)^{j+1}} \tag{4.31}$$

および

$$W_j^m(r, \cos\theta) = \left(\sqrt{r^2 - 4rr_0\cos\theta + 4r_0^2}\right)^j P_j^m\left(\frac{r\cos\theta - 2r_0}{\sqrt{r^2 - 4rr_0\cos\theta + 4r_0^2}}\right) \tag{4.32}$$

と表される。ここで，$\bar{A}_j^q$ は A_j^q と以下の関係にある。

$$\bar{A}_j^z = \frac{\varepsilon_1 - \varepsilon_2}{\varepsilon_1 + \varepsilon_2}(-1)^j A_j^z \tag{4.33}$$

$$\bar{A}_j^{\parallel} = \frac{\varepsilon_1 - \varepsilon_2}{\varepsilon_1 + \varepsilon_2}(-1)^{j+1} A_j^{\parallel} \tag{4.34}$$

また，q は $\parallel$ または z であり，多重極係数 A_j^q および $\bar{A}_j^q$ の x 方向成分または y 方向成分を求めるときには $q = \parallel$ を用いる。

多重極係数 A_j^q と B_j^q は以下の連立方程式を解くことにより求めることになる。

$$\sum_{j=1}^{\infty}(C_{kj}^q A_j^q + D_{kj}^q B_j^q) = E_k^q \qquad (k=1,2,3,\ldots) \tag{4.35}$$

$$\sum_{j=1}^{\infty}(F_{kj}^q A_j^q + G_{kj}^q B_j^q) = H_k^q \qquad (k=1,2,3,\ldots) \tag{4.36}$$

連立方程式の各成分は，面に垂直な成分 ($q=z$) については，以下の式で与えられる。

$$C_{kj}^z = \frac{4\varepsilon_1 \delta_{kj}}{(\varepsilon_1+\varepsilon_2)(2k+1)}$$
$$- \frac{\varepsilon_1-\varepsilon_2}{\varepsilon_1+\varepsilon_2}\int_{-1}^{r_0} dt P_k^0(t)\left[P_j^0(t)-(-1)^j V_j^0(1,t)\right] \tag{4.37}$$

$$D_{kj}^z = -\frac{4\varepsilon_3 \delta_{kj}}{(\varepsilon_2+\varepsilon_3)(2k+1)}$$
$$- \frac{\varepsilon_2-\varepsilon_3}{\varepsilon_2+\varepsilon_3}\int_{-1}^{r_0} dt P_k^0(t)\left[P_j^0(t)-(-1)^j W_j^0(1,t)\right] \tag{4.38}$$

$$E_k^z = -\frac{2\varepsilon_1 \delta_{k1}}{3\varepsilon_2}$$
$$- \left(1-\frac{\varepsilon_1}{\varepsilon_2}\right)\int_{-1}^{r_0} dt P_k^0(t)(t-r_0) \tag{4.39}$$

$$F_{kj}^z = -\frac{4\varepsilon_1\varepsilon_2(k+1)\delta_{kj}}{(\varepsilon_1+\varepsilon_2)(2k+1)}$$
$$- \frac{\varepsilon_1(\varepsilon_1-\varepsilon_2)}{\varepsilon_1+\varepsilon_2}\int_{-1}^{r_0} dt P_k^0(t)\left[(j+1)P_j^0(t)-(-1)^j \left.\frac{\partial V_j^0(r,t)}{\partial r}\right|_{r=1}\right] \tag{4.40}$$

$$G_{kj}^z = -\frac{4\varepsilon_2\varepsilon_3 k \delta_{kj}}{(\varepsilon_2+\varepsilon_3)(2k+1)}$$
$$+ \frac{\varepsilon_3(\varepsilon_2-\varepsilon_3)}{\varepsilon_2+\varepsilon_3}\int_{-1}^{r_0} dt P_k^0(t)\left[jP_j^0(t)+(-1)^j \left.\frac{\partial W_j^0(r,t)}{\partial r}\right|_{r=1}\right] \tag{4.41}$$

$$H_k^z = -\frac{2\varepsilon_1 \delta_{k1}}{3} \tag{4.42}$$

また，面内成分 ($q=\parallel$) については

$$C_{kj}^{\parallel} = \frac{4\varepsilon_1 k(k+1)\delta_{kj}}{(\varepsilon_1+\varepsilon_2)(2k+1)}$$
$$- \frac{\varepsilon_1-\varepsilon_2}{\varepsilon_1+\varepsilon_2}\int_{-1}^{r_0}dt P_k^1(t)\left[P_j^1(t)+(-1)^j V_j^1(1,t)\right] \quad (4.43)$$

$$D_{kj}^{\parallel} = -\frac{4\varepsilon_3 k(k+1)\delta_{kj}}{(\varepsilon_2+\varepsilon_3)(2k+1)}$$
$$- \frac{\varepsilon_2-\varepsilon_3}{\varepsilon_2+\varepsilon_3}\int_{-1}^{r_0}dt P_k^1(t)\left[P_j^1(t)+(-1)^j W_j^1(1,t)\right] \quad (4.44)$$

$$E_k^{\parallel} = -\frac{4\delta_{k1}}{3} \quad (4.45)$$

$$F_{kj}^{\parallel} = -\frac{4\varepsilon_1\varepsilon_2 k(k+1)^2\delta_{kj}}{(\varepsilon_1+\varepsilon_2)(2k+1)}$$
$$- \frac{\varepsilon_1(\varepsilon_1-\varepsilon_2)}{\varepsilon_1+\varepsilon_2}\int_{-1}^{r_0}dt P_k^1(t)\left[(j+1)P_j^1(t)+(-1)^j\frac{\partial V_j^1(r,t)}{\partial r}\bigg|_{r=1}\right]$$
$$(4.46)$$

$$G_{kj}^{\parallel} = -\frac{4\varepsilon_2\varepsilon_3 k^2(k+1)\delta_{kj}}{(\varepsilon_2+\varepsilon_3)(2k+1)}$$
$$+ \frac{\varepsilon_3(\varepsilon_2-\varepsilon_3)}{\varepsilon_2+\varepsilon_3}\int_{-1}^{r_0}dt P_k^1(t)\left[jP_j^1(t)-(-1)^j\frac{\partial W_j^1(r,t)}{\partial r}\bigg|_{r=1}\right]$$
$$(4.47)$$

$$H_{\parallel} = -\frac{4\varepsilon_2\delta_{k1}}{3} - (\varepsilon_1-\varepsilon_2)\int_{-1}^{r_0}dt P_k^1(t)P_1^1(t) \quad (4.48)$$

である。

巻末付録のプログラム A.4 にこれらを計算するプログラムを示す．散乱断面積や吸収断面積は，効率を求める際に切断面で規格化するが，切断面は円とはかぎらないので，吸収効率に直す際にはその面積を計算することが必要である．

さまざまな形状の切断球の吸収効率スペクトルの計算結果を図 **4.8** に示す[5]）。図 (a) に示した $\theta_a = 0°$ の場合は球であるため，表面法線方向の偏光に対する吸収効率 $Q_{\mathrm{abs},z}$ と表面面内方向の偏光に対する吸収効率 $Q_{\mathrm{abs},\parallel}$ のスペクトルはほぼ同じである．ここで見られるわずかな違いは基板の影響による．θ_{sh} が 90° に近づいていくと，つまり偏平になると $Q_{\mathrm{abs},z}$ のピーク位置はあまり変化がないが，$Q_{\mathrm{abs},\parallel}$ は長波長側にシフトして強度も強くなる．面内成分は形状に

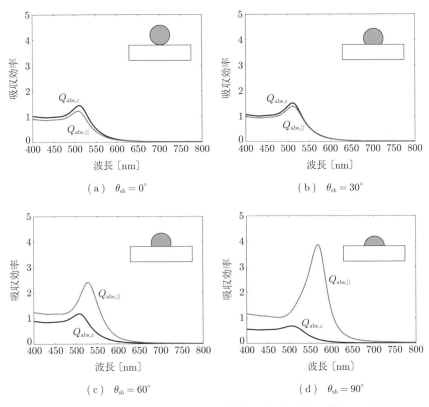

図 4.8 切断球の吸収効率スペクトルの計算結果（さまざまな形状による比較）

敏感であるため，垂直入射で吸収スペクトルを測定すれば，切断球の大体の形を知ることができる。垂直入射の場合には面内方向の偏光成分のみとなるためである。断面透過電子顕微鏡像と比較して，よい一致が報告されている[6]。

つぎに，切断球の吸収効率スペクトルの基板の屈折率 n_2 依存性を計算した結果を図 4.9 に示す。形状は半球（$\theta_{\text{sh}} = 90°$）を検討した。基板の屈折率が大きくなると，$Q_{\text{abs},\parallel}$ は大きく長波長側にシフトして効率も高まる。一方で，面法線方向の光電場に対する吸収効率 $Q_{\text{abs},z}$ は，ピーク位置はあまり変わらず，吸収効率は屈折率が高くなると逆に低下する。これは，基板中に生じる鏡像効果によるものと考えられる。島状の蒸着薄膜などが半球構造に近い形状をしてお

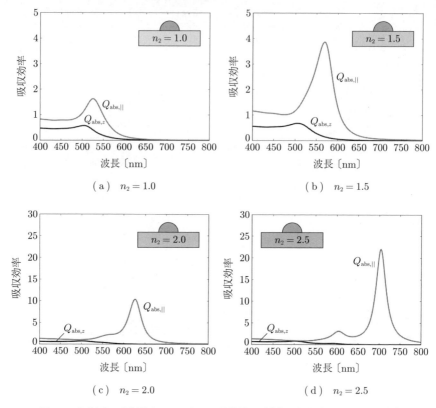

図 4.9 切断球の吸収効率スペクトルの計算結果（基板の屈折率 n_2 による比較）

り，これらは，高感度な屈折率やバイオ由来分子のセンサに利用することが考えられる。

引用・参考文献

1) C.F. Bohren and D.R. Huffman："Absorption and scattering of light by small particles," Wiley, New York (1983)
2) M.M. Wind, J. Vliger and D. Bedeaux："The Polarizability of a Truncated Sphere on a Substrate I," Physica, **141A**, pp.33–57 (1987)
3) T. Okamoto and I. Yamaguchi："Optical Absorption Study of the Surface

Plasmon Resonance in Gold Nanoparticles Immobilized onto a Gold Substrate by Self–Assembly Technique," J. Phys. Chem. B, **107**, pp.10321–10324 (2003)

4) R. Ruppin : "Optical Absorption of Two Spheres," J. Phys. Soc. Jpn., **58**, pp.1446–1451 (1989)

5) G. Gupta, D. Tanaka, Y. Ito, D. Shibata, M. Shimojo, K. Furuya, K. Mitsui and K. Kajikawa : "Absorption spectroscopy of gold nanoisland films: optical and structural characterization," Nanotechnology, **20**, 025703 (2009)

6) G. Gupta, Y. Nakayama, K. Furuya, K. Mitsuishi, M. Shimojo and K. Kajikawa : "Cross–sectional Transmission Electron Microscopy and Optical Characterization of Gold Nanoislands," Jpn. J. Appl. Phys., **48**, 080207 (2009)

5 RCWA（厳密結合波解析）法

厳密結合波解析（rigorous coupled–wave analysis, **RCWA**）法は回折格子の光学特性の解析法で Moharam and Gaylord[1]～[4] によって提案された。当初，計算における不安定性と金属格子における TM 偏光に対する収束の遅さという問題があったが，共に解決され，いまでは回折格子に対して最もよく用いられている解析法となっている。

5.1 基本理論

RCWA 法の基本的な考え方は多層膜に対する転送行列法と同じである。まず，格子を図 5.1 のように多層に分割し，階段形状で近似する。この例では各層の厚さがすべて等しくなるように分割してあるが，層の厚さをそろえる必要はない。各層内では誘電率は z 方向に一様で，x 方向に関してのみ分布をもつとする。第 l 層の誘電率は $\varepsilon^{(l)}(x)$ で表される。格子の周期を Λ とすると，$\varepsilon^{(l)}(x+\Lambda) = \varepsilon^{(l)}(x)$ である。第 0 層が出射側で第 L 層が入射側に対応している。第 L 層の誘電率は一様でなければならない。すなわち，$\varepsilon^{(L)}(x) = \varepsilon^{(L)} = \text{const.}$ である。RCWA 法はこのように分割した各層内での光波を各層における固有モードの重ね合わせで記述し，層間で境界条件を満たすようにその振幅を決めるものである。図 5.1 の $\boldsymbol{u}^{(l)}$ と $\boldsymbol{d}^{(l)}$ はそれぞれ，第 l 層において $+z$ 方向および $-z$ 方向に伝搬する各固有モードの振幅を与える係数ベクトルである。また，$h^{(l)}$ は第 l 層の厚さである。多層膜の場合と異なるのは，回折光が存在するため，波数ベクトルの接線成分が単一ではなく，入射光のそれに格子ベクトルの整数倍が加わった値となることである。すなわち，入射光の面内波数を k_{x0} と

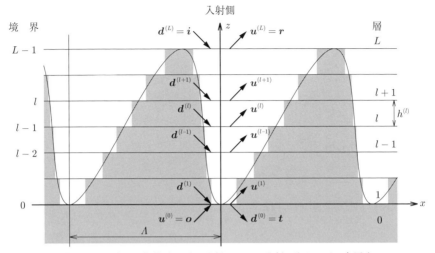

任意の形状をもつ周期構造は層に分割される．分割に際しては，各層内で z 方向に分布が生じないようにする．図では各層の厚さを等しくとったが，必ずしも等しくする必要はない

図 5.1 厳密結合波解析法における形状のモデル化（y 軸は紙面に対して向こう側が正）

すると，回折光のそれは

$$k_{xm} = k_{x0} + mK \tag{5.1}$$

$$K = \frac{2\pi}{\Lambda} \tag{5.2}$$

となる．K は**格子ベクトル**で m は**回折次数**である．

5.1.1 TE偏光の場合

まず，TE 偏光の場合を考える．この場合，電場の y 方向成分である E_y のみを考えればよい．$E_x = E_z = H_y = 0$ である．誘電率が周期的に変化している格子領域での電場を考える．第 l 層での電場がつぎのように書けるとする．

$$E_y^{(l)} = \sum_m S_{ym}^{(l)}(z) \exp(ik_{xm}x) \tag{5.3}$$

ただし，z 座標は各層の下側の界面を原点としている．第 0 層に関してのみは上側の界面に $z=0$ をとる．ここで，角周波数 ω の TE 偏光に対する波動方程

5. RCWA（厳密結合波解析）法

式を求める。ファラデーの式

$$\boldsymbol{H} = \left(\frac{-i}{\omega\mu_0}\right)\nabla \times \boldsymbol{E} \tag{5.4}$$

より

$$\frac{\partial E_y^{(l)}}{\partial z} = -i\omega\mu_0 H_x^{(l)} \tag{5.5}$$

$$\frac{\partial E_y^{(l)}}{\partial x} = i\omega\mu_0 H_z^{(l)} \tag{5.6}$$

が得られる。また，アンペールの式

$$\boldsymbol{E} = \left[\frac{i}{\omega\varepsilon_0\varepsilon(x)}\right]\nabla \times \boldsymbol{H} \tag{5.7}$$

より

$$\frac{\partial H_x^{(l)}}{\partial z} - \frac{\partial H_z^{(l)}}{\partial x} = -i\omega\varepsilon_0\varepsilon^{(l)}(x)E_y^{(l)} \tag{5.8}$$

が得られる。式 (5.5) および式 (5.6) をそれぞれ z および x に関して微分し，式 (5.8) に代入すると

$$\frac{1}{i\omega\mu_0}\frac{\partial^2 E_y^{(l)}}{\partial z^2} + \frac{1}{i\omega\mu_0}\frac{\partial^2 E_y^{(l)}}{\partial x^2} = -i\omega\varepsilon_0\varepsilon^{(l)}(x)E_y^{(l)} \tag{5.9}$$

となる。ここで，真空中の伝搬光の波数 $k_0 = \sqrt{\varepsilon_0\mu_0}\omega$ を用いると

$$\frac{\partial^2 E_y^{(l)}}{\partial z^2} + \frac{\partial^2 E_y^{(l)}}{\partial x^2} = -k_0^2\varepsilon^{(l)}(x)E_y^{(l)} \tag{5.10}$$

となり，TE 偏光に対する波動方程式が得られる。つぎに誘電率 $\varepsilon^{(l)}(x)$ をフーリエ級数

$$\varepsilon^{(l)}(x) = \sum_p \varepsilon_p^{(l)} \exp(ipKx) \tag{5.11}$$

で表す。式 (5.3) および式 (5.11) を式 (5.10) に代入すると

$$\sum_m \frac{\partial^2 S_{ym}^{(l)}(z)}{\partial z^2}\exp(ik_{xm})$$
$$= \sum_m k_{xm}^2 S_{ym}^{(l)}(z)\exp(ik_{xm}) - k_0^2 \sum_p \sum_m \varepsilon_{m-p}^{(l)} S_{yp}^{(l)}(z)\exp(ik_{xm}) \tag{5.12}$$

となる。よって

$$\frac{\partial^2 S_{ym}^{(l)}(z)}{\partial z^2} = k_{xm}^2 S_{ym}^{(l)}(z) - k_0^2 \sum_p \varepsilon_{m-p}^{(l)} S_{yp}^{(l)}(z) \tag{5.13}$$

となる。行列の形式に書くと

$$\frac{\partial^2 \boldsymbol{S}_y^{(l)}}{\partial z^2} = k_0^2 \left(\mathbf{K}_x^2 - \mathbf{E}^{(l)} \right) \boldsymbol{S}_y^{(l)} \tag{5.14}$$

となる。ここで、$\mathbf{K}_x$ は対角行列で、その要素は k_{xm}/k_0 で与えられる。$\mathbf{E}^{(l)}$ は要素が $\varepsilon_{(m-p)}^{(l)}$ で与えられる **Toeplitz 行列**、すなわち

$$\mathbf{E}^{(l)} = \begin{bmatrix} \varepsilon_0^{(l)} & \varepsilon_{-1}^{(l)} & \varepsilon_{-2}^{(l)} & \cdots \\ \varepsilon_1^{(l)} & \varepsilon_0^{(l)} & \varepsilon_{-1}^{(l)} & \cdots \\ \varepsilon_2^{(l)} & \varepsilon_1^{(l)} & \varepsilon_0^{(l)} & \cdots \\ \vdots & \vdots & \vdots & \ddots \end{bmatrix} \tag{5.15}$$

である。

式 (5.14) の解は次式で与えられる。

$$S_{ym}^{(l)}(z) = \sum_j w_{mj}^{(l)} \left[u_j^{(l)} \exp(ik_{zj}^{(l)} z) + d_j^{(l)} \exp(-ik_{zj}^{(l)} z) \right] \tag{5.16}$$

ここで、$-\left[k_{zj}^{(l)}\right]^2$ および $w_{mj}^{(l)}$ は行列 $k_0^2(\mathbf{K}_x^2 - \mathbf{E}^{(l)})$ の固有値および固有ベクトルの要素である。ここで気をつけておきたいのは j は回折次数に対応しているのではなく、単に固有値の順に対応しているということである。固有値 $-\left[k_{zj}^{(l)}\right]^2$ の符号を逆にし、平方根をとることで、$k_{zj}^{(l)}$ を求めるのだが、二つ得られる平方根のうち、どちらをとるか決める必要がある。$k_{zj}^{(l)}$ は波数の z 方向成分に対応した量である。したがって、$k_{zj}^{(l)}$ が複素数の場合は、$\mathrm{Im}\left[k_{zj}^{(l)}\right] \geqq 0$ となる平方根をとる必要がある。これは、指数関数的に減衰する**エバネッセント波**を採用するという意味である。ただし、媒質の誘電率にまったく虚部が存在しない場合には計算上の注意が必要である。この場合、固有値はすべて実数となる。したがって、その平方根は実数または純虚数となる。しかし、固有値が実数と

なる場合（伝搬光に対応）でも，計算精度により0でないわずかな虚数部分が混入する場合がある．その結果，平方根にも虚数部分が混入する．平方根の符号を決める際，この誤差により生じた本来0となるべき虚部の符号で判断すると問題が生じる．この問題を解決する方法は平方根の実部も用いることである．すなわち，$\mathrm{Re}\left[k_{zj}^{(l)}\right] + \mathrm{Im}\left[k_{zj}^{(l)}\right] \geqq 0$ となるように符号をとればよい．ただし，誘電率が虚部をもつ場合には，上記の $\mathrm{Im}\left[k_{zj}^{(l)}\right] \geqq 0$ の条件を用いなければならない．

$u_j^{(l)}$ および $d_j^{(l)}$ は境界条件によって決まる係数である．境界条件には磁場の接線成分 H_x も必要である．磁場 H_x がつぎのように書けるとする．

$$H_x^{(l)} = \left(\frac{\varepsilon_0}{\mu_0}\right)^{1/2} \sum_m U_{xm}^{(l)}(z) \exp(ik_{xm}x) \tag{5.17}$$

式 (5.16) と式 (5.17) を式 (5.5) に代入すると

$$U_{xm}^{(l)}(z) = \sum_j v_{mj}^{(l)} \left[u_j^{(l)} \exp(ik_{zj}^{(l)}z) - d_j^{(l)} \exp(-ik_{zj}^{(l)}z) \right] \tag{5.18}$$

となる．ただし

$$v_{mj}^{(l)} = -\frac{1}{k_0} k_{zj}^{(l)} w_{mj}^{(l)} \tag{5.19}$$

で，行列表記すると

$$\mathbf{V}^{(l)} = -\frac{1}{k_0} \mathbf{W}^{(l)} \mathbf{Q}^{(l)} \tag{5.20}$$

となる．ここで，$\mathbf{V}^{(l)}$ および $\mathbf{W}^{(l)}$ はそれぞれ $v_{mj}^{(l)}$ および $w_{mj}^{(l)}$ を要素とする行列で，$\mathbf{Q}^{(l)}$ は $k_{zj}^{(l)}$ を要素とする対角行列である．

式 (5.16) および式 (5.18) を行列表記すると，それぞれ

$$\boldsymbol{S}_y^{(l)}(z) = \mathbf{W}^{(l)} \begin{bmatrix} \phi_+^{(l)}(z) & \phi_-^{(l)}(z) \end{bmatrix} \begin{bmatrix} \boldsymbol{u}^{(l)} \\ \boldsymbol{d}^{(l)} \end{bmatrix} \tag{5.21}$$

および

$$\boldsymbol{U}_x^{(l)}(z) = \mathbf{V}^{(l)} \begin{bmatrix} \phi_+^{(l)}(z) & -\phi_-^{(l)}(z) \end{bmatrix} \begin{bmatrix} \boldsymbol{u}^{(l)} \\ \boldsymbol{d}^{(l)} \end{bmatrix} \tag{5.22}$$

となる。ただし，$\phi_\pm^{(l)}(z)$ は対角行列で，その要素は $\exp(\pm ik_{zj}^{(l)}z)$ である。式 (5.21) と式 (5.22) を一つにまとめると

$$\begin{bmatrix} \boldsymbol{S}_y^{(l)}(z) \\ \boldsymbol{U}_x^{(l)}(z) \end{bmatrix} = \begin{bmatrix} \mathbf{W}^{(l)} & \mathbf{W}^{(l)} \\ \mathbf{V}^{(l)} & -\mathbf{V}^{(l)} \end{bmatrix} \begin{bmatrix} \phi_+^{(l)}(z) & \mathbf{O} \\ \mathbf{O} & \phi_-^{(l)}(z) \end{bmatrix} \begin{bmatrix} \boldsymbol{u}^{(l)} \\ \boldsymbol{d}^{(l)} \end{bmatrix} \tag{5.23}$$

となる。ただし，$\mathbf{O}$ は要素がすべて 0 の零行列である。l 層と $l+1$ 層との間の境界条件は

$$\begin{bmatrix} \boldsymbol{S}_y^{(l+1)}(0) \\ \boldsymbol{U}_x^{(l+1)}(0) \end{bmatrix} = \begin{bmatrix} \boldsymbol{S}_y^{(l)}(h^{(l)}) \\ \boldsymbol{U}_x^{(l)}(h^{(l)}) \end{bmatrix} \tag{5.24}$$

で与えられるので

$$\begin{bmatrix} \mathbf{W}^{(l+1)} & \mathbf{W}^{(l+1)} \\ \mathbf{V}^{(l+1)} & -\mathbf{V}^{(l+1)} \end{bmatrix} \begin{bmatrix} \boldsymbol{u}^{(l+1)} \\ \boldsymbol{d}^{(l+1)} \end{bmatrix}$$
$$= \begin{bmatrix} \mathbf{W}^{(l)} & \mathbf{W}^{(l)} \\ \mathbf{V}^{(l)} & -\mathbf{V}^{(l)} \end{bmatrix} \begin{bmatrix} \boldsymbol{\Phi}_+^{(l)} & \mathbf{O} \\ \mathbf{O} & \boldsymbol{\Phi}_-^{(l)} \end{bmatrix} \begin{bmatrix} \boldsymbol{u}^{(l)} \\ \boldsymbol{d}^{(l)} \end{bmatrix} \tag{5.25}$$

となる。ただし，$\boldsymbol{\Phi}_\pm^{(l)} = \phi_\pm^{(l)}(h^{(l)})$ である。これが最終的な境界条件である。

5.1.2 TM偏光の場合

つぎに，TM 偏光の場合を考える。この場合は磁場の y 方向成分である H_y を考えればよい。格子領域での磁場はつぎのように書けるとする。

$$H_y^{(l)} = \sum_m U_{ym}^{(l)}(z) \exp(ik_{xm}x) \tag{5.26}$$

つぎに TM 偏光に対する波動方程式を求める。式 (5.7) より

$$\frac{\partial H_y^{(l)}}{\partial z} = i\omega\varepsilon_0\varepsilon(x)E_x^{(l)} \tag{5.27}$$

$$\frac{\partial H_y^{(l)}}{\partial x} = -i\omega\varepsilon_0\varepsilon(x)E_z^{(l)} \tag{5.28}$$

が得られる。また，式 (5.4) より

$$i\omega\mu_0 H_y^{(l)} = \frac{\partial E_x^{(l)}}{\partial z} - \frac{\partial E_z^{(l)}}{\partial x} \tag{5.29}$$

が得られる。式 (5.27) の z に関する微分と式 (5.28) の x に関する微分を式 (5.29) に代入すると

$$\frac{\partial^2 H_y^{(l)}}{\partial z^2} = -\varepsilon^{(l)}(x)\left\{k_0^2 H_y^{(l)} + \frac{\partial}{\partial x}\left[\frac{1}{\varepsilon^{(l)}(x)}\frac{\partial H_y^{(l)}}{\partial x}\right]\right\} \tag{5.30}$$

または

$$\frac{1}{\varepsilon^{(l)}(x)}\frac{\partial^2 H_y^{(l)}}{\partial z^2} = -k_0^2 H_y^{(l)} - \frac{\partial}{\partial x}\left[\frac{1}{\varepsilon^{(l)}(x)}\frac{\partial H_y^{(l)}}{\partial x}\right] \tag{5.31}$$

となり TM 偏光に関する波動方程式が得られる。

つぎに，誘電率の逆数をフーリエ級数

$$\frac{1}{\varepsilon^{(l)}(x)} = \sum_p \tilde{\varepsilon}_p^{(l)} \exp(ipKx) \tag{5.32}$$

で表す。式 (5.26) および式 (5.32) を式 (5.31) に代入すると

$$\sum_p \sum_m \tilde{\varepsilon}_{m-p}^{(l)} \frac{\partial^2 U_{yp}^{(l)}(z)}{\partial z^2} \exp(ik_{xm}x)$$
$$= -k_0^2 \sum_m U_{ym}^{(l)}(z)\exp(ik_{xm}x) - \frac{\partial}{\partial x}\left[\sum_p \sum_m \tilde{\varepsilon}_{m-p}^{(l)} ik_{xp} U_{yp}^{(l)}(z)\exp(ik_{xm}x)\right] \tag{5.33}$$

となる。x に関する微分を実行すると

$$\sum_p \sum_m \tilde{\varepsilon}_{m-p}^{(l)} \frac{\partial^2 U_{yp}^{(l)}(z)}{\partial z^2} \exp(ik_{xm}x)$$
$$= -k_0^2 \sum_m U_{ym}^{(l)}(z)\exp(ik_{xm}x) + \sum_p \sum_m \tilde{\varepsilon}_{m-p}^{(l)} k_{xp} k_{xm} U_{yp}^{(l)}(z)\exp(ik_{xm}x) \tag{5.34}$$

となる。よって

$$\sum_p \tilde{\varepsilon}_{m-p}^{(l)} \frac{\partial^2 U_{yp}^{(l)}(z)}{\partial z^2} = \sum_p \tilde{\varepsilon}_{m-p}^{(l)} k_{xp} k_{xm} U_{yp}^{(l)}(z) - k_0^2 U_{ym}^{(l)}(z) \quad (5.35)$$

が得られる。これを行列表記すると

$$\frac{\partial^2 \boldsymbol{U}_y^{(l)}}{\partial z^2} = k_0^2 \mathbf{A}^{(l)-1} \left(\mathbf{K}_x \mathbf{A}^{(l)} \mathbf{K}_x - \mathbf{I} \right) \boldsymbol{U}_y^{(l)} \quad (5.36)$$

となる。ここで，$\mathbf{A}^{(l)}$ は $\tilde{\varepsilon}_p^{(l)}$ の Toeplitz 行列，$\mathbf{I}$ は単位行列である。一方で，式 (5.30) からフーリエ級数表示を始めると

$$\frac{\partial^2 \boldsymbol{U}_y^{(l)}}{\partial z^2} = k_0^2 \mathbf{E}^{(l)} \left(\mathbf{K}_x \mathbf{A}^{(l)} \mathbf{K}_x - \mathbf{I} \right) \boldsymbol{U}_y^{(l)} \quad (5.37)$$

となり，式 (5.36) とは別の形式が得られる。

Moharam は Li との私信の中で，式 (5.37) の右辺の括弧内の $\mathbf{A}^{(l)}$ は $\mathbf{E}^{(l)-1}$ で置き換えたほうが優れていると述べているようである[5]。実際に Moharam らの 1995 年の論文[6]では，次式が用いられている。

$$\frac{\partial^2 \boldsymbol{U}_y^{(l)}}{\partial z^2} = k_0^2 \mathbf{E}^{(l)} \left(\mathbf{K}_x \mathbf{E}^{(l)-1} \mathbf{K}_x - \mathbf{I} \right) \boldsymbol{U}_y^{(l)} \quad (5.38)$$

ただし，その根拠は述べられてはいない。また，この式を用いても，金属格子で TM 偏光の場合は TE 偏光の場合と比較して収束が遅いという問題が残った[4),5)]。

その後，1996 年になって Granet and Guizal[7] および Lallane[8] によって，式 (5.36) の括弧内の $\mathbf{A}^{(l)}$ を $\mathbf{E}^{(l)-1}$ で置き換えることでよりよい結果が得られることが見出されている。すなわち

$$\frac{\partial^2 \boldsymbol{U}_y^{(l)}}{\partial z^2} = k_0^2 \mathbf{A}^{(l)-1} \left(\mathbf{K}_x \mathbf{E}^{(l)-1} \mathbf{K}_x - \mathbf{I} \right) \boldsymbol{U}_y^{(l)} \quad (5.39)$$

である。この式を用いることで，TM 偏光でも TE 偏光と同じ次数で解の収束が得られようになった。ただし，この式は経験的に求められたものであって，その根拠は示されてはいない。その後，Li[9] が式 (5.39) の根拠を示している。詳細については次項で述べる。一方で，層の厚さが波長に比べて非常に薄い場合は式 (5.37) のほうが収束が速い[10]。その理由については Popov ら[11] が詳しく述べている。

式 (5.39) の解は次式で与えられる。

$$U_{ym}^{(l)}(z) = \sum_j w_{mj}^{(l)} \left[u_j^{(l)} \exp(ik_{zj}^{(l)}z) + d_j^{(l)} \exp(-ik_{zj}^{(l)}z) \right] \qquad (5.40)$$

ここで, $-\left[k_{zj}^{(l)}\right]^2$ および $w_{mj}^{(l)}$ は, 行列 $k_0^2 \mathbf{E}^{(l)-1} \left(\mathbf{K}_x \mathbf{E}^{(l)-1} \mathbf{K}_x - \mathbf{I} \right)$ の固有値および固有ベクトルの要素である。ただし, $\mathrm{Im}\left[k_{zj}^{(l)}\right] \geqq 0$ である。

つぎに層間の境界条件を求める。格子領域内の電場の接線成分 E_x が次式の形で書けるとする。

$$E_x^{(l)} = \left(\frac{\mu_0}{\varepsilon_0} \right)^{1/2} \sum_m S_{xm}^{(l)}(z) \exp(ik_{xm}x) \qquad (5.41)$$

式 (5.26), (5.41) および式 (5.32) を式 (5.27) に代入し, 整理すると

$$\sum_m S_{xm}^{(l)}(z) \exp(ik_{xm}x) = \frac{1}{ik_0} \sum_p \sum_m \tilde{\varepsilon}_{m-p}^{(l)} \frac{\partial U_{yp}^{(l)}(z)}{\partial z} \exp(ik_{xm}x) \qquad (5.42)$$

$$S_{xm}^{(l)}(z) = \frac{1}{ik_0} \sum_p \tilde{\varepsilon}_{m-p}^{(l)} \frac{\partial U_{yp}^{(l)}(z)}{\partial z} \qquad (5.43)$$

となる。この式に式 (5.40) を代入すると

$$\begin{aligned}&S_{xm}^{(l)}(z) \\ &= \frac{1}{k_0} \sum_p \tilde{\varepsilon}_{m-p}^{(l)} \sum_j k_{zj}^{(l)} w_{pj}^{(l)} \left[u_j^{(l)} \exp(ik_{zj}^{(l)}z) - d_j^{(l)} \exp(-ik_{zj}^{(l)}z) \right] \end{aligned} \qquad (5.44)$$

$$S_{xm}^{(l)}(z) = \sum_j v_{mj}^{(l)} \left[u_j^{(l)} \exp(ik_{zj}^{(l)}z) - d_j^{(l)} \exp(-ik_{zj}^{(l)}z) \right] \qquad (5.45)$$

となる。ただし

$$v_{mj}^{(l)} = \frac{1}{k_0} \sum_p \tilde{\varepsilon}_{m-p}^{(l)} k_{zj}^{(l)} w_{pj}^{(l)} \qquad (5.46)$$

である。行列表記すると

$$\mathbf{V}^{(l)} = \frac{1}{k_0} \mathbf{A}^{(l)} \mathbf{Q}^{(l)} \mathbf{W}^{(l)} \tag{5.47}$$

となる。式 (5.40) と式 (5.45) をまとめて行列表記すると

$$\begin{bmatrix} \boldsymbol{U}_y^{(l)} \\ \boldsymbol{S}_x^{(l)} \end{bmatrix} = \begin{bmatrix} \mathbf{W}^{(l)} & \mathbf{W}^{(l)} \\ \mathbf{V}^{(l)} & -\mathbf{V}^{(l)} \end{bmatrix} \begin{bmatrix} \phi_+^{(l)}(z) & \mathbf{O} \\ \mathbf{O} & \phi_-^{(l)}(z) \end{bmatrix} \begin{bmatrix} \boldsymbol{u}^{(l)} \\ \boldsymbol{d}^{(l)} \end{bmatrix} \tag{5.48}$$

となる。この式を用いると，第 l 層と第 $l+1$ 層との界面での境界条件は

$$\begin{bmatrix} \mathbf{W}^{(l+1)} & \mathbf{W}^{(l+1)} \\ \mathbf{V}^{(l+1)} & -\mathbf{V}^{(l+1)} \end{bmatrix} \begin{bmatrix} \boldsymbol{u}^{(l+1)} \\ \boldsymbol{d}^{(l+1)} \end{bmatrix}$$
$$= \begin{bmatrix} \mathbf{W}^{(l)} & \mathbf{W}^{(l)} \\ \mathbf{V}^{(l)} & -\mathbf{V}^{(l)} \end{bmatrix} \begin{bmatrix} \mathbf{\Phi}_+^{(l)} & \mathbf{O} \\ \mathbf{O} & \mathbf{\Phi}_-^{(l)} \end{bmatrix} \begin{bmatrix} \boldsymbol{u}^{(l)} \\ \boldsymbol{d}^{(l)} \end{bmatrix} \tag{5.49}$$

となる。この式の形は式 (5.25) と同じである。ただし，**TE** 偏光のときと比較して，**U** と **S** の順序が入れ替わっていることに注意が必要である。

ついでに，電場の z 方向成分も求めておく。この成分も同様につぎのように書けるとする。

$$E_z^{(l)} = \left(\frac{\mu_0}{\varepsilon_0}\right)^{1/2} \sum_m S_{zm}^{(l)}(z) \exp(ik_{xm}x) \tag{5.50}$$

式 (5.26)，(5.32) および式 (5.50) を式 (5.28) に代入すると

$$\sum_m S_{zm}^{(l)}(z) \exp(ik_{xm}x) = \frac{1}{k_0} \sum_p \sum_m \tilde{\varepsilon}_{m-p}^{(l)} k_{xp} U_{yp}^{(l)}(z) \exp(ik_{xm}x) \tag{5.51}$$

$$S_{zm}^{(l)}(z) = \frac{1}{k_0} \sum_p \tilde{\varepsilon}_{m-p}^{(l)} k_{xp} U_{yp}^{(l)}(z) \tag{5.52}$$

となる。

5.1.3 正しいフーリエ級数表記

式 (5.39) の根拠については Li[9] が示している。問題は同じ周期をもつ二つの周期関数 $f(s)$ と $g(x)$ の積で与えられる周期関数

$$h(x) = f(x)g(x) \tag{5.53}$$

をどのようにフーリエ級数で表すかということである。$f(x)$ および $g(x)$ のフーリエ係数を f_m および g_m とおくと，$h(x)$ のフーリエ係数 h_m は，一般にはコンボリューション定理のフーリエ級数版である **Laurent's rule** を用いてつぎのように表される。

$$h_n = \sum_{m=-\infty}^{+\infty} f_{m-n} g_m = \sum_{m=-\infty}^{+\infty} g_{m-n} f_m \tag{5.54}$$

この式は級数が無限につづく場合は，つねに正しい結果を与える。しかし，実際の計算では m を有限の値で打ち切る必要がある。$f(x)$ と $g(x)$ が共に部分的に連続な周期関数で，不連続点の位置が一致しない場合は

$$h_n = \sum_{m=-M}^{M} f_{m-n} g_m \tag{5.55}$$

を用いるのが正しい。

　問題は $f(x)$ と $g(x)$ が同じ位置で不連続な場合である。この場合には，一般には正しい表し方は存在しない[9]。しかし，RCWA法においては特殊な場合が存在する。$f(x)$ と $g(x)$ が同じ位置で不連続であるが，両者の積 $h(x) = f(x)g(x)$ が連続である場合である。この場合，式 (5.55) は正しい答えとはならない。わかりやすい例が Nevière and Popov [12] によって示されているので紹介する。図 **5.2** に示すように

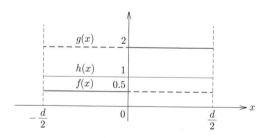

図 **5.2**　同じ位置で不連続であるが，積が連続である関数の組

$$f(x) = \begin{cases} 0.5 & \left(-\dfrac{d}{2} \leq x < 0\right) \\ 2 & \left(0 \leq x < \dfrac{d}{2}\right) \end{cases} \tag{5.56}$$

$$g(x) = \begin{cases} 2 & \left(-\dfrac{d}{2} \leq x < 0\right) \\ 0.5 & \left(0 \leq x < \dfrac{d}{2}\right) \end{cases} \tag{5.57}$$

の二つの関数を考える。このとき，この二つの関数の積は $h(x) = f(x)g(x) = 1$ で全区間で連続となっている。フーリエ係数の 0 次の項は共に

$$f_0 = g_0 = 1.25 \tag{5.58}$$

である。したがって

$$f_0 g_0 = 1.5625 \tag{5.59}$$

となる。一方で

$$h_0 = [fg]_0 = 1 \tag{5.60}$$

なので，級数を 0 次で打ち切ると大きな誤差が生じることになる。$f(x)$ の逆数 ($g(x)$ に等しい) をとってフーリエ級数を計算すると

$$\left[\frac{1}{f}\right]_0 = 1.25 \tag{5.61}$$

となる。さらにこの逆数を用いると

$$\left[\frac{1}{f}\right]_0^{-1} g_0 = 1 \tag{5.62}$$

となり，h_0 と一致することがわかる。

以上から類推できるように，$f(x)$ と $g(x)$ が同じ位置で不連続であるが，両者の積が連続である場合には，その正しいフーリエ級数表現は

$$h_n = \sum_{m=-M}^{M} \left[\frac{1}{f}\right]_{n-m}^{-1} g_m \tag{5.63}$$

となる[9]。

さて，TM偏光の場合の固有方程式で，このような相補的な二つの関数の積がどこに現れているかということである．一つは式 (5.27) 中の εE_x である．これは D_x に相当し，x 方向に連続である．もう一つは式 (5.30) 中の $(1/\varepsilon)(\partial H_y/\partial x)$ である．これは式 (5.28) からわかるように E_z に相当し，やはり x 方向に連続である．これらを考慮してフーリエ級数表示した結果が式 (5.39) となる．

5.2 S 行 列 法

境界条件である式 (5.25) および式 (5.49) を用いれば多層膜のときと同様に **T** (transmission) **行列法**により入射光と反射回折光および透過回折光の関係がわかる．ただし，このことは数学的には正しいが，実際に計算を行おうとすると，格子の溝が深い場合などには不安定となる問題が生じることがある．これは，指数関数的に増加するエバネッセント波が計算において存在するためである．**S** (scattering) **行列法**[9),13)] では，指数関数的に減衰するエバネッセント波のみを扱うため，このような不安定性は生じない．S 行列法の他によく用いられる安定な解が得られる方法として Moharam ら[14)] によって提案された Enhanced Transmittance Marix を用いる方法があるが，ここでは S 行列法について説明する．

5.2.1　T 行列，S 行列，R 行列

図 5.3 に示す系（2 端子回路）の応答を表す代表的な行列として，**T** 行列と **S** 行列がある．T 行列 **T** は次式で定義される．

$$\begin{bmatrix} a_2 \\ b_2 \end{bmatrix} = \mathbf{T} \begin{bmatrix} a_1 \\ b_1 \end{bmatrix} \tag{5.64}$$

図の左側を入力，右側を出力と考えるとわかりやすい式である．しかし，矢印

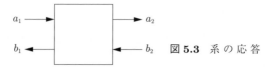

図 **5.3**　系 の 応 答

の向きまで考えると，わかりづらい．これに対して，S行列 $\mathbf{S}$ は

$$\begin{bmatrix} a_2 \\ b_1 \end{bmatrix} = \mathbf{S} \begin{bmatrix} a_1 \\ b_2 \end{bmatrix} \tag{5.65}$$

で定義される．系に向かう矢印が入力で，それと反対方向の矢印を出力と考えたもので，物理的なイメージが湧きやすい．実際，S行列の要素を書くと

$$\begin{bmatrix} a_2 \\ b_1 \end{bmatrix} = \begin{bmatrix} t_{21} & r_{22} \\ r_{11} & t_{12} \end{bmatrix} \begin{bmatrix} a_1 \\ b_2 \end{bmatrix} \tag{5.66}$$

となり，t は透過係数，r は反射係数になっていることがわかる．実際の系では入出力はスカラではなくベクトルとなっていることが多い．その場合は，t は透過行列，r は反射行列となる．

ちなみにLiは初期のRCWA法に関する論文[15]で，S行列とするところを，R行列と書き誤っている．**R行列**はリアクタンス行列のことで，次式のように E と H の関係を与える[9]．

$$\begin{bmatrix} E_1 \\ E_2 \end{bmatrix} = \mathbf{R} \begin{bmatrix} H_1 \\ H_2 \end{bmatrix} \tag{5.67}$$

5.2.2 S 行 列 法

1.4節で示したように，T行列法では隣り合う層間のT行列を掛け算していくことで系全体のT行列を簡単に求めることができた．しかし，S行列法ではそれほど簡単に系全体のS行列を求めることはできない．系全体のS行列は以下に述べる漸化式を用いて求める必要がある．

第0層から第 l 層に対するS行列 $\mathbf{S}^{0 \rightleftharpoons l}$ は次式で定義される．

$$\begin{bmatrix} \boldsymbol{u}^{(l)} \\ \boldsymbol{d}^{(0)} \end{bmatrix} = \mathbf{S}^{0 \rightleftharpoons l} \begin{bmatrix} \boldsymbol{u}^{(0)} \\ \boldsymbol{d}^{(l)} \end{bmatrix} = \begin{bmatrix} \mathbf{T}_{uu}^{0 \rightleftharpoons l} & \mathbf{R}_{ud}^{0 \rightleftharpoons l} \\ \mathbf{R}_{du}^{0 \rightleftharpoons l} & \mathbf{T}_{dd}^{0 \rightleftharpoons l} \end{bmatrix} \begin{bmatrix} \boldsymbol{u}^{(0)} \\ \boldsymbol{d}^{(l)} \end{bmatrix} \tag{5.68}$$

同様に，第0層から第 $l+1$ 層に対するS行列は次式で定義される．

$$\begin{bmatrix} \boldsymbol{u}^{(l+1)} \\ \boldsymbol{d}^{(0)} \end{bmatrix} = \mathbf{S}^{0 \rightleftharpoons l+1} \begin{bmatrix} \boldsymbol{u}^{(0)} \\ \boldsymbol{d}^{(l+1)} \end{bmatrix}$$

$$
= \begin{bmatrix} \mathbf{T}_{uu}^{0 \rightleftharpoons l+1} & \mathbf{R}_{ud}^{0 \rightleftharpoons l+1} \\ \mathbf{R}_{du}^{0 \rightleftharpoons l+1} & \mathbf{T}_{dd}^{0 \rightleftharpoons l+1} \end{bmatrix} \begin{bmatrix} \boldsymbol{u}^{(0)} \\ \boldsymbol{d}^{(l+1)} \end{bmatrix} \tag{5.69}
$$

問題は $\mathbf{S}^{0 \rightleftharpoons l}$ から $\mathbf{S}^{0 \rightleftharpoons l+1}$ を導く式,言い換えると,$\mathbf{T}_{uu}^{0 \rightleftharpoons l+1}$, $\mathbf{R}_{ud}^{0 \rightleftharpoons l+1}$, $\mathbf{R}_{du}^{0 \rightleftharpoons l+1}$, $\mathbf{T}_{dd}^{0 \rightleftharpoons l+1}$ を $\mathbf{T}_{uu}^{0 \rightleftharpoons l}$, $\mathbf{R}_{ud}^{0 \rightleftharpoons l}$, $\mathbf{R}_{du}^{0 \rightleftharpoons l}$, $\mathbf{T}_{dd}^{0 \rightleftharpoons l}$ で表す漸化式を導くことである。

この問題を解くために,隣接する二つの層に対する S 行列を新たに導入する。一つは**界面 S 行列** $\mathbf{s}^{(l)}$ で,次式で定義される (図 5.4 参照)。

$$
\begin{bmatrix} \boldsymbol{u}^{(l+1)} \\ \tilde{\boldsymbol{d}}^{(l)} \end{bmatrix} = \mathbf{s}^{(l)} \begin{bmatrix} \tilde{\boldsymbol{u}}^{(l)} \\ \boldsymbol{d}^{(l+1)} \end{bmatrix} \tag{5.70}
$$

ここで,$\tilde{\boldsymbol{u}}$ および $\tilde{\boldsymbol{d}}$ は第 l 層の上側の界面の位置で定義される係数ベクトルで,$\boldsymbol{u}$ および $\boldsymbol{d}$ とは層内の伝搬を表す行列を用いてつぎの関係にある。

$$
\begin{bmatrix} \tilde{\boldsymbol{u}}^{(l)} \\ \tilde{\boldsymbol{d}}^{(l)} \end{bmatrix} = \begin{bmatrix} \boldsymbol{\Phi}_{+}^{(l)} & \mathbf{O} \\ \mathbf{O} & \boldsymbol{\Phi}_{-}^{(l)} \end{bmatrix} \begin{bmatrix} \boldsymbol{u}^{(l)} \\ \boldsymbol{d}^{(l)} \end{bmatrix} \tag{5.71}
$$

もう一つは**層 S 行列** $\tilde{\mathbf{s}}^{(l)}$ で,次式で定義される。

$$
\begin{bmatrix} \boldsymbol{u}^{(l+1)} \\ \boldsymbol{d}^{(l)} \end{bmatrix} = \tilde{\mathbf{s}}^{(l)} \begin{bmatrix} \boldsymbol{u}^{(l)} \\ \boldsymbol{d}^{(l+1)} \end{bmatrix} = \begin{bmatrix} \tilde{\mathbf{t}}_{uu}^{(l)} & \tilde{\mathbf{r}}_{ud}^{(l)} \\ \tilde{\mathbf{r}}_{du}^{(l)} & \tilde{\mathbf{t}}_{dd}^{(l)} \end{bmatrix} \begin{bmatrix} \boldsymbol{u}^{(l)} \\ \boldsymbol{d}^{(l+1)} \end{bmatrix} \tag{5.72}
$$

ここで,式 (5.71) を式 (5.70) に代入すると

$$
\begin{bmatrix} \boldsymbol{u}^{(l+1)} \\ \boldsymbol{\Phi}_{-}^{(l)} \boldsymbol{d}^{(l)} \end{bmatrix} = \mathbf{s}^{(l)} \begin{bmatrix} \boldsymbol{\Phi}_{+}^{(l)} \boldsymbol{u}^{(l)} \\ \boldsymbol{d}^{(l+1)} \end{bmatrix} \tag{5.73}
$$

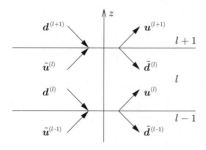

図 5.4 界面 S 行列および界面 T 行列で用いる各係数ベクトルの定義

5.2 S 行 列 法

$$\begin{bmatrix} \mathbf{I} & \mathbf{O} \\ \mathbf{O} & \mathbf{\Phi}_-^{(l)} \end{bmatrix} \begin{bmatrix} \boldsymbol{u}^{(l+1)} \\ \boldsymbol{d}^{(l)} \end{bmatrix} = \mathbf{s}^{(l)} \begin{bmatrix} \mathbf{\Phi}_+^{(l)} & \mathbf{O} \\ \mathbf{O} & \mathbf{I} \end{bmatrix} \begin{bmatrix} \boldsymbol{u}^{(l)} \\ \boldsymbol{d}^{(l+1)} \end{bmatrix} \tag{5.74}$$

$$\begin{bmatrix} \boldsymbol{u}^{(l+1)} \\ \boldsymbol{d}^{(l)} \end{bmatrix} = \begin{bmatrix} \mathbf{I} & \mathbf{O} \\ \mathbf{O} & \mathbf{\Phi}_-^{(l)-1} \end{bmatrix} \mathbf{s}^{(l)} \begin{bmatrix} \mathbf{\Phi}_+^{(l)} & \mathbf{O} \\ \mathbf{O} & \mathbf{I} \end{bmatrix} \begin{bmatrix} \boldsymbol{u}^{(l)} \\ \boldsymbol{d}^{(l+1)} \end{bmatrix} \tag{5.75}$$

となる。したがって

$$\tilde{s}^{(l)} = \begin{bmatrix} \mathbf{I} & \mathbf{O} \\ \mathbf{O} & \mathbf{\Phi}_-^{(l)-1} \end{bmatrix} \mathbf{s}^{(l)} \begin{bmatrix} \mathbf{\Phi}_+^{(l)} & \mathbf{O} \\ \mathbf{O} & \mathbf{I} \end{bmatrix} \tag{5.76}$$

の関係が得られる。

つぎに，**界面 T 行列**を用いて，界面 S 行列を表す。ただし，界面 T 行列は次式で定義される（図 5.4 参照）。

$$\begin{bmatrix} \boldsymbol{u}^{(l+1)} \\ \boldsymbol{d}^{(l+1)} \end{bmatrix} = \begin{bmatrix} \mathbf{t}_{uu}^{(l)} & \mathbf{t}_{ud}^{(l)} \\ \mathbf{t}_{du}^{(l)} & \mathbf{t}_{dd}^{(l)} \end{bmatrix} \begin{bmatrix} \tilde{\boldsymbol{u}}^{(l)} \\ \tilde{\boldsymbol{d}}^{(l)} \end{bmatrix} \tag{5.77}$$

ここから

$$\boldsymbol{u}^{(l+1)} = \mathbf{t}_{uu}^{(l)} \tilde{\boldsymbol{u}}^{(l)} + \mathbf{t}_{ud}^{(l)} \tilde{\boldsymbol{d}}^{(l)} \tag{5.78}$$

$$\boldsymbol{d}^{(l+1)} = \mathbf{t}_{du}^{(l)} \tilde{\boldsymbol{u}}^{(l)} + \mathbf{t}_{dd}^{(l)} \tilde{\boldsymbol{d}}^{(l)} \tag{5.79}$$

が得られる。これらの式から

$$\boldsymbol{u}^{(l+1)} - \mathbf{t}_{uu}^{(l)} \tilde{\boldsymbol{u}}^{(l)} = \mathbf{t}_{ud}^{(l)} \tilde{\boldsymbol{d}}^{(l)} \tag{5.80}$$

$$-\mathbf{t}_{dd}^{(l)} \tilde{\boldsymbol{d}}^{(l)} = \mathbf{t}_{du}^{(l)} \tilde{\boldsymbol{u}}^{(l)} - \boldsymbol{d}^{(l+1)} \tag{5.81}$$

となり，行列形式で書くと

$$\begin{bmatrix} \mathbf{I} & -\mathbf{t}_{ud}^{(l)} \\ \mathbf{O} & -\mathbf{t}_{dd}^{(l)} \end{bmatrix} \begin{bmatrix} \boldsymbol{u}^{(l+1)} \\ \tilde{\boldsymbol{d}}^{(l)} \end{bmatrix} = \begin{bmatrix} \mathbf{t}_{uu}^{(l)} & \mathbf{O} \\ \mathbf{t}_{du}^{(l)} & -\mathbf{I} \end{bmatrix} \begin{bmatrix} \tilde{\boldsymbol{u}}^{(l)} \\ \boldsymbol{d}^{(l+1)} \end{bmatrix} \tag{5.82}$$

$$\begin{bmatrix} \boldsymbol{u}^{(l+1)} \\ \tilde{\boldsymbol{d}}^{(l)} \end{bmatrix} = \begin{bmatrix} \mathbf{t}_{uu}^{(l)} - \mathbf{t}_{ud}^{(l)}(\mathbf{t}_{dd}^{(l)})^{-1}\mathbf{t}_{du}^{(l)} & \mathbf{t}_{ud}^{(l)}(\mathbf{t}_{dd}^{(l)})^{-1} \\ -(\mathbf{t}_{dd}^{(l)})^{-1}\mathbf{t}_{du}^{(l)} & (\mathbf{t}_{dd}^{(l)})^{-1} \end{bmatrix} \begin{bmatrix} \tilde{\boldsymbol{u}}^{(l)} \\ \boldsymbol{d}^{(l+1)} \end{bmatrix} \tag{5.83}$$

となる。その結果

$$\mathbf{s}^{(l)} = \begin{bmatrix} \mathbf{t}_{uu}^{(l)} - \mathbf{t}_{ud}^{(l)}(\mathbf{t}_{dd}^{(l)})^{-1}\mathbf{t}_{du}^{(l)} & \mathbf{t}_{ud}^{(l)}(\mathbf{t}_{dd}^{(l)})^{-1} \\ -(\mathbf{t}_{dd}^{(l)})^{-1}\mathbf{t}_{du}^{(l)} & (\mathbf{t}_{dd}^{(l)})^{-1} \end{bmatrix} \tag{5.84}$$

が得られる。この式と式 (5.76) を用いることで，界面 T 行列から層 S 行列 $\tilde{\mathbf{s}}^{(l)}$ を求めることができる。

ここで，最初の問題に戻る。式 (5.72) を変形すると

$$\begin{bmatrix} \mathbf{I} & -\tilde{\mathbf{r}}_{ud}^{(l)} \\ \mathbf{O} & -\tilde{\mathbf{t}}_{dd}^{(l)} \end{bmatrix} \begin{bmatrix} \mathbf{u}^{(l+1)} \\ \mathbf{d}^{(l+1)} \end{bmatrix} = \begin{bmatrix} \tilde{\mathbf{t}}_{uu}^{(l)} & \mathbf{O} \\ \tilde{\mathbf{r}}_{du}^{(l)} & -\mathbf{I} \end{bmatrix} \begin{bmatrix} \mathbf{u}^{(l)} \\ \mathbf{d}^{(l)} \end{bmatrix} \tag{5.85}$$

が得られる。同様に式 (5.68) より

$$\begin{bmatrix} \mathbf{I} & -\mathbf{R}_{ud}^{0\rightleftharpoons l} \\ \mathbf{O} & -\mathbf{T}_{dd}^{0\rightleftharpoons l} \end{bmatrix} \begin{bmatrix} \mathbf{u}^{(l)} \\ \mathbf{d}^{(l)} \end{bmatrix} = \begin{bmatrix} \mathbf{T}_{uu}^{0\rightleftharpoons l} & \mathbf{O} \\ \mathbf{R}_{du}^{0\rightleftharpoons l} & -\mathbf{I} \end{bmatrix} \begin{bmatrix} \mathbf{u}^{(0)} \\ \mathbf{d}^{(0)} \end{bmatrix} \tag{5.86}$$

が得られる。これらの 2 式より，以下の式 (5.87) が得られる。

$$\begin{bmatrix} \tilde{\mathbf{t}}_{uu}^{(l)} & \mathbf{O} \\ \tilde{\mathbf{r}}_{du}^{(l)} & -\mathbf{I} \end{bmatrix}^{-1} \begin{bmatrix} \mathbf{I} & -\tilde{\mathbf{r}}_{ud}^{(l)} \\ \mathbf{O} & -\tilde{\mathbf{t}}_{dd}^{(l)} \end{bmatrix} \begin{bmatrix} \mathbf{u}^{(l+1)} \\ \mathbf{d}^{(l+1)} \end{bmatrix}$$
$$= \begin{bmatrix} \mathbf{I} & -\mathbf{R}_{ud}^{0\rightleftharpoons l} \\ \mathbf{O} & -\mathbf{T}_{dd}^{0\rightleftharpoons l} \end{bmatrix}^{-1} \begin{bmatrix} \mathbf{T}_{uu}^{0\rightleftharpoons l} & \mathbf{O} \\ \mathbf{R}_{du}^{0\rightleftharpoons l} & -\mathbf{I} \end{bmatrix} \begin{bmatrix} \mathbf{u}^{(0)} \\ \mathbf{d}^{(0)} \end{bmatrix} \tag{5.87}$$

ここで

$$\begin{bmatrix} \mathbf{A} & \mathbf{O} \\ \mathbf{B} & -\mathbf{I} \end{bmatrix}^{-1} = \begin{bmatrix} \mathbf{A}^{-1} & \mathbf{O} \\ \mathbf{B}\mathbf{A}^{-1} & -\mathbf{I} \end{bmatrix} \tag{5.88}$$

の関係を用いると，式 (5.87) の左辺は

$$\begin{bmatrix} \tilde{\mathbf{t}}_{uu}^{(l)} & \mathbf{O} \\ \tilde{\mathbf{r}}_{du}^{(l)} & -\mathbf{I} \end{bmatrix}^{-1} \begin{bmatrix} \mathbf{I} & -\tilde{\mathbf{r}}_{ud}^{(l)} \\ \mathbf{O} & -\tilde{\mathbf{t}}_{dd}^{(l)} \end{bmatrix} \begin{bmatrix} \mathbf{u}^{(l+1)} \\ \mathbf{d}^{(l+1)} \end{bmatrix}$$
$$= \begin{bmatrix} (\tilde{\mathbf{t}}_{uu}^{(l)})^{-1} & \mathbf{O} \\ \tilde{\mathbf{r}}_{du}^{(l)}(\tilde{\mathbf{t}}_{uu}^{(l)})^{-1} & -\mathbf{I} \end{bmatrix} \begin{bmatrix} \mathbf{I} & -\tilde{\mathbf{r}}_{ud}^{(l)} \\ \mathbf{O} & -\tilde{\mathbf{t}}_{dd}^{(l)} \end{bmatrix} \begin{bmatrix} \mathbf{u}^{(l+1)} \\ \mathbf{d}^{(l+1)} \end{bmatrix}$$

$$
= \begin{bmatrix} (\tilde{\mathbf{t}}_{uu}^{(l)})^{-1} & -(\tilde{\mathbf{t}}_{uu}^{(l)})^{-1}\tilde{\mathbf{r}}_{ud}^{(l)} \\ \tilde{\mathbf{r}}_{du}^{(l)}(\tilde{\mathbf{t}}_{uu}^{(l)})^{-1} & -\tilde{\mathbf{r}}_{du}^{(l)}(\tilde{\mathbf{t}}_{uu}^{(l)})^{-1}\tilde{\mathbf{r}}_{ud}^{(l)} + \tilde{\mathbf{t}}_{dd}^{(l)} \end{bmatrix} \begin{bmatrix} \boldsymbol{u}^{(l+1)} \\ \boldsymbol{d}^{(l+1)} \end{bmatrix} \quad (5.89)
$$

となる．同様に

$$
\begin{bmatrix} \mathbf{I} & -\mathbf{A} \\ \mathbf{O} & -\mathbf{B} \end{bmatrix}^{-1} = \begin{bmatrix} \mathbf{I} & \mathbf{O} \\ \mathbf{AB}^{-1} & -\mathbf{B}^{-1} \end{bmatrix} \quad (5.90)
$$

の関係を用いると，式 (5.87) の右辺は

$$
\begin{bmatrix} \mathbf{I} & -\mathbf{R}_{ud}^{0\rightleftharpoons l} \\ \mathbf{O} & -\mathbf{T}_{dd}^{0\rightleftharpoons l} \end{bmatrix}^{-1} \begin{bmatrix} \mathbf{T}_{uu}^{0\rightleftharpoons l} & \mathbf{O} \\ \mathbf{R}_{du}^{0\rightleftharpoons l} & -\mathbf{I} \end{bmatrix} \begin{bmatrix} \boldsymbol{u}^{(0)} \\ \boldsymbol{d}^{(0)} \end{bmatrix}
$$

$$
= \begin{bmatrix} \mathbf{I} & -\mathbf{R}_{ud}^{0\rightleftharpoons l}(\mathbf{T}_{dd}^{0\rightleftharpoons l})^{-1} \\ \mathbf{O} & -(\mathbf{T}_{dd}^{0\rightleftharpoons l})^{-1} \end{bmatrix}^{-1} \begin{bmatrix} \mathbf{T}_{uu}^{0\rightleftharpoons l} & \mathbf{O} \\ \mathbf{R}_{du}^{0\rightleftharpoons l} & -\mathbf{I} \end{bmatrix} \begin{bmatrix} \boldsymbol{u}^{(0)} \\ \boldsymbol{d}^{(0)} \end{bmatrix}
$$

$$
= \begin{bmatrix} \mathbf{T}_{uu}^{0\rightleftharpoons l} - \mathbf{R}_{ud}^{0\rightleftharpoons l}(\mathbf{T}_{dd}^{0\rightleftharpoons l})^{-1}\mathbf{R}_{du}^{0\rightleftharpoons l} & \mathbf{R}_{ud}^{0\rightleftharpoons l}(\mathbf{T}_{dd}^{0\rightleftharpoons l})^{-1} \\ -(\mathbf{T}_{dd}^{0\rightleftharpoons l})^{-1}\mathbf{R}_{du}^{0\rightleftharpoons l} & (\mathbf{T}_{dd}^{0\rightleftharpoons l})^{-1} \end{bmatrix} \begin{bmatrix} \boldsymbol{u}^{(0)} \\ \boldsymbol{d}^{(0)} \end{bmatrix}
$$
$$(5.91)$$

となる．したがって

$$
\begin{bmatrix} (\tilde{\mathbf{t}}_{uu}^{(l)})^{-1} & -(\tilde{\mathbf{t}}_{uu}^{(l)})^{-1}\tilde{\mathbf{r}}_{ud}^{(l)} \\ \tilde{\mathbf{r}}_{du}^{(l)}(\tilde{\mathbf{t}}_{uu}^{(l)})^{-1} & -\tilde{\mathbf{r}}_{du}^{(l)}(\tilde{\mathbf{t}}_{uu}^{(l)})^{-1}\tilde{\mathbf{r}}_{ud}^{(l)} + \tilde{\mathbf{t}}_{dd}^{(l)} \end{bmatrix} \begin{bmatrix} \boldsymbol{u}^{(l+1)} \\ \boldsymbol{d}^{(l+1)} \end{bmatrix}
$$

$$
= \begin{bmatrix} \mathbf{T}_{uu}^{0\rightleftharpoons l} - \mathbf{R}_{ud}^{0\rightleftharpoons l}(\mathbf{T}_{dd}^{0\rightleftharpoons l})^{-1}\mathbf{R}_{du}^{0\rightleftharpoons l} & \mathbf{R}_{ud}^{0\rightleftharpoons l}(\mathbf{T}_{dd}^{0\rightleftharpoons l})^{-1} \\ -(\mathbf{T}_{dd}^{0\rightleftharpoons l})^{-1}\mathbf{R}_{du}^{0\rightleftharpoons l} & (\mathbf{T}_{dd}^{0\rightleftharpoons l})^{-1} \end{bmatrix} \begin{bmatrix} \boldsymbol{u}^{(0)} \\ \boldsymbol{d}^{(0)} \end{bmatrix}
$$
$$(5.92)$$

が得られる．要素を並べ替えると

$$
\begin{bmatrix} (\tilde{\mathbf{t}}_{uu}^{(l)})^{-1} & -\mathbf{R}_{ud}^{0\rightleftharpoons l}(\mathbf{T}_{dd}^{0\rightleftharpoons l})^{-1} \\ \tilde{\mathbf{r}}_{du}^{(l)}(\tilde{\mathbf{t}}_{uu}^{(l)})^{-1} & -(\mathbf{T}_{dd}^{0\rightleftharpoons l})^{-1} \end{bmatrix} \begin{bmatrix} \boldsymbol{u}^{(l+1)} \\ \boldsymbol{d}^{(0)} \end{bmatrix}
$$

$$
= \begin{bmatrix} \mathbf{T}_{uu}^{0\rightleftharpoons l} - \mathbf{R}_{ud}^{0\rightleftharpoons l}(\mathbf{T}_{dd}^{0\rightleftharpoons l})^{-1}\mathbf{R}_{du}^{0\rightleftharpoons l} & (\tilde{\mathbf{t}}_{uu}^{(l)})^{-1}\tilde{\mathbf{r}}_{ud}^{(l)} \\ -(\mathbf{T}_{dd}^{0\rightleftharpoons l})^{-1}\mathbf{R}_{du}^{0\rightleftharpoons l} & \tilde{\mathbf{r}}_{du}^{(l)}(\tilde{\mathbf{t}}_{uu}^{(l)})^{-1}\tilde{\mathbf{r}}_{ud}^{(l)} - \tilde{\mathbf{t}}_{dd}^{(l)} \end{bmatrix} \begin{bmatrix} \boldsymbol{u}^{(0)} \\ \boldsymbol{d}^{(l+1)} \end{bmatrix}
$$
$$(5.93)$$

となり，結局

$$\begin{bmatrix} \boldsymbol{u}^{(l+1)} \\ \boldsymbol{d}^{(0)} \end{bmatrix} = \begin{bmatrix} (\tilde{\mathbf{t}}_{uu}^{(l)})^{-1} & -\mathbf{R}_{ud}^{0\rightleftharpoons l}(\mathbf{T}_{dd}^{0\rightleftharpoons l})^{-1} \\ \tilde{\mathbf{r}}_{du}^{(l)}(\tilde{\mathbf{t}}_{uu}^{(l)})^{-1} & -(\mathbf{T}_{dd}^{0\rightleftharpoons l})^{-1} \end{bmatrix}^{-1}$$
$$\begin{bmatrix} \mathbf{T}_{uu}^{0\rightleftharpoons l} - \mathbf{R}_{ud}^{0\rightleftharpoons l}(\mathbf{T}_{dd}^{0\rightleftharpoons l})^{-1}\mathbf{R}_{du}^{0\rightleftharpoons l} & (\tilde{\mathbf{t}}_{uu}^{(l)})^{-1}\tilde{\mathbf{r}}_{ud}^{(l)} \\ -(\mathbf{T}_{dd}^{0\rightleftharpoons l})^{-1}\mathbf{R}_{du}^{0\rightleftharpoons l} & \tilde{\mathbf{r}}_{du}^{(l)}(\tilde{\mathbf{t}}_{uu}^{(l)})^{-1}\tilde{\mathbf{r}}_{ud}^{(l)} - \tilde{\mathbf{t}}_{dd}^{(l)} \end{bmatrix}$$
$$\begin{bmatrix} \boldsymbol{u}^{(0)} \\ \boldsymbol{d}^{(l+1)} \end{bmatrix} \tag{5.94}$$

となる．ブロック行列の逆行列は次式で与えられる．

$$\begin{bmatrix} \mathbf{A} & \mathbf{B} \\ \mathbf{C} & \mathbf{D} \end{bmatrix}^{-1} = \begin{bmatrix} \mathbf{A}^{-1} + \mathbf{A}^{-1}\mathbf{B}\mathbf{S}^{-1}\mathbf{C}\mathbf{A}^{-1} & -\mathbf{A}^{-1}\mathbf{B}\mathbf{S}^{-1} \\ -\mathbf{S}^{-1}\mathbf{C}\mathbf{A}^{-1} & \mathbf{S}^{-1} \end{bmatrix} \tag{5.95}$$

ただし，$\mathbf{S} = \mathbf{D} - \mathbf{C}\mathbf{A}^{-1}\mathbf{B}$ である．また，$\mathbf{A}$, $\mathbf{D}$ および全体は正方行列である必要がある．この関係を用いると

$$\begin{bmatrix} (\tilde{\mathbf{t}}_{uu}^{(l)})^{-1} & -\mathbf{R}_{ud}^{0\rightleftharpoons l}(\mathbf{T}_{dd}^{0\rightleftharpoons l})^{-1} \\ \tilde{\mathbf{r}}_{du}^{(l)}(\tilde{\mathbf{t}}_{uu}^{(l)})^{-1} & -(\mathbf{T}_{dd}^{0\rightleftharpoons l})^{-1} \end{bmatrix}^{-1}$$
$$= \begin{bmatrix} \tilde{\mathbf{t}}_{uu}^{(l)} + \tilde{\mathbf{t}}_{uu}^{(l)}\mathbf{R}_{ud}^{0\rightleftharpoons l}(\mathbf{I} - \tilde{\mathbf{r}}_{du}^{(l)}\mathbf{R}_{ud}^{0\rightleftharpoons l})^{-1}\tilde{\mathbf{r}}_{du}^{(l)} & -\tilde{\mathbf{t}}_{uu}^{(l)}\mathbf{R}_{ud}^{0\rightleftharpoons l}(\mathbf{I} - \tilde{\mathbf{r}}_{du}^{(l)}\mathbf{R}_{ud}^{0\rightleftharpoons l})^{-1} \\ \mathbf{T}_{dd}^{0\rightleftharpoons l}(\mathbf{I} - \tilde{\mathbf{r}}_{du}^{(l)}\mathbf{R}_{ud}^{0\rightleftharpoons l})^{-1}\tilde{\mathbf{r}}_{du}^{(l)} & -\mathbf{T}_{dd}^{0\rightleftharpoons l}(\mathbf{I} - \tilde{\mathbf{r}}_{du}^{(l)}\mathbf{R}_{ud}^{0\rightleftharpoons l})^{-1} \end{bmatrix}$$
$$\tag{5.96}$$

となる．式 (5.94) の右辺の行列の積の 1 行 1 列目の要素は $\mathbf{T}_{uu}^{0\rightleftharpoons l+1}$ に等しく

$$\mathbf{T}_{uu}^{0\rightleftharpoons l+1} = [\tilde{\mathbf{t}}_{uu}^{(l)} + \tilde{\mathbf{t}}_{uu}^{(l)}\mathbf{R}_{ud}^{0\rightleftharpoons l}(\mathbf{I} - \tilde{\mathbf{r}}_{du}^{(l)}\mathbf{R}_{ud}^{0\rightleftharpoons l})^{-1}\tilde{\mathbf{r}}_{du}^{(l)}]$$
$$[\mathbf{T}_{uu}^{(l-1)} - \mathbf{R}_{ud}^{0\rightleftharpoons l}(\mathbf{T}_{dd}^{0\rightleftharpoons l})^{-1}\mathbf{R}_{du}^{0\rightleftharpoons l}]$$
$$+ \tilde{\mathbf{t}}_{uu}^{(l)}\mathbf{R}_{ud}^{0\rightleftharpoons l}(\mathbf{I} - \tilde{\mathbf{r}}_{du}^{(l)}\mathbf{R}_{ud}^{0\rightleftharpoons l})^{-1}(\mathbf{T}_{dd}^{0\rightleftharpoons l})^{-1}\mathbf{R}_{du}^{(l-1)}$$
$$= \tilde{\mathbf{t}}_{uu}^{(l)}[\mathbf{I} + \mathbf{R}_{ud}^{0\rightleftharpoons l}(\mathbf{I} - \tilde{\mathbf{r}}_{du}^{(l)}\mathbf{R}_{ud}^{0\rightleftharpoons l})^{-1}\tilde{\mathbf{r}}_{du}^{(l)}]\mathbf{T}_{uu}^{0\rightleftharpoons l}$$
$$= \tilde{\mathbf{t}}_{uu}^{(l)}(\mathbf{I} - \mathbf{R}_{ud}^{0\rightleftharpoons l}\tilde{\mathbf{r}}_{du}^{(l)})^{-1}\mathbf{T}_{uu}^{0\rightleftharpoons l} \tag{5.97}$$

となる。上式の最後の行への変形にはつぎの関係

$$\mathbf{I} + \mathbf{A}(\mathbf{I} - \mathbf{B}\mathbf{A})^{-1}\mathbf{B} = (\mathbf{I} - \mathbf{A}\mathbf{B})^{-1} \tag{5.98}$$

を用いた。同様の計算を行うことで，最終的につぎの 4 組の漸化式が得られる。

$$\mathbf{T}_{uu}^{0\rightleftharpoons l+1} = \tilde{\mathbf{t}}_{uu}^{(l)}(\mathbf{I} - \mathbf{R}_{ud}^{0\rightleftharpoons l}\tilde{\mathbf{r}}_{du}^{(l)})^{-1}\mathbf{T}_{uu}^{0\rightleftharpoons l} \tag{5.99}$$

$$\mathbf{R}_{ud}^{0\rightleftharpoons l+1} = \tilde{\mathbf{r}}_{ud}^{(l)} + \tilde{\mathbf{t}}_{uu}^{(l)}\mathbf{R}_{ud}^{0\rightleftharpoons l}(\mathbf{I} - \tilde{\mathbf{r}}_{du}^{(l)}\mathbf{R}_{ud}^{0\rightleftharpoons l})^{-1}\tilde{\mathbf{t}}_{dd}^{(l)} \tag{5.100}$$

$$\mathbf{R}_{du}^{0\rightleftharpoons l+1} = \mathbf{R}_{du}^{0\rightleftharpoons l} + \mathbf{T}_{dd}^{0\rightleftharpoons l}\tilde{\mathbf{r}}_{du}^{(l)}(\mathbf{I} - \mathbf{R}_{ud}^{0\rightleftharpoons l}\tilde{\mathbf{r}}_{du}^{(l)})^{-1}\mathbf{T}_{uu}^{0\rightleftharpoons l} \tag{5.101}$$

$$\mathbf{T}_{dd}^{0\rightleftharpoons l+1} = \mathbf{T}_{dd}^{0\rightleftharpoons l}(\mathbf{I} - \tilde{\mathbf{r}}_{du}^{(l)}\mathbf{R}_{ud}^{0\rightleftharpoons l})^{-1}\tilde{\mathbf{t}}_{dd}^{(l)} \tag{5.102}$$

5.2.3　T 行列を経由しない方法

Li[13] によって，界面 T 行列を用いない S 行列の漸化式が与えられている。対象となっている式は

$$\begin{bmatrix} \mathbf{W}_{11}^{(l+1)} & \mathbf{W}_{12}^{(l+1)} \\ \mathbf{W}_{21}^{(l+1)} & \mathbf{W}_{22}^{(l+1)} \end{bmatrix} \begin{bmatrix} \boldsymbol{u}^{(l+1)} \\ \boldsymbol{d}^{(l+1)} \end{bmatrix}$$
$$= \begin{bmatrix} \mathbf{W}_{11}^{(l)} & \mathbf{W}_{12}^{(l)} \\ \mathbf{W}_{21}^{(l)} & \mathbf{W}_{22}^{(l)} \end{bmatrix} \begin{bmatrix} \boldsymbol{\Phi}_{+}^{(l)} & \mathbf{O} \\ \mathbf{O} & \boldsymbol{\Phi}_{-}^{(l)} \end{bmatrix} \begin{bmatrix} \boldsymbol{u}^{(l)} \\ \boldsymbol{d}^{(l)} \end{bmatrix} \tag{5.103}$$

である。この式に対する S 行列の漸化式は

$$\mathbf{R}_{ud}^{0\rightleftharpoons l+1} = (\mathbf{Z}^{-1}\mathbf{X}_2)_1 \tag{5.104}$$

$$\mathbf{T}_{dd}^{0\rightleftharpoons l+1} = \tilde{\mathbf{T}}_{dd}^{0\rightleftharpoons l}(\mathbf{Z}^{-1}\mathbf{X}_2)_2 \tag{5.105}$$

$$\mathbf{T}_{uu}^{0\rightleftharpoons l+1} = (\mathbf{Z}^{-1}\mathbf{X}_1)_1 \tag{5.106}$$

$$\mathbf{R}_{du}^{0\rightleftharpoons l+1} = \mathbf{R}_{du}^{0\rightleftharpoons l} + \tilde{\mathbf{T}}_{dd}^{0\rightleftharpoons l}(\mathbf{Z}^{-1}\mathbf{X}_1)_2 \tag{5.107}$$

となる。ただし

$$\mathbf{Z} = \begin{bmatrix} \mathbf{W}_{11}^{(l+1)} & -\mathbf{W}_{11}^{(l)}\tilde{\mathbf{R}}_{ud}^{0\rightleftharpoons l} - \mathbf{W}_{12}^{(l)} \\ \mathbf{W}_{21}^{(l+1)} & -\mathbf{W}_{21}^{(l)}\tilde{\mathbf{R}}_{ud}^{0\rightleftharpoons l} - \mathbf{W}_{22}^{(l)} \end{bmatrix} \tag{5.108}$$

$$\mathbf{X} = \begin{bmatrix} \mathbf{W}_{11}^{(l)}\tilde{\mathbf{T}}_{uu}^{0\rightleftharpoons l} & -\mathbf{W}_{12}^{(l+1)} \\ \mathbf{W}_{21}^{(l)}\tilde{\mathbf{T}}_{uu}^{0\rightleftharpoons l} & -\mathbf{W}_{22}^{(l+1)} \end{bmatrix} = [\mathbf{X}_1, \mathbf{X}_2] \tag{5.109}$$

$$\tilde{\mathbf{R}}_{ud}^{0\rightleftharpoons l} = \mathbf{\Phi}_+^{(l)}\mathbf{R}_{ud}^{0\rightleftharpoons l}(\mathbf{\Phi}_-^{(l)})^{-1} \tag{5.110}$$

$$\tilde{\mathbf{T}}_{dd}^{0\rightleftharpoons l} = \mathbf{T}_{dd}^{0\rightleftharpoons l}(\mathbf{\Phi}_-^{(l)})^{-1} \tag{5.111}$$

$$\tilde{\mathbf{T}}_{uu}^{0\rightleftharpoons l} = \mathbf{\Phi}_+^{(l)}\mathbf{T}_{uu}^{0\rightleftharpoons l} \tag{5.112}$$

式 (5.104)〜(5.107) の下付きの 1 および 2 は行列の上ブロックおよび下ブロックを指す．また，式 (5.109) の下付きの 1 および 2 は行列 $\mathbf{X}$ の左ブロックおよび右ブロックを指す．実際の計算においては，$\mathbf{\Phi}_-^{(l)}$ 自体の値が大きくなりオーバーフローするので，$(\mathbf{\Phi}_-^{(l)})^{-1} = \mathbf{\Phi}_+^{(l)}$ の関係を用いて，$(\mathbf{\Phi}_-^{(l)})^{-1}$ の代わりに $\mathbf{\Phi}_+^{(l)}$ を用いるべきである．

RCWA 法の場合，式 (5.103) に現れる行列にはつぎのような対称性がある．すなわち

$$\mathbf{W}_{11}^{(l)} = \mathbf{W}_{12}^{(l)} = \mathbf{W}_1^{(l)} \tag{5.113}$$

$$\mathbf{W}_{21}^{(l)} = -\mathbf{W}_{22}^{(l)} = \mathbf{W}_2^{(l)} \tag{5.114}$$

である．この場合，漸化式はより簡単になる[13]．式 (5.108) は次式で表される．

$$\mathbf{Z} = \begin{bmatrix} \mathbf{W}_1^{(l+1)} & \mathbf{O} \\ \mathbf{O} & \mathbf{W}_2^{(l+1)} \end{bmatrix} \begin{bmatrix} \mathbf{I} & -\mathbf{F}^{(l)} \\ \mathbf{I} & \mathbf{G}^{(l)} \end{bmatrix} \tag{5.115}$$

ここで

$$\mathbf{F}^{(l)} = \mathbf{Q}_1^{(l)}(\mathbf{I} + \tilde{\mathbf{R}}_{ud}^{0\rightleftharpoons l}) \tag{5.116}$$

$$\mathbf{G}^{(l)} = \mathbf{Q}_2^{(l)}(\mathbf{I} - \tilde{\mathbf{R}}_{ud}^{0\rightleftharpoons l}) \tag{5.117}$$

$$\mathbf{Q}_p^{(l)} = \mathbf{W}_p^{(l+1)-1}\mathbf{W}_p^{(l)} \qquad (p=1,2) \tag{5.118}$$

式 (5.115) の右辺 2 番目の行列の逆行列は，次式を用いて簡単に求まる．

$$\begin{bmatrix} \mathbf{I} & \mathbf{A} \\ \mathbf{I} & \mathbf{B} \end{bmatrix}^{-1} = \begin{bmatrix} -\mathbf{B} & \mathbf{A} \\ \mathbf{I} & -\mathbf{I} \end{bmatrix}(\mathbf{A}-\mathbf{B})^{-1} \tag{5.119}$$

以上を用いると

$$\mathbf{R}_{ud}^{0 \rightleftharpoons l+1} = \mathbf{I} - 2\mathbf{G}^{(l)}\tau^{(l)} \tag{5.120}$$

$$\mathbf{T}_{dd}^{0 \rightleftharpoons l+1} = 2\tilde{\mathbf{T}}_{dd}^{0 \rightleftharpoons l}\tau^{(l)} \tag{5.121}$$

$$\mathbf{T}_{uu}^{0 \rightleftharpoons l+1} = (\mathbf{F}^{(l)}\tau^{(l)}\mathbf{Q}_2^{(l)} + \mathbf{G}^{(l)}\tau^{(l)}\mathbf{Q}_1^{(l)})\tilde{\mathbf{T}}_{uu}^{0 \rightleftharpoons l} \tag{5.122}$$

$$\mathbf{R}_{du}^{0 \rightleftharpoons l+1} = \mathbf{R}_{du}^{0 \rightleftharpoons l} + \tilde{\mathbf{T}}_{dd}^{0 \rightleftharpoons l}\tau^{(l)}(\mathbf{Q}_2^{(l)} - \mathbf{Q}_1^{(l)})\tilde{\mathbf{T}}_{uu}^{0 \rightleftharpoons l} \tag{5.123}$$

ただし

$$\tau^{(l)} = (\mathbf{F}^{(l)} + \mathbf{G}^{(l)})^{-1} \tag{5.124}$$

となる。

ちなみに，$\mathbf{Q}_q^{(l)}$ を用いると，界面 T 行列 $\mathbf{t}^{(l)}$ は次式で与えられる。

$$\mathbf{t}^{(l)} = \frac{1}{2}\begin{bmatrix} \mathbf{Q}_1^{(l)} + \mathbf{Q}_2^{(l)} & \mathbf{Q}_1^{(l)} - \mathbf{Q}_2^{(l)} \\ \mathbf{Q}_1^{(l)} - \mathbf{Q}_2^{(l)} & \mathbf{Q}_1^{(l)} + \mathbf{Q}_2^{(l)} \end{bmatrix} \tag{5.125}$$

5.2.4 入射場，反射場，透過場との関係

TE 偏光の場合について考える。入射側媒質である第 L 層において，入射電場と $\boldsymbol{u}^{(L)}$ および $\boldsymbol{d}^{(L)}$ との関係を考える。入射場は

$$E_y^i = \exp[i(k_{x0}x - k_{z0}^{(L)}z)] \tag{5.126}$$

で与えられる。ここで，振幅を 1 としたのは，以下で得られる反射回折場と透過回折場の係数ベクトルが直接回折係数を与えることになり，便利であるためである。式 (5.126) と式 (5.3) および式 (5.16) とを比較すると

$$\boldsymbol{i}^e = \mathbf{W}_1^{(L)}\boldsymbol{d}^{(L)} \tag{5.127}$$

の関係が得られる。$\boldsymbol{i}^e$ は入射場の係数ベクトルで，波数 k_{x0} に対応する要素のみが 1 で残りの要素はすべて 0 である。同様に，反射電場の係数ベクトル $\boldsymbol{r}^e$ と $\boldsymbol{u}^{(L)}$，$\boldsymbol{d}^{(L)}$ との関係は

$$\boldsymbol{r}^e = \mathbf{W}_1^{(L)}\boldsymbol{u}^{(L)} \tag{5.128}$$

となる。つぎに第 0 層において，透過電場の係数ベクトル t^e と $u^{(0)}$, $d^{(0)}$ との関係を考える。この関係は

$$t^e = \mathbf{W}_1^{(0)} d^{(0)} \tag{5.129}$$

となる。これらの関係を式 (5.68) に代入する。$u^{(0)} = o$ (o は要素がすべて 0 の零ベクトル) だから

$$\begin{bmatrix} (\mathbf{W}^{(L)})^{-1} r^e \\ (\mathbf{W}^{(0)})^{-1} t^e \end{bmatrix} = \begin{bmatrix} \mathbf{T}_{uu}^{0 \rightleftharpoons L} & \mathbf{R}_{ud}^{0 \rightleftharpoons L} \\ \mathbf{R}_{du}^{0 \rightleftharpoons L} & \mathbf{T}_{dd}^{0 \rightleftharpoons L} \end{bmatrix} \begin{bmatrix} o \\ (\mathbf{W}^{(L)})^{-1} i^e \end{bmatrix} \tag{5.130}$$

となる。すなわち

$$r^e = \mathbf{W}^{(L)} \mathbf{R}_{ud}^{0 \rightleftharpoons L} (\mathbf{W}^{(L)})^{-1} i^e \tag{5.131}$$

$$t^e = \mathbf{W}^{(0)} \mathbf{T}_{dd}^{0 \rightleftharpoons L} (\mathbf{W}^{(L)})^{-1} i^e \tag{5.132}$$

となる。これらの係数ベクトルを用いると，m 次の（エネルギー）**反射回折効率**および（エネルギー）**透過回折効率**はそれぞれ

$$R_m^{\mathrm{TE}} = |r_m^e|^2 \tag{5.133}$$

$$T_m^{\mathrm{TE}} = |t_m^e|^2 \frac{\mathrm{Re}[k_{zm}^{(0)}]}{\mathrm{Re}[k_{z0}^{(L)}]} \tag{5.134}$$

となる。

同様に，TM 偏光の場合の磁場に関する各係数ベクトルは

$$r_h = \mathbf{W}^{(L)} \mathbf{R}_{ud}^{0 \rightleftharpoons L} (\mathbf{W}^{(L)})^{-1} i^h \tag{5.135}$$

$$t_h = \mathbf{W}^{(0)} \mathbf{T}_{dd}^{0 \rightleftharpoons L} (\mathbf{W}^{(L)})^{-1} i^h \tag{5.136}$$

となる。また，m 次の反射回折効率および透過回折効率はそれぞれ

$$R_m^{\mathrm{TM}} = |r_m^h|^2 \tag{5.137}$$

$$T_m^{\mathrm{TM}} = |t_m^h|^2 \frac{\mathrm{Re}[k_{zm}^{(0)}/\varepsilon^{(0)}]}{\mathrm{Re}[k_{z0}^{(L)}/\varepsilon^{(L)}]} \tag{5.138}$$

となる。

5.2.5 格子領域における場

T行列法では格子領域における各回折波の振幅は直接計算することができる。しかし，S行列法ではこれらの振幅を得るには工夫を要する。第l層における場を考える。部分的なS行列

$$\begin{bmatrix} \boldsymbol{u}^{(l)} \\ \boldsymbol{d}^{(0)} \end{bmatrix} = \mathbf{S}^{0 \rightleftharpoons l} \begin{bmatrix} \boldsymbol{o} \\ \boldsymbol{d}^{(l)} \end{bmatrix} \tag{5.139}$$

$$\begin{bmatrix} \boldsymbol{u}^{(L)} \\ \boldsymbol{d}^{(l)} \end{bmatrix} = \mathbf{S}^{l \rightleftharpoons L} \begin{bmatrix} \boldsymbol{u}^{(l)} \\ \boldsymbol{d}^{(L)} \end{bmatrix} \tag{5.140}$$

を用いる。式 (5.139) より

$$\boldsymbol{d}^{(0)} = \mathbf{T}_{ud}^{0 \rightleftharpoons l} \boldsymbol{d}^{(l)} \tag{5.141}$$

$$\boldsymbol{d}^{(l)} = (\mathbf{T}_{ud}^{0 \rightleftharpoons l})^{-1} \boldsymbol{d}^{(0)} \tag{5.142}$$

が得られる。同様に式 (5.140) より

$$\boldsymbol{u}^{(L)} = \mathbf{T}_{uu}^{l \rightleftharpoons L} \boldsymbol{u}^{(l)} + \mathbf{R}_{ud}^{l \rightleftharpoons L} \boldsymbol{d}^{(L)} \tag{5.143}$$

$$\boldsymbol{u}^{(l)} = (\mathbf{T}_{uu}^{l \rightleftharpoons L})^{-1} (\boldsymbol{u}^{(L)} - \mathbf{R}_{ud}^{l \rightleftharpoons L} \boldsymbol{d}^{(L)}) \tag{5.144}$$

が得られる。すなわち，系全体のS行列を用いて，透過係数ベクトル $\boldsymbol{d}^{(0)}$，および反射係数ベクトル $\boldsymbol{u}^{(L)}$ を求めた後，部分的なS行列と上の式を用いれば，$\boldsymbol{d}^{(l)}$ と $\boldsymbol{u}^{(l)}$ が求まる。しかしながら，この方法は不安定性を生じる。なぜなら，$\mathbf{T}_{dd}$ および $\mathbf{T}_{uu}$ は絶対値が非常に小さな要素を含む場合があり，その場合は，その逆行列が発散するためである。これを避けるためには，以下のようにすればよい[16]。

式 (5.139) および式 (5.140) より

$$\boldsymbol{u}^{(l)} = \mathbf{R}_{ud}^{0 \rightleftharpoons l} \boldsymbol{d}^{(l)} \tag{5.145}$$

$$\boldsymbol{d}^{(l)} = \mathbf{R}_{du}^{l \rightleftharpoons L} \boldsymbol{u}^{(l)} + \mathbf{T}_{dd}^{l \rightleftharpoons L} \boldsymbol{d}^{(L)} \tag{5.146}$$

式 (5.146) を式 (5.145) に代入すると

$$u^{(l)} = \mathbf{R}_{ud}^{0 \rightleftharpoons l}(\mathbf{R}_{du}^{l \rightleftharpoons L} u^{(l)} + \mathbf{T}_{dd}^{l \rightleftharpoons L} d^{(L)}) \tag{5.147}$$

$$u^{(l)} = \mathbf{R}_{ud}^{0 \rightleftharpoons l} \mathbf{R}_{du}^{l \rightleftharpoons L} u^{(l)} + \mathbf{R}_{ud}^{0 \rightleftharpoons l} \mathbf{T}_{dd}^{l \rightleftharpoons L} d^{(L)} \tag{5.148}$$

$$u^{(l)}(\mathbf{I} - \mathbf{R}_{ud}^{0 \rightleftharpoons l} \mathbf{R}_{du}^{l \rightleftharpoons L}) = \mathbf{R}_{ud}^{0 \rightleftharpoons l} \mathbf{T}_{dd}^{l \rightleftharpoons L} d^{(L)} \tag{5.149}$$

$$u^{(l)} = (\mathbf{I} - \mathbf{R}_{ud}^{0 \rightleftharpoons l} \mathbf{R}_{du}^{l \rightleftharpoons L})^{-1} \mathbf{R}_{ud}^{0 \rightleftharpoons l} \mathbf{T}_{dd}^{l \rightleftharpoons L} d^{(L)} \tag{5.150}$$

となる．注意したいのは，$\mathbf{R}_{ud}^{0 \rightleftharpoons l}$ および $\mathbf{R}_{du}^{l \rightleftharpoons L}$ は，絶対値が非常に小さな要素を含む場合でも，$(\mathbf{I} - \mathbf{R}_{ud}^{0 \rightleftharpoons l} \mathbf{R}_{du}^{l \rightleftharpoons L})^{-1}$ は発散しないということである．式 (5.150) を式 (5.146) に代入すると，$d^{(l)}$ が求まる．

しかし，まだ問題が残っている．$d^{(l)}$ を用いて場を計算すると，指数関数的に増大する（エバネッセント）場を計算することになるので，不安定になる．この不安定さを避けるためには，図 5.4 に示した第 l 層の上側の界面における係数ベクトル $\tilde{d}^{(l)}$ を用いればよい．$\tilde{u}^{(l)}$ および $\tilde{d}^{(l)}$ と $u^{(l+1)}$ および $d^{(l+1)}$ との関係は，行列が対称な場合

$$\begin{bmatrix} \mathbf{W}^{(l+1)} & \mathbf{W}^{(l+1)} \\ \mathbf{V}^{(l+1)} & -\mathbf{V}^{(l+1)} \end{bmatrix} \begin{bmatrix} u^{(l+1)} \\ d^{(l+1)} \end{bmatrix} = \begin{bmatrix} \mathbf{W}^{(l)} & \mathbf{W}^{(l)} \\ \mathbf{V}^{(l)} & -\mathbf{V}^{(l)} \end{bmatrix} \begin{bmatrix} \tilde{u}^{(l)} \\ \tilde{d}^{(l)} \end{bmatrix}$$
$$\tag{5.151}$$

で与えられる．ここで

$$\begin{bmatrix} \mathbf{W}^{(l)} & \mathbf{W}^{(l)} \\ \mathbf{V}^{(l)} & -\mathbf{V}^{(l)} \end{bmatrix}^{-1} = \frac{1}{2} \begin{bmatrix} \mathbf{W}^{(l)^{-1}} & \mathbf{V}^{(l)^{-1}} \\ \mathbf{W}^{(l)^{-1}} & -\mathbf{V}^{(l)^{-1}} \end{bmatrix} \tag{5.152}$$

だから

$$\begin{bmatrix} \tilde{u}^{(l)} \\ \tilde{d}^{(l)} \end{bmatrix}$$
$$= \frac{1}{2} \begin{bmatrix} \mathbf{W}^{(l)^{-1}} & \mathbf{V}^{(l)^{-1}} \\ \mathbf{W}^{(l)^{-1}} & -\mathbf{V}^{(l)^{-1}} \end{bmatrix} \begin{bmatrix} \mathbf{W}^{(l+1)} & \mathbf{W}^{(l+1)} \\ \mathbf{V}^{(l+1)} & -\mathbf{V}^{(l+1)} \end{bmatrix} \begin{bmatrix} u^{(l+1)} \\ d^{(l+1)} \end{bmatrix}$$
$$= \frac{1}{2} \begin{bmatrix} \mathbf{W}^{(l)^{-1}}\mathbf{W}^{(l+1)} + \mathbf{V}^{(l)^{-1}}\mathbf{V}^{(l+1)} & \mathbf{W}^{(l)^{-1}}\mathbf{W}^{(l+1)} - \mathbf{V}^{(l)^{-1}}\mathbf{V}^{(l+1)} \\ \mathbf{W}^{(l)^{-1}}\mathbf{W}^{(l+1)} - \mathbf{V}^{(l)^{-1}}\mathbf{V}^{(l+1)} & \mathbf{W}^{(l)^{-1}}\mathbf{W}^{(l+1)} + \mathbf{V}^{(l)^{-1}}\mathbf{V}^{(l+1)} \end{bmatrix}$$

$$\left[\begin{array}{c} \boldsymbol{u}^{(l+1)} \\ \boldsymbol{d}^{(l+1)} \end{array} \right] \tag{5.153}$$

となる。このようにして求めた $\boldsymbol{u}^{(l)}$ と $\tilde{\boldsymbol{d}}^{(l)}$ を用いることによって，l 層の振幅を安定に計算することができる。例えば，TM 偏光の場合には

$$U_{ym}^{(l)}(z) = \sum_j w_{mj}^{(l)} \{ u_j^{(l)} \exp(ik_{zj}^{(l)} z) + \tilde{d}_j^{(l)} \exp[ik_{zj}^{(l)}(h^{(l)} - z)] \} \tag{5.154}$$

となる。

5.2.6　S 行列の入射側からの再帰的計算法

場の計算のためには S 行列 $S^{l \rightleftharpoons L}$ を求める必要がある。これは，入射側から順番に再帰的に求めることができる。

第 $l+1$ 層から第 L 層に対する S 行列は次式で表される。

$$\left[\begin{array}{c} \boldsymbol{u}^{(L)} \\ \boldsymbol{d}^{(l+1)} \end{array} \right] = \left[\begin{array}{cc} \mathbf{T}_{uu}^{l+1 \rightleftharpoons L} & \mathbf{R}_{ud}^{l+1 \rightleftharpoons L} \\ \mathbf{R}_{du}^{l+1 \rightleftharpoons L} & \mathbf{T}_{dd}^{l+1 \rightleftharpoons L} \end{array} \right] \left[\begin{array}{c} \boldsymbol{u}^{(l+1)} \\ \boldsymbol{d}^{(L)} \end{array} \right] \tag{5.155}$$

また，第 l 層から第 L 層に対する S 行列は次式で表される。

$$\left[\begin{array}{c} \boldsymbol{u}^{(L)} \\ \boldsymbol{d}^{(l)} \end{array} \right] = \left[\begin{array}{cc} \mathbf{T}_{uu}^{l \rightleftharpoons L} & \mathbf{R}_{ud}^{l \rightleftharpoons L} \\ \mathbf{R}_{du}^{l \rightleftharpoons L} & \mathbf{T}_{dd}^{l \rightleftharpoons L} \end{array} \right] \left[\begin{array}{c} \boldsymbol{u}^{(l)} \\ \boldsymbol{d}^{(L)} \end{array} \right] \tag{5.156}$$

式 (5.155) より

$$\left[\begin{array}{cc} \mathbf{I} & -\mathbf{R}_{ud}^{l+1 \rightleftharpoons L} \\ \mathbf{O} & -\mathbf{T}_{dd}^{l+1 \rightleftharpoons L} \end{array} \right] \left[\begin{array}{c} \boldsymbol{u}^{(L)} \\ \boldsymbol{d}^{(L)} \end{array} \right] = \left[\begin{array}{cc} \mathbf{T}_{uu}^{l+1 \rightleftharpoons L} & \mathbf{O} \\ \mathbf{R}_{du}^{l+1 \rightleftharpoons L} & -\mathbf{I} \end{array} \right] \left[\begin{array}{c} \boldsymbol{u}^{(l+1)} \\ \boldsymbol{d}^{(l+1)} \end{array} \right]$$

$$\tag{5.157}$$

式 (5.85) および式 (5.157) より

$$\left[\begin{array}{cc} \mathbf{T}_{uu}^{l+1 \rightleftharpoons L} & \mathbf{O} \\ \mathbf{R}_{du}^{l+1 \rightleftharpoons L} & -\mathbf{I} \end{array} \right]^{-1} \left[\begin{array}{cc} \mathbf{I} & -\mathbf{R}_{ud}^{l+1 \rightleftharpoons L} \\ \mathbf{O} & -\mathbf{T}_{dd}^{l+1 \rightleftharpoons L} \end{array} \right] \left[\begin{array}{c} \boldsymbol{u}^{(L)} \\ \boldsymbol{d}^{(L)} \end{array} \right]$$

$$= \begin{bmatrix} \mathbf{I} & -\tilde{\mathbf{r}}_{ud}^{(l)} \\ \mathbf{O} & -\tilde{\mathbf{t}}_{dd}^{(l)} \end{bmatrix}^{-1} \begin{bmatrix} \tilde{\mathbf{t}}_{uu}^{(l)} & \mathbf{O} \\ \tilde{\mathbf{r}}_{du}^{(l)} & -\mathbf{I} \end{bmatrix} \begin{bmatrix} \boldsymbol{u}^{(l)} \\ \boldsymbol{d}^{(l)} \end{bmatrix} \tag{5.158}$$

となる．式 (5.158) を式 (5.87) と比較すると，つぎのような変換を行っただけであることがわかる．

$$\tilde{\mathbf{r}}_{ud}^{(l)} \to \mathbf{R}_{ud}^{l+1 \rightleftharpoons L} \tag{5.159}$$

$$\tilde{\mathbf{t}}_{dd}^{(l)} \to \mathbf{T}_{dd}^{l+1 \rightleftharpoons L} \tag{5.160}$$

$$\tilde{\mathbf{r}}_{du}^{(l)} \to \mathbf{R}_{du}^{l+1 \rightleftharpoons L} \tag{5.161}$$

$$\tilde{\mathbf{t}}_{uu}^{(l)} \to \mathbf{T}_{uu}^{l+1 \rightleftharpoons L} \tag{5.162}$$

$$\mathbf{R}_{ud}^{0 \rightleftharpoons l-1} \to \tilde{\mathbf{r}}_{ud}^{(l)} \tag{5.163}$$

$$\mathbf{T}_{dd}^{0 \rightleftharpoons l-1} \to \tilde{\mathbf{t}}_{dd}^{(l)} \tag{5.164}$$

$$\mathbf{R}_{du}^{0 \rightleftharpoons l-1} \to \tilde{\mathbf{r}}_{du}^{(l)} \tag{5.165}$$

$$\mathbf{T}_{uu}^{0 \rightleftharpoons l-1} \to \tilde{\mathbf{t}}_{uu}^{(l)} \tag{5.166}$$

これらの変換を式 (5.87) に施し，式 (5.156) を用いると

$$\mathbf{T}_{uu}^{l \rightleftharpoons L} = \mathbf{T}_{uu}^{l+1 \rightleftharpoons L} (\mathbf{I} - \tilde{\mathbf{r}}_{ud}^{(l)} \mathbf{R}_{du}^{l+1 \rightleftharpoons L})^{-1} \tilde{\mathbf{t}}_{uu}^{(l)} \tag{5.167}$$

$$\mathbf{R}_{ud}^{l \rightleftharpoons L} = \mathbf{R}_{ud}^{l+1 \rightleftharpoons L} + \mathbf{T}_{uu}^{l+1 \rightleftharpoons L} \tilde{\mathbf{r}}_{ud}^{(l)} (\mathbf{I} - \mathbf{R}_{du}^{l+1 \rightleftharpoons L} \tilde{\mathbf{r}}_{ud}^{(l)})^{-1} \mathbf{T}_{dd}^{l+1 \rightleftharpoons L} \tag{5.168}$$

$$\mathbf{R}_{du}^{l \rightleftharpoons L} = \tilde{\mathbf{r}}_{du}^{(l)} + \tilde{\mathbf{t}}_{dd}^{(l)} \mathbf{R}_{du}^{l+1 \rightleftharpoons L} (\mathbf{I} - \tilde{\mathbf{r}}_{ud}^{(l)} \mathbf{R}_{du}^{l+1 \rightleftharpoons L})^{-1} \tilde{\mathbf{t}}_{uu}^{(l)} \tag{5.169}$$

$$\mathbf{T}_{dd}^{l \rightleftharpoons L} = \tilde{\mathbf{t}}_{dd}^{(l)} (\mathbf{I} - \mathbf{R}_{du}^{l+1 \rightleftharpoons L} \tilde{\mathbf{r}}_{ud}^{(l)})^{-1} \mathbf{T}_{dd}^{l+1 \rightleftharpoons L} \tag{5.170}$$

が得られる．

5.3 2 次 元 格 子

2 次元格子の場合の RCWA 法も基本的には 1 次元格子と同じ考え方で計算できる．1 次元格子では入射面を格子ベクトルを含む面にとっているため，x 方向の偏光成分と y 方向の偏光成分が結合することはなく，基本的に TE 偏光で

は y 方向の電場だけ，TM 偏光では y 方向の磁場だけを考えればよかった．もちろん，入射面を格子ベクトルを含む面以外にとった場合（**コニカル回折**）は両者に結合が生じる．コニカル回折に関しては章末の引用・参考文献6),8) を参照されたい．しかし，2次元格子では両者はつねに結合するため，偏光を分離して取り扱うことはできない．もう一つの違いは，x と y の 2 方向の回折光を考えなければならない点である．1 次元格子の場合は，回折光を表す種々の係数を 1 次元のベクトルで表すことができたが，2次元の場合，これらの係数は 2 階のテンソルとなり，そのままでは計算がたいへんになる．そこで 2 次元格子では，この 2 階のテンソルの要素を 1 列に並べ直してベクトルとして取り扱う．この 2 点が 1 次元格子の場合との違いである．その結果，計算量は 1 次元と比較して膨大となる．

5.3.1 直交座標系における 2 次元格子

x 方向の周期が Λ_x，y 方向の周期が Λ_y の 2 次元周期構造を考える．格子領域で電場および磁場がつぎのように書けるとする．

$$\boldsymbol{E}^{(l)} = \sum_{m,n} [S_{xmn}^{(l)}(z)\hat{\boldsymbol{x}} + S_{ymn}^{(l)}(z)\hat{\boldsymbol{y}} + S_{zmn}^{(l)}(z)\hat{\boldsymbol{z}}]$$
$$\times \exp[i(k_{xm}x + k_{yn}y)] \tag{5.171}$$

$$\boldsymbol{H}^{(l)} = i\left(\frac{\varepsilon_0}{\mu_0}\right)^{1/2} \sum_{m,n} [U_{xmn}^{(l)}(z)\hat{\boldsymbol{x}} + U_{ymn}^{(l)}(z)\hat{\boldsymbol{y}} + U_{zmn}^{(l)}(z)\hat{\boldsymbol{z}}]$$
$$\times \exp[i(k_{xm}x + k_{yn}y)] \tag{5.172}$$

なお，式 (5.172) の右辺の最初の虚数単位 i は式の導出において虚数単位が表に現れないようにするためだけのもので，本質的な意味を伴うものではない．ここで，$\hat{\boldsymbol{x}}$, $\hat{\boldsymbol{y}}$ および $\hat{\boldsymbol{z}}$ は単位ベクトルである．m および n はそれぞれ x 方向および y 方向の回折次数である．k_{xm} および k_{yn} は回折光の波数の x 成分と y 成分である．なお，以下では第 l 層を意味する変数の右肩の (l) は式の煩雑さを避けるためすべて省略する．入射光の面内波数を (k_{x0}, k_{y0}) とすると，回折光の

面内波数は

$$k_{xm} = k_{x0} + mK_x \tag{5.173}$$

$$k_{yn} = k_{y0} + nK_y \tag{5.174}$$

で与えられる。ただし

$$K_x = \frac{2\pi}{\Lambda_x} \tag{5.175}$$

$$K_y = \frac{2\pi}{\Lambda_y} \tag{5.176}$$

である。マクスウェル方程式（ファラデーの式）(5.4) より

$$\frac{\partial E_z}{\partial y} - \frac{\partial E_y}{\partial z} = i\omega\mu_0 H_x \tag{5.177}$$

$$\frac{\partial E_x}{\partial z} - \frac{\partial E_z}{\partial x} = i\omega\mu_0 H_y \tag{5.178}$$

$$\frac{\partial E_y}{\partial x} - \frac{\partial E_x}{\partial y} = i\omega\mu_0 H_z \tag{5.179}$$

が得られる。式 (5.177), (5.178) および式 (5.179) に式 (5.171) および式 (5.172) を代入して行列表記にすると

$$i\mathbf{K}_y \mathbf{S}_z - \mathbf{S}_y' = -\mathbf{U}_x \tag{5.180}$$

$$\mathbf{S}_x' - i\mathbf{K}_x \mathbf{S}_z = -\mathbf{U}_y \tag{5.181}$$

$$i\mathbf{K}_x \mathbf{S}_y - i\mathbf{K}_y \mathbf{S}_x = -\mathbf{U}_z \tag{5.182}$$

が得られる。ただし、プライム $'$ は $k_0 z$ に関する微分を表す。また, $\mathbf{K}_x$ および $\mathbf{K}_y$ は、それぞれ k_{xm}/k_0 および k_{yn}/k_0 を対角に並べた対角行列である。具体的には, $\mathbf{K}_x$ は行列 $\overline{\mathbf{K}}_x$ を $(2N+1)$ 個並べたブロック対角行列

$$\mathbf{K}_x = \begin{bmatrix} \overline{\mathbf{K}}_x & & & \mathbf{O} \\ & \overline{\mathbf{K}}_x & & \\ & & \ddots & \\ \mathbf{O} & & & \overline{\mathbf{K}}_x \end{bmatrix} \tag{5.183}$$

であり

$$\overline{\mathbf{K}}_x = \frac{1}{k_0}\begin{bmatrix} k_{x,-N} & & & & & & \mathbf{O} \\ & \ddots & & & & & \\ & & k_{x,-1} & & & & \\ & & & k_{x,0} & & & \\ & & & & k_{x,1} & & \\ & & & & & \ddots & \\ \mathbf{O} & & & & & & k_{x,N} \end{bmatrix} \quad (5.184)$$

である。ここで，N は計算に用いる回折次数の最大値である。一方，$\mathbf{K}_y$ は

$$\mathbf{K}_y = \begin{bmatrix} \overline{\mathbf{K}}_{y,-N} & & & & & & \mathbf{O} \\ & \ddots & & & & & \\ & & \overline{\mathbf{K}}_{y,-1} & & & & \\ & & & \overline{\mathbf{K}}_{y,0} & & & \\ & & & & \overline{\mathbf{K}}_{y,1} & & \\ & & & & & \ddots & \\ \mathbf{O} & & & & & & \overline{\mathbf{K}}_{y,N} \end{bmatrix} \quad (5.185)$$

で

$$\overline{\mathbf{K}}_{y,n} = \frac{k_{yn}}{k_0}\mathbf{I} \quad (5.186)$$

である。ただし，$\overline{\mathbf{K}}_{y,n}$ の対角要素の数は $(2N+1)$ である。また，$\boldsymbol{S}_a\,(a=x,y)$ は次式で表される。

$$\boldsymbol{S}_a = \begin{bmatrix} \overline{\boldsymbol{S}}_{a,-N} \\ \vdots \\ \overline{\boldsymbol{S}}_{a,-1} \\ \overline{\boldsymbol{S}}_{a,0} \\ \overline{\boldsymbol{S}}_{a,1} \\ \vdots \\ \overline{\boldsymbol{S}}_{a,N} \end{bmatrix} \quad (5.187)$$

ここで

$$\overline{S}_{a,n} = \begin{bmatrix} S_{a,n,-N} \\ \vdots \\ S_{a,n,-1} \\ S_{a,n,0} \\ S_{a,n,1} \\ \vdots \\ S_{a,n,N} \end{bmatrix} \tag{5.188}$$

である。一方，マクスウェル方程式（アンペールの式）

$$\boldsymbol{E} = \left[\frac{i}{\omega\varepsilon_0\varepsilon(x,y)}\right] \nabla \times \boldsymbol{H} \tag{5.189}$$

より

$$\frac{\partial H_z}{\partial y} - \frac{\partial H_y}{\partial z} = -i\omega\varepsilon_0\varepsilon(x,y)E_x \tag{5.190}$$

$$\frac{\partial H_x}{\partial z} - \frac{\partial H_z}{\partial x} = -i\omega\varepsilon_0\varepsilon(x,y)E_y \tag{5.191}$$

$$\frac{\partial H_y}{\partial x} - \frac{\partial H_x}{\partial y} = -i\omega\varepsilon_0\varepsilon(x,y)E_z \tag{5.192}$$

が得られる。ここで，誘電率 $\varepsilon(x,y)$ を2次元のフーリエ級数

$$\varepsilon(x,y) = \sum_{p,q} \varepsilon_{p,q} \exp[i(pK_x x + qK_y y)] \tag{5.193}$$

で表す。式 (5.190), (5.191) および式 (5.192) に式 (5.171), (5.172) および式 (5.193) を代入して行列表記にすると

$$i\boldsymbol{K}_y \boldsymbol{U}_z - \boldsymbol{U}'_y = -\boldsymbol{E}\boldsymbol{S}_x \tag{5.194}$$

$$\boldsymbol{U}'_x - i\boldsymbol{K}_x \boldsymbol{U}_z = -\boldsymbol{E}\boldsymbol{S}_y \tag{5.195}$$

$$i\boldsymbol{K}_x \boldsymbol{U}_y - i\boldsymbol{K}_y \boldsymbol{U}_x = -\boldsymbol{E}\boldsymbol{S}_z \tag{5.196}$$

となる。$\boldsymbol{E}$ はフーリエ係数 $\varepsilon_{p,q}$ の2次元の Toeplitz 行列とでもいうべきものである。具体的には

$$\mathbf{E} = \begin{bmatrix} \mathbf{E}_0 & \mathbf{E}_{-1} & \mathbf{E}_{-2} & \cdots & \mathbf{E}_{-2N} \\ \mathbf{E}_1 & \mathbf{E}_0 & \mathbf{E}_{-1} & \cdots & \mathbf{E}_{-2N+1} \\ \mathbf{E}_2 & \mathbf{E}_1 & \mathbf{E}_0 & \cdots & \mathbf{E}_{-2N+2} \\ \vdots & \vdots & \vdots & \ddots & \vdots \\ \mathbf{E}_{2N} & \mathbf{E}_{2N-1} & \mathbf{E}_{2N-2} & \cdots & \mathbf{E}_0 \end{bmatrix} \qquad (5.197)$$

で与えられ，部分行列 $\mathbf{E}_n$ の Toeplitz 行列となっている．また，$\mathbf{E}_n$ も Toeplitz 行列となっており，次式で与えられる．

$$\mathbf{E}_n = \begin{bmatrix} \varepsilon_{0,n} & \varepsilon_{-1,n} & \cdots & \varepsilon_{-2N,n} \\ \varepsilon_{1,n} & \varepsilon_{0,n} & \cdots & \varepsilon_{-2N+1,n} \\ \vdots & \vdots & \ddots & \vdots \\ \varepsilon_{2N,n} & \varepsilon_{2N-1,n} & \cdots & \varepsilon_{0,n} \end{bmatrix} \qquad (5.198)$$

式 (5.180), (5.181), (5.182), (5.194), (5.195), および式 (5.196) より，$\boldsymbol{S}_z$ および $\boldsymbol{U}_z$ を消去すると

$$\begin{bmatrix} \boldsymbol{S}'_y \\ \boldsymbol{S}'_x \\ \boldsymbol{U}'_y \\ \boldsymbol{U}'_x \end{bmatrix} = \begin{bmatrix} \mathbf{O} & \mathbf{O} & \mathbf{K}_y \mathbf{E}^{-1} \mathbf{K}_x & \mathbf{I} - \mathbf{K}_y \mathbf{E}^{-1} \mathbf{K}_y \\ \mathbf{O} & \mathbf{O} & \mathbf{K}_x \mathbf{E}^{-1} \mathbf{K}_x - \mathbf{I} & -\mathbf{K}_x \mathbf{E}^{-1} \mathbf{K}_y \\ \mathbf{K}_x \mathbf{K}_y & \mathbf{E} - \mathbf{K}_y^2 & \mathbf{O} & \mathbf{O} \\ \mathbf{K}_x^2 - \mathbf{E} & -\mathbf{K}_x \mathbf{K}_y & \mathbf{O} & \mathbf{O} \end{bmatrix} \begin{bmatrix} \boldsymbol{S}_y \\ \boldsymbol{S}_x \\ \boldsymbol{U}_y \\ \boldsymbol{U}_x \end{bmatrix}$$
$$(5.199)$$

となる．この式は二つに分離でき

$$\begin{bmatrix} \boldsymbol{S}'_y \\ \boldsymbol{S}'_x \end{bmatrix} = \mathbf{F} \begin{bmatrix} \boldsymbol{U}_y \\ \boldsymbol{U}_x \end{bmatrix} \qquad (5.200)$$

5. RCWA（厳密結合波解析）法

$$\begin{bmatrix} \boldsymbol{U}'_y \\ \boldsymbol{U}'_x \end{bmatrix} = \mathbf{G} \begin{bmatrix} \boldsymbol{S}_y \\ \boldsymbol{S}_x \end{bmatrix} \tag{5.201}$$

となる。ただし

$$\mathbf{F} = \begin{bmatrix} \mathbf{K}_y \mathbf{E}^{-1} \mathbf{K}_x & \mathbf{I} - \mathbf{K}_y \mathbf{E}^{-1} \mathbf{K}_y \\ \mathbf{K}_x \mathbf{E}^{-1} \mathbf{K}_x - \mathbf{I} & -\mathbf{K}_x \mathbf{E}^{-1} \mathbf{K}_y \end{bmatrix} \tag{5.202}$$

$$\mathbf{G} = \begin{bmatrix} \mathbf{K}_x \mathbf{K}_y & \mathbf{E} - \mathbf{K}_y^2 \\ \mathbf{K}_x^2 - \mathbf{E} & -\mathbf{K}_x \mathbf{K}_y \end{bmatrix} \tag{5.203}$$

である。

式 (5.200) の両辺を $k_0 z$ に関して微分したものに，式 (5.201) を代入すると

$$\begin{bmatrix} \boldsymbol{S}''_y \\ \boldsymbol{S}''_x \end{bmatrix} = \mathbf{FG} \begin{bmatrix} \boldsymbol{S}_y \\ \boldsymbol{S}_x \end{bmatrix} \tag{5.204}$$

$$\mathbf{FG} = \begin{bmatrix} \mathbf{K}_x^2 + (\mathbf{K}_y \mathbf{E}^{-1} \mathbf{K}_y - \mathbf{I}) \mathbf{E} & \mathbf{K}_y (\mathbf{E}^{-1} \mathbf{K}_x \mathbf{E} - \mathbf{K}_x) \\ \mathbf{K}_x (\mathbf{E}^{-1} \mathbf{K}_y \mathbf{E} - \mathbf{K}_y) & \mathbf{K}_y^2 + (\mathbf{K}_x \mathbf{E}^{-1} \mathbf{K}_x - \mathbf{I}) \mathbf{E} \end{bmatrix}$$
$$\tag{5.205}$$

となる。同様に，式 (5.201) の両辺を $k_0 z$ に関して微分したものに，式 (5.200) を代入すると

$$\begin{bmatrix} \boldsymbol{U}''_y \\ \boldsymbol{U}''_x \end{bmatrix} = \mathbf{GF} \begin{bmatrix} \boldsymbol{U}_y \\ \boldsymbol{U}_x \end{bmatrix} \tag{5.206}$$

$$\mathbf{GF} = \begin{bmatrix} \mathbf{K}_y^2 + \mathbf{E}(\mathbf{K}_x \mathbf{E}^{-1} \mathbf{K}_x - \mathbf{I}) & (\mathbf{K}_x - \mathbf{E} \mathbf{K}_x \mathbf{E}^{-1}) \mathbf{K}_y \\ (\mathbf{K}_y - \mathbf{E} \mathbf{K}_y \mathbf{E}^{-1}) \mathbf{K}_x & \mathbf{K}_x^2 + \mathbf{E}(\mathbf{K}_y \mathbf{E}^{-1} \mathbf{K}_y - \mathbf{I}) \end{bmatrix}$$
$$\tag{5.207}$$

が得られる。

ちなみに，格子のない誘電率が ε である均一な層では

$$\mathbf{F} = \begin{bmatrix} \dfrac{1}{\varepsilon}\mathbf{K}_y\mathbf{K}_x & \mathbf{I} - \dfrac{1}{\varepsilon}\mathbf{K}_y^2 \\ \dfrac{1}{\varepsilon}\mathbf{K}_x^2 - \mathbf{I} & -\dfrac{1}{\varepsilon}\mathbf{K}_x\mathbf{K}_y \end{bmatrix} \tag{5.208}$$

$$\mathbf{G} = \begin{bmatrix} \mathbf{K}_x\mathbf{K}_y & \varepsilon\mathbf{I} - \mathbf{K}_y^2 \\ \mathbf{K}_x^2 - \varepsilon\mathbf{I} & -\mathbf{K}_x\mathbf{K}_y \end{bmatrix} \tag{5.209}$$

となる.さらに

$$\mathbf{FG} = \begin{bmatrix} \mathbf{K}_x^2 + \mathbf{K}_y^2 - \varepsilon\mathbf{I} & \mathbf{O} \\ \mathbf{O} & \mathbf{K}_x^2 + \mathbf{K}_y^2 - \varepsilon\mathbf{I} \end{bmatrix} \tag{5.210}$$

となる.この行列は対角行列なので,以下で必要な固有値の計算を省略できる.

式 (5.204) の行列 $\mathbf{FG}$ の固有値を q_j^2,固有ベクトルを $w_{j,k}$ (ただし,$j,k = 1, 2, \ldots, 2(2N+1)^2$) とすると,$\boldsymbol{S}_x$,$\boldsymbol{S}_y$ は次式で与えられる.

$$S_{y,k}(z) = \sum_{j=1}^{2(2N+1)^2} w_{j,k}[u_j \exp(k_0 q_j z) + d_j \exp(-k_0 q_j z)]$$
$$(k = 1, \ldots, (2N+1)^2) \tag{5.211}$$

$$S_{x,k}(z) = \sum_{j=1}^{2(2N+1)^2} w_{j,k+(2N+1)^2}[u_j \exp(k_0 q_j z) + d_j \exp(-k_0 q_j z)]$$
$$(k = 1, \ldots, (2N+1)^2) \tag{5.212}$$

ただし,$S_{x,k}$ および $S_{y,k}$ はベクトル $\boldsymbol{S}_x$ および $\boldsymbol{S}_y$ の k 番目の要素を指す.なお,ここでは慣例として q_j を用いたが,この量は 1 次元格子の場合における ik_{zj}/k_0 に相当する.

式 (5.211) および式 (5.212) を行列形式で書き表すと

$$\begin{bmatrix} \boldsymbol{S}_y \\ \boldsymbol{S}_x \end{bmatrix} = \begin{bmatrix} \mathbf{W} & \mathbf{W} \end{bmatrix} \begin{bmatrix} \boldsymbol{\Phi}_+ & \mathbf{O} \\ \mathbf{O} & \boldsymbol{\Phi}_- \end{bmatrix} \begin{bmatrix} \boldsymbol{u} \\ \boldsymbol{d} \end{bmatrix} \tag{5.213}$$

となる.式 (5.213) を式 (5.200) に代入すると

$$\begin{bmatrix} U_y \\ U_x \end{bmatrix} = \mathbf{F}^{-1} \begin{bmatrix} \mathbf{QW} & -\mathbf{QW} \end{bmatrix} \begin{bmatrix} \Phi_+ & \mathbf{O} \\ \mathbf{O} & \Phi_- \end{bmatrix} \begin{bmatrix} u \\ d \end{bmatrix} \quad (5.214)$$

となり，最終的に次式が得られる．

$$\begin{bmatrix} S_y \\ S_x \\ U_y \\ U_x \end{bmatrix} = \begin{bmatrix} \mathbf{W} & \mathbf{W} \\ \mathbf{F}^{-1}\mathbf{QW} & -\mathbf{F}^{-1}\mathbf{QW} \end{bmatrix} \begin{bmatrix} \Phi_+ & \mathbf{O} \\ \mathbf{O} & \Phi_- \end{bmatrix} \begin{bmatrix} u \\ d \end{bmatrix}$$

$$(5.215)$$

式 (5.215) において

$$S = \begin{bmatrix} S_y \\ S_x \end{bmatrix} \quad (5.216)$$

$$U = \begin{bmatrix} U_y \\ U_x \end{bmatrix} \quad (5.217)$$

とおくと

$$\begin{bmatrix} S \\ U \end{bmatrix} = \begin{bmatrix} \mathbf{W} & \mathbf{W} \\ \mathbf{V} & -\mathbf{V} \end{bmatrix} \begin{bmatrix} \Phi_+ & \mathbf{O} \\ \mathbf{O} & \Phi_- \end{bmatrix} \begin{bmatrix} u \\ d \end{bmatrix} \quad (5.218)$$

となる．ただし，$\mathbf{V} = \mathbf{F}^{-1}\mathbf{QW}$ である．この式は1次元格子の場合と同じ形である．したがって，境界条件を求めるときに対称な場合のS行列と同じ式が使える．

5.3.2 収束性の向上

収束性を考えた場合，1次元格子におけるTM偏光のときと同じように，$\mathbf{G}$ の代わりに

$$\mathbf{G}^\dagger = \begin{bmatrix} \mathbf{K}_x\mathbf{K}_y & \mathbf{A}^{-1} - \mathbf{K}_y^2 \\ \mathbf{K}_x^2 - \mathbf{E} & -\mathbf{K}_x\mathbf{K}_y \end{bmatrix} \quad (5.219)$$

を用いるべきであると Lalanne [10] が提案している。しかしながら，あまり成功しているとはいえない。これに対して，Li [17] は誘電率分布のフーリエ級数の Toeplitz 行列の正しい求め方を提案している。新しい記号として，$\lceil \cdot \rceil$ と $\lfloor \cdot \rfloor$ をつぎのように定義する。

$$\lceil \varepsilon \rceil_{mn} = \frac{1}{\Lambda_x} \int_0^{\Lambda_x} \varepsilon(x,y) \exp[-i(m-n)K_x x] dx \tag{5.220}$$

$$\lfloor \varepsilon \rfloor_{mn} = \frac{1}{\Lambda_y} \int_0^{\Lambda_y} \varepsilon(x,y) \exp[-i(m-n)K_y y] dy \tag{5.221}$$

得られた $\lceil \cdot \rceil$ と $\lfloor \cdot \rfloor$ はそれぞれ，y および x の関数である。ここでさらに，$\lfloor \lceil \cdot \rceil \rfloor$ と $\lceil \lfloor \cdot \rfloor \rceil$ をつぎのように定義する。

$$\lfloor \lceil \varepsilon \rceil \rfloor_{mn,pq} = \lfloor \{\lceil 1/\varepsilon \rceil^{-1}\}_{mp} \rfloor_{nq}$$
$$= \frac{1}{\Lambda_y} \int_0^{\Lambda_y} \{\lceil 1/\varepsilon \rceil^{-1}\}_{mp}(y) \exp[-i(n-q)K_y y] dy \tag{5.222}$$

$$\lceil \lfloor \varepsilon \rfloor \rceil_{mn,pq} = \lceil \{\lfloor 1/\varepsilon \rfloor^{-1}\}_{nq} \rceil_{mp}$$
$$= \frac{1}{\Lambda_x} \int_0^{\Lambda_x} \{\lfloor 1/\varepsilon \rfloor^{-1}\}_{nq}(x) \exp[-i(m-p)K_x x] dx \tag{5.223}$$

これを用いると，$\mathbf{G}$ は

$$\mathbf{G}^{\ddagger} = \begin{bmatrix} \mathbf{K}_x \mathbf{K}_y & \lfloor \lceil \boldsymbol{\varepsilon} \rceil \rfloor - \mathbf{K}_y^2 \\ \mathbf{K}_x^2 - \lceil \lfloor \boldsymbol{\varepsilon} \rfloor \rceil & -\mathbf{K}_x \mathbf{K}_y \end{bmatrix} \tag{5.224}$$

となる。

つぎに，具体的な行列の形を示す。$\lfloor \lceil \boldsymbol{\varepsilon} \rceil \rfloor$ の場合について述べる。まず，単位格子において $1/\varepsilon(x,y)$ を 2 次元に等間隔にサンプリングする。ここではそのサンプリング数を $M \times M$ とする。ただし，Toeplitz 行列を作成する関係で，$M > 4N+1$ としなければならない。そして，y 方向の各サンプリング点 $y = y_p$ において，x に関して $-2N$ 次から $2N$ 次までのフーリエ係数を計算し，Toeplitz 行列を作成し，その逆行列 $\boldsymbol{\alpha}(y_p)$ を求める。さらに，この逆行列の要素 $\alpha_{mn}(y_p)$ を 1 行に並べる。すべての y_p に関して並べるとつぎの行列

$$\lceil 1/\varepsilon \rceil^{-1} =$$

$$\begin{bmatrix} \alpha_{11}(y_1) & \alpha_{12}(y_1) & \cdots & \alpha_{1,2N+1}(y_1) & \alpha_{21}(y_1) & \cdots & \alpha_{2N+1,2N+1}(y_1) \\ \alpha_{11}(y_2) & \alpha_{12}(y_2) & \cdots & \alpha_{1,2N+1}(y_2) & \alpha_{21}(y_2) & \cdots & \alpha_{2N+1,2N+1}(y_2) \\ \vdots & \vdots & & \vdots & \vdots & & \vdots \\ \vdots & \vdots & & \vdots & \vdots & & \vdots \\ \alpha_{11}(y_M) & \alpha_{12}(y_M) & \cdots & \alpha_{1,2N+1}(y_M) & \alpha_{21}(y_M) & \cdots & \alpha_{2N+1,2N+1}(y_M) \end{bmatrix}$$

(5.225)

が得られる。つぎに y に関して（上の行列の縦方向に）フーリエ係数を計算し、$\pm 2N$ 次まで残すと

$$\mathcal{F}_y\left(\lceil 1/\varepsilon \rceil^{-1}\right)$$

$$= \begin{bmatrix} \beta_{11}^{(-2N)} & \beta_{12}^{(-2N)} & \cdots & \beta_{1,2N+1}^{(-2N)} & \beta_{21}^{(-2N)} & \cdots & \beta_{2N+1,2N+1}^{(-2N)} \\ \vdots & \vdots & \ddots & \vdots & \vdots & \ddots & \vdots \\ \beta_{11}^{(-1)} & \beta_{12}^{(-1)} & \cdots & \beta_{1,2N+1}^{(-1)} & \beta_{21}^{(-1)} & \cdots & \beta_{2N+1,2N+1}^{(-1)} \\ \beta_{11}^{(0)} & \beta_{12}^{(0)} & \cdots & \beta_{1,2N+1}^{(0)} & \beta_{21}^{(0)} & \cdots & \beta_{2N+1,2N+1}^{(0)} \\ \beta_{11}^{(1)} & \beta_{12}^{(1)} & \cdots & \beta_{1,2N+1}^{(1)} & \beta_{21}^{(1)} & \cdots & \beta_{2N+1,2N+1}^{(1)} \\ \vdots & \vdots & \ddots & \vdots & \vdots & \ddots & \vdots \\ \beta_{11}^{(2N)} & \beta_{12}^{(2N)} & \cdots & \beta_{1,2N+1}^{(2N)} & \beta_{21}^{(2N)} & \cdots & \beta_{2N+1,2N+1}^{(2N)} \end{bmatrix}$$

(5.226)

となる。ここで、$\mathcal{F}_y$ は y 方向の離散フーリエ変換を表す。$\lfloor \lceil \varepsilon \rceil \rfloor$ はこの要素を並べ替えることによって得られ、最終的につぎのようになる。

$$\lfloor \lceil \varepsilon \rceil \rfloor = \begin{bmatrix} \boldsymbol{\beta}^{(0)} & \boldsymbol{\beta}^{(-1)} & \cdots & \boldsymbol{\beta}^{(-2N)} \\ \boldsymbol{\beta}^{(1)} & \boldsymbol{\beta}^{(0)} & \cdots & \boldsymbol{\beta}^{(-2N+1)} \\ \vdots & \vdots & \ddots & \vdots \\ \boldsymbol{\beta}^{(2N)} & \boldsymbol{\beta}^{(2N-1)} & \cdots & \boldsymbol{\beta}^{(0)} \end{bmatrix}$$

(5.227)

ただし

$$\boldsymbol{\beta}^{(n)} = \begin{bmatrix} \beta_{11}^{(n)} & \beta_{12}^{(n)} & \cdots & \beta_{1,2N+1}^{(n)} \\ \beta_{21}^{(n)} & \beta_{22}^{(n)} & \cdots & \beta_{2,2N+1}^{(n)} \\ \vdots & \vdots & \ddots & \vdots \\ \beta_{2N+1,1}^{(n)} & \beta_{2N+1,2}^{(n)} & \cdots & \beta_{2N+1,2N+1}^{(n)} \end{bmatrix} \quad (5.228)$$

である。

$\lceil \lfloor \varepsilon \rfloor \rceil$ は同様の計算において，x に関する操作と y に関する操作の順序を入れ替えればよい。すなわち

$$\mathcal{F}_x\left(\lfloor 1/\varepsilon \rfloor^{-1}\right) =$$

$$\begin{bmatrix} \gamma_{11}^{(-2N)} & \cdots & \gamma_{11}^{(-1)} & \gamma_{11}^{(0)} & \gamma_{11}^{(1)} & \cdots & \gamma_{11}^{(2N)} \\ \gamma_{12}^{(-2N)} & \cdots & \gamma_{12}^{(-1)} & \gamma_{12}^{(0)} & \gamma_{12}^{(1)} & \cdots & \gamma_{12}^{(2N)} \\ \vdots & \ddots & \vdots & \vdots & \vdots & \ddots & \vdots \\ \gamma_{1,2N+1}^{(-2N)} & \cdots & \gamma_{1,2N+1}^{(-1)} & \gamma_{1,2N+1}^{(0)} & \gamma_{1,2N+1}^{(1)} & \cdots & \gamma_{1,2N+1}^{(2N)} \\ \gamma_{21}^{(-2N)} & \cdots & \gamma_{21}^{(-1)} & \gamma_{21}^{(0)} & \gamma_{21}^{(1)} & \cdots & \gamma_{21}^{(2N)} \\ \vdots & \ddots & \vdots & \vdots & \vdots & \ddots & \vdots \\ \gamma_{2N+1,2N+1}^{(-2N)} & \cdots & \gamma_{2N+1,2N+1}^{(-1)} & \gamma_{2N+1,2N+1}^{(0)} & \gamma_{2N+1,2N+1}^{(1)} & \cdots & \gamma_{2N+1,2N+1}^{(2N)} \end{bmatrix}$$
$$(5.229)$$

となる。結局

$$\lceil \lfloor \varepsilon \rfloor \rceil = \begin{bmatrix} \boldsymbol{\gamma}_{11} & \boldsymbol{\gamma}_{12} & \cdots & \boldsymbol{\gamma}_{1,2N+1} \\ \boldsymbol{\gamma}_{21} & \boldsymbol{\gamma}_{22} & \cdots & \boldsymbol{\gamma}_{2,2N+1} \\ \vdots & \vdots & \ddots & \vdots \\ \boldsymbol{\gamma}_{2N+1,1} & \boldsymbol{\gamma}_{2N+1,2} & \cdots & \boldsymbol{\gamma}_{2N+1,2N+1} \end{bmatrix} \quad (5.230)$$

$$\boldsymbol{\gamma}_{mn} = \begin{bmatrix} \gamma_{mn}^{(0)} & \gamma_{mn}^{(-1)} & \cdots & \gamma_{mn}^{(-2N)} \\ \gamma_{mn}^{(1)} & \gamma_{mn}^{(0)} & \cdots & \gamma_{mn}^{(-2N+1)} \\ \vdots & \vdots & \ddots & \vdots \\ \gamma_{mn}^{(2N)} & \gamma_{mn}^{(2N-1)} & \cdots & \gamma_{mn}^{(0)} \end{bmatrix} \quad (5.231)$$

となる。

5.3.3 斜交座標系における 2 次元格子

三角格子の場合は直交座標系を用いるよりも図 5.5 に示すような斜交座標系を用いたほうが,同じ回折次数を用いて計算しても $\sqrt{3}$ 倍高い精度で結果が得られる.

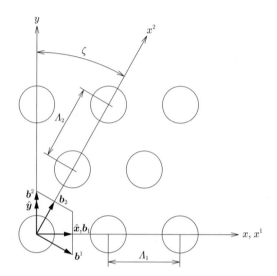

図 5.5 斜交座標系

斜交座標系での RCWA 法は Li [17] によって示されている.図 5.5 に示す座標系を考える.x^3 は紙面に垂直である.三角格子の場合は $\Lambda_1 = \Lambda_2$ で $\zeta = 30°$ であるが,本手法はこれ以外の場合も取り扱うことができる.直交座標系では実空間の基底ベクトルと逆格子空間の基底ベクトルは同じ方向を向いている.しかしながら,斜交座標系では両者は平行でない.**共変ベクトル**(covariant vector)と**反変ベクトル**(contravariant vector)の考え方が用いられる.共変基底ベクトルは $\boldsymbol{b}_1$,$\boldsymbol{b}_2$,および $\boldsymbol{b}_3$ で表される.一方,反変基底ベクトルは $\boldsymbol{b}^1$,$\boldsymbol{b}^2$,および $\boldsymbol{b}^3$ で表される(図 5.5 参照).両者の間にはつぎの関係がある.

$$\boldsymbol{b}_i \cdot \boldsymbol{b}^j = \delta_i^j \tag{5.232}$$

ここで,δ_i^j はクロネッカーのデルタである.これらの基底ベクトルを用いると,任意のベクトル $\boldsymbol{A}$ はつぎのように表される.

$$\boldsymbol{A} = x_1\boldsymbol{b}^1 + x_2\boldsymbol{b}^2 + x_3\boldsymbol{b}^3 = x^1\boldsymbol{b}_1 + x^2\boldsymbol{b}_2 + x^3\boldsymbol{b}_3 \tag{5.233}$$

規則として，上付きのベクトルには下付きの係数が，下付きのベクトルには上付きの係数が用いられる。

座標ベクトルは共変基底ベクトルを，電場，磁場，および波数ベクトルは反変基底ベクトルを用いて表す。すなわち，波数ベクトル $\boldsymbol{k}$ は

$$\boldsymbol{k} = k_1\boldsymbol{b}^1 + k_2\boldsymbol{b}^2 + k_3\boldsymbol{b}^3 \tag{5.234}$$

となる。(k_1, k_2, k_3) と直交座標系での波数ベクトル (k_x, k_y, k_z) との関係は

$$k_x = k_1 \tag{5.235}$$

$$k_y = \frac{k_2 - k_1 \sin\zeta}{\cos\zeta} = k_2 \sec\zeta - k_1 \tan\zeta \tag{5.236}$$

$$k_z = k_3 \tag{5.237}$$

となる。ここから

$$|\boldsymbol{k}|^2 = \frac{k_1^2 + k_2^2 - 2k_1 k_2 \sin\zeta}{\cos^2\zeta} + k_3^2 \tag{5.238}$$

の関係が得られる。

電場および磁場は第 l 層でつぎのように書けるとする。

$$\begin{aligned}\boldsymbol{E}^{(l)} = \sum_{m,n} & [S_{1mn}^{(l)}(x^3)\boldsymbol{b}^1 + S_{2mn}^{(l)}(x^3)\boldsymbol{b}^2 + S_{3mn}^{(l)}(x^3)\boldsymbol{b}^3] \\ & \times \exp[i(k_{1m}x^1 + k_{2n}x^2)]\end{aligned} \tag{5.239}$$

$$\begin{aligned}\boldsymbol{H}^{(l)} = i\left(\frac{\varepsilon_0}{\mu_0}\right)^{1/2} & \sum_{m,n} [U_{1mn}^{(l)}(x^3)\boldsymbol{b}^1 + U_{2mn}^{(l)}(x^3)\boldsymbol{b}^2 + U_{3mn}^{(l)}(x^3)\boldsymbol{b}^3] \\ & \times \exp[i(k_{1m}x^1 + k_{2n}x^2)]\end{aligned} \tag{5.240}$$

ただし，$k_{1m} = k_{10} + mK_1$, $k_{2n} = k_{20} + nK_2$, $K_1 = 2\pi/\Lambda_1$, $K_2 = 2\pi/\Lambda_2$ である。ここで，k_{10} および k_{20} は入射光の面内波数の各成分である。以降，これまでと同じように右肩の添字 (l) は省略する。マクスウェル方程式（ファラデーの式）(5.4) より

$$\frac{\partial E_3}{\partial x^2} - \frac{\partial E_2}{\partial x^3} = i\omega\mu_0 \sec\zeta(H_1 - \sin\zeta H_2) \tag{5.241}$$

$$\frac{\partial E_1}{\partial x^3} - \frac{\partial E_3}{\partial x^1} = i\omega\mu_0 \sec\zeta(H_2 - \sin\zeta H_1) \tag{5.242}$$

$$\frac{\partial E_2}{\partial x^1} - \frac{\partial E_1}{\partial x^2} = i\omega\mu_0 \cos\zeta H_3 \tag{5.243}$$

が得られる。式 (5.241), (5.242) および式 (5.243) に式 (5.239) および式 (5.240) を代入して行列表記にすると

$$i\mathbf{K}_2\mathbf{S}_3 - \mathbf{S}_2' = -\sec\zeta(\mathbf{U}_1 - \sin\zeta\mathbf{U}_2) \tag{5.244}$$

$$\mathbf{S}_1' - i\mathbf{K}_1\mathbf{S}_3 = -\sec\zeta(\mathbf{U}_2 - \sin\zeta\mathbf{U}_1) \tag{5.245}$$

$$i\mathbf{K}_1\mathbf{S}_2 - i\mathbf{K}_2\mathbf{S}_1 = -\cos\zeta\mathbf{U}_3 \tag{5.246}$$

となる。ここで，プライム $'$ は $k_0 x^3$ に関する微分を示す。また，$\mathbf{K}_1$ および $\mathbf{K}_2$ は，それぞれ k_{1m}/k_0 および k_{2n}/k_0 を対角に並べた対角行列である。

一方，マクスウェル方程式（アンペールの式）(5.189)

$$\mathbf{E} = \left[\frac{i}{\omega\varepsilon_0\varepsilon(x,y)}\right]\nabla\times\mathbf{H} \tag{5.247}$$

より

$$\frac{\partial H_3}{\partial x^2} - \frac{\partial H_2}{\partial x^3} = -i\omega\varepsilon_0\varepsilon(x^1,x^2)\sec\zeta(E_1 - \sin\zeta E_2) \tag{5.248}$$

$$\frac{\partial H_1}{\partial x^3} - \frac{\partial H_3}{\partial x^1} = -i\omega\varepsilon_0\varepsilon(x^1,x^2)\sec\zeta(E_2 - \sin\zeta E_1) \tag{5.249}$$

$$\frac{\partial H_2}{\partial x^1} - \frac{\partial H_1}{\partial x^2} = -i\omega\varepsilon_0\varepsilon(x^1,x^2)\cos\zeta E_3 \tag{5.250}$$

が得られる。ここで，誘電率 $\varepsilon(x^1,x^2)$ をフーリエ級数

$$\varepsilon(x^1,x^2) = \sum_{p,q}\varepsilon_{p,q}\exp[i(pK_1x^1 + qK_2x^2)] \tag{5.251}$$

で表す。式 (5.248), (5.249) および式 (5.250) に式 (5.239), (5.240) および式 (5.251) を代入して行列表記にすると

$$i\mathbf{K}_2\boldsymbol{U}_3 - \boldsymbol{U}_2' = -\mathbf{E}\sec\zeta(\boldsymbol{S}_1 - \sin\zeta\boldsymbol{S}_2) \tag{5.252}$$

$$\boldsymbol{U}_1' - i\mathbf{K}_1\boldsymbol{U}_3 = -\mathbf{E}\sec\zeta(\boldsymbol{S}_2 - \sin\zeta\boldsymbol{S}_1) \tag{5.253}$$

$$i\mathbf{K}_1\boldsymbol{U}_2 - i\mathbf{K}_2\boldsymbol{U}_1 = -\mathbf{E}\cos\zeta\boldsymbol{S}_3 \tag{5.254}$$

となる。ここで，行列 $\mathbf{E}$ は式 (5.197) および式 (5.198) の $\varepsilon_{p,q}$ を式 (5.251) の $\varepsilon_{p,q}$ で置き換えたものである。

式 (5.244), (5.245) および式 (5.254) より，$\boldsymbol{S}_3$ を消去すると

$$
\cos\zeta\begin{bmatrix}\boldsymbol{S}_2'\\\boldsymbol{S}_1'\end{bmatrix}
=\mathbf{F}\begin{bmatrix}\boldsymbol{U}_2\\\boldsymbol{U}_1\end{bmatrix}
=\begin{bmatrix}\mathbf{K}_2\mathbf{E}^{-1}\mathbf{K}_1 - \sin\zeta\mathbf{I} & \mathbf{I} - \mathbf{K}_2\mathbf{E}^{-1}\mathbf{K}_2\\ \mathbf{K}_1\mathbf{E}^{-1}\mathbf{K}_1 - \mathbf{I} & \sin\zeta\mathbf{I} - \mathbf{K}_1\mathbf{E}^{-1}\mathbf{K}_2\end{bmatrix}\begin{bmatrix}\boldsymbol{U}_2\\\boldsymbol{U}_1\end{bmatrix} \tag{5.255}
$$

となる。同様に，式 (5.246), (5.252) および式 (5.253) より，$\boldsymbol{U}_3$ を消去すると

$$
\cos\zeta\begin{bmatrix}\boldsymbol{U}_2'\\\boldsymbol{U}_1'\end{bmatrix}
=\mathbf{G}\begin{bmatrix}\boldsymbol{S}_2\\\boldsymbol{S}_1\end{bmatrix}
=\begin{bmatrix}\mathbf{K}_1\mathbf{K}_2 - \sin\zeta\mathbf{E} & \mathbf{E} - \mathbf{K}_2^2\\ \mathbf{K}_1^2 - \mathbf{E} & \sin\zeta\mathbf{E} - \mathbf{K}_1\mathbf{K}_2\end{bmatrix}\begin{bmatrix}\boldsymbol{S}_2\\\boldsymbol{S}_1\end{bmatrix} \tag{5.256}
$$

となる。式 (5.255) の両辺を $k_0 x_3$ に関して微分したものに，式 (5.256) を代入すると

$$\cos^2\zeta\begin{bmatrix}\boldsymbol{S}_2''\\\boldsymbol{S}_1''\end{bmatrix}=\mathbf{FG}\begin{bmatrix}\boldsymbol{S}_2\\\boldsymbol{S}_1\end{bmatrix} \tag{5.257}$$

が得られる。格子のない誘電率が一様な層では

$$\mathbf{F} = \begin{bmatrix} \dfrac{1}{\varepsilon}\mathbf{K}_1\mathbf{K}_2 - \sin\zeta\mathbf{I} & \mathbf{I} - \dfrac{1}{\varepsilon}\mathbf{K}_2^2 \\ \dfrac{1}{\varepsilon}\mathbf{K}_1^2 - \mathbf{I} & \sin\zeta\mathbf{I} - \dfrac{1}{\varepsilon}\mathbf{K}_1\mathbf{K}_2 \end{bmatrix} \tag{5.258}$$

$$\mathbf{G} = \begin{bmatrix} \mathbf{K}_1\mathbf{K}_2 - \varepsilon\sin\zeta\mathbf{I} & \varepsilon\mathbf{I} - \mathbf{K}_2^2 \\ \mathbf{K}_1^2 - \varepsilon\mathbf{I} & \varepsilon\sin\zeta\mathbf{I} - \mathbf{K}_1\mathbf{K}_2 \end{bmatrix} \tag{5.259}$$

$$\mathbf{FG} = \begin{bmatrix} \mathbf{K}_1^2 + \mathbf{K}_2^2 - 2\sin\zeta\mathbf{K}_1\mathbf{K}_2 - \varepsilon\cos^2\zeta\mathbf{I} & \mathbf{O} \\ \mathbf{O} & \mathbf{K}_1^2 + \mathbf{K}_2^2 - 2\sin\zeta\mathbf{K}_1\mathbf{K}_2 - \varepsilon\cos^2\zeta\mathbf{I} \end{bmatrix} \tag{5.260}$$

となる。

収束性を向上させるためには，$\mathbf{G}$ の代わりに

$$\mathbf{G}^\ddagger = \begin{bmatrix} \mathbf{K}_1\mathbf{K}_2 - \sin\zeta\mathbf{A}^{-1} & (\cos^2\zeta\lfloor\lceil\varepsilon\rceil\rfloor + \sin^2\zeta\mathbf{A}^{-1}) - \mathbf{K}_2^2 \\ \mathbf{K}_1^2 - (\cos^2\zeta\lfloor\lceil\varepsilon\rceil\rfloor + \sin^2\zeta\mathbf{A}^{-1}) & \sin\zeta\mathbf{A}^{-1} - \mathbf{K}_1\mathbf{K}_2 \end{bmatrix} \tag{5.261}$$

を用いればよい．ここで，行列 $\mathbf{A}$ は式 (5.197) および式 (5.198) の $\varepsilon_{p,q}$ を次式

$$\frac{1}{\varepsilon(x^1, x^2)} = \sum_{p,q} \tilde{\varepsilon}_{p,q} \exp[i(pK_1 x^1 + qK_2 x^2)] \tag{5.262}$$

で与えられる誘電率の逆数のフーリエ係数 $\tilde{\varepsilon}_{p,q}$ で置き換えたものである。

式 (5.257) の行列 $\mathbf{FG}$ の固有値を $q_j^2\cos^2\zeta$，固有ベクトルを $w_{j,k}$（ただし，$j, k = 1, 2, \ldots, 2(2N+1)^2$）とすると，$\boldsymbol{S}_1$, $\boldsymbol{S}_2$ は次式で与えられる。

$$S_{2,k}(x^3) = \sum_{j=1}^{2(2N+1)^2} w_{j,k}[u_j \exp(k_0 q_j x^3) + d_j \exp(-k_0 q_j x^3)]$$
$$(k = 1, \ldots, (2N+1)^2) \tag{5.263}$$

$$S_{1,k}(x^3) = \sum_{j=1}^{2(2N+1)^2} w_{j,k+(2N+1)^2}[u_j \exp(k_0 q_j x^3) + d_j \exp(-k_0 q_j x^3)]$$
$$(k = 1, \ldots, (2N+1)^2) \tag{5.264}$$

行列形式で書き表すと

$$\begin{bmatrix} S_2 \\ S_1 \end{bmatrix} = \begin{bmatrix} \mathbf{W} & \mathbf{W} \end{bmatrix} \begin{bmatrix} \Phi_+ & \mathbf{O} \\ \mathbf{O} & \Phi_- \end{bmatrix} \begin{bmatrix} u \\ d \end{bmatrix} \tag{5.265}$$

となる。式 (5.265) を式 (5.255) に代入すると

$$\begin{bmatrix} U_2 \\ U_1 \end{bmatrix} = \cos\zeta \mathbf{F}^{-1} \begin{bmatrix} \mathbf{QW} & -\mathbf{QW} \end{bmatrix} \begin{bmatrix} \Phi_+ & \mathbf{O} \\ \mathbf{O} & \Phi_- \end{bmatrix} \begin{bmatrix} u \\ d \end{bmatrix} \tag{5.266}$$

となり,最終的に次式が得られる。

$$\begin{bmatrix} S_2 \\ S_1 \\ U_2 \\ U_1 \end{bmatrix} = \begin{bmatrix} \mathbf{W} & \mathbf{W} \\ \cos\zeta \mathbf{F}^{-1}\mathbf{QW} & -\cos\zeta \mathbf{F}^{-1}\mathbf{QW} \end{bmatrix} \begin{bmatrix} \Phi_+ & \mathbf{O} \\ \mathbf{O} & \Phi_- \end{bmatrix} \begin{bmatrix} u \\ d \end{bmatrix} \tag{5.267}$$

式 (5.267) において

$$S = \begin{bmatrix} S_2 \\ S_1 \end{bmatrix} \tag{5.268}$$

$$U = \begin{bmatrix} U_2 \\ U_1 \end{bmatrix} \tag{5.269}$$

とおくと

$$\begin{bmatrix} S \\ U \end{bmatrix} = \begin{bmatrix} \mathbf{W} & \mathbf{W} \\ \cos\zeta \mathbf{F}^{-1}\mathbf{QW} & -\cos\zeta \mathbf{F}^{-1}\mathbf{QW} \end{bmatrix} \begin{bmatrix} \Phi_+ & \mathbf{O} \\ \mathbf{O} & \Phi_- \end{bmatrix} \begin{bmatrix} u \\ d \end{bmatrix} \tag{5.270}$$

となる。以下はこれまでと同じである。

5.4 RCWA 法の限界

RCWA 法では任意の格子形状を階段形状で近似して計算を行う。例えば、正弦波形状や鋸歯形状の格子は1層の厚さを十分小さくし層数を十分多くすれば、十分に小さい誤差で計算できるのだろうか。この問題は Popov ら[11]が論じている。この問題が顕著になるのは金属格子で TM 偏光の場合である。彼らは正弦波状の表面形状をもつアルミの回折格子を異なった層数で階段近似し、そのときの収束性を求めている。それによると、層数が多くなるに従い、すなわち、1層の厚さが小さくなるに従い、収束に必要なフーリエ級数の次数（回折次数）が大きくなることを示している。その理由は、TM 偏光では電場の不連続性によりエッジ部分に電荷が集中し、電場のピークが生じることによる（局在表面プラズモン）。層が薄くなるに従いこのピークの幅も小さくなる。したがって、それを表すために必要なフーリエ級数の次数も大きくなる。この問題は、階段近似では境界条件を一致させる界面が水平面または垂直面となるために生じる。境界が斜面であればこの問題は生じない。

5.5 プログラムコードの例

巻末付録のプログラム A.5 に1次元 RCWA 法のプログラム（rcwa.py）の例を示す（図 5.6 参照）。関数 Rcwa1d(pol, lambda0, kx0, period, layer, norder) が RCWA 法の本体である。各引数は

pol：入射光の偏光，'s'（TE）または'p'（TM）

lambda0：入射光の真空中での波長，単位は μm

kx0：入射光の面内波数，単位は μm^{-1}

period：回折格子の周期，単位は μm

layer：回折格子の構造（後述）

norder：計算に取り込む総回折次数（$\pm N$ 次の場合は $2N+1$）

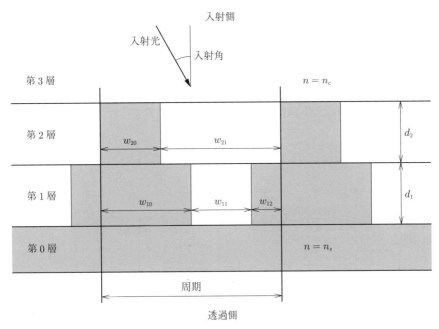

図 5.6 1 次元周期構造 (回折格子) のモデルとパラメーター

を表す. 回折格子の構造を与える layer はつぎのような 2 重のタプルとなっている.

$$\text{layer} = ((d_0, n_{00}, w_{00}), (d_1, n_{10}, w_{10}, n_{11}, w_{11}, \ldots),$$
$$(d_2, n_{20}, w_{20}, n_{21}, w_{21}, \ldots), \ldots)$$

ここで, d_l は第 l 層の厚さ, n_{li} は第 l 層の 1 周期内の i 番目の媒質の (複素) 屈折率, w_{li} は第 l 層の 1 周期内の i 番目の媒質の幅を周期で規格化した量である. 1 周期の起点はどこにとってもよいが, すべての層で同じ必要がある. 図 5.6 に示す格子の例では

$$\text{layer} = ((0, n_s, 1), (d_1, n_s, w_{10}, n_c, w_{11}, n_s, w_{12}),$$
$$(d_2, n_s, w_{20}, n_c, w_{21}), (0, n_c, 1))$$

となる. 最初と最後の層では厚さと 2 番目以降の媒質は無視される.

例として, $d_1 = d_2 = 0.25\,\mu\text{m}$, $n_s = 1.5$, $n_c = 1.0$, $w_{10} = 1/2$, $w_{11} = 1/3$,

$w_{12} = 1/6$, $w_{20} = 1/3$, $w_{21} = 2/3$, $\Lambda = 1$ μm，計算に取り込む回折次数を $2N + 1 = 21$ としたときの角度 30°で入射する p（TM）−偏光に対する計算結果を図 5.7 に示す．なお，RCWA 法では入射光および回折光の面内波数と格子ベクトルが一致したときには行列が特異となり計算ができない．プログラムで入射波長の開始を 0.5 μm からわずかにずらしたのはこのことを避けるためである．

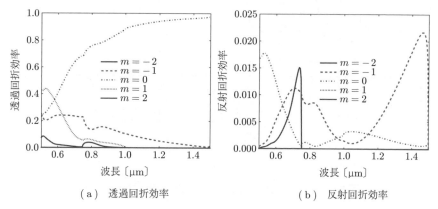

(a) 透過回折効率 (b) 反射回折効率

図 5.7 透過回折効率および反射回折効率の波長依存性（m は回折次数）

引用・参考文献

1) M.G. Moharam and T.K. Gaylord : "Rigorous coupled–wave analysis of planar–grating diffraction," J. Opt. Soc. Am., **71**, pp.811–818 (1981)
2) M.G. Moharam and T.K. Gaylord : "Diffraction analysis of dielectric surface–relief gratings," J. Opt. Soc. Am., **72**, pp.1385–1392 (1982)
3) M.G. Moharam and T.K. Gaylord : "Rigorous coupled–wave analysis of grating diffraction– E–mode polarization and losses," J. Opt. Soc. Am., **73**, pp.451–455 (1983)
4) M.G. Moharam and T.K. Gaylord : "Rigorous coupled–wave analysis of metallic surface–relief gratings," J. Opt. Soc. Am. A, **3**, pp.1780–1787 (1986)
5) L. Li and C.W. Haggans : "Convergence of the coupled–wave method for

metallic lamellar diffraction gratings," J. Opt. Soc. Am. A, **10**, pp.1184–1189 (1993)

6) M.G. Moharam, E.B. Grann and D.A. Pommet : "Formulation for stable and efficient implementation of the rigorous coupled–wave analysys of binary grating," J. Opt. Soc. Am. A., **12**, pp.1068–1076 (1995)

7) G. Granet and B. Guizal : "Efficient implementation of the coupled–wave method for metallic lamellar gratings in TM polarization," J. Opt. Soc. Am. A, **13**, pp.1019–1023 (1996)

8) P. Lalanne and G.M. Morris : "Highly improved convergence of the coupled–wave method for TM polarization," J. Opt. Soc. Am. A, **13**, pp.779–784 (1996)

9) L. Li : "Formulation and comparison of two recursive matrix algorithms for modeling layered diffraction gratings," J. Opt. Soc. Am. A, **13**, pp.1024–1035 (1996)

10) P. Lalanne : "Improved formulation of the coupled–wave method for two-dimensional gratings," J. Opt. Soc. Am. A, **14**, pp.1592–1598 (1997)

11) E. Popov, M. Nevière, B. Gralak and G. Tayeb : "Staircase approximation validity for arbitrary–shaped gratings," J. Opt. Soc. Am. A, **19**, pp.33–42 (2002)

12) M. Nevière and E. Popov : "Light propagation in periodic media," p.77, Marcel Dekker, New York (2003)

13) L. Li : "Note on the S–matrix propagation algorithm," J. Opt. Soc. Am. A, **20**, pp.655–661 (2003)

14) M.G. Moharam, D.A. Pommet, E.B. Grann and T.K. Gaylord : "Stable implementation of the rigorous coupled–wave analysis for surface–relief gratings: enhanced transmittance matrix approach," J. Opt. Soc. Am. A, **12**, pp.1077–1086 (1995)

15) L. Li : "Bremmer series, R–matrix propagation algorithm, and numerical modeling of diffraction gratings," J. Opt. Soc. Am. A, **11**, pp.2829–2836 (1994)

16) T. Vallius, J. Tervo, P. Vahimaa and J. Turunen : "Electromagnetic field computation in semiconductor laser resonators," J. Opt. Soc. Am. A, **23**, pp.906–911 (2006)

17) L. Li : "New formulation of the Fourier modal method for crossed surface–relief gratings," J. Opt. Soc. Am. A, **14**, pp.2758–2767 (1997)

6 FDTD 法

FDTD（finite difference time domain）法（時間領域差分法や有限差分時間領域法と訳されるが，もっぱら FDTD 法という呼称が用いられている）は 1996 年に Yee[1]によって提案された電磁場の数値計算手法である。この方法はつぎのような利点をもつ。
1) モデリングは形状に依存しない。
2) 時間応答を求めることができる。
3) プログラミングが容易で，かつ並列計算に適している。

これらの利点と引き換えに，以下の弱点を有する。
1) 大きなメモリ容量と長い計算時間を必要とする。
2) 精度がそれほど高くない。

6.1 離散化と時間発展

FDTD 法では空間における電場と磁場，さらには誘電率と透磁率を離散化し，**Yee 格子**と呼ばれる特殊な格子上の点での値で代表させる。Yee 格子は電場と磁場を与える点が互い違いになっている。また，時刻の離散化においても，電場を定義する時刻と磁場を定義する時刻も互い違いになっている。これは，後で述べるように，マクスウェル方程式の適用が容易になるようにするための工夫である。FDTD 法では，これらの格子点上で与えられた初期電磁場に対して，時間発展を計算するものである。

1 次元の場合の Yee 格子の例を図 **6.1** に示す。z 軸上に x 方向の電場成分 E_x と y 方向の磁場成分 H_y のみをもつ場合である。ここで

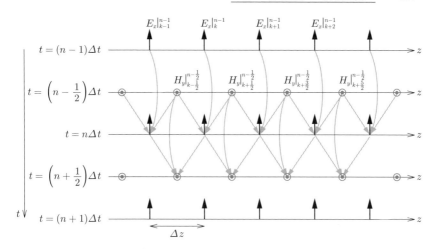

図 6.1 1 次元 FDTD 法

$$E_x|_k^n = E_x(k\Delta z, n\Delta t) \tag{6.1}$$

$$H_y|_{k+\frac{1}{2}}^{n+\frac{1}{2}} = H_y\left(\left(k+\frac{1}{2}\right)\Delta z, \left(n+\frac{1}{2}\right)\Delta t\right) \tag{6.2}$$

である．ここで，Δz および Δt は z 方向および時間のサンプリング間隔である．FDTD 法では電場 $E_x|_k^{n-1}$ と磁場 $H_y|_{k-1/2}^{n-1/2}$ および $H_y|_{k+1/2}^{n-1/2}$ から電場 $E_x|_k^n$ を計算し，磁場 $H_y|_{k+1/2}^{n-1/2}$ と電場 $E_x|_k^n$ および $E_x|_{k+1}^n$ から磁場 $H_y|_{k+1/2}^{n+1/2}$ を計算する．以下，同様の計算を繰り返して時間発展を得る．

空間が 3 次元の一般的な場合の Yee 格子は**図 6.2** に示されるとおりである．時間発展に用いられるのはマクスウェル方程式のアンペールの法則

$$\nabla \times \boldsymbol{H} = \varepsilon_0\varepsilon\frac{\partial \boldsymbol{E}}{\partial t} + \sigma\boldsymbol{E} \tag{6.3}$$

と，ファラデーの法則

$$\nabla \times \boldsymbol{E} = -\mu_0\mu\frac{\partial \boldsymbol{H}}{\partial t} \tag{6.4}$$

である．ここで，$\boldsymbol{E}$ および $\boldsymbol{H}$ はそれぞれ電場ベクトルおよび磁場ベクトルで，ε_0, μ_0, ε, μ および σ は，それぞれ真空の誘電率と透磁率，比誘電率，比透磁率および導電率である（以降，比誘電率，比透磁率を，単に誘電率，透磁率と

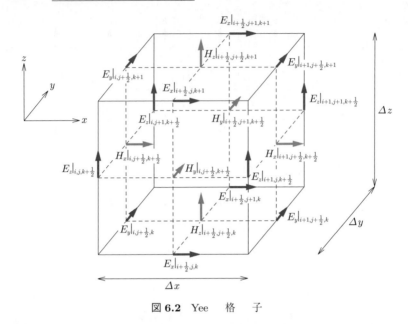

図 **6.2** Yee 格子

表記する)。FDTD 法ではこれらの方程式に含まれる時間および空間に対する微分演算を**中心差分**で置き換える。式 (6.3) から x 成分のみを取り出すと

$$\varepsilon_0 \varepsilon \frac{\partial E_x}{\partial t} + \sigma E_x = \frac{\partial H_z}{\partial y} - \frac{\partial H_y}{\partial z} \tag{6.5}$$

となる。式 (6.5) の微分を中心差分で置き換えると

$$\varepsilon_0 \varepsilon \frac{E_x|_{i+\frac{1}{2},j,k}^n - E_x|_{i+\frac{1}{2},j,k}^{n-1}}{\Delta t} + \sigma \frac{E_x|_{i+\frac{1}{2},j,k}^n + E_x|_{i+\frac{1}{2},j,k}^{n-1}}{2}$$
$$= \frac{H_z|_{i+\frac{1}{2},j+\frac{1}{2},k}^{n-\frac{1}{2}} - H_z|_{i+\frac{1}{2},j-\frac{1}{2},k}^{n-\frac{1}{2}}}{\Delta y} - \frac{H_y|_{i+\frac{1}{2},j,k+\frac{1}{2}}^{n-\frac{1}{2}} - H_y|_{i+\frac{1}{2},j,k-\frac{1}{2}}^{n-\frac{1}{2}}}{\Delta z} \tag{6.6}$$

となる。整理すると

$$E_x|_{i+\frac{1}{2},j,k}^n = \left(\frac{2\varepsilon_0\varepsilon - \sigma\Delta t}{2\varepsilon_0\varepsilon + \sigma\Delta t}\right) E_x|_{i+\frac{1}{2},j,k}^{n-1}$$
$$+ \left[\frac{2\Delta t}{(2\varepsilon_0\varepsilon + \sigma\Delta t)\Delta y}\right] \left(H_z|_{i+\frac{1}{2},j+\frac{1}{2},k}^{n-\frac{1}{2}} - H_z|_{i+\frac{1}{2},j-\frac{1}{2},k}^{n-\frac{1}{2}}\right)$$

$$-\left[\frac{2\Delta t}{(2\varepsilon_0\varepsilon+\sigma\Delta t)\Delta z}\right]\left(H_y\big|_{i+\frac{1}{2},j,k+\frac{1}{2}}^{n-\frac{1}{2}}-H_y\big|_{i+\frac{1}{2},j,k-\frac{1}{2}}^{n-\frac{1}{2}}\right) \tag{6.7}$$

となる。y および z に関しても同様で

$$\begin{aligned}E_y\big|_{i,j+\frac{1}{2},k}^n &= \left(\frac{2\varepsilon_0\varepsilon-\sigma\Delta t}{2\varepsilon_0\varepsilon+\sigma\Delta t}\right)E_y\big|_{i,j+\frac{1}{2},k}^{n-1}\\ &\quad+\left[\frac{2\Delta t}{(2\varepsilon_0\varepsilon+\sigma\Delta t)\Delta z}\right]\left(H_x\big|_{i,j+\frac{1}{2},k+\frac{1}{2}}^{n-\frac{1}{2}}-H_x\big|_{i,j+\frac{1}{2},k-\frac{1}{2}}^{n-\frac{1}{2}}\right)\\ &\quad-\left[\frac{2\Delta t}{(2\varepsilon_0\varepsilon+\sigma\Delta t)\Delta x}\right]\left(H_z\big|_{i+\frac{1}{2},j+\frac{1}{2},k}^{n-\frac{1}{2}}-H_z\big|_{i-\frac{1}{2},j+\frac{1}{2},k}^{n-\frac{1}{2}}\right)\end{aligned} \tag{6.8}$$

$$\begin{aligned}E_z\big|_{i,j,k+\frac{1}{2}}^n &= \left(\frac{2\varepsilon_0\varepsilon-\sigma\Delta t}{2\varepsilon_0\varepsilon+\sigma\Delta t}\right)E_z\big|_{i,j,k+\frac{1}{2}}^{n-1}\\ &\quad+\left[\frac{2\Delta t}{(2\varepsilon_0\varepsilon+\sigma\Delta t)\Delta x}\right]\left(H_y\big|_{i+\frac{1}{2},j,k+\frac{1}{2}}^{n-\frac{1}{2}}-H_y\big|_{i-\frac{1}{2},j,k+\frac{1}{2}}^{n-\frac{1}{2}}\right)\\ &\quad-\left[\frac{2\Delta t}{(2\varepsilon_0\varepsilon+\sigma\Delta t)\Delta y}\right]\left(H_x\big|_{i,j+\frac{1}{2},k+\frac{1}{2}}^{n-\frac{1}{2}}-H_x\big|_{i,j-\frac{1}{2},k+\frac{1}{2}}^{n-\frac{1}{2}}\right)\end{aligned} \tag{6.9}$$

となる。

同様のルールで式 (6.4) を離散化する。x 成分だけ取り出すと

$$\mu_0\mu\frac{\partial H_x}{\partial t}=-\left(\frac{\partial E_z}{\partial y}-\frac{\partial E_y}{\partial z}\right) \tag{6.10}$$

$$\begin{aligned}&\mu_0\mu\frac{H_x\big|_{i+\frac{1}{2},j+\frac{1}{2},k}^{n+\frac{1}{2}}-H_x\big|_{i+\frac{1}{2},j+\frac{1}{2},k}^{n-\frac{1}{2}}}{\Delta t}\\ &=-\left(\frac{E_z\big|_{i+1,j+\frac{1}{2},k}^n-E_z\big|_{i,j+\frac{1}{2},k}^n}{\Delta y}-\frac{E_y\big|_{i+\frac{1}{2},j+1,k}^n-E_y\big|_{i+\frac{1}{2},j,k}^n}{\Delta z}\right)\end{aligned} \tag{6.11}$$

となる。y 成分, z 成分に対しても同様の差分化を行い, 整理すると

$$\begin{aligned}H_x\big|_{i,j+\frac{1}{2},k+\frac{1}{2}}^{n+\frac{1}{2}} &= H_x\big|_{i,j+\frac{1}{2},k+\frac{1}{2}}^{n-\frac{1}{2}}\\ &\quad-\left(\frac{\Delta t}{\mu_0\mu\Delta y}\right)\left(E_z\big|_{i,j+1,k+\frac{1}{2}}^n-E_z\big|_{i,j,k+\frac{1}{2}}^n\right)\end{aligned}$$

$$+ \left(\frac{\Delta t}{\mu_0 \mu \Delta z}\right) \left(E_y|_{i,j+\frac{1}{2},k+1}^n - E_y|_{i,j+\frac{1}{2},k}^n\right) \quad (6.12)$$

$$H_y|_{i+\frac{1}{2},j,k+\frac{1}{2}}^{n+\frac{1}{2}} = H_y|_{i+\frac{1}{2},j,k+\frac{1}{2}}^{n-\frac{1}{2}}$$

$$- \left(\frac{\Delta t}{\mu_0 \mu \Delta z}\right) \left(E_x|_{i+\frac{1}{2},j,k+1}^n - E_x|_{i+\frac{1}{2},j,k}^n\right)$$

$$+ \left(\frac{\Delta t}{\mu_0 \mu \Delta x}\right) \left(E_z|_{i+1,j,k+\frac{1}{2}}^n - E_z|_{i,j,k+\frac{1}{2}}^n\right) \quad (6.13)$$

$$H_z|_{i+\frac{1}{2},j+\frac{1}{2},k}^{n+\frac{1}{2}} = H_z|_{i+\frac{1}{2},j+\frac{1}{2},k}^{n-\frac{1}{2}}$$

$$- \left(\frac{\Delta t}{\mu_0 \mu \Delta x}\right) \left(E_y|_{i+1,j+\frac{1}{2},k}^n - E_y|_{i,j+\frac{1}{2},k}^n\right)$$

$$+ \left(\frac{\Delta t}{\mu_0 \mu \Delta y}\right) \left(E_x|_{i+\frac{1}{2},j+1,k}^n - E_x|_{i+\frac{1}{2},j,k}^n\right) \quad (6.14)$$

となる。FDTD法では式 (6.7)〜(6.9) を用いて電場の時間発展を，式 (6.12)〜(6.14) を用いて磁場の時間発展を計算する。以下，これらの計算を繰り返すことで3次元空間における電磁場分布の時間発展を得る。

6.1.1 計算機上では

実際の計算では電磁場や誘電率，透磁率などはプログラム中の配列に格納される。しかし，配列には半整数の添字は存在しないので，整数の添字をもつ配列に格納する必要がある。通常は 1/2 を除いた添字をもつ配列に格納するのが一般的である。このときの Yee 格子を図 **6.3** に示す。この添字を用いると，式 (6.7)〜(6.9) は

$$E_x|_{i,j,k}^n = \left(\frac{2\varepsilon_0\varepsilon - \sigma\Delta t}{2\varepsilon_0\varepsilon + \sigma\Delta t}\right) E_x|_{i,j,k}^{n-1}$$

$$+ \left[\frac{2\Delta t}{(2\varepsilon_0\varepsilon + \sigma\Delta t)\Delta y}\right] \left(H_z|_{i,j,k}^{n-\frac{1}{2}} - H_z|_{i,j-1,k}^{n-\frac{1}{2}}\right)$$

$$- \left[\frac{2\Delta t}{(2\varepsilon_0\varepsilon + \sigma\Delta t)\Delta x}\right] \left(H_y|_{i,j,k}^{n-\frac{1}{2}} - H_y|_{i,j,k-1}^{n-\frac{1}{2}}\right) \quad (6.15)$$

$$E_y|_{i,j,k}^n = \left(\frac{2\varepsilon_0\varepsilon - \sigma\Delta t}{2\varepsilon_0\varepsilon + \sigma\Delta t}\right) E_y|_{i,j,k}^{n-1}$$

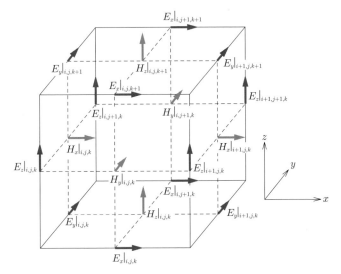

図 6.3 計算機配列上での Yee 格子

$$+ \left[\frac{2\Delta t}{(2\varepsilon_0\varepsilon + \sigma\Delta t)\Delta z}\right] \left(H_x|_{i,j,k}^{n-\frac{1}{2}} - H_x|_{i,j,k-1}^{n-\frac{1}{2}}\right)$$

$$- \left[\frac{2\Delta t}{(2\varepsilon_0\varepsilon + \sigma\Delta t)\Delta x}\right] \left(H_z|_{i,j,k}^{n-\frac{1}{2}} - H_z|_{i-1,j,k}^{n-\frac{1}{2}}\right) \quad (6.16)$$

$$E_z|_{i,j,k}^n = \left(\frac{2\varepsilon_0\varepsilon - \sigma\Delta t}{2\varepsilon_0\varepsilon + \sigma\Delta t}\right) E_z|_{i,j,k}^{n-1}$$

$$+ \left[\frac{2\Delta t}{(2\varepsilon_0\varepsilon + \sigma\Delta t)\Delta x}\right] \left(H_y|_{i,j,k}^{n-\frac{1}{2}} - H_y|_{i-1,j,k}^{n-\frac{1}{2}}\right)$$

$$- \left[\frac{2\Delta t}{(2\varepsilon_0\varepsilon + \sigma\Delta t)\Delta y}\right] \left(H_x|_{i,j,k}^{n-\frac{1}{2}} - H_x|_{i,j-1,k}^{n-\frac{1}{2}}\right) \quad (6.17)$$

となり，式 (6.12)〜(6.14) は

$$H_x|_{i,j,k}^{n+\frac{1}{2}} = H_x|_{i,j,k}^{n-\frac{1}{2}}$$

$$- \left(\frac{\Delta t}{\mu_0\mu\Delta y}\right) \left(E_z|_{i,j+1,k}^n - E_z|_{i,j,k}^n\right)$$

$$+ \left(\frac{\Delta t}{\mu_0\mu\Delta z}\right) \left(E_y|_{i,j,k+1}^n - E_y|_{i,j,k}^n\right) \quad (6.18)$$

$$H_y|_{i,j,k}^{n+\frac{1}{2}} = H_y|_{i,j,k}^{n-\frac{1}{2}}$$

$$
\begin{aligned}
&- \left(\frac{\Delta t}{\mu_0 \mu \Delta z}\right) \left(E_x|_{i,j,k+1}^n - E_x|_{i,j,k}^n\right) \\
&+ \left(\frac{\Delta t}{\mu_0 \mu \Delta x}\right) \left(E_z|_{i+1,j,k}^n - E_z|_{i,j,k}^n\right) \quad (6.19)
\end{aligned}
$$

$$
\begin{aligned}
H_z|_{i,j,k}^{n+\frac{1}{2}} = H_z|_{i,j,k}^{n-\frac{1}{2}} & \\
&- \left(\frac{\Delta t}{\mu_0 \mu \Delta x}\right) \left(E_y|_{i+1,j,k}^n - E_y|_{i,j,k}^n\right) \\
&+ \left(\frac{\Delta t}{\mu_0 \mu \Delta y}\right) \left(E_x|_{i,j+1,k}^n - E_x|_{i,j,k}^n\right) \quad (6.20)
\end{aligned}
$$

となる.時系列データとしては直近の二つの時刻の場,$E|^{n-1}$,$E|^n$,$H|^{n-1/2}$ および $H|^{n+1/2}$ だけを保存しておけばよい.

6.1.2　セルサイズと時間ステップ

実際の計算においては,セルのサイズと時間ステップをどれくらいの大きさにとればよいか,という問題が重要である.当然ながらナイキストのサンプリング定理を満足しなければならないので,セルサイズは計算領域内の最も短い波長の 1/2 より細かくしなければならない.セルサイズを小さくすればするほど,グリッド分散と呼ばれる誤差が減少し,精度が向上する.実際の計算では,最短の波長の 1/10 程度以下にすれば十分である.しかし,プラズモニクスなどのナノ領域の構造を扱う場合,微細な形状を表すためにはそれでもまだ不十分で,10 nm や 5 nm,あるいはそれ以下のセルサイズが用いられることも多い.

さて,セルサイズが決まれば,それに対応した時間ステップが要求される.時間発展に対して解が安定であるためには,時間ステップとセルサイズの関係が,**Courant** 条件と呼ばれる安定のための条件を満たさなければならない[2].Courant 条件は次式で与えられる.

$$
\Delta t \leq \frac{1}{v\sqrt{\frac{1}{\Delta x^2} + \frac{1}{\Delta y^2} + \frac{1}{\Delta z^2}}} \quad (6.21)
$$

ここで,v は媒質中の光の位相速度の最大値である.Δt はこの式を満足しなければならない.プラズモニクスのような金属を扱う場合,特別な配慮が必要であ

る。媒質中の位相速度は，媒質の屈折率 n を用いて $v = c/\mathrm{Re}[n]$ で与えられる。ただし，c は真空中の光速である。金属を含まない系では，通常 $\mathrm{Re}[n] \geqq 1$ なので，真空中の光速が最も速い。したがって，Δt は真空中の光速に対して考えればよい。しかし，金属が含まれる場合，例えば可視域の銀の場合，$\mathrm{Re}[n] \sim 0.05$ 程度である。すなわち，銀中の光の位相速度は，真空中のそれと比べて 20 倍の値をもつ（ただし，減衰は極端に速い）。したがって，Courant 条件を満たす Δt も，銀を含まない場合と比較して 1/20 以下に設定しなければならない。ただし，この条件は，次節で述べる分散性媒質に対する取扱いを用いることで，真空に対する Courant 条件にまで緩和される。

6.1.3 物体の Yee 格子への配置

まず，E セルと H セルについて述べておく。図 6.4 に示すように，E セルは電場が辺の中点で定義される単位セルで，H セルは磁場が辺の中点で定義される単位セルのことである。さて，物体を配置するためには，物体の誘電率と透磁率を，その物体の形状と位置に合わせて Yee 格子に設定すればよい。通常は，電場が定義されている位置における物体の誘電率を，また磁場が定義されている位置における物体の透磁率を用いる。ただし，ここでつぎのような問題が生じる。例として，図 6.5 に示すような E_z の位置における誘電率を考える。図 (a) は，四つの異なる誘電率をもつ物体が，$E_z|_{i,j,k+1/2}$ の定義されている

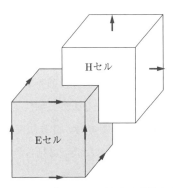

図 6.4 E セルと H セル（矢印は電場を示す）

144　6. FDTD法

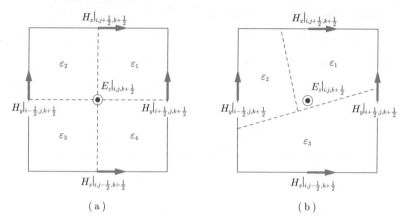

図 **6.5**　誘電率分布の例

位置で接する場合である．この場合，誘電率として

$$\varepsilon_{i,j,k+\frac{1}{2}} = \frac{1}{4}(\varepsilon_1 + \varepsilon_2 + \varepsilon_3 + \varepsilon_4) \tag{6.22}$$

を用いればよいことがわかっている．図 (b) のような一般的な場合には，誘電率としてそれぞれの誘電率をもつ物体が占める面積を重みとした誘電率の平均を用いればよい．しかし，実際の物体の誘電率を Yee 格子に設定する場合，このような方法をプログラムするのは煩雑である．そのため，物体形状を E セルの集合体で近似し，その E セルに属する電場の定義位置での誘電率をすべて同じ値とする方法がよくとられる．この場合も，異なる誘電率をもつ物体の境界における誘電率には上に述べたような平均値を用いるのが理想であるが，実際には，例えば非分散性の物体とドルーデ分散（6.2.1 項 参照）に従う物体との境界における誘電率をどのようにプログラムするかなど，煩わしい問題が残る．そこで，より簡単には，境界における平均誘電率を用いるのではなく，最後に設定した物体の誘電率を用いるという方法がとられる．

　FDTD 法はもともとそれほど精度の高い計算法ではないため，このような荒っぽい近似を用いても，精度の顕著な低下は見られない．精度を上げるためにはセルの大きさを小さくするのが有効である．

6.1.4 完全電気導体と完全磁気導体

完全導体の内部では電場と磁場は共に 0 である。さらに，**完全電気導体**（perfect electric conductor, **PEC**）の表面では電場の方向はつねに表面に垂直で，その接線成分は 0 となっている。同様に，**完全磁気導体**（perfect magnetic conductor, **PMC**）の表面では磁場の方向は表面に対してつねに垂直で，その接線成分は 0 となっている。時間発展においてこれらの完全導体の表面での電磁場をどのように取り扱うかを完全電気導体を例にとって示す。

図 **6.6**（a）に示すように完全電気導体の表面が $x = \text{PEC}$ にあり，E セル境界と一致する場合には，単純に

$$E_y|_{\text{PEC}} = 0 \tag{6.23}$$

$$E_z|_{\text{PEC}} = 0 \tag{6.24}$$

とすればよい。一方，図（b）に示すように，H セル境界と完全電気導体の表面が一致する場合は，少し工夫が必要である。完全電気導体表面上の磁場の接線成分である H_y と H_z それぞれの時間発展に必要な E_z と E_y の一部が，完全電気導体内に含まれるため計算が行えないからである。この問題を解決するためには，完全電気導体の表面による鏡像効果，すなわち

$$E_y|_{\text{PEC}+\frac{1}{2}} = -E_y|_{\text{PEC}-\frac{1}{2}} \tag{6.25}$$

$$E_z|_{\text{PEC}+\frac{1}{2}} = -E_z|_{\text{PEC}-\frac{1}{2}} \tag{6.26}$$

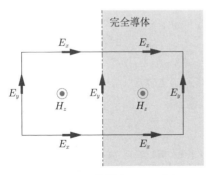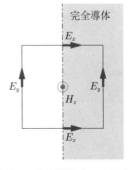

（a） E セル境界（$x = \text{PEC}$）　　（b） H セル境界（$x = \text{PEC}$）

図 6.6 E セル境界および H セル境界（$x \geq \text{PEC}$ が完全導体）

を用いる。これらの関係を式 (6.13) および式 (6.14) に代入すると，x 軸に垂直な完全電気導体表面上では

$$H_y|_{i+\frac{1}{2},j,k+\frac{1}{2}}^{n+\frac{1}{2}} = H_y|_{i+\frac{1}{2},j,k+\frac{1}{2}}^{n-\frac{1}{2}} - \left(\frac{\Delta t}{\mu_0 \mu \Delta z}\right)\left(E_x|_{i+\frac{1}{2},j,k+1}^{n} - E_x|_{i+\frac{1}{2},j,k}^{n}\right)$$
$$- 2\left(\frac{\Delta t}{\mu_0 \mu \Delta x}\right) E_z|_{i,j,k+\frac{1}{2}}^{n} \tag{6.27}$$

$$H_z|_{i+\frac{1}{2},j+\frac{1}{2},k}^{n+\frac{1}{2}} = H_z|_{i+\frac{1}{2},j+\frac{1}{2},k}^{n-\frac{1}{2}} + 2\left(\frac{\Delta t}{\mu_0 \mu \Delta x}\right) E_y|_{i,j+\frac{1}{2},k}^{n}$$
$$+ \left(\frac{\Delta t}{\mu_0 \mu \Delta y}\right)\left(E_x|_{i+\frac{1}{2},j+1,k}^{n} - E_x|_{i+\frac{1}{2},j,k}^{n}\right) \tag{6.28}$$

とすればよいことがわかる。完全磁気導体の場合も同様の考え方で計算できる。

6.1.5 系の対称性を用いた計算量の低減

系全体に対称性がある場合，計算量を 1/2，1/4，あるいは 1/8 にすることができる。物体および媒質の誘電率および透磁率分布が系の中心を含む平面に関して鏡面対称であるとする。電場と磁場の両方が同時に鏡面対称性を有することは許されない。なぜなら，両者は右手系を構成するため，電場が対称であれば，磁場は反対称になる。また，逆に磁場が対称であるならば，電場は反対称となる。例として，図 **6.7** (a) に示すように $x = 0$ 平面に関して物体と入射電場が鏡面対称な場合を考える。この場合，磁場は $x = 0$ 平面に関して反対称と

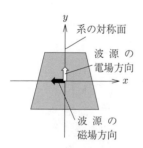
(a) $x = 0$ 平面に関して系と入射電場が鏡面対称な場合

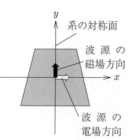
(b) $x = 0$ 平面に関して系と入射電場が鏡面反対称な場合

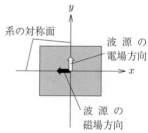
(c) $x = 0$ 平面および $y = 0$ 平面に関して共に系と入射電場が鏡面対称な場合

図 **6.7** 系 の 対 称 性

なり，電場および磁場の関係はつぎのようになる。

$$E_x(-x, y, z) = -E_x(x, y, z) \tag{6.29}$$

$$E_y(-x, y, z) = E_y(x, y, z) \tag{6.30}$$

$$E_z(-x, y, z) = E_z(x, y, z) \tag{6.31}$$

$$H_x(-x, y, z) = H_x(x, y, z) \tag{6.32}$$

$$H_y(-x, y, z) = -H_y(x, y, z) \tag{6.33}$$

$$H_z(-x, y, z) = -H_z(x, y, z) \tag{6.34}$$

したがって，$x = 0$ 平面では，反対称な場は 0 となる。すなわち

$$E_x(0, y, z) = 0 \tag{6.35}$$

$$H_y(0, y, z) = 0 \tag{6.36}$$

$$H_z(0, y, z) = 0 \tag{6.37}$$

となる。すなわち，$x = 0$ 平面の一方に完全磁気導体を置けば，この条件は自動的に満足される。一方，図 (b) に示すように電場が反対称な場合，逆に

$$H_x(0, y, z) = 0 \tag{6.38}$$

$$E_y(0, y, z) = 0 \tag{6.39}$$

$$E_z(0, y, z) = 0 \tag{6.40}$$

となる。この場合，$x = 0$ 平面の一方に完全電気導体を置けば，この条件は自動的に満足される。いずれにしても，系の半分，$x \geqq 0$ または $x \leqq 0$ の領域のみを計算すればよいことがわかる。さらに，図 (c) に示すように，$x = 0$ 平面および $y = 0$ 平面が共に鏡面対称の中心であれば，それぞれの対称面に完全磁気導体と完全電気導体を置くことで計算量を 1/4 にすることができる。

完全磁気導体や完全電気導体を $x = 0$ 平面の片側に設定するためには，前者では H セル境界を，後者では E セル境界を $x = 0$ に一致させる必要がある。

EセルとHセルとは電場の定義位置に対して図6.4のように定義される。しかし，同じ物体に対して対称な場合と反対称な場合を計算したい場合，Yee格子と物体の位置関係をずらす必要が出てくる。このことを望まない場合，前節で述べたと同様な工夫が必要となる。

Eセル境界を $x=0$ 平面に一致させた場合を考える。電場が反対称な場合，$x=0$ 平面に完全電気導体を置くだけでよい。つぎに電場が対称の場合を考える。前述のように，$x=0$ 平面で満足すべき条件は

$$E_x = H_y = H_z = 0 \tag{6.41}$$

である。ただし，Yee格子においてはこれらの値は $x=0$ 平面では定義されていない。したがって，$x = \pm \Delta x/2$ での値を用いるしかない。対称性より

$$H_y\left(-\frac{\Delta x}{2}, y, z\right) = -H_y\left(\frac{\Delta x}{2}, y, z\right) \tag{6.42}$$

$$H_z\left(-\frac{\Delta x}{2}, y, z\right) = -H_z\left(\frac{\Delta x}{2}, y, z\right) \tag{6.43}$$

となる。$x \geq 0$ ($i \geq 0$) の領域で物体が定義されている場合を考える。式 (6.42) および式 (6.43) の関係を用いると，式 (6.8) および式 (6.9) は

$$\begin{aligned}
E_y|_{0,j+\frac{1}{2},k}^n &= \left(\frac{2\varepsilon_0\varepsilon - \sigma\Delta t}{2\varepsilon_0\varepsilon + \sigma\Delta t}\right) E_y|_{0,j+\frac{1}{2},k}^{n-1} \\
&\quad + \left[\frac{2\Delta t}{(2\varepsilon_0\varepsilon + \sigma\Delta t)\Delta z}\right]\left(H_x|_{0,j+\frac{1}{2},k+\frac{1}{2}}^{n-\frac{1}{2}} - H_x|_{0,j+\frac{1}{2},k-\frac{1}{2}}^{n-\frac{1}{2}}\right) \\
&\quad - \left[\frac{2\Delta t}{(2\varepsilon_0\varepsilon + \sigma\Delta t)\Delta x}\right]\left(2H_z|_{\frac{1}{2},j+\frac{1}{2},k}^{n-\frac{1}{2}}\right)
\end{aligned} \tag{6.44}$$

$$\begin{aligned}
E_z|_{0,j,k+\frac{1}{2}}^n &= \left(\frac{2\varepsilon_0\varepsilon - \sigma\Delta t}{2\varepsilon_0\varepsilon + \sigma\Delta t}\right) E_z|_{0,j,k+\frac{1}{2}}^{n-1} \\
&\quad + \left[\frac{2\Delta t}{(2\varepsilon_0\varepsilon + \sigma\Delta t)\Delta x}\right]\left(2H_y|_{\frac{1}{2},j,k+\frac{1}{2}}^{n-\frac{1}{2}}\right) \\
&\quad - \left[\frac{2\Delta t}{(2\varepsilon_0\varepsilon + \sigma\Delta t)\Delta y}\right]\left(H_x|_{0,j+\frac{1}{2},k+\frac{1}{2}}^{n-\frac{1}{2}} - H_x|_{0,j-\frac{1}{2},k+\frac{1}{2}}^{n-\frac{1}{2}}\right)
\end{aligned} \tag{6.45}$$

となる。$x=0$ での E_y と E_z を，これらの式に従って計算すればよいことがわかる。

6.2 分散性媒質

誘電体を扱う場合，着目する周波数領域で，誘電率が周波数に関して一定としてもそれほど問題にならない場合が多い。しかし，金属の場合，誘電率は（理想的には）ドルーデ分散に従うため，ほとんどの場合で分散（誘電率の周波数依存性）を無視することはできない。また，単一周波数での計算においては，分散を考慮しなくても，金属などの負の誘電率をもつ媒質を電気伝導度 σ を用いて σ/ω の形で扱えると思うかもしれないが，実際に計算してみると場はすぐに発散する。

分散媒質を取り扱う方法としてよく用いられているのは，**再帰的コンボリューション**（recursive convolution, **RC**）法，それを発展させた**部分線形再帰的コンボリューション**（piecewise linear recursive convolution, **PLRC**）法，および**補助微分方程式**（auxiliary differential equation, **ADE**）法がある。ここでは応用範囲の広い ADE 法について述べる。また，分散としてはドルーデ分散とローレンツ分散を取り上げる。

6.2.1 ドルーデ分散

まず，分極 $\boldsymbol{P}$ と電気感受率 χ の関係

$$\boldsymbol{P} = \varepsilon_0 \chi \boldsymbol{E} \tag{6.46}$$

および分極電流 $\boldsymbol{J}$ と分極 $\boldsymbol{P}$ との関係

$$\boldsymbol{J} = \frac{\partial \boldsymbol{P}}{\partial t} \tag{6.47}$$

から

$$\boldsymbol{J} = \varepsilon_0 \chi \frac{\partial \boldsymbol{E}}{\partial t} \tag{6.48}$$

の関係を得ておく。

　ドルーデ (Drude) 分散では誘電率 ε は次式で与えられる。

$$\varepsilon(\omega) = \varepsilon_\infty - \frac{\omega_p^2}{\omega^2 + i\Gamma\omega} = \varepsilon_\infty + \chi(\omega) \tag{6.49}$$

ここで，ω は角周波数，ε_∞ は周波数無限大の極限における誘電率，ω_p はプラズマ周波数，Γ は減衰定数である。また，$\chi(\omega)$ は電気感受率で

$$\chi(\omega) = -\frac{\omega_p^2}{\omega^2 + i\Gamma\omega} \tag{6.50}$$

である。

　ここでは Okoniewski ら[3]によって提案された方法について述べる。式 (6.50) を式 (6.48) に代入すると

$$\omega^2 \boldsymbol{J}(\omega) + i\omega\Gamma \boldsymbol{J}(\omega) = -\varepsilon_0 \omega_p^2 \frac{\partial \boldsymbol{E}}{\partial t} \tag{6.51}$$

となる。分極電流 $\boldsymbol{J}$ の時間依存項が $\exp(-i\omega t)$ であることを利用して，式 (6.51) を時間領域で表すと

$$\frac{\partial^2 \boldsymbol{J}}{\partial t^2} + \Gamma \frac{\partial \boldsymbol{J}}{\partial t} = \varepsilon_0 \omega_p^2 \frac{\partial \boldsymbol{E}}{\partial t} \tag{6.52}$$

となる。両辺を t に関して 1 回積分すると

$$\frac{\partial \boldsymbol{J}}{\partial t} + \Gamma \boldsymbol{J} = \varepsilon_0 \omega_p^2 \boldsymbol{E} \tag{6.53}$$

となる。これが所望の補助微分方程式 (auxiliary differential equation, **ADE**) である。式 (6.53) を離散化すると

$$\frac{\boldsymbol{J}^n - \boldsymbol{J}^{n-1}}{\Delta t} + \Gamma \frac{\boldsymbol{J}^n + \boldsymbol{J}^{n-1}}{2} = \varepsilon_0 \omega_p^2 \frac{\boldsymbol{E}^n + \boldsymbol{E}^{n-1}}{2} \tag{6.54}$$

すなわち

$$\boldsymbol{J}^n = \frac{1 - \Gamma \Delta t/2}{1 + \Gamma \Delta t/2} \boldsymbol{J}^{n-1} + \frac{\varepsilon_0 \omega_p^2 \Delta t/2}{1 + \Gamma \Delta t/2}(\boldsymbol{E}^n + \boldsymbol{E}^{n-1}) \tag{6.55}$$

となる。$\boldsymbol{J}^n$ の更新には $\boldsymbol{J}^{n-1}$，$\boldsymbol{E}^{n-1}$，および $\boldsymbol{E}^n$ が必要だが，後で述べるように $\boldsymbol{E}^n$ の更新にも $\boldsymbol{J}^n$ が必要なため，工夫が必要である。

6.2 分散性媒質

変位電流 $\sigma \bm{E}$ を含めたアンペールの式は

$$\nabla \times \bm{H} = \varepsilon_0 \varepsilon_\infty \frac{\partial \bm{E}}{\partial t} + \sigma \bm{E} + \bm{J} \tag{6.56}$$

となる。ただし，右辺第 1 項の係数は，ε_0 ではなく $\varepsilon_0 \varepsilon_\infty$ とした。以下，この式を用いる。離散化すると

$$\nabla \times \bm{H}^{n-\frac{1}{2}} = \varepsilon_0 \varepsilon_\infty \frac{\bm{E}^n - \bm{E}^{n-1}}{\Delta t} + \sigma \frac{\bm{E}^n + \bm{E}^{n-1}}{2} + \bm{J}^{n-\frac{1}{2}} \tag{6.57}$$

となる。ここで，時刻を一致させるため

$$\bm{J}^{n-\frac{1}{2}} = \frac{1}{2}(\bm{J}^n + \bm{J}^{n-1}) \tag{6.58}$$

の近似を用いる。式 (6.58) に式 (6.55) を代入すると

$$\begin{aligned}\bm{J}^{n-\frac{1}{2}} &= \frac{1}{2}\left(1 + \frac{1 - \Gamma \Delta t/2}{1 + \Gamma \Delta t/2}\right) \bm{J}^{n-1} \\ &+ \frac{1}{2}\left(\frac{\varepsilon_0 \omega_p^2 \Delta t/2}{1 + \Gamma \Delta t/2}\right)(\bm{E}^n + \bm{E}^{n-1})\end{aligned} \tag{6.59}$$

となる。式 (6.59) を式 (6.57) に代入すると

$$\begin{aligned}\nabla \times \bm{H}^{n-\frac{1}{2}} &= \frac{\varepsilon_0 \varepsilon_\infty}{\Delta t}(\bm{E}^n - \bm{E}^{n-1}) + \frac{\sigma}{2}(\bm{E}^n + \bm{E}^{n-1}) \\ &+ \frac{1}{2}\left(1 + \frac{1 - \Gamma \Delta t/2}{1 + \Gamma \Delta t/2}\right) \bm{J}^{n-1} \\ &+ \frac{1}{2}\left(\frac{\varepsilon_0 \omega_p^2 \Delta t/2}{1 + \Gamma \Delta t/2}\right)(\bm{E}^n + \bm{E}^{n-1})\end{aligned} \tag{6.60}$$

よって

$$\bm{E}^n = \frac{\left[\dfrac{\varepsilon_0 \varepsilon_\infty}{\Delta t} - \dfrac{\sigma}{2} - \dfrac{1}{2}\left(\dfrac{\varepsilon_0 \omega_p^2 \Delta t/2}{1 + \Gamma \Delta t/2}\right)\right]}{\left[\dfrac{\varepsilon_0 \varepsilon_\infty}{\Delta t} + \dfrac{\sigma}{2} + \dfrac{1}{2}\left(\dfrac{\varepsilon_0 \omega_p^2 \Delta t/2}{1 + \Gamma \Delta t/2}\right)\right]} \bm{E}^{n-1} + \frac{1}{\left[\dfrac{\varepsilon_0 \varepsilon_\infty}{\Delta t} + \dfrac{\sigma}{2} + \dfrac{1}{2}\left(\dfrac{\varepsilon_0 \omega_p^2 \Delta t/2}{1 + \Gamma \Delta t/2}\right)\right]}$$

$$\times \left[\nabla \times \boldsymbol{H}^{n-\frac{1}{2}} - \frac{1}{2}\left(1 + \frac{1-\Gamma\Delta t/2}{1+\Gamma\Delta t/2}\right)\boldsymbol{J}^{n-1} \right] \quad (6.61)$$

となる．計算手順としては，式 (6.61) を用いて $\boldsymbol{E}^n$ を更新した後，式 (6.55) を用いて $\boldsymbol{J}^n$ を更新する．式 (6.61) の x 成分を書き出すと

$$E_x|_{i+\frac{1}{2},j,k}^n = \frac{\left[\dfrac{\varepsilon_0\varepsilon_\infty}{\Delta t} - \dfrac{\sigma}{2} - \dfrac{1}{2}\left(\dfrac{\varepsilon_0\omega_p^2\Delta t/2}{1+\Gamma\Delta t/2}\right)\right]}{\left[\dfrac{\varepsilon_0\varepsilon_\infty}{\Delta t} + \dfrac{\sigma}{2} + \dfrac{1}{2}\left(\dfrac{\varepsilon_0\omega_p^2\Delta t/2}{1+\Gamma\Delta t/2}\right)\right]} E_x|_{i+\frac{1}{2},j,k}^{n-1}$$

$$+ \frac{1/\Delta y}{\left[\dfrac{\varepsilon_0\varepsilon_\infty}{\Delta t} + \dfrac{\sigma}{2} + \dfrac{1}{2}\left(\dfrac{\varepsilon_0\omega_p^2\Delta t/2}{1+\Gamma\Delta t/2}\right)\right]}$$

$$\times \left(H_z|_{i+\frac{1}{2},j+\frac{1}{2},k}^{n-\frac{1}{2}} - H_z|_{i+\frac{1}{2},j-\frac{1}{2},k}^{n-\frac{1}{2}} \right)$$

$$- \frac{1/\Delta z}{\left[\dfrac{\varepsilon_0\varepsilon_\infty}{\Delta t} + \dfrac{\sigma}{2} + \dfrac{1}{2}\left(\dfrac{\varepsilon_0\omega_p^2\Delta t/2}{1+\Gamma\Delta t/2}\right)\right]}$$

$$\times \left(H_y|_{i+\frac{1}{2},j,k+\frac{1}{2}}^{n-\frac{1}{2}} - H_y|_{i+\frac{1}{2},j,k-\frac{1}{2}}^{n-\frac{1}{2}} \right)$$

$$- \frac{1}{2}\frac{1}{\left[\dfrac{\varepsilon_0\varepsilon_\infty}{\Delta t} + \dfrac{\sigma}{2} + \dfrac{1}{2}\left(\dfrac{\varepsilon_0\omega_p^2\Delta t/2}{1+\Gamma\Delta t/2}\right)\right]}$$

$$\times \left(1 + \frac{1-\Gamma\Delta t/2}{1+\Gamma\Delta t/2}\right) J_x|_{i+\frac{1}{2},j,k}^{n-1} \quad (6.62)$$

となる．また，電流源 $\boldsymbol{j}$ が存在する場合は

$$E_x|_{i+\frac{1}{2},j,k}^n = \frac{\left[\dfrac{\varepsilon_0\varepsilon_\infty}{\Delta t} - \dfrac{\sigma}{2} - \dfrac{1}{2}\left(\dfrac{\varepsilon_0\omega_p^2\Delta t/2}{1+\Gamma\Delta t/2}\right)\right]}{\left[\dfrac{\varepsilon_0\varepsilon_\infty}{\Delta t} + \dfrac{\sigma}{2} + \dfrac{1}{2}\left(\dfrac{\varepsilon_0\omega_p^2\Delta t/2}{1+\Gamma\Delta t/2}\right)\right]} E_x|_{i+\frac{1}{2},j,k}^{n-1}$$

$$+ \frac{1/\Delta y}{\left[\dfrac{\varepsilon_0\varepsilon_\infty}{\Delta t} + \dfrac{\sigma}{2} + \dfrac{1}{2}\left(\dfrac{\varepsilon_0\omega_p^2\Delta t/2}{1+\Gamma\Delta t/2}\right)\right]}$$

$$\times \left(H_z\big|_{i+\frac{1}{2},j+\frac{1}{2},k}^{n-\frac{1}{2}} - H_z\big|_{i+\frac{1}{2},j-\frac{1}{2},k}^{n-\frac{1}{2}} \right)$$

$$- \frac{1/\Delta z}{\left[\dfrac{\varepsilon_0 \varepsilon_\infty}{\Delta t} + \dfrac{\sigma}{2} + \dfrac{1}{2}\left(\dfrac{\varepsilon_0 \omega_p^2 \Delta t/2}{1+\Gamma \Delta t/2} \right) \right]}$$

$$\times \left(H_y\big|_{i+\frac{1}{2},j,k+\frac{1}{2}}^{n-\frac{1}{2}} - H_y\big|_{i+\frac{1}{2},j,k-\frac{1}{2}}^{n-\frac{1}{2}} \right)$$

$$- \frac{1}{2} \frac{1}{\left[\dfrac{\varepsilon_0 \varepsilon_\infty}{\Delta t} + \dfrac{\sigma}{2} + \dfrac{1}{2}\left(\dfrac{\varepsilon_0 \omega_p^2 \Delta t/2}{1+\Gamma \Delta t/2} \right) \right]}$$

$$\times \left(1 + \frac{1-\Gamma \Delta t/2}{1+\Gamma \Delta t/2} \right) J_x\big|_{i+\frac{1}{2},j,k}^{n-1}$$

$$- \frac{1}{\left[\dfrac{\varepsilon_0 \varepsilon_\infty}{\Delta t} + \dfrac{\sigma}{2} + \dfrac{1}{2}\left(\dfrac{\varepsilon_0 \omega_p^2 \Delta t/2}{1+\Gamma \Delta t/2} \right) \right]} j_x\big|_{i+\frac{1}{2},j,k}^{n-\frac{1}{2}} \quad (6.63)$$

となる．

実際の計算には，実験で求めた誘電率にドルーデ分散の式をフィッティングして求めたパラメータを使うことになる．例えば，赤外域の金の場合，Padalka and Shklyarevskii [4] が実験によって得た波長 1～11 μm における複素誘電率がある．この実験値にフィッティングして得られるパラメータは $\varepsilon_\infty = -16.74$, $\omega_p = 1.034 \times 10^{16}$ Hz, $\Gamma = 5.384 \times 10^{13}$ Hz となる．ただし，この値を用いると計算結果はすぐに発散する．これは ε_∞ が負の値となっているからである．このことを避けるためには，$\varepsilon_\infty = 1$ と固定してフィッティングすればよい．このとき，$\omega_p = 1.038 \times 10^{16}$ Hz, $\Gamma = 5.354 \times 10^{13}$ Hz となる．

より一般的な誘電率の実部が負となる任意の媒質でも，単一周波数における結果のみが必要な場合は，その周波数だけで満足するようなドルーデ分散を用いて計算することができる．その周波数 ω_0 における誘電率 $\varepsilon = \varepsilon' + i\varepsilon''$ が与えられているとすると

$$\varepsilon = \varepsilon' + i\varepsilon'' = 1 - \frac{\omega_p^2}{\omega^2 + i\Gamma \omega} \quad (6.64)$$

より

$$\varepsilon' = 1 - \frac{\omega_p^2}{\omega^2 \Gamma^2} \tag{6.65}$$

$$\varepsilon'' = \frac{\omega_p^2 \Gamma}{\omega(\omega^2 + \Gamma^2)} \tag{6.66}$$

となる。これらを用いると

$$\omega_p = \sqrt{1 - \varepsilon' + \frac{\varepsilon''^2}{1 - \varepsilon'}} \omega_0 \tag{6.67}$$

$$\Gamma = \frac{\varepsilon''}{1 - \varepsilon'} \omega_0 \tag{6.68}$$

となる。ただし，$\varepsilon_\infty = 1$ である。誘電率がほぼ0である **ENZ**（epsilon near zero）**媒質**などを扱うときも同様にドルーデ分散が利用できる。

6.2.2 ローレンツ分散

つぎに**ローレンツ分散**の場合について考える。この場合の感受率は周波数領域で

$$\chi(\omega) = \frac{\Delta\varepsilon \omega_p^2}{\omega_p^2 - 2i\omega\Gamma - \omega^2} \tag{6.69}$$

で与えられる。式 (6.69) を式 (6.48) に代入すると

$$\boldsymbol{J}(\omega) = \varepsilon_0 \frac{\Delta\varepsilon \omega_p^2}{\omega_p^2 - 2i\omega\Gamma - \omega^2} \frac{\partial \boldsymbol{E}}{\partial t} \tag{6.70}$$

$$\omega_p^2 \boldsymbol{J}(\omega) - 2i\omega\Gamma \boldsymbol{J}(\omega) - \omega^2 \boldsymbol{J}(\omega) = \varepsilon_0 \Delta\varepsilon \omega_p^2 \frac{\partial \boldsymbol{E}}{\partial t} \tag{6.71}$$

となる。分極電流 $\boldsymbol{J}$ を時間領域で表すと

$$\omega_p^2 \boldsymbol{J} + 2\Gamma \frac{\partial \boldsymbol{J}}{\partial t} + \frac{\partial^2 \boldsymbol{J}}{\partial t^2} = \varepsilon_0 \Delta\varepsilon \omega_p^2 \frac{\partial \boldsymbol{E}}{\partial t} \tag{6.72}$$

となる。これが所望する補助微分方程式（ADE）である。

離散化すると

$$\omega_p^2 \boldsymbol{J}^{n-1} + 2\Gamma \frac{\boldsymbol{J}^n - \boldsymbol{J}^{n-2}}{2\Delta t} + \frac{\boldsymbol{J}^n - 2\boldsymbol{J}^{n-1} + \boldsymbol{J}^{n-2}}{(\Delta t)^2}$$

$$= \varepsilon_0 \Delta\varepsilon \omega_p^2 \frac{\boldsymbol{E}^n - \boldsymbol{E}^{n-2}}{2\Delta t} \tag{6.73}$$

となる．さらに，$\boldsymbol{J}^n$ に関して解くと

$$\boldsymbol{J}^n = \frac{2 - \omega_p^2(\Delta t)^2}{1 + \Gamma\Delta t}\boldsymbol{J}^{n-1} + \frac{\Gamma\Delta t - 1}{1 + \Gamma\Delta t}\boldsymbol{J}^{n-2} + \frac{\varepsilon_0 \Delta\varepsilon \omega_p^2 \Delta t}{2 + 2\Gamma\Delta t}(\boldsymbol{E}^n - \boldsymbol{E}^{n-2}) \tag{6.74}$$

となる．

ドルーデ分散のときと同様に

$$\boldsymbol{J}^{n-\frac{1}{2}} = \frac{1}{2}(\boldsymbol{J}^n + \boldsymbol{J}^{n-1}) \tag{6.75}$$

の近似を用いる．式 (6.75) に式 (6.74) を代入すると

$$\begin{aligned}\boldsymbol{J}^{n-\frac{1}{2}} = &\frac{1}{2}\left[1 + \frac{2 - \omega_p^2(\Delta t)^2}{1 + \Gamma\Delta t}\right]\boldsymbol{J}^{n-1} + \frac{1}{2}\left(\frac{\Gamma\Delta t - 1}{1 + \Gamma\Delta t}\right)\boldsymbol{J}^{n-2} \\ &+ \frac{1}{2}\left(\frac{\varepsilon_0 \Delta\varepsilon \omega_p^2 \Delta t}{2 + 2\Gamma\Delta t}\right)(\boldsymbol{E}^n - \boldsymbol{E}^{n-2})\end{aligned} \tag{6.76}$$

となる．さらに，式 (6.76) を式 (6.57) に代入すると

$$\begin{aligned}\nabla \times \boldsymbol{H}^{n-\frac{1}{2}} = &\frac{\varepsilon_0 \varepsilon_\infty}{\Delta t}(\boldsymbol{E}^n - \boldsymbol{E}^{n-1}) + \frac{\sigma}{2}(\boldsymbol{E}^n + \boldsymbol{E}^{n-1}) \\ &+ \frac{1}{2}\left[1 + \frac{2 - \omega_p^2(\Delta t)^2}{1 + \Gamma\Delta t}\right]\boldsymbol{J}^{n-1} + \frac{1}{2}\left(\frac{\Gamma\Delta t - 1}{1 + \Gamma\Delta t}\right)\boldsymbol{J}^{n-2} \\ &+ \frac{1}{2}\left(\frac{\varepsilon_0 \Delta\varepsilon \omega_p^2 \Delta t}{2 + 2\Gamma\Delta t}\right)(\boldsymbol{E}^n - \boldsymbol{E}^{n-2})\end{aligned} \tag{6.77}$$

となる．よって

$$\boldsymbol{E}^n = \frac{\left[\dfrac{\varepsilon_0 \varepsilon_\infty}{\Delta t} - \dfrac{\sigma}{2}\right]}{\left[\dfrac{\varepsilon_0 \varepsilon_\infty}{\Delta t} + \dfrac{\sigma}{2} + \dfrac{1}{2}\left(\dfrac{\varepsilon_0 \Delta\varepsilon \omega_p^2 \Delta t}{2 + 2\Gamma\Delta t}\right)\right]}\boldsymbol{E}^{n-1}$$

$$- \frac{\dfrac{1}{2}\left(\dfrac{\varepsilon_0 \Delta\varepsilon \omega_p^2 \Delta t}{2 + 2\Gamma\Delta t}\right)}{\left[\dfrac{\varepsilon_0 \varepsilon_\infty}{\Delta t} + \dfrac{\sigma}{2} + \dfrac{1}{2}\left(\dfrac{\varepsilon_0 \Delta\varepsilon \omega_p^2 \Delta t}{2 + 2\Gamma\Delta t}\right)\right]}\boldsymbol{E}^{n-2}$$

$$
+\cfrac{1}{\left[\cfrac{\varepsilon_0\varepsilon_\infty}{\Delta t}+\cfrac{\sigma}{2}+\cfrac{1}{2}\left(\cfrac{\varepsilon_0\Delta\varepsilon\omega_p^2\Delta t}{2+2\Gamma\Delta t}\right)\right]}
$$
$$
\times\left\{\nabla\times\boldsymbol{H}^{n-\frac{1}{2}}-\frac{1}{2}\left[1+\frac{2-\omega_p^2(\Delta t)^2}{1+\Gamma\Delta t}\right]\boldsymbol{J}^{n-1}-\frac{1}{2}\left(\frac{\Gamma\Delta t-1}{1+\Gamma\Delta t}\right)\boldsymbol{J}^{n-2}\right\}
$$
(6.78)

となる．計算手順としては，式 (6.78) を用いて $\boldsymbol{E}^n$ を更新した後，式 (6.74) を用いて $\boldsymbol{J}^n$ を更新する．式 (6.78) の x 成分を書き出すと

$$
\begin{aligned}
E_x|_{i+\frac{1}{2},j,k}^n =& \cfrac{\left[\cfrac{\varepsilon_0\varepsilon_\infty}{\Delta t}-\cfrac{\sigma}{2}\right]}{\left[\cfrac{\varepsilon_0\varepsilon_\infty}{\Delta t}+\cfrac{\sigma}{2}+\cfrac{1}{2}\left(\cfrac{\varepsilon_0\Delta\varepsilon\omega_p^2\Delta t}{2+2\Gamma\Delta t}\right)\right]}E_x|_{i+\frac{1}{2},j,k}^{n-1}\\
&-\cfrac{\cfrac{1}{2}\left(\cfrac{\varepsilon_0\Delta\varepsilon\omega_p^2\Delta t}{2+2\Gamma\Delta t}\right)}{\left[\cfrac{\varepsilon_0\varepsilon_\infty}{\Delta t}+\cfrac{\sigma}{2}+\cfrac{1}{2}\left(\cfrac{\varepsilon_0\Delta\varepsilon\omega_p^2\Delta t}{2+2\Gamma\Delta t}\right)\right]}E_x|_{i+\frac{1}{2},j,k}^{n-2}\\
&+\cfrac{1/\Delta y}{\left[\cfrac{\varepsilon_0\varepsilon_\infty}{\Delta t}+\cfrac{\sigma}{2}+\cfrac{1}{2}\left(\cfrac{\varepsilon_0\Delta\varepsilon\omega_p^2\Delta t}{2+2\Gamma\Delta t}\right)\right]}\\
&\times\left(H_z|_{i+\frac{1}{2},j+\frac{1}{2},k}^{n-\frac{1}{2}}-H_z|_{i+\frac{1}{2},j-\frac{1}{2},k}^{n-\frac{1}{2}}\right)\\
&-\cfrac{1/\Delta z}{\left[\cfrac{\varepsilon_0\varepsilon_\infty}{\Delta t}+\cfrac{\sigma}{2}+\cfrac{1}{2}\left(\cfrac{\varepsilon_0\Delta\varepsilon\omega_p^2\Delta t}{2+2\Gamma\Delta t}\right)\right]}\\
&\times\left(H_y|_{i+\frac{1}{2},j,k+\frac{1}{2}}^{n-\frac{1}{2}}-H_y|_{i+\frac{1}{2},j,k-\frac{1}{2}}^{n-\frac{1}{2}}\right)\\
&-\cfrac{1}{2}\cfrac{\left[1+\cfrac{2-\omega_p^2(\Delta t)^2}{1+\Gamma\Delta t}\right]}{\left[\cfrac{\varepsilon_0\varepsilon_\infty}{\Delta t}+\cfrac{\sigma}{2}+\cfrac{1}{2}\left(\cfrac{\varepsilon_0\Delta\varepsilon\omega_p^2\Delta t}{2+2\Gamma\Delta t}\right)\right]}J_x|_{i+\frac{1}{2},j,k}^{n-1}
\end{aligned}
$$

$$-\frac{1}{2}\frac{\left(\dfrac{\varGamma\Delta t-1}{1+\varGamma\Delta t}\right)}{\left[\dfrac{\varepsilon_0\varepsilon_\infty}{\Delta t}+\dfrac{\sigma}{2}+\dfrac{1}{2}\left(\dfrac{\varepsilon_0\Delta\varepsilon\omega_p^2\Delta t}{2+2\varGamma\Delta t}\right)\right]}J_x|_{i+\frac{1}{2},j,k}^{n-2}$$

(6.79)

となる．この式および式 (6.74) からわかるように，ローレンツ分散は 2 次の極をもつため，時間発展には Δt 前だけではなく，$2\Delta t$ 前の $\boldsymbol{J}$ および $\boldsymbol{E}$ の値も必要である．

6.3 PML吸収境界

計算機のメモリ容量は有限であるため，計算領域も当然ながら有限となる．したがって，周期境界条件が用いられない場合，計算領域には端面が生じる．この端面においては，差分計算のための一方の点が存在しないため，中心差分を用いることができない．そのため，端面には完全導体を用いる必要がある．しかし，完全導体からは 100% の反射が生じ大きな誤差の原因となる．したがって，完全導体に達する前に電磁場を十分に減衰させておく必要がある．ここでは，これらの問題を解決するための最もよく用いられている Berenger[5] によって提案された **PML**（perfectly matched layer）**吸収境界**について説明する．

6.3.1 Split–Field PML

図 **6.8** に示すように，損失のない媒質 1 から損失のある媒質 2 への入射を考える（媒質 1 にも損失がある場合については後で述べる）．媒質 2 中の電磁波は伝搬に伴って減衰する．ただし，前述のとおりこの媒質を吸収境界として用いるためには，媒質 1 と媒質 2 との境界で反射が生じないようにすることが重要である．y 方向に一様で，伝搬方向が xz 面内にある TE_y 偏光の電磁波を考える（FDTD 法では偏光を表すのに TE_y や TM_x という表記がよく用いられる．前者は電場が y 軸に垂直で，後者は磁場が x 軸に垂直という意味である）．

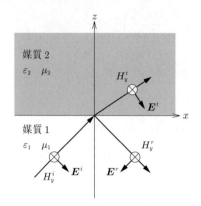

図 6.8 媒質 1 から媒質 2
への電磁波の入射

界面は $z = z_0$ で与えられるとする。媒質 1 でこの電磁波が満たすべきマクスウェル方程式は下記の式で与えられる。

$$\varepsilon_0 \varepsilon_1 \frac{\partial E_x}{\partial t} = -\frac{\partial H_y}{\partial z} \tag{6.80}$$

$$\varepsilon_0 \varepsilon_1 \frac{\partial E_z}{\partial t} = \frac{\partial H_y}{\partial x} \tag{6.81}$$

$$\mu_0 \mu_1 \frac{\partial H_y}{\partial t} = -\frac{\partial E_x}{\partial z} + \frac{\partial E_z}{\partial x} \tag{6.82}$$

一方,媒質 2 内でこの電磁波が満たすべきマクスウェル方程式は下記の式で与えられる。

$$\varepsilon_0 \varepsilon_2 \frac{\partial E_x}{\partial t} + \sigma_z E_x = -\frac{\partial H_y}{\partial z} \tag{6.83}$$

$$\varepsilon_0 \varepsilon_2 \frac{\partial E_z}{\partial t} + \sigma_x E_z = \frac{\partial H_y}{\partial x} \tag{6.84}$$

$$\mu_0 \mu_2 \frac{\partial H_y}{\partial t} + \sigma^* H_y = -\frac{\partial E_x}{\partial z} + \frac{\partial E_z}{\partial x} \tag{6.85}$$

ただし,σ^* は磁気伝導率である。ここで,磁場 H_y を二つの成分 H_{yx} と H_{yz} との和

$$H_y = H_{yx} + H_{yz} \tag{6.86}$$

で表す。ただし,H_{yx} と H_{yz} はそれぞれつぎの二つの式を満足するようにとる。

$$\mu_0\mu_2\frac{\partial H_{yx}}{\partial t} + \sigma_x^* H_{yx} = \frac{\partial E_z}{\partial x} \tag{6.87}$$

$$\mu_0\mu_2\frac{\partial H_{yz}}{\partial t} + \sigma_z^* H_{yz} = -\frac{\partial E_x}{\partial z} \tag{6.88}$$

式 (6.86) を式 (6.83) と式 (6.84) に代入し，$\exp(-i\omega t)$ の時間依存性を考慮すると

$$-i\omega\varepsilon_0\varepsilon_2 E_x + \sigma_z E_x = -\frac{\partial}{\partial z}(H_{yx} + H_{yz}) \tag{6.89}$$

$$-i\omega\varepsilon_0\varepsilon_2 E_z + \sigma_x E_z = \frac{\partial}{\partial x}(H_{yx} + H_{yz}) \tag{6.90}$$

となる．同様に，式 (6.87) と式 (6.88) より

$$-i\omega\mu_0\mu_2 H_{yx} + \sigma_x^* H_{yx} = \frac{\partial E_z}{\partial x} \tag{6.91}$$

$$-i\omega\mu_0\mu_2 H_{yz} + \sigma_z^* H_{yz} = -\frac{\partial E_x}{\partial z} \tag{6.92}$$

となる．ここで

$$s_\nu = 1 - \frac{\sigma_\nu}{i\omega\varepsilon_0\varepsilon_2} \tag{6.93}$$

$$s_\nu^* = 1 - \frac{\sigma_\nu^*}{i\omega\mu_0\mu_2} \tag{6.94}$$

とおく．ただし，$\nu = x$ または z である．式 (6.93) と式 (6.94) を用いると式 (6.89)～(6.92) は

$$-i\omega\varepsilon_0\varepsilon_2 s_z E_x = -\frac{\partial}{\partial z}(H_{yx} + H_{yz}) \tag{6.95}$$

$$-i\omega\varepsilon_0\varepsilon_2 s_x E_z = \frac{\partial}{\partial x}(H_{yx} + H_{yz}) \tag{6.96}$$

$$-i\omega\mu_0\mu_2 s_x^* H_{yx} = \frac{\partial E_z}{\partial x} \tag{6.97}$$

$$-i\omega\mu_0\mu_2 s_z^* H_{yz} = -\frac{\partial E_x}{\partial z} \tag{6.98}$$

となる．つぎに，これらの式から波動方程式を導く．式 (6.95) を z で偏微分し，式 (6.98) に代入すると

$$-\omega^2\varepsilon_0\varepsilon_2\mu_0\mu_2 s_z s_z^* H_{yz} = \frac{\partial^2}{\partial z^2}(H_{yx} + H_{yz}) \tag{6.99}$$

となる。同様に，式 (6.96) を z で偏微分し，式 (6.97) に代入すると

$$-\omega^2 \varepsilon_0 \varepsilon_2 \mu_0 \mu_2 s_x s_x^* H_{yx} = \frac{\partial^2}{\partial x^2}(H_{yx} + H_{yz}) \tag{6.100}$$

となる。式 (6.99) と式 (6.100) の辺々和をとると

$$\begin{aligned}&-\omega^2 \varepsilon_0 \varepsilon_2 \mu_0 \mu_2 (H_{yx} + H_{yz}) \\ &= \left(\frac{1}{s_z s_z^*}\frac{\partial^2}{\partial z^2} + \frac{1}{s_x s_x^*}\frac{\partial^2}{\partial x^2}\right)(H_{yx} + H_{yz})\end{aligned} \tag{6.101}$$

となる。ここでもう一度，式 (6.86) を用いると

$$\left(\frac{1}{s_x s_x^*}\frac{\partial^2}{\partial x^2} + \frac{1}{s_z s_z^*}\frac{\partial^2}{\partial z^2} + \omega^2 \varepsilon_0 \varepsilon_2 \mu_0 \mu_2\right) H_y = 0 \tag{6.102}$$

となり，媒質2における電磁波の波動方程式が得られる。

この方程式を満たす平面波解の磁場成分 H_y^t を次式で表す。

$$H_y^t = t H_y^i \exp(ik_{2x}x + ik_{2z}z) \tag{6.103}$$

ただし，H_y^i は入射磁場の振幅，t は透過係数である。k_{2x} と k_{2z} は以下の式 (6.104) の平面波の分散関係を満たす。

$$\frac{k_{2x}^2}{s_x s_x^*} + \frac{k_{2z}^2}{s_z s_z^*} = \omega^2 \varepsilon_0 \varepsilon_2 \mu_0 \mu_2 \tag{6.104}$$

さらに式 (6.86)，(6.95) および式 (6.103) を用いると，透過電場の x 成分は

$$E_x^t = \frac{\beta_{2z}}{\omega \varepsilon_0 \varepsilon_2}\sqrt{\frac{s_z^*}{s_z}} H_y^t \tag{6.105}$$

となる。一方，媒質1における反射磁場 H_y^r は，r を反射係数とすると

$$H_y^r = r H_y^i \exp(ik_{1x}x - ik_{1z}z) \tag{6.106}$$

で表される。式 (6.106) を用いると反射電場の x 成分は

$$E_x^r = -\frac{k_{1z}}{\omega \varepsilon_0 \varepsilon_1} H_y^r \tag{6.107}$$

となる。界面での H_y の連続性と式 (6.103) および式 (6.106) より

$$1 + r = t \tag{6.108}$$

同様に，E_x の連続性と式 (6.105) および式 (6.107) より

$$\frac{k_{1z}}{\omega \varepsilon_1} - \frac{k_{1z}}{\omega \varepsilon_1} r = \frac{k_{2z}}{\omega \varepsilon_2 s_z} t \tag{6.109}$$

すなわち

$$1 - r = \frac{\varepsilon_1 k_{2z}}{\varepsilon_2 s_z k_{1z}} t \tag{6.110}$$

が得られる。式 (6.108) と式 (6.110) より，透過係数 t および反射係数 r は

$$t = \frac{2k_{1z}/\varepsilon_1}{k_{1z}/\varepsilon_1 + k_{2z}/\varepsilon_2 s_z} \tag{6.111}$$

$$r = \frac{k_{1z}/\varepsilon_1 - k_{2z}/\varepsilon_2 s_z}{k_{1z}/\varepsilon_1 + k_{2z}/\varepsilon_2 s_z} \tag{6.112}$$

となる。

つぎに反射係数 r が 0 となる条件を導く。まず，$\varepsilon_2 = \varepsilon_1$，$\mu_2 = \mu_1$ とおく。式 (6.104) より

$$k_{2z} = \left(\omega^2 \varepsilon_0 \varepsilon_2 \mu_0 \mu_2 - \frac{s_z s_z^*}{s_x s_x^*} k_{2x}^2 \right)^{1/2} = \left(\omega^2 \varepsilon_0 \varepsilon_1 \mu_0 \mu_1 - \frac{s_z s_z^*}{s_x s_x^*} k_{2x}^2 \right)^{1/2} \tag{6.113}$$

が得られる。また，界面での位相整合条件から次式が成立する。

$$k_{2x} = k_{1x} \tag{6.114}$$

さらに，$\sigma_x = \sigma_x^* = 0$ とおくと $s_x = s_x^* = 1$ となる。このとき式 (6.113) より

$$k_{2z} = \sqrt{s_z s_z^*} (\omega^2 \varepsilon_0 \varepsilon_1 \mu_0 \mu_1 - k_{1x}^2)^{1/2} = \sqrt{s_z s_z^*} k_{1z} \tag{6.115}$$

となる。これらの関係を用いると，反射係数は式 (6.112) より

$$r = \frac{1 - \sqrt{s_z^*/s_z}}{1 + \sqrt{s_z^*/s_z}} \tag{6.116}$$

となる。したがって，反射係数が 0 となるためには

$$s_z = s_z^* \tag{6.117}$$

となればよい.式 (6.93) および式 (6.94) より,この条件はつぎの式が満足されるときに実現する.

$$\frac{\sigma_z}{\varepsilon_0 \varepsilon_2} = \frac{\sigma_z^*}{\mu_0 \mu_2} \tag{6.118}$$

以上をまとめると,界面において反射が生じないための条件は

$$\varepsilon_2 = \varepsilon_1 \tag{6.119}$$

$$\mu_2 = \mu_1 \tag{6.120}$$

$$\sigma_x = \sigma_x^* = 0 \tag{6.121}$$

$$\frac{\sigma_z}{\varepsilon_0 \varepsilon_2} = \frac{\sigma_z^*}{\mu_0 \mu_2} \tag{6.122}$$

となる.このとき,式 (6.115) より

$$k_{2z} = \left(1 - \frac{\sigma_z}{i\omega\varepsilon_0 \varepsilon_1}\right) k_{1z} \tag{6.123}$$

となる.その結果,媒質 2 すなわち PML 内の透過磁場は

$$H_y^t = H_y^i \exp\left(-\frac{\sigma_z}{\omega\mu_0\mu_1} k_{1z} z\right) \exp(ik_{1x}x + ik_{1z}z) \tag{6.124}$$

となる.この式から透過波は入射波と同じで位相速度で伝搬し,z 方向に沿って減衰することがわかる.この媒質 2 が PML として用いられる.

入射波が伝搬光の場合,減衰に問題は生じないが,入射波がエバネッセント波の場合どうなるかを考えてみる.この場合,k_{1z} は純虚数となる.$k_{1z} = i|k_{1z}|$ とおくと,式 (6.123) は

$$k_{2z} = -\frac{\sigma_z}{\omega\varepsilon_0}|k_{1z}| + i|k_{1z}| \tag{6.125}$$

となり,透過波の媒質 2 での減衰の速さは媒質 1 での入射エバネッセント波の減衰の速さ以上にはならないことがわかる.このことを解決する方法が Gedney[6] によって提案されている.式 (6.93) の代わりに

$$s_z = \kappa - \frac{\sigma_z}{i\omega\varepsilon_0\varepsilon_1} \tag{6.126}$$

を用いるというものである.この s_z を用いると,式 (6.125) は

6.3 PML 吸収境界

$$k_{2z} = -\frac{\sigma_z}{\omega\varepsilon_0\varepsilon_1}|k_{1z}| + i\kappa|k_{1z}| \tag{6.127}$$

と書き換えられる。すなわち，エバネッセント波の減衰の速さが κ 倍加速される。ただし，κ を大きくしすぎると伝搬光に対して副作用を引き起こす。

系が 3 次元で一般的な場合について述べる。すべての電場および磁場を二つの成分に分ける。電場に関しては

$$E_x = E_{xy} + E_{xz} \tag{6.128}$$

$$E_y = E_{yz} + E_{yx} \tag{6.129}$$

$$E_z = E_{zx} + E_{zy} \tag{6.130}$$

であり，磁場に関しては

$$H_x = H_{xy} + H_{xz} \tag{6.131}$$

$$H_y = H_{yz} + H_{yx} \tag{6.132}$$

$$H_z = H_{zx} + H_{zy} \tag{6.133}$$

である。PML の基本式は 12 個で

$$\varepsilon_0\varepsilon_2\frac{\partial E_{xy}}{\partial t} + \sigma_y E_{xy} = \frac{\partial H_z}{\partial y} \tag{6.134}$$

$$\varepsilon_0\varepsilon_2\frac{\partial E_{xz}}{\partial t} + \sigma_z E_{xz} = -\frac{\partial H_y}{\partial z} \tag{6.135}$$

$$\varepsilon_0\varepsilon_2\frac{\partial E_{yz}}{\partial t} + \sigma_z E_{yz} = \frac{\partial H_x}{\partial z} \tag{6.136}$$

$$\varepsilon_0\varepsilon_2\frac{\partial E_{yx}}{\partial t} + \sigma_x E_{yx} = -\frac{\partial H_z}{\partial x} \tag{6.137}$$

$$\varepsilon_0\varepsilon_2\frac{\partial E_{zx}}{\partial t} + \sigma_x E_{zx} = \frac{\partial H_y}{\partial x} \tag{6.138}$$

$$\varepsilon_0\varepsilon_2\frac{\partial E_{zy}}{\partial t} + \sigma_y E_{zy} = -\frac{\partial H_x}{\partial y} \tag{6.139}$$

$$\mu_0\mu_2\frac{\partial H_{xy}}{\partial t} + \sigma_y^* H_{xy} = -\frac{\partial E_z}{\partial y} \tag{6.140}$$

$$\mu_0\mu_2\frac{\partial H_{xz}}{\partial t} + \sigma_z^* H_{xz} = \frac{\partial E_y}{\partial z} \tag{6.141}$$

$$\mu_0\mu_2\frac{\partial H_{yz}}{\partial t} + \sigma_z^* H_{yz} = -\frac{\partial E_z}{\partial x} \tag{6.142}$$

$$\mu_0\mu_2\frac{\partial H_{yx}}{\partial t} + \sigma_x^* H_{yx} = \frac{\partial E_x}{\partial z} \tag{6.143}$$

$$\mu_0\mu_2\frac{\partial H_{zx}}{\partial t} + \sigma_x^* H_{zx} = -\frac{\partial E_y}{\partial x} \tag{6.144}$$

$$\mu_0\mu_2\frac{\partial H_{zy}}{\partial t} + \sigma_y^* H_{zy} = \frac{\partial E_x}{\partial y} \tag{6.145}$$

となる。無反射の条件は，$\varepsilon_2 = \varepsilon_1$ および $\mu_2 = \mu_1$ で，それに加えて，x 軸に垂直な面では

$$\frac{\sigma_x}{\varepsilon_0\varepsilon_2} = \frac{\sigma_x^*}{\mu_0\mu_2} \quad \left(\sigma_y = \sigma_z = \sigma_y^* = \sigma_z^* = 0\right) \tag{6.146}$$

y 軸に垂直な面では

$$\frac{\sigma_y}{\varepsilon_0\varepsilon_2} = \frac{\sigma_y^*}{\mu_0\mu_2} \quad \left(\sigma_z = \sigma_x = \sigma_z^* = \sigma_x^* = 0\right) \tag{6.147}$$

z 軸に垂直な面では

$$\frac{\sigma_z}{\varepsilon_0\varepsilon_2} = \frac{\sigma_z^*}{\mu_0\mu_2} \quad \left(\sigma_x = \sigma_y = \sigma_x^* = \sigma_y^* = 0\right) \tag{6.148}$$

となる。

実際の計算において，式 (6.134)～(6.145) は離散化される。一例として，式 (6.134) を離散化すると

$$\begin{aligned}E_{xy}|_{i+\frac{1}{2},j,k}^n &= \left(\frac{2\varepsilon_0\varepsilon_2 - \sigma_y\Delta t}{2\varepsilon_0\varepsilon_2 + \sigma_y\Delta t}\right) E_{xy}|_{i+\frac{1}{2},j,k}^{n-1} \\ &+ \left[\frac{2\Delta t}{(2\varepsilon_0\varepsilon_2 + \sigma_y\Delta t)\Delta y}\right] \left(H_z|_{i+\frac{1}{2},j+\frac{1}{2},k}^{n-\frac{1}{2}} - H_z|_{i+\frac{1}{2},j-\frac{1}{2},k}^{n-\frac{1}{2}}\right)\end{aligned} \tag{6.149}$$

となる。

6.3.2 Un–Split PML

Berenger の PML は別名 **Split–Field PML** と呼ばれる。この吸収境界は非常に効果的ではあるが，PML 内の電磁波はマクスウェル方程式に従わず，物

理的な説明が困難である。それに対して，Chew and Weedon[7)]は場を分割しない **Un–Split PML** を提案している。

式 (6.87) と式 (6.88) は，式 (6.94) と PML の条件式 (6.117) より

$$\mu_0\mu_2\frac{\partial H_{yx}}{\partial t} = \frac{1}{s_x}\frac{\partial E_z}{\partial x} \tag{6.150}$$

$$\mu_0\mu_2\frac{\partial H_{yz}}{\partial t} = -\frac{1}{s_z}\frac{\partial E_x}{\partial z} \tag{6.151}$$

となる。式 (6.150) と式 (6.151) を辺々足し合わせると

$$\mu_0\mu_2\frac{\partial H_y}{\partial t} = -\frac{1}{s_z}\frac{\partial E_x}{\partial z} + \frac{1}{s_x}\frac{\partial E_z}{\partial x} \tag{6.152}$$

となる。E に関しても同様で

$$\varepsilon_0\varepsilon_2\frac{\partial E_y}{\partial t} = \frac{1}{s_z}\frac{\partial H_x}{\partial z} - \frac{1}{s_x}\frac{\partial H_z}{\partial x} \tag{6.153}$$

となる。これらが PML 内におけるファラデーの法則およびアンペールの法則である。右辺の $1/s_z$ と $1/s_x$ は座標系を引き伸ばすことと等価であるため，これらの表現は **Stretched–Coordinate Formulation** と呼ばれている。

これらの式は容易に 3 次元に拡張できる。式 (6.134)～(6.145) を用いると

$$\varepsilon_0\varepsilon_2\frac{\partial E_x}{\partial t} = \frac{1}{s_y}\frac{\partial H_z}{\partial y} - \frac{1}{s_z}\frac{\partial H_y}{\partial z} \tag{6.154}$$

$$\varepsilon_0\varepsilon_2\frac{\partial E_y}{\partial t} = \frac{1}{s_z}\frac{\partial H_x}{\partial z} - \frac{1}{s_x}\frac{\partial H_z}{\partial x} \tag{6.155}$$

$$\varepsilon_0\varepsilon_2\frac{\partial E_z}{\partial t} = \frac{1}{s_x}\frac{\partial H_y}{\partial x} - \frac{1}{s_y}\frac{\partial H_x}{\partial y} \tag{6.156}$$

$$\mu_0\mu_2\frac{\partial H_x}{\partial t} = -\frac{1}{s_y}\frac{\partial E_z}{\partial y} + \frac{1}{s_z}\frac{\partial E_y}{\partial z} \tag{6.157}$$

$$\mu_0\mu_2\frac{\partial H_y}{\partial t} = -\frac{1}{s_z}\frac{\partial E_x}{\partial z} + \frac{1}{s_x}\frac{\partial E_z}{\partial x} \tag{6.158}$$

$$\mu_0\mu_2\frac{\partial H_z}{\partial t} = -\frac{1}{s_x}\frac{\partial E_y}{\partial x} + \frac{1}{s_y}\frac{\partial E_x}{\partial y} \tag{6.159}$$

となる。

例えば，z 軸に垂直な界面をもつ PML 層内では

$$s_x = s_y = 1, \quad s_z \neq 1 \tag{6.160}$$

となる。

一方で，Gedney [8)] は PML 内の媒質を一軸異方性をもつ媒質として定義することで，Berenger の PML と同様の効果が得られることを示した。この PML は **Uniaxial PML**（**UPML**）と呼ばれる。ただし，UPML は電磁場の界面に平行な成分に対しては Berenger の PML とまったく同じであるが，垂直な成分には両者の間に若干の違いが存在する。また，Gedney [6)] は，UPML が損失や分散をもつ媒質に対しても適用できることを示している。

6.3.3 CPML

分散媒質に対して Unsplit–PML を FDTD 法に効率よく適用する方法を Roden and Gedney [9)] が提案している。この手法は **Convolutional PML**（**CPML**）と呼ばれている。Unsplit–PML を FDTD 法に適用するため，式 (6.154) と式 (6.157) を時間領域で表すと，畳み込み定理より

$$\varepsilon_0 \varepsilon_2 \frac{\partial E_x}{\partial t} = \bar{s}_y * \frac{\partial H_z}{\partial y} - \bar{s}_z * \frac{\partial H_y}{\partial z} \tag{6.161}$$

$$\mu_0 \mu_2 \frac{\partial H_x}{\partial t} = -\bar{s}_y * \frac{\partial E_z}{\partial y} + \bar{s}_z \frac{\partial E_y}{\partial z} \tag{6.162}$$

となる。ここで，$*$ は畳み込み積分（コンボリューション）を表す。また

$$\bar{s}_\nu = \mathcal{F}^{-1}\left(\frac{1}{s_\nu}\right) \tag{6.163}$$

である。ここで，$\mathcal{F}^{-1}$ は逆フーリエ変換を表す。ただし，s_ν は一般化された次式がよく用いられる[10)]。

$$s_\nu = \kappa_\nu + \frac{\sigma_\nu}{a_\nu - i\omega\varepsilon_0} \tag{6.164}$$

ちなみに，s_ν に対するこの形式を用いた PML は **Complex Frequency Shifted PML**（**CFS–PML**）と呼ばれている。a_ν は低周波数領域（$\omega \sim 0$）で s_ν の虚数部が発散することを防ぐためのパラメータである。ただし，a_ν を大きくすると低周波数領域での減衰が小さくなる。式 (6.164) の表現を採用すると

$$\frac{1}{s_\nu} = \frac{1}{\kappa_\nu + \sigma_\nu/(a_\nu - i\omega\varepsilon_0)} = \frac{a_\nu + i\omega\varepsilon_0}{a_\nu\kappa_\nu + \sigma_\nu - i\omega\kappa_\nu\varepsilon_0} \tag{6.165}$$

となる。$1/s_\nu$ の逆フーリエ変換を行う前に，つぎの一般的な形の逆フーリエ変換を考える。

$$\begin{aligned}\frac{a - i\omega b}{c - i\omega d} &= \frac{ad - i\omega bd}{d(c - i\omega d)} = \frac{b(c - i\omega d) + ad - bc}{d(c - i\omega d)} \\ &= \frac{b}{d} + \frac{a - bc/d}{c - i\omega d} = \frac{b}{d} + \frac{a/c - b/d}{1 - i\omega d/c}\end{aligned} \tag{6.166}$$

ここで

$$\mathcal{F}^{-1}\left(\frac{1}{1 - i\omega\tau}\right) = \frac{1}{\tau}\exp\left(-\frac{t}{\tau}\right)u(t) \tag{6.167}$$

の関係を用いる。ただし，$u(t)$ はステップ関数で

$$u(t) = \begin{cases} 0 & (t < 0) \\ 1 & (t \geqq 0) \end{cases} \tag{6.168}$$

で定義される。式 (6.166) を式 (6.167) に代入すると，以下の式が成立する。

$$\mathcal{F}^{-1}\left(\frac{b}{d} + \frac{a/c - b/d}{1 - i\omega d/c}\right) = \frac{b}{d}\delta(t) + \frac{ad - bc}{d^2}\exp\left(-\frac{ct}{d}\right)u(t) \tag{6.169}$$

ここで，$\delta(t)$ はディラックのデルタ関数である。式 (6.165) を式 (6.166) と比較すると，$a = a_\nu$，$b = \varepsilon_0$，$c = a_\nu\kappa_\nu + \sigma_\nu$，および $d = \kappa\varepsilon_0$ なので，結局

$$\bar{s}_\nu = \frac{1}{\kappa_\nu}\delta(t) - \frac{\sigma_\nu}{\kappa_\nu^2\varepsilon_0}\exp\left[-\left(\frac{a_\nu}{\varepsilon_0} + \frac{\sigma_\nu}{\kappa_\nu\varepsilon_0}\right)t\right]u(t) \tag{6.170}$$

となる。ここで，改めて

$$\zeta_\nu(t) = -\frac{\sigma_\nu}{\kappa_\nu^2\varepsilon_0}\exp\left[-\left(\frac{a_\nu}{\varepsilon_0} + \frac{\sigma_\nu}{\kappa_\nu\varepsilon_0}\right)t\right]u(t) \tag{6.171}$$

とおくと，式 (6.170) は

$$\bar{s}_\nu = \frac{1}{\kappa_\nu}\delta(t) + \zeta_\nu(t) \tag{6.172}$$

と書ける。式 (6.172) を式 (6.161) に代入すると

$$\varepsilon_0\varepsilon_2\frac{\partial E_x}{\partial t} = \frac{1}{\kappa_y}\frac{\partial H_z}{\partial y} - \frac{1}{\kappa_z}\frac{\partial H_y}{\partial z} + \zeta_y(t) * \frac{\partial H_z}{\partial y} - \zeta_z(t) * \frac{\partial H_y}{\partial z} \tag{6.173}$$

が得られる。ここで

$$\Psi_{Exy}(t) = \zeta_y(t) * \frac{\partial H_z}{\partial y} \tag{6.174}$$

$$\Psi_{Exz}(t) = \zeta_z(t) * \frac{\partial H_y}{\partial z} \tag{6.175}$$

とおくと，式 (6.173) は

$$\varepsilon_0 \varepsilon_2 \frac{\partial E_x}{\partial t} = \frac{1}{\kappa_y} \frac{\partial H_z}{\partial y} - \frac{1}{\kappa_z} \frac{\partial H_y}{\partial z} + \Psi_{Exy} - \Psi_{Exz} \tag{6.176}$$

と書ける。

〔1〕 **畳み込み積分の再帰的計算法** $\zeta(t)$ は指数関数だから，上式の畳み込み積分は FDTD 法では再帰的に計算できる。畳み込み積分に用いる手法は，本書では述べなかったが，分散性媒質に対して用いられる RC 法と同様の手法である。

次式で示される畳み込み積分を考える。

$$G(t) = F(t) * \chi(t) = \chi(t) * F(t) = \int_{-\infty}^{\infty} F(t-\tau)\chi(\tau)d\tau \tag{6.177}$$

ただし，$\chi(t)$ は次式で表される形の関数であるとする。

$$\chi(t) = a\exp(-\Gamma t)u(t) \tag{6.178}$$

すると，式 (6.177) の積分範囲は 0 からとなる。さらに，時間 t に関して離散化すると

$$G^n = \int_0^{n\Delta t} F(n\Delta t - \tau)\chi(\tau)d\tau \tag{6.179}$$

となる。τ に関しても離散化すると

$$\begin{aligned} G^n &= \sum_{m=0}^{n-1} F^{n-m}\chi^m = F^n\chi^0 + \sum_{m=1}^{n-1} F^{n-m}\chi^m \\ &= F^n\chi^0 + \sum_{m=0}^{n-2} F^{n-1-m}\chi^{m+1} \end{aligned} \tag{6.180}$$

となる。ただし

6.3 PML 吸収境界

$$\chi^m = \int_{m\Delta t}^{(m+1)\Delta t} \chi(\tau)d\tau \tag{6.181}$$

である。式 (6.181) に式 (6.178) を代入すると

$$\begin{aligned}\chi^m &= \int_{m\Delta t}^{(m+1)\Delta t} a\exp(-\Gamma\tau)d\tau \\ &= \frac{a}{\Gamma}[1-\exp(-\Gamma\Delta t)]\exp(-\Gamma m\Delta t)\end{aligned} \tag{6.182}$$

となる。よって

$$\chi^{m+1} = \exp(-\Gamma\Delta t)\chi^m \tag{6.183}$$

となる。式 (6.180) より，最終的に

$$\begin{aligned}G^n &= F^n\chi^0 + \sum_{m=0}^{n-2} F^{n-1-m}\chi^{m+1} \\ &= F^n\chi^0 + \exp(-\Gamma\Delta t)\sum_{m=0}^{n-2} F^{n-1-m}\chi^m \\ &= F^n\chi^0 + \exp(-\Gamma\Delta t)G^{n-1}\end{aligned} \tag{6.184}$$

が得られる。ただし

$$\chi^0 = \frac{b}{\Gamma}[1-\exp(-\Gamma\Delta t)] \tag{6.185}$$

である。

この結果を用いると式 (6.174) の Ψ_{Exy} は再帰的につぎのように計算できる。

$$\Psi_{Exy}^n = b_y \Psi_{Exy}^{n-1} + c_y \left.\frac{\partial H_z}{\partial y}\right|^n \tag{6.186}$$

式 (6.171) を式 (6.184) と比較すると

$$b_y = \exp\left[-\left(\frac{a_y}{\varepsilon_0} + \frac{\sigma_y}{\kappa_y \varepsilon_0}\right)\Delta t\right] \tag{6.187}$$

であり，式 (6.185) と比較すると

$$c_y = \frac{-\sigma_y/(\kappa_y^2 \varepsilon_0)}{a_y/\varepsilon_0 + \sigma_y/(\kappa_\nu \varepsilon_0)}\left\{1-\exp\left[-\left(\frac{a_y}{\varepsilon_0} + \frac{\sigma_y}{\kappa_y \varepsilon_0}\right)\Delta t\right]\right\}$$

$$= -\frac{\sigma_y}{\sigma_y \kappa_y + a_y \kappa_y^2}(1 - b_y) \tag{6.188}$$

となる。

この結果を用いて式 (6.176) を離散化すると

$$\begin{aligned}
&\frac{\varepsilon_0 \varepsilon_2}{\Delta t}\left(E_x|_{i+\frac{1}{2},j,k}^{n} - E_x|_{i+\frac{1}{2},j,k}^{n-1}\right) \\
&= \frac{1}{\kappa_y \Delta y}\left(H_z|_{i+\frac{1}{2},j+\frac{1}{2},k}^{n-\frac{1}{2}} - H_z|_{i+\frac{1}{2},j-\frac{1}{2},k}^{n-\frac{1}{2}}\right) \\
&\quad - \frac{1}{\kappa_z \Delta z}\left(H_y|_{i+\frac{1}{2},j,k+\frac{1}{2}}^{n-\frac{1}{2}} - H_y|_{i+\frac{1}{2},j,k-\frac{1}{2}}^{n-\frac{1}{2}}\right) \\
&\quad + \left(\Psi_{Exy}|_{i+\frac{1}{2},j,k}^{n} - \Psi_{Exz}|_{i+\frac{1}{2},j,k}^{n}\right)
\end{aligned} \tag{6.189}$$

$$\begin{aligned}
E_x|_{i+\frac{1}{2},j,k}^{n} &= E_x|_{i+\frac{1}{2},j,k}^{n-1} \\
&\quad + \frac{\Delta t}{\varepsilon_0 \varepsilon_2 \kappa_y \Delta y}\left(H_z|_{i+\frac{1}{2},j+\frac{1}{2},k}^{n-\frac{1}{2}} - H_z|_{i+\frac{1}{2},j-\frac{1}{2},k}^{n-\frac{1}{2}}\right) \\
&\quad - \frac{\Delta t}{\varepsilon_0 \varepsilon_2 \kappa_z \Delta z}\left(H_y|_{i+\frac{1}{2},j,k+\frac{1}{2}}^{n-\frac{1}{2}} - H_y|_{i+\frac{1}{2},j,k-\frac{1}{2}}^{n-\frac{1}{2}}\right) \\
&\quad + \frac{\Delta t}{\varepsilon_0 \varepsilon_2}\left(\Psi_{Exy}|_{i+\frac{1}{2},j,k}^{n} - \Psi_{Exz}|_{i+\frac{1}{2},j,k}^{n}\right)
\end{aligned} \tag{6.190}$$

となる。ただし

$$\begin{aligned}
\Psi_{Exy}|_{i+\frac{1}{2},j,k}^{n} &= b_y \Psi_{Exy}|_{i+\frac{1}{2},j,k}^{n-1} \\
&\quad + \frac{c_y}{\Delta y}\left(H_z|_{i+\frac{1}{2},j+\frac{1}{2},k}^{n-\frac{1}{2}} - H_z|_{i+\frac{1}{2},j-\frac{1}{2},k}^{n-\frac{1}{2}}\right)
\end{aligned} \tag{6.191}$$

$$\begin{aligned}
\Psi_{Exz}|_{i+\frac{1}{2},j,k}^{n} &= b_z \Psi_{Exz}|_{i+\frac{1}{2},j,k}^{n-1} \\
&\quad + \frac{c_z}{\Delta z}\left(H_y|_{i+\frac{1}{2},j,k+\frac{1}{2}}^{n-\frac{1}{2}} - H_z|_{i+\frac{1}{2},j,k-\frac{1}{2}}^{n-\frac{1}{2}}\right)
\end{aligned} \tag{6.192}$$

である。

〔2〕 損失性媒質の場合　　CPML は損失性媒質に対しても同様に適用できる。この場合，式 (6.173) は

$$\varepsilon_0 \varepsilon \frac{\partial E_x}{\partial t} + \sigma E_x = \frac{1}{\kappa_y}\frac{\partial H_z}{\partial y} - \frac{1}{\kappa_z}\frac{\partial H_y}{\partial z} + \zeta_y(t) * \frac{\partial H_z}{\partial y} - \zeta_z(t) * \frac{\partial H_y}{\partial z} \tag{6.193}$$

と書き換えられる。時間に関して離散化すると

$$\varepsilon_0\varepsilon\frac{E_x^n - E_x^{n-1}}{\Delta t} + \sigma\frac{E_x^n + E_x^{n-1}}{2}$$
$$= \frac{1}{\kappa_y}\frac{\partial H_z^{n-\frac{1}{2}}}{\partial y} - \frac{1}{\kappa_z}\frac{\partial H_y^{n-\frac{1}{2}}}{\partial z} + \zeta_y(t)*\frac{\partial H_z^{n-\frac{1}{2}}}{\partial y} - \zeta_z(t)*\frac{\partial H_y^{n-\frac{1}{2}}}{\partial z} \tag{6.194}$$

$$E_x^n = \left(\frac{2\varepsilon_0\varepsilon - \sigma\Delta t}{2\varepsilon_0\varepsilon + \sigma\Delta t}\right)E_x^{n-1} + \left(\frac{2\Delta t}{2\varepsilon_0\varepsilon + \sigma\Delta t}\right)$$
$$\times \left[\frac{1}{\kappa_y}\frac{\partial H_z^{n-\frac{1}{2}}}{\partial y} - \frac{1}{\kappa_z}\frac{\partial H_y^{n-\frac{1}{2}}}{\partial z} + \zeta_y(t)*\frac{\partial H_z^{n-\frac{1}{2}}}{\partial y} - \zeta_z(t)*\frac{\partial H_y^{n-\frac{1}{2}}}{\partial z}\right] \tag{6.195}$$

となる。

〔3〕 **分散性媒質の場合**　結局，CPML では $\nabla \times \boldsymbol{H}$ の計算を畳み込み積分を含んだ計算に置き換えることに他ならない。x 成分を例にとると

$$(\nabla \times \boldsymbol{H})_x \to \frac{1}{\kappa_y}\frac{\partial H_z}{\partial y} - \frac{1}{\kappa_z}\frac{\partial H_y}{\partial z} + \zeta_y(t)*\frac{\partial H_z}{\partial y} - \zeta_z(t)*\frac{\partial H_y}{\partial z} \tag{6.196}$$

となる。ADE 法を用いたドルーデ分散媒質の場合，式 (6.61)（以下に再掲）

$$\boldsymbol{E}^n = \frac{\left[\dfrac{\varepsilon_0\varepsilon_\infty}{\Delta t} - \dfrac{\sigma}{2} - \dfrac{1}{2}\left(\dfrac{\varepsilon_0\omega_p^2\Delta t/2}{1+\Gamma\Delta t/2}\right)\right]}{\left[\dfrac{\varepsilon_0\varepsilon_\infty}{\Delta t} + \dfrac{\sigma}{2} + \dfrac{1}{2}\left(\dfrac{\varepsilon_0\omega_p^2\Delta t/2}{1+\Gamma\Delta t/2}\right)\right]}\boldsymbol{E}^{n-1}$$
$$+ \frac{1}{\left[\dfrac{\varepsilon_0\varepsilon_\infty}{\Delta t} + \dfrac{\sigma}{2} + \dfrac{1}{2}\left(\dfrac{\varepsilon_0\omega_p^2\Delta t/2}{1+\Gamma\Delta t/2}\right)\right]}$$
$$\times \left[\nabla \times \boldsymbol{H}^{n-\frac{1}{2}} - \frac{1}{2}\left(1+\frac{1-\Gamma\Delta t/2}{1+\Gamma\Delta t/2}\right)\boldsymbol{J}^{n-1}\right] \tag{6.197}$$

の $\nabla \times \boldsymbol{H}$ を式 (6.196) で置き換えるだけでよい。x 成分だけを書き出すと

$$E_x^n = \frac{\left[\dfrac{\varepsilon_0\varepsilon_\infty}{\Delta t} - \dfrac{\sigma}{2} - \dfrac{1}{2}\left(\dfrac{\varepsilon_0\omega_p^2\Delta t/2}{1+\Gamma\Delta t/2}\right)\right]}{\left[\dfrac{\varepsilon_0\varepsilon_\infty}{\Delta t} + \dfrac{\sigma}{2} + \dfrac{1}{2}\left(\dfrac{\varepsilon_0\omega_p^2\Delta t/2}{1+\Gamma\Delta t/2}\right)\right]} E_x^{n-1}$$

$$+\frac{1}{\left[\dfrac{\varepsilon_0\varepsilon_\infty}{\Delta t} + \dfrac{\sigma}{2} + \dfrac{1}{2}\left(\dfrac{\varepsilon_0\omega_p^2\Delta t/2}{1+\Gamma\Delta t/2}\right)\right]}$$

$$\times\left[\frac{1}{\kappa_y}\frac{\partial H_z^{n-\frac{1}{2}}}{\partial y} - \frac{1}{\kappa_z}\frac{\partial H_y^{n-\frac{1}{2}}}{\partial z} + \zeta_y(t)*\frac{\partial H_z^{n-\frac{1}{2}}}{\partial y} - \zeta_z(t)*\frac{\partial H_y^{n-\frac{1}{2}}}{\partial z}\right.$$

$$\left.-\frac{1}{2}\left(1 + \frac{1-\Gamma\Delta t/2}{1+\Gamma\Delta t/2}\right)J_x^{n-1}\right] \tag{6.198}$$

となる。ローレンツ分散媒質の場合も同様である。

6.3.4 PML におけるパラメータ

PML の厚さ（層数）は有限である必要があり，外壁は完全電気導体（PEC）で終端する必要がある。PEC での反射をなくすためには PML 内で十分に電磁場を減衰させる必要がある。そのためには PML 内で徐々に損失を大きくすることが重要である。このことを実現するための CFS–PML で用いられる s_ν

$$s_\nu = \kappa_\nu + \frac{\sigma_\nu}{a_\nu - i\omega\varepsilon_0} \tag{6.199}$$

に含まれる σ_ν，κ_ν，および a_ν の与え方を示す。

導電率 σ_z は伝搬光の減衰を与える。$+z$ 側の PML 界面の座標を $z=z_0$，PML 層の厚さを d とすると，よく用いられている導電率 σ_z の与え方は

$$\sigma_z = \sigma_{\max}\left(\frac{z-z_0}{d}\right)^m \tag{6.200}$$

である。ここで，$\sigma_{\max}$ は PEC 直前での導電率である。この式で与えられる導電率分布をもつ PML の反射係数は入射角 θ の関数となり，次式で与えられる[11]。

$$|r(\theta)| \cong \exp\left[-\frac{2\sigma_{\max}d}{(m+1)\varepsilon_0 c}\cos\theta\right] \tag{6.201}$$

係数 2 は PML を往復するために生じたものである。許容する反射係数の最大値を $|r_{\max}|$ とすると，導電率の最大値 $\sigma_{\max}$ は式 (6.201) より

$$\sigma_{\max} = -\frac{(m+1)\varepsilon_0 c}{2d} \ln |r_{\max}| \tag{6.202}$$

となり，この値を用いればよい。

κ_ν はエバネッセント波の減衰の倍率を与え，一般には σ_ν と同様の形で

$$\kappa_z = 1 + (\kappa_{\max} - 1)\left(\frac{z-z_0}{d}\right)^m \tag{6.203}$$

と与えられる[12]。

一方，a_ν は低周波数における減衰を与える。a_ν が大きいと減衰は小さくなる。したがって a_ν は上記の二つのパラメータとは逆に PML 界面で最大とし，PEC で 0 となるように設定する，すなわち

$$a_z = a_{\max}\left(\frac{z_0 + d - z}{d}\right)^m \tag{6.204}$$

となる。図 **6.9** は以上をまとめたものである。

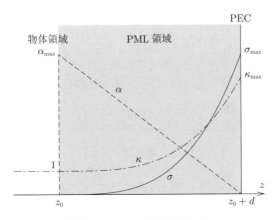

図 **6.9** PML 内のパラメータ

乗数 m については，σ_ν と κ_ν に対しては $3 \leq m \leq 4$ がよく用いられる。一方 a_ν に対しては，Gedney の本[12] では $m = 1$ が例として用いられている。さらに，この本では $\kappa_{\max} = 15$ および $a_{\max} = 0.2$ が例として用いられている。

6.4 波　　源

波源が振動電気双極子の場合と平面波の場合について述べる。平面波の場合は**全電磁場/散乱場** (total–field/scattered–field, **TF/SF**) 法について述べる。

6.4.1 双極子波源

波源が微小振動電気双極子の場合を考える。双極子モーメント $\boldsymbol{\mu}(t)$ が次式で与えられるとする。

$$\boldsymbol{\mu}(t) = \boldsymbol{\mu}_0 \sin \omega t \tag{6.205}$$

電流 $\boldsymbol{I}(t)$ は双極子モーメントの時間微分で与えられるため

$$\boldsymbol{I}(t) = \frac{d\boldsymbol{\mu}(t)}{dt} = \omega \boldsymbol{\mu}_0 \cos \omega t \tag{6.206}$$

となる。Yee 格子のセルサイズを用いると電流密度 $\boldsymbol{j}(t)$ は

$$\boldsymbol{j}(t) = \left(\frac{I_x(t)}{\Delta y \Delta z}, \frac{I_y(t)}{\Delta x \Delta z}, \frac{I_z(t)}{\Delta x \Delta y} \right) \tag{6.207}$$

となる。

一方，電流源が存在するとき，アンペールの法則は

$$\nabla \times \boldsymbol{H} = \varepsilon_0 \varepsilon \frac{\partial \boldsymbol{E}}{\partial t} + \boldsymbol{j} \tag{6.208}$$

となる。この式をこれまでと同様に離散化すると

$$\begin{aligned}
E_x|_{i+\frac{1}{2},j,k}^n = E_x|_{i+\frac{1}{2},j,k}^{n-1} &+ \left(\frac{\Delta t}{\varepsilon_0 \varepsilon \Delta y} \right) \left(H_z|_{i+\frac{1}{2},j+\frac{1}{2},k}^{n-\frac{1}{2}} - H_z|_{i+\frac{1}{2},j-\frac{1}{2},k}^{n-\frac{1}{2}} \right) \\
&- \left(\frac{\Delta t}{\varepsilon_0 \varepsilon \Delta z} \right) \left(H_y|_{i+\frac{1}{2},j,k+\frac{1}{2}}^{n-\frac{1}{2}} - H_y|_{i+\frac{1}{2},j,k-\frac{1}{2}}^{n-\frac{1}{2}} \right) - \left(\frac{\Delta t}{\varepsilon_0 \varepsilon} \right) j_x|_{i+\frac{1}{2},j,k}^{n-\frac{1}{2}}
\end{aligned} \tag{6.209}$$

$$E_y|_{i,j+\frac{1}{2},k}^n = E_y|_{i,j+\frac{1}{2},k}^{n-1} + \left(\frac{\Delta t}{\varepsilon_0 \varepsilon \Delta y} \right) \left(H_x|_{i,j+\frac{1}{2},k+\frac{1}{2}}^{n-\frac{1}{2}} - H_x|_{i,j-\frac{1}{2},k+\frac{1}{2}}^{n-\frac{1}{2}} \right)$$

$$-\left(\frac{\Delta t}{\varepsilon_0\varepsilon\Delta x}\right)\left(H_z|_{i+\frac{1}{2},j+\frac{1}{2},k}^{n-\frac{1}{2}} - H_z|_{i-\frac{1}{2},j+\frac{1}{2},k}^{n-\frac{1}{2}}\right) - \left(\frac{\Delta t}{\varepsilon_0\varepsilon}\right)j_y|_{i,j+\frac{1}{2},k}^{n-\frac{1}{2}}$$
(6.210)

$$E_z|_{i,j,k+\frac{1}{2}}^{n} = E_z|_{i,j,k+\frac{1}{2}}^{n-1} + \left(\frac{\Delta t}{\varepsilon_0\varepsilon\Delta x}\right)\left(H_y|_{i+\frac{1}{2},j,k+\frac{1}{2}}^{n-\frac{1}{2}} - H_y|_{i-\frac{1}{2},j,k+\frac{1}{2}}^{n-\frac{1}{2}}\right)$$

$$-\left(\frac{\Delta t}{\varepsilon_0\varepsilon\Delta y}\right)\left(H_x|_{i,j+\frac{1}{2},k+\frac{1}{2}}^{n-\frac{1}{2}} - H_x|_{i,j-\frac{1}{2},k+\frac{1}{2}}^{n-\frac{1}{2}}\right) - \left(\frac{\Delta t}{\varepsilon_0\varepsilon}\right)j_z|_{i,j,k+\frac{1}{2}}^{n-\frac{1}{2}}$$
(6.211)

となる．この式からわかるように，電流源が定義される位置は電場のそれと同じで，時刻は磁場のそれと同じである．電流源の存在する格子点において，式 (6.7), (6.8), および式 (6.9) の代わりに，式 (6.209), (6.210), および式 (6.211) を用いて時間発展を計算すればよい．媒質がドルーデ分散をもつ場合は，式 (6.63) に従えばよい．

6.4.2 TF/SF 法

x 方向および y 方向に周期的な系に z 軸に添って平面波を入射する場合，入射平面波の波面は実質的に無限大となり正真正銘の平面波となる．$z = z_0$ 平面における電場と $z = z_0 + \Delta z/2$ 平面における磁場を入射場に足し算することで，簡単に平面波を導入することができる．しかし，周囲が PML で囲まれる孤立系では工夫を要する．よく用いられる方法は TF/SF 法である．物体がある領域では全電磁場を計算し，その外側では散乱場のみを計算するという方法である．当然，両者の境界ではつじつまが合うように補正を行う必要がある．

図 **6.10** に示すように，TE_y 偏光（電場が y 軸に垂直）で入射する平面波を考える．この場合，入射平面波は E_x, E_z, および H_y のみが値をもつ．$I_1\Delta x \leq x \leq I_2\Delta x$, $J_1\Delta y \leq y \leq J_2\Delta y$, かつ $K_1\Delta z \leq z \leq K_2\Delta z$ の領域で全電磁場を，その外側の領域では散乱場のみを扱う．全電磁場領域と散乱場領域との境界（TF/SF 境界）に隣接する場の時間発展を計算する場合，それぞれの領域における場の計算に必要な電磁場の一部は異なる領域に含まれる．全電磁場領域

6. FDTD 法

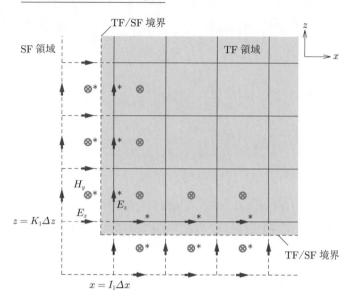

図 6.10 TE$_y$ 偏光入射の場合の TF/SF 法（∗ 印が付いた場は補正が必要）

に含まれる $x = I_1\Delta x$ 上の E_z の時間発展の計算に必要な $x = (I_1 - 1/2)\Delta x$ 上の H_y は，散乱場領域にある。したがって，この場を全電磁場とするためには入射場を加える必要がある。すなわち

$$H_y^t\bigg|_{I_1-\frac{1}{2},j,k+\frac{1}{2}}^{n-\frac{1}{2}} = H_y^s\bigg|_{I_1-\frac{1}{2},j,k+\frac{1}{2}}^{n-\frac{1}{2}} + H_y^i\bigg|_{I_1-\frac{1}{2},j,k+\frac{1}{2}}^{n-\frac{1}{2}} \tag{6.212}$$

となる。ここで，上付きの t, s, および i は，それぞれ全電磁場，散乱場，および入射場を意味する。この関係を用いると，時間発展は

$$\begin{aligned}
&E_z^t\bigg|_{I_1,j,k+\frac{1}{2}}^{n} \\
&= E_z^t\bigg|_{I_1,j,k+\frac{1}{2}}^{n-1} \\
&\quad + \left(\frac{\Delta t}{\varepsilon_0\varepsilon\Delta x}\right)\left(H_y^t\bigg|_{I_1+\frac{1}{2},j,k+\frac{1}{2}}^{n-\frac{1}{2}} - H_y^s\bigg|_{I_1-\frac{1}{2},j,k+\frac{1}{2}}^{n-\frac{1}{2}} - H_y^i\bigg|_{I_1-\frac{1}{2},j,k+\frac{1}{2}}^{n-\frac{1}{2}}\right) \\
&\quad - \left(\frac{\Delta t}{\varepsilon_0\varepsilon\Delta y}\right)\left(H_x^t\bigg|_{I_1,j+\frac{1}{2},k+\frac{1}{2}}^{n-\frac{1}{2}} - H_x^t\bigg|_{I_1,j-\frac{1}{2},k+\frac{1}{2}}^{n-\frac{1}{2}}\right) \tag{6.213}
\end{aligned}$$

となる。同様に

$$E_z^s|_{I_1,j,k+\frac{1}{2}}^n = E_z^t|_{I_1,j,k+\frac{1}{2}}^n - E_z^i|_{I_1,j,k+\frac{1}{2}}^n \tag{6.214}$$

だから，TF/SF 境界に接する散乱場領域の磁場は

$$
\begin{aligned}
&H_y^s|_{I_1-\frac{1}{2},j,k+\frac{1}{2}}^{n+\frac{1}{2}} \\
&= H_y^s|_{I_1-\frac{1}{2},j,k+\frac{1}{2}}^{n-\frac{1}{2}} - \left(\frac{\Delta t}{\mu_0 \mu \Delta z}\right)\left(E_x^s|_{I_1-\frac{1}{2},j,k+1}^n - E_x^s|_{I_1-\frac{1}{2},j,k}^n\right) \\
&\quad + \left(\frac{\Delta t}{\mu_0 \mu \Delta x}\right)\left(E_z^t|_{I_1,j,k+\frac{1}{2}}^n - E_z^i|_{I_1,j,k+\frac{1}{2}}^n - E_z^s|_{I_1-1,j,k+\frac{1}{2}}^n\right)
\end{aligned}
\tag{6.215}
$$

となる。上記の 2 成分以外の成分では，時間発展の計算で 0 でない入射場成分を含まないため，補正の必要はない。また，$x = I_2 \Delta x$ 境界では

$$
\begin{aligned}
&E_z^t|_{I_2,j,k+\frac{1}{2}}^n = E_z^t|_{I_2,j,k+\frac{1}{2}}^{n-1} \\
&\quad + \left(\frac{\Delta t}{\varepsilon_0 \varepsilon \Delta x}\right)\left(H_y^s|_{I_2+\frac{1}{2},j,k+\frac{1}{2}}^{n-\frac{1}{2}} + H_y^i|_{I_2+\frac{1}{2},j,k+\frac{1}{2}}^{n-\frac{1}{2}} - H_y^t|_{I_2-\frac{1}{2},j,k+\frac{1}{2}}^{n-\frac{1}{2}}\right) \\
&\quad - \left(\frac{\Delta t}{\varepsilon_0 \varepsilon \Delta y}\right)\left(H_x^t|_{I_2,j+\frac{1}{2},k+\frac{1}{2}}^{n-\frac{1}{2}} - H_x^t|_{I_2,j-\frac{1}{2},k+\frac{1}{2}}^{n-\frac{1}{2}}\right)
\end{aligned}
\tag{6.216}
$$

$$
\begin{aligned}
&H_y^s|_{I_2+\frac{1}{2},j,k+\frac{1}{2}}^{n+\frac{1}{2}} \\
&= H_y^s|_{I_2+\frac{1}{2},j,k+\frac{1}{2}}^{n-\frac{1}{2}} - \left(\frac{\Delta t}{\mu_0 \mu \Delta z}\right)\left(E_x^s|_{I_2+\frac{1}{2},j,k+1}^n - E_x^s|_{I_2+\frac{1}{2},j,k}^n\right) \\
&\quad + \left(\frac{\Delta t}{\mu_0 \mu \Delta x}\right)\left(E_z^s|_{I_2+1,j,k+\frac{1}{2}}^n - E_z^t|_{I_2,j,k+\frac{1}{2}}^n + E_z^i|_{I_2,j,k+\frac{1}{2}}^n\right)
\end{aligned}
\tag{6.217}
$$

となる。一方，$z = K_1 \Delta z$ 境界では

$$
\begin{aligned}
&E_x^t|_{i+\frac{1}{2},j,K_1}^n \\
&= E_x^t|_{i+\frac{1}{2},j,K_1}^{n-1} + \left(\frac{\Delta t}{\varepsilon_0 \varepsilon \Delta y}\right)\left(H_z^t|_{i+\frac{1}{2},j+\frac{1}{2},K_1}^{n-\frac{1}{2}} - H_z^t|_{i+\frac{1}{2},j-\frac{1}{2},K_1}^{n-\frac{1}{2}}\right) \\
&\quad - \left(\frac{\Delta t}{\varepsilon_0 \varepsilon \Delta z}\right)\left(H_y^t|_{i+\frac{1}{2},j,K_1+\frac{1}{2}}^{n-\frac{1}{2}} - H_y^s|_{i+\frac{1}{2},j,K_1-\frac{1}{2}}^{n-\frac{1}{2}} - H_y^i|_{i+\frac{1}{2},j,K_1-\frac{1}{2}}^{n-\frac{1}{2}}\right)
\end{aligned}
\tag{6.218}
$$

$$H_y^s\Big|_{i+\frac{1}{2},j,K_1-\frac{1}{2}}^{n+\frac{1}{2}} = H_y^s\Big|_{i+\frac{1}{2},j,K_1-\frac{1}{2}}^{n-\frac{1}{2}}$$
$$- \left(\frac{\Delta t}{\mu_0\mu\Delta z}\right)\left(E_x^t\Big|_{i+\frac{1}{2},j,K_1}^n - E_x^i\Big|_{i+\frac{1}{2},j,K_1}^n - E_x^s\Big|_{i+\frac{1}{2},j,K_1-1}^n\right)$$
$$+ \left(\frac{\Delta t}{\mu_0\mu\Delta x}\right)\left(E_z^s\Big|_{i+1,j,K_1-\frac{1}{2}}^n - E_z^s\Big|_{i,j,K_1-\frac{1}{2}}^n\right) \quad (6.219)$$

また，$z = K_2\Delta z$ 境界では

$$E_x^t\Big|_{i+\frac{1}{2},j,K_2}^n$$
$$= E_x^t\Big|_{i+\frac{1}{2},j,K_2}^{n-1} + \left(\frac{\Delta t}{\varepsilon_0\varepsilon\Delta y}\right)\left(H_z^t\Big|_{i+\frac{1}{2},j+\frac{1}{2},K_2}^{n-\frac{1}{2}} - H_z^t\Big|_{i+\frac{1}{2},j-\frac{1}{2},K_2}^{n-\frac{1}{2}}\right)$$
$$- \left(\frac{\Delta t}{\varepsilon_0\varepsilon\Delta z}\right)\left(H_y^s\Big|_{i+\frac{1}{2},j,K_2+\frac{1}{2}}^{n-\frac{1}{2}} + H_y^i\Big|_{i+\frac{1}{2},j,K_2+\frac{1}{2}}^{n-\frac{1}{2}} - H_y^t\Big|_{i+\frac{1}{2},j,K_2-\frac{1}{2}}^{n-\frac{1}{2}}\right)$$
$$(6.220)$$

$$H_y^s\Big|_{i+\frac{1}{2},j,K_2+\frac{1}{2}}^{n+\frac{1}{2}} = H_y^s\Big|_{i+\frac{1}{2},j,K_2+\frac{1}{2}}^{n-\frac{1}{2}}$$
$$- \left(\frac{\Delta t}{\mu_0\mu\Delta z}\right)\left(E_x^s\Big|_{i+\frac{1}{2},j,K_2+1}^n - E_x^t\Big|_{i+\frac{1}{2},j,K_2}^n + E_x^i\Big|_{i+\frac{1}{2},j,K_2}^n\right)$$
$$+ \left(\frac{\Delta t}{\mu_0\mu\Delta x}\right)\left(E_z^s\Big|_{i+1,j,K_2+\frac{1}{2}}^n - E_z^s\Big|_{i,j,K_2+\frac{1}{2}}^n\right) \quad (6.221)$$

となる．さらに，$y = J_1\Delta y$ 境界では

$$H_x^s\Big|_{i,J_1-\frac{1}{2},k+\frac{1}{2}}^{n+\frac{1}{2}} = H_x^s\Big|_{i,J_1-\frac{1}{2},k+\frac{1}{2}}^{n-\frac{1}{2}}$$
$$- \left(\frac{\Delta t}{\mu_0\mu\Delta y}\right)\left(E_z^t\Big|_{i,J_1,k+\frac{1}{2}}^n - E_z^i\Big|_{i,J_1,k+\frac{1}{2}}^n - E_z^s\Big|_{i,J_1-1,k+\frac{1}{2}}^n\right)$$
$$+ \left(\frac{\Delta t}{\mu_0\mu\Delta z}\right)\left(E_y^s\Big|_{i,J_1-\frac{1}{2},k+1}^n - E_y^s\Big|_{i,J_1-\frac{1}{2},k}^n\right) \quad (6.222)$$

$$H_z^s\Big|_{i+\frac{1}{2},J_1-\frac{1}{2},k}^{n+\frac{1}{2}}$$
$$= H_z^s\Big|_{i+\frac{1}{2},J_1-\frac{1}{2},k}^{n-\frac{1}{2}} - \left(\frac{\Delta t}{\mu_0\mu\Delta x}\right)\left(E_y^s\Big|_{i+1,J_1-\frac{1}{2},k}^n - E_y^s\Big|_{i,J_1-\frac{1}{2},k}^n\right)$$
$$+ \left(\frac{\Delta t}{\mu_0\mu\Delta y}\right)\left(E_x^t\Big|_{i+\frac{1}{2},J_1,k}^n - E_x^i\Big|_{i+\frac{1}{2},J_1,k}^n - E_x^s\Big|_{i+\frac{1}{2},J_1-1,k}^n\right)$$
$$(6.223)$$

となる。また，$y = J_2\Delta y$ 境界では

$$H_x^s|_{i,J_2+\frac{1}{2},k+\frac{1}{2}}^{n+\frac{1}{2}} = H_x^s|_{i,J_2+\frac{1}{2},k+\frac{1}{2}}^{n-\frac{1}{2}}$$
$$- \left(\frac{\Delta t}{\mu_0\mu\Delta y}\right)\left(E_z^s|_{i,J_2+1,k+\frac{1}{2}}^n - E_z^t|_{i,J_2,k+\frac{1}{2}}^n + E_z^i|_{i,J_2,k+\frac{1}{2}}^n\right)$$
$$+ \left(\frac{\Delta t}{\mu_0\mu\Delta z}\right)\left(E_y^s|_{i,J_2-\frac{1}{2},k+1}^n - E_y^s|_{i,J_2-\frac{1}{2},k}^n\right) \quad (6.224)$$

$$H_z^s|_{i+\frac{1}{2},J_2+\frac{1}{2},k}^{n+\frac{1}{2}}$$
$$= H_z^s|_{i+\frac{1}{2},J_2+\frac{1}{2},k}^{n-\frac{1}{2}} - \left(\frac{\Delta t}{\mu_0\mu\Delta x}\right)\left(E_y^s|_{i+1,J_2+\frac{1}{2},k}^n - E_y^s|_{i,J_2+\frac{1}{2},k}^n\right)$$
$$+ \left(\frac{\Delta t}{\mu_0\mu\Delta y}\right)\left(E_x^s|_{i+\frac{1}{2},J_2+1,k+1}^n - E_x^t|_{i+\frac{1}{2},J_2,k}^n + E_x^i|_{i+\frac{1}{2},J_2,k}^n\right)$$
$$(6.225)$$

となる。計算において保存しておくべき場は，全電場領域では全電磁場，散乱場領域では散乱場だけでよい。それらを用いて領域の区別なく通常の時間発展の計算をした後，入射場に関する補正を行えばよい。

TM$_y$ 偏光（磁場が y 軸に垂直）に対しても同様である。この場合，入射平面波は E_y，および H_x, H_z のみ値をもつ。$x = I_1\Delta x$ 境界では

$$E_y^t|_{i,j+\frac{1}{2},k}^n = E_y^t|_{i,j+\frac{1}{2},k}^{n-1} + \left(\frac{\Delta t}{\varepsilon_0\varepsilon\Delta y}\right)\left(H_x^t|_{i,j+\frac{1}{2},k+\frac{1}{2}}^{n-\frac{1}{2}} - H_x^t|_{i,j-\frac{1}{2},k+\frac{1}{2}}^{n-\frac{1}{2}}\right)$$
$$- \left(\frac{\Delta t}{\varepsilon_0\varepsilon\Delta x}\right)\left(H_z^t|_{i+\frac{1}{2},j+\frac{1}{2},k}^{n-\frac{1}{2}} - H_z^s|_{i-\frac{1}{2},j+\frac{1}{2},k}^{n-\frac{1}{2}} - H_z^i|_{i-\frac{1}{2},j+\frac{1}{2},k}^{n-\frac{1}{2}}\right)$$
$$(6.226)$$

同様に

$$H_z^s|_{i-\frac{1}{2},j+\frac{1}{2},k}^{n+\frac{1}{2}} = H_z^s|_{i-\frac{1}{2},j+\frac{1}{2},k}^{n-\frac{1}{2}}$$
$$- \left(\frac{\Delta t}{\mu_0\mu\Delta x}\right)\left(E_y^t|_{i,j+\frac{1}{2},k}^n - E_y^i|_{i,j+\frac{1}{2},k}^n - E_y^s|_{i-1,j+\frac{1}{2},k}^n\right)$$
$$+ \left(\frac{\Delta t}{\mu_0\mu\Delta y}\right)\left(E_x^s|_{i-\frac{1}{2},j+1,k}^n - E_x^s|_{i-\frac{1}{2},j,k}^n\right) \quad (6.227)$$

となる。$x = I_2\Delta x$ 境界では

$$E_y^t|_{I,j+\frac{1}{2},k}^n$$
$$= E_y^t|_{I,j+\frac{1}{2},k}^{n-1} + \left(\frac{\Delta t}{\varepsilon_0 \varepsilon \Delta y}\right)\left(H_x^t|_{I,j+\frac{1}{2},k+\frac{1}{2}}^{n-\frac{1}{2}} - H_x^t|_{I,j-\frac{1}{2},k+\frac{1}{2}}^{n-\frac{1}{2}}\right)$$
$$- \left(\frac{\Delta t}{\varepsilon_0 \varepsilon \Delta x}\right)\left(H_z^s|_{I+\frac{1}{2},j+\frac{1}{2},k}^{n-\frac{1}{2}} + H_z^i|_{I+\frac{1}{2},j+\frac{1}{2},k}^{n-\frac{1}{2}} - H_z^t|_{I-\frac{1}{2},j+\frac{1}{2},k}^{n-\frac{1}{2}}\right)$$
$$\tag{6.228}$$

$$H_z^s|_{I+\frac{1}{2},j+\frac{1}{2},k}^{n+\frac{1}{2}} = H_z^s|_{I+\frac{1}{2},j+\frac{1}{2},k}^{n-\frac{1}{2}}$$
$$- \left(\frac{\Delta t}{\mu_0 \mu \Delta x}\right)\left(E_y^s|_{I+1,j+\frac{1}{2},k}^n - E_y^t|_{I,j+\frac{1}{2},k}^n + E_y^i|_{I,j+\frac{1}{2},k}^n\right)$$
$$+ \left(\frac{\Delta t}{\mu_0 \mu \Delta y}\right)\left(E_x^s|_{I+\frac{1}{2},j+1,k}^n - E_x^s|_{I+\frac{1}{2},j,k}^n\right) \tag{6.229}$$

となる。一方，$y = J_1 \Delta y$ 境界では

$$E_x^t|_{i+\frac{1}{2},j,k}^n = E_x^t|_{i+\frac{1}{2},j,k}^{n-1}$$
$$+ \left(\frac{\Delta t}{\varepsilon_0 \varepsilon \Delta y}\right)\left(H_z^t|_{i+\frac{1}{2},j+\frac{1}{2},k}^{n-\frac{1}{2}} - H_z^s|_{i+\frac{1}{2},j-\frac{1}{2},k}^{n-\frac{1}{2}} - H_z^i|_{i+\frac{1}{2},j-\frac{1}{2},k}^{n-\frac{1}{2}}\right)$$
$$- \left(\frac{\Delta t}{\varepsilon_0 \varepsilon \Delta z}\right)\left(H_y^t|_{i+\frac{1}{2},j,k+\frac{1}{2}}^{n-\frac{1}{2}} - H_y^t|_{i+\frac{1}{2},j,k-\frac{1}{2}}^{n-\frac{1}{2}}\right) \tag{6.230}$$

$$E_z^t|_{i,j,k+\frac{1}{2}}^n$$
$$= E_z^t|_{i,j,k+\frac{1}{2}}^{n-1} + \left(\frac{\Delta t}{\varepsilon_0 \varepsilon \Delta x}\right)\left(H_y^t|_{i+\frac{1}{2},j,k+\frac{1}{2}}^{n-\frac{1}{2}} - H_y^t|_{i-\frac{1}{2},j,k+\frac{1}{2}}^{n-\frac{1}{2}}\right)$$
$$- \left(\frac{\Delta t}{\varepsilon_0 \varepsilon \Delta y}\right)\left(H_x^t|_{i,j+\frac{1}{2},k+\frac{1}{2}}^{n-\frac{1}{2}} - H_x^s|_{i,j-\frac{1}{2},k+\frac{1}{2}}^{n-\frac{1}{2}} - H_x^i|_{i,j-\frac{1}{2},k+\frac{1}{2}}^{n-\frac{1}{2}}\right)$$
$$\tag{6.231}$$

となる。また，$y = J_2 \Delta y$ 境界では

$$E_x^t|_{i+\frac{1}{2},J,k}^n = E_x^t|_{i+\frac{1}{2},J,k}^{n-1}$$
$$+ \left(\frac{\Delta t}{\varepsilon_0 \varepsilon \Delta y}\right)\left(H_z^s|_{i+\frac{1}{2},J+\frac{1}{2},k}^{n-\frac{1}{2}} + H_z^i|_{i+\frac{1}{2},J+\frac{1}{2},k}^{n-\frac{1}{2}} - H_z^t|_{i+\frac{1}{2},J-\frac{1}{2},k}^{n-\frac{1}{2}}\right)$$
$$- \left(\frac{\Delta t}{\varepsilon_0 \varepsilon \Delta z}\right)\left(H_y^t|_{i+\frac{1}{2},J,k+\frac{1}{2}}^{n-\frac{1}{2}} - H_y^t|_{i+\frac{1}{2},J,k-\frac{1}{2}}^{n-\frac{1}{2}}\right) \tag{6.232}$$

$$E_z^t|_{i,J,k+\frac{1}{2}}^n$$
$$= E_z^t|_{i,J,k+\frac{1}{2}}^{n-1} + \left(\frac{\Delta t}{\varepsilon_0 \varepsilon \Delta x}\right) \left(H_y^t|_{i+\frac{1}{2},J,k+\frac{1}{2}}^{n-\frac{1}{2}} - H_y^t|_{i-\frac{1}{2},J,k+\frac{1}{2}}^{n-\frac{1}{2}}\right)$$
$$- \left(\frac{\Delta t}{\varepsilon_0 \varepsilon \Delta y}\right) \left(H_x^s|_{i,J+\frac{1}{2},k+\frac{1}{2}}^{n-\frac{1}{2}} + H_x^i|_{i,J+\frac{1}{2},k+\frac{1}{2}}^{n-\frac{1}{2}} - H_x^t|_{i,J-\frac{1}{2},k+\frac{1}{2}}^{n-\frac{1}{2}}\right)$$
$$(6.233)$$

となる.さらに,$z = K_1 \Delta z$ 境界では

$$E_y^t|_{i,j+\frac{1}{2},k}^n = E_y^t|_{i,j+\frac{1}{2},k}^{n-1}$$
$$+ \left(\frac{\Delta t}{\varepsilon_0 \varepsilon \Delta z}\right) \left(H_x^t|_{i,j+\frac{1}{2},k+\frac{1}{2}}^{n-\frac{1}{2}} - H_x^s|_{i,j+\frac{1}{2},k-\frac{1}{2}}^{n-\frac{1}{2}} - H_x^i|_{i,j+\frac{1}{2},k-\frac{1}{2}}^{n-\frac{1}{2}}\right)$$
$$- \left(\frac{\Delta t}{\varepsilon_0 \varepsilon \Delta x}\right) \left(H_z^t|_{i+\frac{1}{2},j+\frac{1}{2},k}^{n-\frac{1}{2}} - H_z^t|_{i-\frac{1}{2},j+\frac{1}{2},k}^{n-\frac{1}{2}}\right) \quad (6.234)$$

$$H_x^s|_{i,j+\frac{1}{2},k-\frac{1}{2}}^{n+\frac{1}{2}}$$
$$= H_x^s|_{i,j+\frac{1}{2},k-\frac{1}{2}}^{n-\frac{1}{2}} - \left(\frac{\Delta t}{\mu_0 \mu \Delta y}\right) \left(E_z^s|_{i,j+1,k-\frac{1}{2}}^n - E_z^s|_{i,j,k-\frac{1}{2}}^n\right)$$
$$+ \left(\frac{\Delta t}{\mu_0 \mu \Delta z}\right) \left(E_y^t|_{i,j+\frac{1}{2},k}^n - E_y^i|_{i,j+\frac{1}{2},k}^n - E_y^s|_{i,j+\frac{1}{2},k-1}^n\right) \quad (6.235)$$

また,$z = K_2 \Delta z$ 境界では

$$E_y^t|_{i,j+\frac{1}{2},K}^n = E_y^t|_{i,j+\frac{1}{2},K}^{n-1}$$
$$+ \left(\frac{\Delta t}{\varepsilon_0 \varepsilon \Delta z}\right) \left(H_x^s|_{i,j+\frac{1}{2},K+\frac{1}{2}}^{n-\frac{1}{2}} + H_x^i|_{i,j+\frac{1}{2},K+\frac{1}{2}}^{n-\frac{1}{2}} - H_x^t|_{i,j+\frac{1}{2},K-\frac{1}{2}}^{n-\frac{1}{2}}\right)$$
$$- \left(\frac{\Delta t}{\varepsilon_0 \varepsilon \Delta x}\right) \left(H_z^t|_{i+\frac{1}{2},j+\frac{1}{2},K}^{n-\frac{1}{2}} - H_z^t|_{i-\frac{1}{2},j+\frac{1}{2},K}^{n-\frac{1}{2}}\right) \quad (6.236)$$

$$H_x^s|_{i,j+\frac{1}{2},K+\frac{1}{2}}^{n+\frac{1}{2}}$$
$$= H_x^s|_{i,j+\frac{1}{2},K+\frac{1}{2}}^{n-\frac{1}{2}} - \left(\frac{\Delta t}{\mu_0 \mu \Delta y}\right) \left(E_z^s|_{i,j+1,K+\frac{1}{2}}^n - E_z^s|_{i,j,K+\frac{1}{2}}^n\right)$$
$$+ \left(\frac{\Delta t}{\mu_0 \mu \Delta z}\right) \left(E_y^s|_{i,j+\frac{1}{2},K+1}^n - E_y^t|_{i,j+\frac{1}{2},K}^n + E_y^i|_{i,j+\frac{1}{2},K}^n\right)$$
$$(6.237)$$

となる.

6.4.3 TF/SF 境界を分散性媒質が横切る場合

ドルーデ分散に従う分散性媒質が TF/SF 境界である $x = I_1 \Delta x$ を横切っている場合を考える。入射場が TE_y 偏光の場合の $x = I_1 \Delta x$ における電場 E_z の例を示す。

$$E_z^t|_{I_1,j,k+\frac{1}{2}}^n = \frac{\left[\dfrac{\varepsilon_0 \varepsilon_\infty}{\Delta t} - \dfrac{\sigma}{2} - \dfrac{1}{2}\left(\dfrac{\varepsilon_0 \omega_p^2 \Delta t/2}{1 + \Gamma \Delta t/2}\right)\right]}{\left[\dfrac{\varepsilon_0 \varepsilon_\infty}{\Delta t} + \dfrac{\sigma}{2} + \dfrac{1}{2}\left(\dfrac{\varepsilon_0 \omega_p^2 \Delta t/2}{1 + \Gamma \Delta t/2}\right)\right]} E_z^t|_{I_1,j,k+\frac{1}{2}}^{n-1}$$

$$+ \frac{1/\Delta x}{\left[\dfrac{\varepsilon_0 \varepsilon_\infty}{\Delta t} + \dfrac{\sigma}{2} + \dfrac{1}{2}\left(\dfrac{\varepsilon_0 \omega_p^2 \Delta t/2}{1 + \Gamma \Delta t/2}\right)\right]}$$

$$\times \left(H_y^t|_{I_1+\frac{1}{2},j,k+\frac{1}{2}}^{n-\frac{1}{2}} - H_y^s|_{I_1+\frac{1}{2},j,k-\frac{1}{2}}^{n-\frac{1}{2}} - H_y^i|_{I_1+\frac{1}{2},j,k-\frac{1}{2}}^{n-\frac{1}{2}}\right)$$

$$- \frac{1/\Delta y}{\left[\dfrac{\varepsilon_0 \varepsilon_\infty}{\Delta t} + \dfrac{\sigma}{2} + \dfrac{1}{2}\left(\dfrac{\varepsilon_0 \omega_p^2 \Delta t/2}{1 + \Gamma \Delta t/2}\right)\right]}$$

$$\times \left(H_x^t|_{I_1,j+\frac{1}{2},k+\frac{1}{2}}^{n-\frac{1}{2}} - H_x^t|_{I_1,j-\frac{1}{2},k+\frac{1}{2}}^{n-\frac{1}{2}}\right)$$

$$+ \frac{1}{2} \frac{1}{\left[\dfrac{\varepsilon_0 \varepsilon_\infty}{\Delta t} + \dfrac{\sigma}{2} + \dfrac{1}{2}\left(\dfrac{\varepsilon_0 \omega_p^2 \Delta t/2}{1 + \Gamma \Delta t/2}\right)\right]}$$

$$\times \left(1 + \frac{1 - \Gamma \Delta t/2}{1 + \Gamma \Delta t/2}\right) J_z^t|_{I_1,j,k+\frac{1}{2}}^{n-1} \tag{6.238}$$

となる。したがって、通常の ADE による計算を行った後、入射場に対応する

$$- \frac{1/\Delta z}{\left[\dfrac{\varepsilon_0 \varepsilon_\infty}{\Delta t} + \dfrac{\sigma}{2} + \dfrac{1}{2}\left(\dfrac{\varepsilon_0 \omega_p^2 \Delta t/2}{1 + \Gamma \Delta t/2}\right)\right]} H_y^i|_{I_1+\frac{1}{2},j,k-\frac{1}{2}}^{n-\frac{1}{2}} \tag{6.239}$$

だけ補正を行えばよい。すなわち、入射場に対する係数をドルーデ分散に対応した係数に変えるだけでよい。

6.4.4 数値分散の影響

TF/SF 境界すべてが分散をもたない自由空間中に設定されている場合，境界での入射電磁場は解析的に計算できるので，なんの問題も生じないように思える．しかし，実際には問題が生じる．この問題は FDTD 法に特有の**数値分散**（numerical dispersion）に起因する．数値分散は**グリッド分散**とも呼ばれる．

FDTD 法で得られる波数 $\tilde{k}$ は，理論的な波数からずれ，均一な媒質中では次式で与えられる．

$$\left[\frac{1}{v_p \Delta t}\sin\left(\frac{\omega \Delta t}{2}\right)\right]^2 = \left[\frac{1}{\Delta x}\sin\left(\frac{\tilde{k}_x \Delta x}{2}\right)\right]^2 + \left[\frac{1}{\Delta y}\sin\left(\frac{\tilde{k}_y \Delta y}{2}\right)\right]^2 + \left[\frac{1}{\Delta z}\sin\left(\frac{\tilde{k}_z \Delta z}{2}\right)\right]^2 \tag{6.240}$$

ここで，v_p は位相速度である．この関係が FDTD 法における数値分散である．$\Delta x, \Delta y, \Delta z, \Delta t \to 0$ の極限でこの式は次式で与えられる通常の平面波の分散関係に収斂する．

$$\left(\frac{\omega}{v_p}\right)^2 = k_x^2 + k_y^2 + k_z^2 \tag{6.241}$$

解析的に求めた入射場を TF/SF 境界に適用すると，図 **6.11** に示すように，時間発展とともに全電磁場領域で伝搬する入射場との間に位相差が生じる．それが実際には存在しない散乱場の源となり，誤差の要因となる．

さらに，図 **6.12**（a）に示すように，自由空間中に孤立した物体に対する平面波入射などの場合，TF/SF 境界は均一な媒質中に設定される．しかし，実際の系では図（b）に示すように，物体はなんらかの基板の上に置かれる場合がよくある．この場合，入射場を解析的に求めるのは，たとえ数値分散を無視してもかなり煩雑である．パルス光を入射する場合は，周波数分布が広帯域にわたるので，時間波形をフーリエ変換し周波数領域で表し，各周波数成分に対して反射係数および透過係数を求め，再び時間領域に変換しなければならない．この問題を解決する方法としてよく用いられる方法は，入射場の伝搬方向（波数ベクトルの方向）に入射場に対する補助的な 1 次元の FDTD 計算を行い，その結果

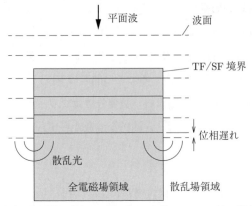

破線は解析的に得られる波面で，実線は FDTD 法で得られる波面である

図 6.11 数値分散による散乱光の発生

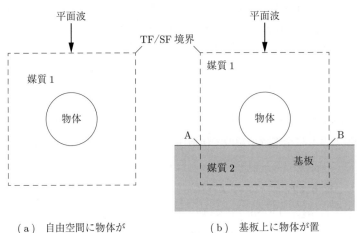

（a）自由空間に物体が置かれている場合
（b）基板上に物体が置かれている場合

図 6.12 数値分散による散乱光発生の検討

を TF/SF 法における入射場として用いるものである．この方法は，計算領域に基板や多層膜などが含まれる場合にも簡単に適用できる，という利点をもつ．

しかし，この方法は入射場の伝搬方向が座標軸に添った方向であれば簡単であるが，座標軸に対して傾いている場合は，1 次元 FDTD 法の電磁場が定義さ

れている位置と3次元FDTD法のそれとが異なっている，という問題をもつ。そのため，1次元FDTD法の結果を3次元FDTD法の入力として利用しようとすると，補間などの工夫が必要となる。また，基板のある系には適用できない。

6.4.5 斜入射平面波

座標軸の一つに対して垂直な界面をもつ基板や多層膜が媒質に含まれる場合の斜入射光の取扱いとして，Zhang and Seideman [13] によって提案された方法を紹介する。例として y 方向に一様な系を考える。波数ベクトル $\boldsymbol{k}$ が xz 面内にあり，磁場が y 方向を向いている TE_y 偏光を考える。誘電率は z 方向のみに変化しているとする。

周波数領域におけるマクスウェル方程式は

$$\frac{\partial E_x}{\partial z} - \frac{\partial E_z}{\partial x} = i\omega\mu_0 H_y \tag{6.242}$$

$$\frac{\partial H_y}{\partial x} = -i\omega\varepsilon_0\varepsilon(\omega)E_z \tag{6.243}$$

$$\frac{\partial H_y}{\partial z} = i\omega\varepsilon_0\varepsilon(\omega)E_x \tag{6.244}$$

となる。ここで，$\varepsilon(\omega)$ は損失と分散を含めた複素誘電率で，透磁率はすべての媒質で $\mu = 1$ とする。解くべき問題はこれらの式を z 方向に沿った1次元の伝搬として表すことである。式 (6.243) を x で微分して式 (6.242) に代入すると

$$\frac{\partial E_x}{\partial z} = i\omega\mu_0 H_y + \frac{1}{-i\omega\varepsilon_0\varepsilon(\omega)}\frac{\partial^2 H_y}{\partial x^2} \tag{6.245}$$

となる。位相整合条件により，x 方向の波数はすべての層で同じ値をとる。その値を k_x とすると

$$\frac{\partial^2 H_y}{\partial x^2} = -k_x^2 H_y \tag{6.246}$$

が得られる。入射側の最初の層には損失がなく，その誘電率を ε_{1r} とし，入射角を θ とすると

$$k_x = \omega\sqrt{\varepsilon_0 \varepsilon_{1r} \mu_0} \sin\theta \tag{6.247}$$

となる．式 (6.247) を式 (6.246) に代入し，さらに，式 (6.246) を式 (6.245) に代入すると

$$\frac{\partial E_x}{\partial z} = i\omega\mu_0 \left[\frac{\varepsilon(\omega) - \varepsilon_{1r}\sin^2\theta}{\varepsilon(\omega)}\right] H_y \tag{6.248}$$

となる．媒質が損失を含まず，また分散性でもなければ，これらの式は簡単に時間領域にもっていけ，FDTD 法に適応できる．しかし，損失媒質や分散性媒質ではもう一工夫必要である．この工夫は Jiang ら[14)] によってなされている．

まず，新しい変数 H_y' を導入して式 (6.248) をつぎのように二つに分解する．

$$\frac{\partial E_x}{\partial z} = i\omega\mu_0 H_y' \tag{6.249}$$

$$H_y' = \frac{\varepsilon(\omega) - \varepsilon_{1r}\sin^2\theta}{\varepsilon(\omega)} H_y \tag{6.250}$$

分散性媒質の場合，式 (6.244) と式 (6.249) は通常の ADE を用いて時間領域で離散化できる．残るは式 (6.250) である．式 (6.250) の両辺に $\varepsilon(\omega)$ を掛けると

$$\varepsilon(\omega) H_y' = [\varepsilon(\omega) - \varepsilon_{1r}\sin^2\theta] H_y \tag{6.251}$$

となる．まず，損失媒質の場合を考える．すなわち

$$\varepsilon(\omega) = \varepsilon_\infty - \frac{\sigma}{i\omega\varepsilon_0} \tag{6.252}$$

である．式 (6.252) を式 (6.251) に代入すると

$$\left(\varepsilon_\infty - \frac{\sigma}{i\omega\varepsilon_0}\right) H_y' = \left(\varepsilon' - \frac{\sigma}{i\omega\varepsilon_0}\right) H_y \tag{6.253}$$

$$(-i\omega\varepsilon_0\varepsilon_\infty + \sigma) H_y' = (-i\omega\varepsilon_0\varepsilon' + \sigma) H_y \tag{6.254}$$

となる．ただし

$$\varepsilon' = \varepsilon_\infty - \varepsilon_{1r}\sin^2\theta \tag{6.255}$$

である。式 (6.254) を時間領域で表すと

$$\varepsilon_0\varepsilon_\infty \frac{\partial H'_y}{\partial t} + \sigma H'_y = \varepsilon_0\varepsilon' \frac{\partial H_y}{\partial t} + \sigma H_y \tag{6.256}$$

となる。

式 (6.244) を時間領域表現したもの，式 (6.249) および式 (6.256) が 1 次元 FDTD 法の時間発展に必要な式である。これらの式をまとめると

$$\varepsilon_0\varepsilon_\infty \frac{\partial E_x}{\partial t} + \sigma E_x = -\frac{\partial H_y}{\partial z} \tag{6.257}$$

$$\mu_0 \frac{\partial H'_y}{\partial t} = -\frac{\partial E_x}{\partial z} \tag{6.258}$$

$$\varepsilon_0\varepsilon_\infty \frac{\partial H'_y}{\partial t} + \sigma H'_y = \varepsilon_0\varepsilon' \frac{\partial H_y}{\partial t} + \sigma H_y \tag{6.259}$$

となる。

つぎに式 (6.259) の離散化を考える。

$$\begin{aligned}&\varepsilon_0\varepsilon_\infty \frac{H'_y|^{n+\frac{1}{2}} - H'_y|^{n-\frac{1}{2}}}{\Delta t} + \sigma \frac{H'_y|^{n+\frac{1}{2}} + H'_y|^{n-\frac{1}{2}}}{2} \\ &= \varepsilon_0\varepsilon' \frac{H_y|^{n+\frac{1}{2}} - H_y|^{n-\frac{1}{2}}}{\Delta t} + \sigma \frac{H_y|^{n+\frac{1}{2}} + H_y|^{n-\frac{1}{2}}}{2}\end{aligned} \tag{6.260}$$

よって，次式となる。

$$\begin{aligned}H_y|^{n+\frac{1}{2}} &= \frac{2\varepsilon_0\varepsilon' - \sigma\Delta t}{2\varepsilon_0\varepsilon' + \sigma\Delta t} H_y|^{n-\frac{1}{2}} + \frac{2\varepsilon_0\varepsilon_\infty + \sigma\Delta t}{2\varepsilon_0\varepsilon' + \sigma\Delta t} H'_y|^{n+\frac{1}{2}} \\ &\quad - \frac{2\varepsilon_0\varepsilon_\infty - \sigma\Delta t}{2\varepsilon_0\varepsilon' + \sigma\Delta t} H'_y|^{n+\frac{1}{2}}\end{aligned} \tag{6.261}$$

つぎに，媒質の誘電率がドルーデ分散で表される場合を考える。すなわち

$$\varepsilon(\omega) = \varepsilon_\infty - \frac{\omega_p^2}{\omega^2 + i\Gamma\omega} \tag{6.262}$$

の場合である。式 (6.262) を式 (6.251) に代入すると

$$\left(\varepsilon_\infty - \frac{\omega_p^2}{\omega^2 + i\Gamma\omega}\right) H'_y = \left(\varepsilon_\infty - \frac{\omega_p^2}{\omega^2 + i\Gamma\omega} - \varepsilon_{1r}\sin^2\theta\right) H_y \tag{6.263}$$

$$(\varepsilon_\infty \omega^2 + i\Gamma\varepsilon_\infty\omega - \omega_p^2)H_y'$$
$$= [(\varepsilon_\infty - \varepsilon_{1r}\sin^2\theta)\omega^2 + i\Gamma(\varepsilon_\infty - \varepsilon_{1r}\sin^2\theta)\omega - \omega_p^2]H_y \quad (6.264)$$

となる．時間領域で表すと，以下のように変形される．

$$\varepsilon_\infty \frac{\partial^2 H_y'}{\partial t^2} + \Gamma\varepsilon_\infty\frac{\partial H_y'}{\partial t} + \omega_p^2 H_y'$$
$$= (\varepsilon_\infty - \varepsilon_{1r}\sin^2\theta)\frac{\partial^2 H_y}{\partial t^2} + \Gamma(\varepsilon_\infty - \varepsilon_{1r}\sin^2\theta)\frac{\partial H_y}{\partial t} + \omega_p^2 H_y$$
$$(6.265)$$

式 (6.244), (6.249), および式 (6.265) が 1 次元 FDTD 法の時間発展に必要な式である．これらの式を時間領域で表し，以下のようにまとめられる．

$$\varepsilon_0\varepsilon_\infty\frac{\partial E_x}{\partial t} + J_x = -\frac{\partial H_y}{\partial z} \quad (6.266)$$

$$\mu_0\frac{\partial H_y'}{\partial t} = -\frac{\partial E_x}{\partial z} \quad (6.267)$$

$$\varepsilon_\infty \frac{\partial^2 H_y'}{\partial t^2} + \Gamma\varepsilon_\infty\frac{\partial H_y'}{\partial t} + \omega_p^2 H_y'$$
$$= (\varepsilon_\infty - \varepsilon_{1r}\sin^2\theta)\frac{\partial^2 H_y}{\partial t^2} + \Gamma(\varepsilon_\infty - \varepsilon_{1r}\sin^2\theta)\frac{\partial H_y}{\partial t} + \omega_p^2 H_y$$
$$(6.268)$$

つぎに式 (6.268) の離散化を考える．ここでは時間に関する 2 階微分を扱う必要がある．この 2 階微分をこれまでと同様に離散化すると

$$\frac{\partial^2 H}{\partial t^2} = \frac{H|^{n+\frac{1}{2}} - 2H|^{n-\frac{1}{2}} + H|^{n-\frac{3}{2}}}{\Delta t^2} \quad (6.269)$$

となる．一方，通常用いている 1 階微分と 0 階微分は

$$\frac{\partial H}{\partial t} = \frac{H|^{n+\frac{1}{2}} - H|^{n-\frac{1}{2}}}{\Delta t} \quad (6.270)$$

$$H = \frac{H|^{n+\frac{1}{2}} + H|^{n-\frac{1}{2}}}{2} \quad (6.271)$$

となる．式 (6.269) は時刻 $t = (n-1/2)\Delta t$ における値であるが，式 (6.270) および式 (6.271) は時刻 $t = n\Delta t$ における値となっているので，時刻が一致していない．そこで，時刻を $t = (n-1/2)\Delta t$ に一致させるため

6.4 波源

$$\frac{\partial H}{\partial t} = \frac{H|^{n+\frac{1}{2}} - H|^{n-\frac{3}{2}}}{2\Delta t} \tag{6.272}$$

$$H = H|^{n-\frac{1}{2}} \tag{6.273}$$

を用いる。余談だが，Zhang ら[13] は式 (6.273) の代わりに

$$H = \frac{H|^{n+\frac{1}{2}} + H|^{n-\frac{3}{2}}}{2} \tag{6.274}$$

を用いている。

式 (6.269), (6.272) および式 (6.273) を式 (6.268) に代入すると

$$\varepsilon_\infty \frac{H'_y|^{n+\frac{1}{2}} - 2H'_y|^{n-\frac{1}{2}} + H'_y|^{n-\frac{3}{2}}}{\Delta t^2} + \Gamma\varepsilon_\infty \frac{H'_y|^{n+\frac{1}{2}} - H'_y|^{n-\frac{3}{2}}}{2\Delta t} + \omega_p^2 H'_y|^{n-\frac{1}{2}}$$

$$= \varepsilon' \frac{H_y|^{n+\frac{1}{2}} - 2H_y|^{n-\frac{1}{2}} + H_y|^{n-\frac{3}{2}}}{\Delta t^2} + \Gamma\varepsilon' \frac{H_y|^{n+\frac{1}{2}} - H_y|^{n-\frac{3}{2}}}{2\Delta t} + \omega_p^2 H_y|^{n-\frac{1}{2}}$$
$$\tag{6.275}$$

となる。よって

$$\begin{aligned}
H_y|^{n+\frac{1}{2}} &= \frac{4\varepsilon' - 2\omega_p^2 \Delta t^2}{\varepsilon'(2+\Gamma\Delta t)} H_y|^{n-\frac{1}{2}} - \frac{\varepsilon'(2-\Gamma\Delta t)}{\varepsilon'(2+\Gamma\Delta t)} H_y|^{n-\frac{3}{2}} \\
&\quad + \frac{\varepsilon_\infty(2+\Gamma\Delta t)}{\varepsilon'(2+\Gamma\Delta t)} H'_y|^{n+\frac{1}{2}} - \frac{4\varepsilon_\infty - 2\omega_p^2 \Delta t^2}{\varepsilon'(2+\Gamma\Delta t)} H'_y|^{n-\frac{1}{2}} \\
&\quad + \frac{\varepsilon_\infty(2-\Gamma\Delta t)}{\varepsilon'(2+\Gamma\Delta t)} H'_y|^{n-\frac{3}{2}}
\end{aligned} \tag{6.276}$$

となる。

1 次元 FDTD 法に対しては通常の CPML がそのまま適用できる[14]。CPML 領域では，式 (6.266) と式 (6.267) はそれぞれつぎのように書き換えられる。

$$\varepsilon_0\varepsilon_\infty \frac{\partial E_x}{\partial t} + \sigma E_x + J_x = -\frac{1}{\kappa_z}\frac{\partial H_y}{\partial z} - \zeta_z * \frac{\partial H_y}{\partial z} \tag{6.277}$$

$$\mu_0 \frac{\partial H'_y}{\partial t} = -\frac{1}{\kappa_z}\frac{\partial E_x}{\partial z} - \zeta_z * \frac{\partial E_x}{\partial z} \tag{6.278}$$

z 方向の 1 次元 FDTD 法を実際に行う際に気を付ける必要があるのは，Courant 条件（式 (6.21) 参照）である。z 方向の位相速度 v_z は

$$v_z = \frac{c}{\sqrt{\varepsilon_{1r}\cos\theta}} \qquad (6.279)$$

となる．したがって，時間ステップを

$$\Delta t_{1D} < \frac{\Delta z}{v_z} = \frac{\sqrt{\varepsilon_{1r}}\cos\theta\Delta z}{c} \qquad (6.280)$$

としなければならない．入射角 θ が大きくなると，v_z は真空中の光速より大きくなる．したがって，Δt_{1D} をそれに合わせて小さくしなければならない．一方で，3 次元 FDTD 法での時間ステップ Δt_{3D} を 1 次元 FDTD 法での Δt_{1D} と同じ値に設定すると，計算時間が長くなる（3 次元の FDTD 法では Δt_{3D} は通常の Courant 条件を満たせば十分である）．このことを解決する方法が Çapoğlu and Smith [15)] によって提案されている．すなわち，1 次元 FDTD 法の時間ステップを $\Delta t_{1D} = \Delta t_{3D}/k$（$k$ は $3, 5, 7, \ldots$ などの奇数）とし，1 次元 FDTD 法の結果を間引いて 3 次元 FDTD 法の入射場として使用する方法である．

また，1 次元 FDTD 法の計算において，TF/SF 境界における補正は式 (6.266) および式 (6.267) からわかるように，E_x と H_y' に対して行う必要がある．

入射場が TE_y 偏光の場合，x 軸に垂直な TF/SF 境界において補正が必要となる場は，図 **6.13** の直線 A 上の H_y と，直線 B 上の E_z である．z 軸に垂直な TF/SF 境界においては，直線 D 上の H_y，および直線 E 上の E_x である．また，y 軸に垂直な TF/SF 境界においては，E_x および E_z に対して補正が必要である．計算手順はつぎのようになる．まず，直線 A 上で 1 次元 FDTD 法を行い H_y を求める．つぎに直線 B 上の E_z を求めるのだが，これは直接求めることはできない．したがって，まず直線 A 上の H_y に時間遅れを施すことで，直線 C 上の H_y を求める．つぎに直線 A および直線 C 上の H_y から直線 B 上の E_z を求める．直線 F 上の H_y および直線 G 上の E_x はそれぞれ直線 A 上の H_y および E_x に時間遅れを施して求める．

z 座標が同じで，x 方向の距離が $I\Delta x$ だけ離れた位置での場における時間遅れ τ は，つぎのように計算できる．x 方向の位相速度は

$$v_x = \frac{c}{k_x} = \frac{c}{\sqrt{\varepsilon_{1r}}\sin\theta} \qquad (6.281)$$

6.4 波　　源

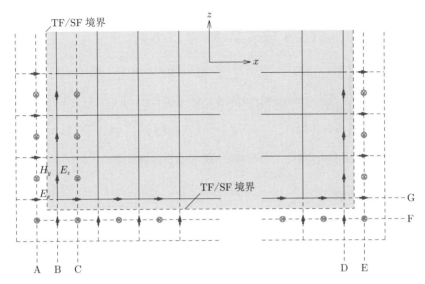

図 **6.13** TF/SF 境 界

で与えられる．したがって，時間遅れは

$$\tau = \frac{I\Delta x}{v_x} = \frac{\sqrt{\varepsilon_{1r}}\sin\theta}{c}I\Delta x \tag{6.282}$$

となる．遅延時間が $\tau = (l+w)\Delta t$（l は整数，$0 < w < 1$）で表されるとき，E_x を例にとると

$$E_x^i\big|_{i+I+\frac{1}{2},j,k}^{n} = (1-w)E_x^i\big|_{i+\frac{1}{2},j,k}^{n-l} + wE_x^i\big|_{i+\frac{1}{2},j,k}^{n-l+1} \tag{6.283}$$

となる．

6.4.6 励　振　波　形

波源の時間波形を決めるときには，いくつかのことに注意する必要がある．一つは DC 成分の有無である．DC 成分は伝搬しないため，永遠にその場所に留まる．もう一つは，単一周波数をもつ連続（CW）波で励起する場合の高周波成分の混入である．時刻 $t=0$ においてステップ関数的に振幅（包絡線）が変化する正弦波を用いると，大きな振幅をもつ高周波成分が生じる．このこと

を回避するため,振幅がなだらかに変化する正弦波を用いる必要がある。その一つの例として,次式で与えられる波形が考えられる,

$$j(t) = \begin{cases} 0 & (t < 0) \\ \dfrac{1}{2}(1 - \cos a\omega t)\sin\omega t & \left(0 \leq t < \dfrac{\pi}{a}\omega\right) \\ \sin\omega t & \left(\dfrac{\pi}{a}\omega \leq t\right) \end{cases} \quad (6.284)$$

図 **6.14** (a) は $a = 1/4$ としたときの波形である。破線は

$$\int_0^t j(t')dt' \quad (6.285)$$

を計算したもので,電荷に対応する。この図からわかるように,定常状態での電荷の平均値は 0 ではなく,負側にシフトしており,定常電荷(DC 成分)が生じていることがわかる。これを解決する方法は,搬送波として,正弦波ではなく余弦波を用いることである。すなわち

$$j(t) = \begin{cases} 0 & (t < 0) \\ \dfrac{1}{2}(1 - \cos a\omega t)\cos\omega t & \left(0 \leq t < \dfrac{\pi}{a\omega}\right) \\ \cos\omega t & \left(\dfrac{\pi}{a\omega} \leq t\right) \end{cases} \quad (6.286)$$

である。図 (b) にその波形を示す。積分値の平均(DC 成分)が 0 となっていることがわかる。このことは,$a = 1/m$(m は整数)のときにつねに成り立つ。

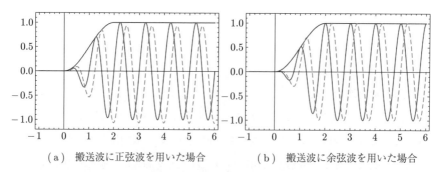

(a) 搬送波に正弦波を用いた場合 　　(b) 搬送波に余弦波を用いた場合

図 **6.14** 波源の波形 ($a = 1/4$)

6.4.7 周波数解析

デバイスの光学特性を調べるときには,周波数応答を要求される場合が頻繁に出てくる.一つの方法として,単一の周波数をもつ連続光を入射光として用い,系の定常状態を計算することを一つのシーケンスとし,それを周波数を変えながら順次行っていくことが考えられる.RCWA 法などの最初から定常解が得られる周波数領域の解法と異なり,FDTD 法では定常解を求めるのに時間がかかるので,この方法は適当ではない.しかしながら,FDTD 法では時間領域の解が得られるため,入力として,短パルス光を利用することで,周波数応答を得ることができる.短パルスの周波数成分は短パルスの時間波形とフーリエ変換の関係になっている.したがって,出力の時間波形をフーリエ変換し,入力の時間波形のフーリエ変換で割り算することにより,系の周波数応答が得られる.この方法を用いることにより,1 回の時間発展の計算により周波数解析を行える.フーリエ変換を行うに際しては,観測位置における電場や磁場の時系列の値を保存しておく必要がある.ただし,通常は時間発展ごとの値ではなく,適当に間引きした時刻における値の保存で十分である.間引きにより,保存に必要なメモリを大幅に少なくすることができる.

周波数応答を知るためのパルスとしては,ガウス波形や,それを正弦波で変調した波形などが用いられる.正弦波変調した**ガウスパルス**は次式で与えられる.

$$E(t) = \exp\left[-\left(\frac{t}{\tau}\right)^2\right] \sin\omega_0 t \tag{6.287}$$

この波形の周波数スペクトル $\hat{E}(\omega)$ はフーリエ変換によって得られ

$$\begin{aligned}\hat{E}(\omega) &= \int_{-\infty}^{\infty} E(t)\exp(-i\omega t)dt \\ &= \frac{\sqrt{\pi}\tau}{2i}\left\{\exp\left[-\left(\frac{\tau}{2}\right)^2(\omega+\omega_0)^2\right] - \exp\left[-\left(\frac{\tau}{2}\right)^2(\omega-\omega_0)^2\right]\right\}\end{aligned} \tag{6.288}$$

となる.

真空中を伝搬する入射場の例として,図 **6.15** に示すような入射角 θ で入射

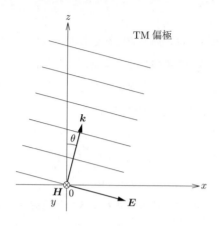

図 6.15 TM 偏光平面波

するTE$_y$波を考える。パルス波形は，これまで述べたガウスパルスを正弦波で変調した波形を考える。このとき電場および磁場は次式のように与えられる。

$$E_x = \exp\left[-\left(\frac{t-t_0-\dfrac{x}{c}\sin\theta-\dfrac{z}{c}\cos\theta}{\tau}\right)^2\right]$$
$$\times \sin\left[\omega_0\left(t-t_0-\frac{x}{c}\sin\theta-\frac{z}{c}\cos\theta\right)\right]\cos\theta \qquad (6.289)$$

$$E_z = -\exp\left[-\left(\frac{t-t_0-\dfrac{x}{c}\sin\theta-\dfrac{z}{c}\cos\theta}{\tau}\right)^2\right]$$
$$\times \sin\left[\omega_0\left(t-t_0-\frac{x}{c}\sin\theta-\frac{z}{c}\cos\theta\right)\right]\sin\theta \qquad (6.290)$$

$$H_y = \frac{1}{z_0}\exp\left[-\left(\frac{t-t_0-\dfrac{x}{c}\sin\theta-\dfrac{z}{c}\cos\theta}{\tau}\right)^2\right]$$
$$\times \sin\left[\omega_0\left(t-t_0-\frac{x}{c}\sin\theta-\frac{z}{c}\cos\theta\right)\right] \qquad (6.291)$$

ここで問題となるのはt_0をどのくらいにとるかということである。t_0が小さいと残留電荷が生じる。経験上，$t_0 \geqq 5\tau$にとれば十分であるが，もちろん，要求される精度による。

6.4.8 周期境界の下での斜入射

空間的に周期的に並ぶ物体の光学応答を計算する場合，その周期の方向と垂直方向からの入射に対してはまったく問題なく計算できる．しかし，斜入射に対しては周期境界条件の設定に困難が生じる．

周期境界に対して，斜入射光を導入するための種々の方法が提案されている．それらの特徴を図 **6.16** に示す．

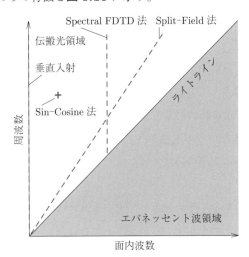

図 **6.16** 種々の手法によって一度に求めることができる波数と周波数の組合せ[16]

Sin–Cosine 法[17]では k–ω 空間の 1 点しか同時計算できない．

最も洗練されているのは，Roden ら[18]によって開発された **Split–Field 法**である．この方法では，ある一つの入射角に対して広帯域の周波数応答を得ることができる．

これに対して，より簡単な **Spectral FDTD 法**と名づけられた方法が Aminian and Rahmat–Samii[19]によって提案されている．この方法では，k–ω 空間の $k = \mathrm{const.}$ 上の周波数応答を一度に計算することができる．この方法の問題点は，入射パルス平面波にエバネッセント波が含まれることで生じる．エバネッセント波は，周期と平行に伝搬し，PML はそれに対して効果がないため，共鳴が存在するところでは発散する．この問題を解決する方法が Yang ら[16]によって提案されている．

Schurig[20]は，単位胞の整数倍とその方向の波長の整数倍が等しいときに周期境界条件がそのまま適用できることを利用して，計算を行っている。ただし，この方法で計算できるのは入射角と周波数で張る空間中の離散的な曲線上のみである。そのため，Schurigはその間の内挿方法についても述べている。

6.5　近接場から遠方場への変換

FDTD法で遠方場を直接計算するのは現実的ではない。そのため，近接場から遠方場を計算する方法が求められる。その方法として，散乱体を囲む閉曲面上の仮想的な**電流源**および**磁流源**を計算し，それから遠方場を求める方法が提案されている（**表面積分法**）[21]。これに対して，**体積積分法**というものが提案されている[22]。この方法では散乱体内の電場からエネルギー散逸を計算するものであり，用いるのは散乱体内の電場のみである。また，この方法は媒質に吸収がある場合にも適用できる[23]。

Zhaiら[24]は表面積分法と体積積分法の優劣を，要求されるコンピュータ資源の観点から比較している。粒子の屈折率が高い場合や，サイズパラメータが大きい場合，表面積分法が有利であることを示している。その理由は，屈折率が高くなると粒子内の波長が短くなること，またサイズパラメータが大きくなると粒子の内側の場の変化が急になること，により細かいグリッドが要求されるからとしている。ここではLuebbersら[25]の表面積分法を紹介する。

ある閉空間V中に電流源と磁流源が閉じ込められている場合，それらの分布$\boldsymbol{J}(\boldsymbol{r})$と$\boldsymbol{M}(\boldsymbol{r})$が与えられれば，遠方場は計算できる。すなわち

$$\boldsymbol{E}(\boldsymbol{r}) = i\omega\mu_0\mu \boldsymbol{A}(\boldsymbol{r}) - \frac{1}{i\omega\varepsilon_0\varepsilon}\nabla\nabla\cdot\boldsymbol{A}(\boldsymbol{r}) - \nabla\times\boldsymbol{F}(\boldsymbol{r}) \qquad (6.292)$$

$$\boldsymbol{H}(\boldsymbol{r}) = i\omega\varepsilon_0\varepsilon \boldsymbol{F}(\boldsymbol{r}) - \frac{1}{i\omega\mu_0\mu}\nabla\nabla\cdot\boldsymbol{F}(\boldsymbol{r}) + \nabla\times\boldsymbol{A}(\boldsymbol{r}) \qquad (6.293)$$

である。ここで，$\boldsymbol{r}$は位置ベクトル，$\boldsymbol{A}$は磁気ベクトルポテンシャル，$\boldsymbol{F}$は電気ベクトルポテンシャルであり，それぞれ次式で与えられる。

$$A(r) = \int_V J(r') \frac{e^{ikR}}{4\pi R} d^3 r' \tag{6.294}$$

$$F(r) = \int_V M(r') \frac{e^{ikR}}{4\pi R} d^3 r' \tag{6.295}$$

ただし，$R = |r - r'|$ である．これらの式を用いれば遠方場が計算できるが，閉局面内のすべての電流源と磁流源について計算を行う必要があり，計算時間を要する．そこで，体積積分を表面積分で置き換えることを考える．

電流源と磁流源を取り囲む任意の閉曲面 S を考える．そして，この表面上に仮想的な電流源 J_s と磁流源 M_s とが存在すると考える．これらの電流源と磁流源は閉曲面上の電場 $E(r_s)$ と磁場 $H(r_s)$ から計算でき，つぎのように表される．

$$J_s(r_s) = \hat{n} \times H(r_s) \tag{6.296}$$

$$M_s(r_s) = E(r_s) \times \hat{n} \tag{6.297}$$

ここで，$\hat{n}$ は閉曲面の外側に向かう単位法線ベクトルである．グリーンの定理を使うことで，閉曲面内の電流源および磁流源による閉曲面外側への放射は閉曲面上の表面電流と表面磁流による放射で表すことができる．その結果，式 (6.294) と式 (6.295) は

$$A(r) = \int_S J_s(r') \frac{e^{ikR}}{4\pi R} d^2 r' \tag{6.298}$$

$$F(r) = \int_S M_s(r') \frac{e^{ikR}}{4\pi R} d^2 r' \tag{6.299}$$

となる．

つぎに具体的な計算方法について述べる．まず，遠方において $e^{ikR}/4\pi R$ を近似する．

$$R = [r^2 + r'^2 - 2rr'(\hat{r} \cdot \hat{r}')]^{1/2} \tag{6.300}$$

ここで，$r = |r|$, $r' = |r'|$, $\hat{r} = r/r$, および $\hat{r}' = r'/r'$ である．$r \gg r'$ だから $R \cong r$ と近似できるが，位相を考えた場合，この近似では不十分で

$$R \cong r - r'(\hat{\boldsymbol{r}} \cdot \hat{\boldsymbol{r}}') \tag{6.301}$$

を用いる必要がある。これらの近似を用いると遠方では

$$\frac{e^{ikR}}{4\pi R} \cong \frac{e^{ikr}e^{-ikr'(\hat{\boldsymbol{r}} \cdot \hat{\boldsymbol{r}}')}}{4\pi r} \tag{6.302}$$

と近似できる。

式 (6.292), (6.293), (6.298), (6.299), および式 (6.302) を用いると, 結局, 遠方場は

$$E_r \cong 0 \tag{6.303}$$

$$E_\theta \cong ik\frac{e^{ikr}}{4\pi r}(L_\phi + ZN_\theta) \tag{6.304}$$

$$E_\phi \cong -ik\frac{e^{ikr}}{4\pi r}(L_\theta - ZN_\phi) \tag{6.305}$$

$$H_r \cong 0 \tag{6.306}$$

$$H_\theta \cong -ik\frac{e^{ikr}}{4\pi r}\left(N_\phi - \frac{1}{Z}L_\theta\right) = -\frac{1}{Z}E_\phi \tag{6.307}$$

$$H_\phi \cong ik\frac{e^{ikr}}{4\pi r}\left(N_\theta + \frac{1}{Z}L_\phi\right) = \frac{1}{Z}E_\theta \tag{6.308}$$

となる。ここで, $Z = \sqrt{\mu_0\mu/\varepsilon_0\varepsilon}$ は**波動インピーダンス**である。また

$$\boldsymbol{N}(\theta,\phi) = \int_S \boldsymbol{J}_s e^{-i\boldsymbol{k}\cdot\boldsymbol{r}'} d^2\boldsymbol{r}' \tag{6.309}$$

$$\boldsymbol{L}(\theta,\phi) = \int_S \boldsymbol{M}_s e^{-i\boldsymbol{k}\cdot\boldsymbol{r}'} d^2\boldsymbol{r}' \tag{6.310}$$

である。ここで, (θ,ϕ) は $\boldsymbol{r}$ の方向, すなわち観測角を表し, $\boldsymbol{k}$ はその方向に向かう波数ベクトルで

$$\boldsymbol{k} = k\hat{\boldsymbol{r}} = k(\sin\theta\cos\phi\hat{\boldsymbol{e}}_x + \sin\theta\sin\phi\hat{\boldsymbol{e}}_y + \cos\theta\hat{\boldsymbol{e}}_z) \tag{6.311}$$

である。ここで, $\hat{\boldsymbol{r}}$, $\hat{\boldsymbol{e}}_x$, $\hat{\boldsymbol{e}}_y$ および $\hat{\boldsymbol{e}}_z$ は単位ベクトルである。

式 (6.303)〜(6.308) を用いると, ポインティングベクトルは r 方向の成分のみが残り

6.5 近接場から遠方場への変換

$$S_r = E_\theta H_\phi^* - E_\phi H_\theta^* = \frac{k^2}{16\pi^2 r^2 Z} \left(|L_\phi + ZN_\theta|^2 + |L_\theta - ZN_\phi|^2 \right) \tag{6.312}$$

となる。

つぎに表面電流と表面磁流の求め方について述べる。閉曲面 S を E セル (6.1.3 項 参照) の集合からなる直方体表面にとるのが最も普通である。直方体の対角の頂点の座標を，それぞれ $(i_{s1}\Delta x, j_{s1}\Delta y, k_{s1}\Delta z)$ および $(i_{s2}\Delta x, j_{s2}\Delta y, k_{s2}\Delta z)$ とする。磁流 $\bm{M}$ と電場 $\bm{E}$ の関係は次式で与えられる。

$$\bm{M} = \bm{E} \times \bm{n} \tag{6.313}$$

例として，直方体 S の $x = i_{s1}\Delta x$ 表面での磁流を考える。

$$\hat{\bm{e}}_z M_z|_{i_{s1},j+\frac{1}{2},k}^n = -\hat{\bm{e}}_y E_y|_{i_{s1},j+\frac{1}{2},k}^n \times \hat{\bm{e}}_x = \hat{\bm{e}}_z E_y|_{i_{s1},j+\frac{1}{2},k}^n \tag{6.314}$$

となる。同様に

$$\hat{\bm{e}}_y M_y|_{i_{s1},j,k+\frac{1}{2}}^n = -\hat{\bm{e}}_y E_z|_{i_{s1},j,k+\frac{1}{2}}^n \tag{6.315}$$

となる。すなわち

$$M_z|_{i_{s1},j+\frac{1}{2},k}^n = E_y|_{i_{s1},j+\frac{1}{2},k}^n \tag{6.316}$$

$$M_y|_{i_{s1},j,k+\frac{1}{2}}^n = -E_z|_{i_{s1},j,k+\frac{1}{2}}^n \tag{6.317}$$

となる。同様に，$x = i_{s2}\Delta x$ 表面では

$$M_z|_{i_{s2},j+\frac{1}{2},k}^n = -E_y|_{i_{s2},j+\frac{1}{2},k}^n \tag{6.318}$$

$$M_y|_{i_{s2},j,k+\frac{1}{2}}^n = E_z|_{i_{s2},j,k+\frac{1}{2}}^n \tag{6.319}$$

となる。$y = j_{s1}\Delta y$ 表面では

$$M_x|_{i,j_{s1},k+\frac{1}{2}}^n = E_z|_{i,j_{s1},k+\frac{1}{2}}^n \tag{6.320}$$

$$M_z|_{i+\frac{1}{2},j_{s1},k}^n = -E_x|_{i+\frac{1}{2},j_{s1},k}^n \tag{6.321}$$

となる。$y = j_{s2}\Delta y$ 表面では

$$M_x|_{i,j_{s2},k+\frac{1}{2}}^n = -E_z|_{i,j_{s2},k+\frac{1}{2}}^n \tag{6.322}$$

$$M_z|_{i+\frac{1}{2},j_{s2},k}^n = E_x|_{i+\frac{1}{2},j_{s2},k}^n \tag{6.323}$$

となる。同様に，$z = k_{s1}\Delta z$ 表面では

$$M_y|_{i+\frac{1}{2},j,k_{s1}}^n = E_x|_{i+\frac{1}{2},j,k_{s1}}^n \tag{6.324}$$

$$M_x|_{i,j+\frac{1}{2},k_{s1}}^n = -E_y|_{i,j+\frac{1}{2},k_{s1}}^n \tag{6.325}$$

となる。$z = k_{s2}\Delta z$ 表面では，すなわち

$$M_y|_{i+\frac{1}{2},j,k_{s2}}^n = -E_x|_{i+\frac{1}{2},j,k_{s2}}^n \tag{6.326}$$

$$M_x|_{i,j+\frac{1}{2}j,k_{s2}}^n = E_y|_{i,j+\frac{1}{2},k_{s2}}^n \tag{6.327}$$

となる。

例えば，$z = k_{s2}\Delta z$ 表面での $L_x(\theta,\phi)$ は，式 (6.327) を用いることでつぎのように表される。

$$\begin{aligned}L_x(\theta,\phi)|_{k_{s2}}^n &\cong \sum_{j=j_{s1}}^{j_{s2}-1}\sum_{i=i_{s1}}^{i_{s2}} \nu_{i_{s1},i_{s2}}^i M_x|_{i,j+\frac{1}{2},k_{s2}}^n \exp\left(-i\boldsymbol{k}\cdot\boldsymbol{r}'_{i,j+\frac{1}{2},k_{s2}}\right)\Delta x\Delta y \\ &= \sum_{j=j_{s1}}^{j_{s2}-1}\sum_{i=i_{s1}}^{i_{s2}} \nu_{i_{s1},i_{s2}}^i E_y|_{i,j+\frac{1}{2},k_{s2}}^n \exp\left(-i\boldsymbol{k}\cdot\boldsymbol{r}'_{i,j+\frac{1}{2},k_{s2}}\right)\Delta x\Delta y \end{aligned} \tag{6.328}$$

ここで

$$\nu_{i_{s1},i_{s2}}^i = \begin{cases} \dfrac{1}{2} & (i = i_{s1}, i_{s2}) \\ 1 & (それ以外) \end{cases} \tag{6.329}$$

である。直方体 S のすべての表面からの寄与を考慮すると

$$\begin{aligned}L_x(\theta,\phi)|^n &\cong -\sum_{j=j_{s1}}^{j_{s2}-1}\sum_{i=i_{s1}}^{i_{s2}} \nu_{i_{s1},i_{s2}}^i E_y|_{i,j+\frac{1}{2},k_{s1}}^n \exp\left(-i\boldsymbol{k}\cdot\boldsymbol{r}'_{i,j+\frac{1}{2},k_{s1}}\right)\Delta x\Delta y \\ &\quad + \sum_{j=j_{s1}}^{j_{s2}-1}\sum_{i=i_{s1}}^{i_{s2}} \nu_{i_{s1},i_{s2}}^i E_y|_{i,j+\frac{1}{2},k_{s2}}^n \exp\left(-i\boldsymbol{k}\cdot\boldsymbol{r}'_{i,j+\frac{1}{2},k_{s2}}\right)\Delta x\Delta y \end{aligned}$$

6.5 近接場から遠方場への変換

$$+ \sum_{k=k_{s1}}^{k_{s2}-1} \sum_{i=i_{s1}}^{i_{s2}} \nu^i_{i_{s1},i_{s2}} E_z|^n_{i,j_{s1},k+\frac{1}{2}} \exp\left(-i\boldsymbol{k}\cdot\boldsymbol{r}'_{i,j_{s1},k+\frac{1}{2}}\right) \Delta z \Delta x$$

$$- \sum_{k=k_{s1}}^{k_{s2}-1} \sum_{i=i_{s1}}^{i_{s2}} \nu^i_{i_{s1},i_{s2}} E_z|^n_{i,j_{s2},k+\frac{1}{2}} \exp\left(-i\boldsymbol{k}\cdot\boldsymbol{r}'_{i,j_{s2},k+\frac{1}{2}}\right) \Delta z \Delta x$$

(6.330)

となる。x に垂直な表面からの寄与はない。同様に

$$L_y(\theta,\phi)|^n \cong - \sum_{k=k_{s1}}^{k_{s2}-1} \sum_{j=j_{s1}}^{j_{s2}} \nu^j_{j_{s1},j_{s2}} E_z|^n_{i_{s1},j,k+\frac{1}{2}} \exp\left(-i\boldsymbol{k}\cdot\boldsymbol{r}'_{i_{s1},j,k+\frac{1}{2}}\right) \Delta y \Delta z$$

$$+ \sum_{k=k_{s1}}^{k_{s2}-1} \sum_{j=j_{s1}}^{j_{s2}} \nu^j_{j_{s1},j_{s2}} E_z|^n_{i_{s2},j,k+\frac{1}{2}} \exp\left(-i\boldsymbol{k}\cdot\boldsymbol{r}'_{i_{s2},j,k+\frac{1}{2}}\right) \Delta y \Delta z$$

$$+ \sum_{i=i_{s1}}^{i_{s2}-1} \sum_{j=j_{s1}}^{j_{s2}} \nu^j_{j_{s1},j_{s2}} E_x|^n_{i+\frac{1}{2},j,k_{s1}} \exp\left(-i\boldsymbol{k}\cdot\boldsymbol{r}'_{i+\frac{1}{2},j,k_{s1}}\right) \Delta x \Delta y$$

$$- \sum_{i=i_{s1}}^{i_{s2}-1} \sum_{j=j_{s1}}^{j_{s2}} \nu^j_{j_{s1},j_{s2}} E_x|^n_{i+\frac{1}{2},j,k_{s2}} \exp\left(-i\boldsymbol{k}\cdot\boldsymbol{r}'_{i+\frac{1}{2},j,k_{s2}}\right) \Delta x \Delta y$$

(6.331)

$$L_z(\theta,\phi)|^n \cong - \sum_{i=i_{s1}}^{i_{s2}-1} \sum_{k=k_{s1}}^{k_{s2}} \nu^k_{k_{s1},k_{s2}} E_x|^n_{i+\frac{1}{2},j_{s1},k} \exp\left(-i\boldsymbol{k}\cdot\boldsymbol{r}'_{i+\frac{1}{2},j_{s1},k}\right) \Delta z \Delta x$$

$$+ \sum_{i=i_{s1}}^{i_{s2}-1} \sum_{k=k_{s1}}^{k_{s2}} \nu^k_{k_{s1},k_{s2}} E_x|^n_{i+\frac{1}{2},j_{s2},k} \exp\left(-i\boldsymbol{k}\cdot\boldsymbol{r}'_{i+\frac{1}{2},j_{s2},k}\right) \Delta z \Delta x$$

$$+ \sum_{j=j_{s1}}^{j_{s2}-1} \sum_{k=k_{s1}}^{k_{s2}} \nu^k_{k_{s1},k_{s2}} E_y|^n_{i_{s1},j+\frac{1}{2},k} \exp\left(-i\boldsymbol{k}\cdot\boldsymbol{r}'_{i_{s1},j+\frac{1}{2},k}\right) \Delta y \Delta z$$

$$- \sum_{j=j_{s1}}^{j_{s2}-1} \sum_{k=k_{s1}}^{k_{s2}} \nu^k_{k_{s1},k_{s2}} E_y|^n_{i_{s2},j+\frac{1}{2},k} \exp\left(-i\boldsymbol{k}\cdot\boldsymbol{r}'_{i_{s2},j+\frac{1}{2},k}\right) \Delta y \Delta z$$

(6.332)

となる。

一方，表面電流を求めるためには磁場の接線成分が必要であるが，これらは E

セルで構成される閉曲面から 1/2 セル離れた場所で定義されているため少し工夫が必要である。単純には閉曲面を挟んで ±1/2 セルだけ離れた二つの値の平均値をとればよい。また磁場の定義時刻も電場のそれと $\Delta t/2$ だけずれているため，時刻に関しても平均をとる必要がある。すなわち，$z = k_{s2}\Delta z$ 表面では

$$J_y|_{i,j+\frac{1}{2},k_{s2}}^n = \frac{1}{4}\left(H_x|_{i,j+\frac{1}{2},k_{s2}-\frac{1}{2}}^{n+\frac{1}{2}} + H_x|_{i,j+\frac{1}{2},k_{s2}+\frac{1}{2}}^{n+\frac{1}{2}}\right.$$
$$\left. + H_x|_{i,j+\frac{1}{2},k_{s2}-\frac{1}{2}}^{n-\frac{1}{2}} + H_x|_{i,j+\frac{1}{2},k_{s2}+\frac{1}{2}}^{n-\frac{1}{2}}\right) \quad (6.333)$$

$$J_x|_{i+\frac{1}{2},j,k_{s2}}^n = -\frac{1}{4}\left(H_y|_{i+\frac{1}{2},j,k_{s2}-\frac{1}{2}}^{n+\frac{1}{2}} + H_y|_{i+\frac{1}{2},j,k_{s2}+\frac{1}{2}}^{n+\frac{1}{2}}\right.$$
$$\left. + H_y|_{i+\frac{1}{2},j,k_{s2}-\frac{1}{2}}^{n-\frac{1}{2}} + H_y|_{i+\frac{1}{2},j,k_{s2}+\frac{1}{2}}^{n-\frac{1}{2}}\right) \quad (6.334)$$

となる。同様に $x = i_{s2}\Delta x$ 表面では

$$J_z|_{i_{s2},j,k+\frac{1}{2}}^n = \frac{1}{4}\left(H_y|_{i_{s2}-\frac{1}{2},j,k+\frac{1}{2}}^{n+\frac{1}{2}} + H_y|_{i_{s2}+\frac{1}{2},j,k+\frac{1}{2}}^{n+\frac{1}{2}}\right.$$
$$\left. + H_y|_{i_{s2}-\frac{1}{2},j,k+\frac{1}{2}}^{n-\frac{1}{2}} + H_y|_{i_{s2}+\frac{1}{2},j,k+\frac{1}{2}}^{n-\frac{1}{2}}\right) \quad (6.335)$$

$$J_y|_{i_{s2},j+\frac{1}{2},k}^n = -\frac{1}{4}\left(H_z|_{i_{s2}-\frac{1}{2},j+\frac{1}{2},k}^{n+\frac{1}{2}} + H_z|_{i_{s2}+\frac{1}{2},j+\frac{1}{2},k}^{n+\frac{1}{2}}\right.$$
$$\left. + H_z|_{i_{s2}-\frac{1}{2},j+\frac{1}{2},k}^{n-\frac{1}{2}} + H_z|_{i_{s2}+\frac{1}{2},j+\frac{1}{2},k}^{n-\frac{1}{2}}\right) \quad (6.336)$$

となる。また，$y = j_{s2}\Delta y$ 表面では

$$J_x|_{i+\frac{1}{2},j,k_{s2}}^n = \frac{1}{4}\left(H_z|_{i+\frac{1}{2},j_{s2}-\frac{1}{2},k}^{n+\frac{1}{2}} + H_z|_{i+\frac{1}{2},j_{s2}+\frac{1}{2},k}^{n+\frac{1}{2}}\right.$$
$$\left. + H_z|_{i+\frac{1}{2},j_{s2}-\frac{1}{2},k}^{n-\frac{1}{2}} + H_z|_{i+\frac{1}{2},j_{s2}+\frac{1}{2},k}^{n-\frac{1}{2}}\right) \quad (6.337)$$

$$J_z|_{i,j_{s2},k+\frac{1}{2}}^n = -\frac{1}{4}\left(H_x|_{i,j_{s2}-\frac{1}{2},k+\frac{1}{2}}^{n+\frac{1}{2}} + H_x|_{i,j_{s2}+\frac{1}{2},k+\frac{1}{2}}^{n+\frac{1}{2}}\right.$$
$$\left. + H_x|_{i,j_{s2}-\frac{1}{2},k+\frac{1}{2}}^{n-\frac{1}{2}} + H_x|_{i,j_{s2}+\frac{1}{2},k+\frac{1}{2}}^{n-\frac{1}{2}}\right) \quad (6.338)$$

となる。ただし，算術平均ではなく幾何平均を採用することで精度が向上することが知られている[26]。

$N_x(\theta,\phi)$ の $z = k_{s2}\Delta z$ 表面からの寄与は，式 (6.334) を用いることでつぎのように表される。

6.5 近接場から遠方場への変換

$$N_x(\theta,\phi)|_{k_{s2}}^n$$
$$\cong \sum_{i=i_{s1}}^{i_{s2}-1}\sum_{j=j_{s1}}^{j_{s2}} \nu_{j_{s1},j_{s2}}^j J_x|_{i+\frac{1}{2},j,k_{s2}}^n \exp\left(j\boldsymbol{k}\cdot\boldsymbol{r}'_{i+\frac{1}{2},j,k_{s2}}\right)\Delta x\Delta y$$
$$= \frac{1}{4}\sum_{i=i_{s1}}^{i_{s2}-1}\sum_{j=j_{s1}}^{j_{s2}} \nu_{j_{s1},j_{s2}}^j \left(H_y|_{i+\frac{1}{2},j,k_{s2}-\frac{1}{2}}^{n+\frac{1}{2}} + H_y|_{i+\frac{1}{2},j,k_{s2}+\frac{1}{2}}^{n+\frac{1}{2}}\right.$$
$$\left. + H_y|_{i+\frac{1}{2},j,k_{s2}-\frac{1}{2}}^{n-\frac{1}{2}} + H_y|_{i+\frac{1}{2},j,k_{s2}+\frac{1}{2}}^{n-\frac{1}{2}}\right)\exp\left(j\boldsymbol{k}\cdot\boldsymbol{r}'_{i+\frac{1}{2},j,k_{s2}}\right)\Delta x\Delta y$$
$$(6.339)$$

すべての表面からの寄与を考えると

$$N_x(\theta,\phi)|^n$$
$$\cong +\frac{1}{4}\sum_{i=i_{s1}}^{i_{s2}-1}\sum_{j=j_{s1}}^{j_{s2}} \nu_{j_{s1},j_{s2}}^j \left(H_y|_{i+\frac{1}{2},j,k_{s1}-\frac{1}{2}}^{n+\frac{1}{2}} + H_y|_{i+\frac{1}{2},j,k_{1}+\frac{1}{2}}^{n+\frac{1}{2}}\right.$$
$$\left. + H_y|_{i+\frac{1}{2},j,k_{s1}-\frac{1}{2}}^{n-\frac{1}{2}} + H_y|_{i+\frac{1}{2},j,k_{1}+\frac{1}{2}}^{n-\frac{1}{2}}\right)\exp\left(-i\boldsymbol{k}\cdot\boldsymbol{r}'_{i+\frac{1}{2},j,k_{s1}}\right)\Delta x\Delta y$$
$$-\frac{1}{4}\sum_{i=i_{s1}}^{i_{s2}-1}\sum_{j=j_{s1}}^{j_{s2}} \nu_{j_{s1},j_{s2}}^j \left(H_y|_{i+\frac{1}{2},j,k_{s2}-\frac{1}{2}}^{n+\frac{1}{2}} + H_y|_{i+\frac{1}{2},j,k_{s2}+\frac{1}{2}}^{n+\frac{1}{2}}\right.$$
$$\left. + H_y|_{i+\frac{1}{2},j,k_{s2}-\frac{1}{2}}^{n-\frac{1}{2}} + H_y|_{i+\frac{1}{2},j,k_{s2}+\frac{1}{2}}^{n-\frac{1}{2}}\right)\exp\left(-i\boldsymbol{k}\cdot\boldsymbol{r}'_{i+\frac{1}{2},j,k_{s2}}\right)\Delta x\Delta y$$
$$-\frac{1}{4}\sum_{i=i_{s1}}^{i_{s2}-1}\sum_{k=k_{s1}}^{k_{s2}} \nu_{k_{s1},k_{s2}}^k \left(H_z|_{i+\frac{1}{2},j_{s1}-\frac{1}{2},k}^{n+\frac{1}{2}} + H_z|_{i+\frac{1}{2},j_{s1}+\frac{1}{2},k}^{n+\frac{1}{2}}\right.$$
$$\left. + H_z|_{i+\frac{1}{2},j_{s1}-\frac{1}{2},k}^{n-\frac{1}{2}} + H_z|_{i+\frac{1}{2},j_{s1}+\frac{1}{2},k}^{n-\frac{1}{2}}\right)\exp\left(-i\boldsymbol{k}\cdot\boldsymbol{r}'_{i+\frac{1}{2},j_{s1},k}\right)\Delta z\Delta x$$
$$+\frac{1}{4}\sum_{i=i_{s1}}^{i_{s2}-1}\sum_{k=k_{s1}}^{k_{s2}} \nu_{k_{s1},k_{s2}}^k \left(H_z|_{i+\frac{1}{2},j_{s2}-\frac{1}{2},k}^{n+\frac{1}{2}} + H_z|_{i+\frac{1}{2},j_{s2}+\frac{1}{2},k}^{n+\frac{1}{2}}\right.$$
$$\left. + H_z|_{i+\frac{1}{2},j_{s2}-\frac{1}{2},k}^{n-\frac{1}{2}} + H_z|_{i+\frac{1}{2},j_{s2}+\frac{1}{2},k}^{n-\frac{1}{2}}\right)\exp\left(-i\boldsymbol{k}\cdot\boldsymbol{r}'_{i+\frac{1}{2},j_{s2},k}\right)\Delta z\Delta x$$
$$(6.340)$$

$$N_y(\theta,\phi)|^n$$
$$\cong +\frac{1}{4}\sum_{j=j_{s1}}^{j_{s2}-1}\sum_{k=k_{s1}}^{k_{s2}} \nu_{k_{s1},k_{s2}}^k \left(H_z|_{i_{s1}-\frac{1}{2},j+\frac{1}{2},k}^{n+\frac{1}{2}} + H_z|_{i_{s1}+\frac{1}{2},j+\frac{1}{2},k}^{n+\frac{1}{2}}\right.$$

$$
\begin{aligned}
&+ H_z|_{i_{s1}-\frac{1}{2},j+\frac{1}{2},k}^{n-\frac{1}{2}} + H_z|_{i_{s1}+\frac{1}{2},j+\frac{1}{2},k}^{n-\frac{1}{2}}\Big) \exp\left(-i\boldsymbol{k}\cdot\boldsymbol{r}'_{i_{s1},j+\frac{1}{2},k}\right)\Delta y\Delta z\\
&- \frac{1}{4}\sum_{j=j_{s1}}^{j_{s2}-1}\sum_{k=k_{s1}}^{k_{s2}} \nu_{k_{s1},k_{s2}}^{k}\Big(H_z|_{i_{s2}-\frac{1}{2},j+\frac{1}{2},k}^{n+\frac{1}{2}} + H_z|_{i_{s2}+\frac{1}{2},j+\frac{1}{2},k}^{n+\frac{1}{2}}\\
&+ H_z|_{i_{s2}-\frac{1}{2},j+\frac{1}{2},k}^{n-\frac{1}{2}} + H_z|_{i_{s2}+\frac{1}{2},j+\frac{1}{2},k}^{n-\frac{1}{2}}\Big)\exp\left(-i\boldsymbol{k}\cdot\boldsymbol{r}'_{i_{s2},j+\frac{1}{2},k}\right)\Delta y\Delta z\\
&- \frac{1}{4}\sum_{j=j_{s1}}^{j_{s2}-1}\sum_{i=i_{s1}}^{i_{s2}} \nu_{i_{s1},i_{s2}}^{i}\Big(H_x|_{i,j+\frac{1}{2},k_{s1}-\frac{1}{2}}^{n+\frac{1}{2}} + H_x|_{i,j+\frac{1}{2},k_{s1}+\frac{1}{2}}^{n+\frac{1}{2}}\\
&+ H_x|_{i,j+\frac{1}{2},k_{s1}-\frac{1}{2}}^{n-\frac{1}{2}} + H_x|_{i,j+\frac{1}{2},k_{s1}+\frac{1}{2}}^{n-\frac{1}{2}}\Big)\exp\left(-i\boldsymbol{k}\cdot\boldsymbol{r}'_{i,j+\frac{1}{2},k_{s1}}\right)\Delta x\Delta y\\
&+ \frac{1}{4}\sum_{j=j_{s1}}^{j_{s2}-1}\sum_{i=i_{s1}}^{i_{s2}} \nu_{i_{s1},i_{s2}}^{i}\Big(H_x|_{i,j+\frac{1}{2},k_{s2}-\frac{1}{2}}^{n+\frac{1}{2}} + H_x|_{i,j+\frac{1}{2},k_{s2}+\frac{1}{2}}^{n+\frac{1}{2}}\\
&+ H_x|_{i,j+\frac{1}{2},k_{s2}-\frac{1}{2}}^{n-\frac{1}{2}} + H_x|_{i,j+\frac{1}{2},k_{s2}+\frac{1}{2}}^{n-\frac{1}{2}}\Big)\exp\left(-i\boldsymbol{k}\cdot\boldsymbol{r}'_{i,j+\frac{1}{2},k_{s2}}\right)\Delta x\Delta y
\end{aligned}
$$
(6.341)

$$
\begin{aligned}
N_z(\theta,\phi)|^n &\\
\cong &+ \frac{1}{4}\sum_{k=k_{s1}}^{k_{s2}-1}\sum_{i=i_{s1}}^{i_{s2}} \nu_{i_{s1},i_{s2}}^{i}\Big(H_x|_{i,j_{s1}-\frac{1}{2},k+\frac{1}{2}}^{n+\frac{1}{2}} + H_x|_{i,j_{s1}+\frac{1}{2},k+\frac{1}{2}}^{n+\frac{1}{2}}\\
&+ H_x|_{i,j_{s1}-\frac{1}{2},k+\frac{1}{2}}^{n-\frac{1}{2}} + H_x|_{i,j_{s1}+\frac{1}{2},k+\frac{1}{2}}^{n-\frac{1}{2}}\Big)\exp\left(-i\boldsymbol{k}\cdot\boldsymbol{r}'_{i,j_{s1},k+\frac{1}{2}}\right)\Delta z\Delta x\\
&- \frac{1}{4}\sum_{k=k_{s1}}^{k_{s2}-1}\sum_{i=i_{s1}}^{i_{s2}} \nu_{i_{s1},i_{s2}}^{i}\Big(H_x|_{i,j_{s2}-\frac{1}{2},k+\frac{1}{2}}^{n+\frac{1}{2}} + H_x|_{i,j_{s2}+\frac{1}{2},k+\frac{1}{2}}^{n+\frac{1}{2}}\\
&+ H_x|_{i,j_{s2}-\frac{1}{2},k+\frac{1}{2}}^{n-\frac{1}{2}} + H_x|_{i,j_{s2}+\frac{1}{2},k+\frac{1}{2}}^{n-\frac{1}{2}}\Big)\exp\left(-i\boldsymbol{k}\cdot\boldsymbol{r}'_{i,j_{s2},k+\frac{1}{2}}\right)\Delta z\Delta x\\
&- \frac{1}{4}\sum_{k=k_{s1}}^{k_{s2}-1}\sum_{j=j_{s1}}^{j_{s2}} \nu_{j_{s1},j_{s2}}^{j}\Big(H_y|_{i_{s1}-\frac{1}{2},j,k+\frac{1}{2}}^{n+\frac{1}{2}} + H_y|_{i_{s1}+\frac{1}{2},j,k+\frac{1}{2}}^{n+\frac{1}{2}}\\
&+ H_y|_{i_{s1}-\frac{1}{2},j,k+\frac{1}{2}}^{n-\frac{1}{2}} + H_y|_{i_{s1}+\frac{1}{2},j,k+\frac{1}{2}}^{n-\frac{1}{2}}\Big)\exp\left(-i\boldsymbol{k}\cdot\boldsymbol{r}'_{i_{s1},j,k+\frac{1}{2}}\right)\Delta y\Delta z\\
&+ \frac{1}{4}\sum_{k=k_{s1}}^{k_{s2}-1}\sum_{j=j_{s1}}^{j_{s2}} \nu_{j_{s1},j_{s2}}^{j}\Big(H_y|_{i_{s2}-\frac{1}{2},j,k+\frac{1}{2}}^{n+\frac{1}{2}} + H_y|_{i_{s2}+\frac{1}{2},j,k+\frac{1}{2}}^{n+\frac{1}{2}}\\
&+ H_y|_{i_{s2}-\frac{1}{2},j,k+\frac{1}{2}}^{n-\frac{1}{2}} + H_y|_{i_{s2}+\frac{1}{2},j,k+\frac{1}{2}}^{n-\frac{1}{2}}\Big)\exp\left(-i\boldsymbol{k}\cdot\boldsymbol{r}'_{i_{s2},j,k+\frac{1}{2}}\right)\Delta y\Delta z
\end{aligned}
$$
(6.342)

となる。

上で求めた $L(\theta,\phi)$ および $N(\theta,\phi)$ を極座標系で表すと

$$L_\theta(\theta,\phi) = L_x \cos\theta \cos\phi + L_y \cos\theta \sin\phi - L_z \sin\theta \tag{6.343}$$

$$L_\phi(\theta,\phi) = -L_x \sin\phi + L_y \cos\phi \tag{6.344}$$

$$N_\theta(\theta,\phi) = N_x \cos\theta \cos\phi + N_y \cos\theta \sin\phi - N_z \sin\theta \tag{6.345}$$

$$N_\phi(\theta,\phi) = -N_x \sin\phi + N_y \cos\phi \tag{6.346}$$

となる。式 (6.343)〜(6.346) を式 (6.303)〜(6.308) に代入することで遠方での電磁場が得られる。

6.6 後 計 算

6.6.1 散乱, 吸収, 消衰断面積

散乱体の散乱断面積は，散乱体を完全に取り囲む閉曲面を設定し，その閉曲面から出ていく散乱波のエネルギーの総和から計算できる。散乱場の電場を $\boldsymbol{E}_{\mathrm{sca}}$，磁場を $\boldsymbol{H}_{\mathrm{sca}}$ とすると，散乱場のポインティングベクトル $\boldsymbol{S}_{\mathrm{sca}}$ は

$$\boldsymbol{S}_{\mathrm{sca}} = \frac{1}{2}\mathrm{Re}\left[\tilde{\boldsymbol{E}}_{\mathrm{sca}} \times \tilde{\boldsymbol{H}}_{\mathrm{sca}}^*\right] \tag{6.347}$$

となる。* は複素共役を表す。また，この式に用いられている電場および磁場は周波数領域のそれである。周波数領域であることを明確にするため ~ を用いて表す。FDTD 法では通常，電場および磁場は実数で表される。周波数領域での値は前に述べたように短パルス波源に対する応答をフーリエ変換して得られる。そのため，周波数領域での電磁場は一般に位相項をもった複素数となる。

全散乱パワー W_{sca} は

$$W_{\mathrm{sca}} = \int_S \boldsymbol{S}_{\mathrm{sca}} \cdot \hat{\boldsymbol{n}} dS \tag{6.348}$$

で与えられる。ここで，S は散乱体を取り囲む閉曲面であり，$\hat{\boldsymbol{n}}$ はその閉曲面から外側へ向かう単位法線ベクトルである。FDTD 法ではこの閉曲面を直方体にとるのが普通である。さらに，TF/SF 法を用いてこの直方体のすべての面が

散乱場領域に来るように設定することで,散乱波のみのエネルギーが簡単に計算できる。

直方体が E セルの集合体でできているとし, E セルの一つの面を通過するエネルギーの流れを計算する。この面におけるポインティングベクトルを面の中心における値で代表する。例として, z 軸に垂直な面を考える。この面の中心でポインティングベクトルを計算するためには,周波数領域の E_x と H_y および E_y と H_x の値が必要である。しかし,この場所では H_z しか定義されていないので,少し工夫が必要である。さらに, E と H の定義時刻が $\Delta t/2$ だけ異なるので,それも考慮しなければならない。スペクトルを求める場合には電場および磁場の時系列データを保存しておく必要があるが,これらの位置と時刻の補正をあらかじめ行っておくのが便利である。ここでは,時刻は電場を定義している時刻にそろえることにする。すなわち, E セルの z 軸に垂直な面の中心では

$$E_x|_{i+\frac{1}{2},j+\frac{1}{2},k}^{n} = \frac{1}{2}\left(E_x|_{i+\frac{1}{2},j,k}^{n} + E_x|_{i+\frac{1}{2},j+1,k}^{n}\right) \tag{6.349}$$

$$\begin{aligned}H_y|_{i+\frac{1}{2},j+\frac{1}{2},k}^{n} = \frac{1}{8}\Big(&H_y|_{i+\frac{1}{2},j,k-\frac{1}{2}}^{n-\frac{1}{2}} + H_y|_{i+\frac{1}{2},j+1,k-\frac{1}{2}}^{n-\frac{1}{2}} + H_y|_{i+\frac{1}{2},j,k+\frac{1}{2}}^{n-\frac{1}{2}} \\&+ H_y|_{i+\frac{1}{2},j+1,k+\frac{1}{2}}^{n-\frac{1}{2}} + H_y|_{i+\frac{1}{2},j,k-\frac{1}{2}}^{n+\frac{1}{2}} + H_y|_{i+\frac{1}{2},j+1,k-\frac{1}{2}}^{n+\frac{1}{2}} \\&+ H_y|_{i+\frac{1}{2},j,k+\frac{1}{2}}^{n+\frac{1}{2}} + H_y|_{i+\frac{1}{2},j+1,k+\frac{1}{2}}^{n+\frac{1}{2}}\Big) \tag{6.350}\end{aligned}$$

となる。E_y と H_x も同様に計算できる。この面から $+z$ 方向へ流れ出るパワー W_z は

$$\begin{aligned}W_z|_{i+\frac{1}{2},j+\frac{1}{2},k}^{n} = \Delta x \Delta y \Big(&\tilde{E}_x|_{i+\frac{1}{2},j+\frac{1}{2},k}\tilde{H}_y^*|_{i+\frac{1}{2},j+\frac{1}{2},k} \\&- \tilde{E}_y|_{i+\frac{1}{2},j+\frac{1}{2},k}\tilde{H}_x^*|_{i+\frac{1}{2},j+\frac{1}{2},k}\Big) \tag{6.351}\end{aligned}$$

となる。同様の計算を直方体の六つの面に対して行い,それらの総和をとることで散乱光の全パワーが得られる。散乱断面積は,この全散乱パワーを入射光強度(単位面積当りの入射パワー)で割り算することで得られる。

つぎに吸収断面積と**消衰断面積**を求める方法について述べる。散乱体を囲む媒質中におけるポインティングベクトル $\boldsymbol{S}$ は

$$S = \frac{1}{2}\text{Re}[\tilde{E}_{\text{tot}} \times \tilde{H}_{\text{tot}}^*] = S_{\text{inc}} + S_{\text{sca}} + S_{\text{ext}} \tag{6.352}$$

と，三つの項の和で表される[27]。S_{inc} は入射場のポインティングベクトルで，S_{sca} および S_{ext} は，それぞれ散乱体から出ていくエネルギーおよび散乱体へ入っていくエネルギーを表すポインティングベクトルである。S_{sca} および S_{ext} は，それぞれつぎのように表される。

$$S_{\text{inc}} = \frac{1}{2}\text{Re}[\tilde{E}_{\text{inc}} \times \tilde{H}_{\text{inc}}^*] \tag{6.353}$$

$$S_{\text{sca}} = \frac{1}{2}\text{Re}[\tilde{E}_{\text{sca}} \times \tilde{H}_{\text{sca}}^*] \tag{6.354}$$

媒質中では $\tilde{E}_{\text{tot}} = \tilde{E}_{\text{inc}} + \tilde{E}_{\text{sca}}$ なので，式 (6.352) より

$$\begin{aligned} S &= \frac{1}{2}\text{Re}[(\tilde{E}_{\text{inc}} + \tilde{E}_{\text{sca}}) \times (\tilde{H}_{\text{inc}}^* + \tilde{H}_{\text{sca}}^*)] \\ &= \frac{1}{2}\text{Re}[\tilde{E}_{\text{inc}} \times \tilde{H}_{\text{inc}}^* + \tilde{E}_{\text{sca}} \times \tilde{H}_{\text{sca}}^* + \tilde{E}_{\text{inc}} \times \tilde{H}_{\text{sca}}^* + \tilde{E}_{\text{sca}} \times \tilde{H}_{\text{inc}}^*] \end{aligned} \tag{6.355}$$

となる。式 (6.355) に式 (6.353) および式 (6.354) を代入すると

$$S = S_{\text{inc}} + S_{\text{sca}} + \frac{1}{2}\text{Re}[\tilde{E}_{\text{inc}} \times \tilde{H}_{\text{sca}}^* + \tilde{E}_{\text{sca}} \times \tilde{H}_{\text{inc}}^*] \tag{6.356}$$

となる。この式を式 (6.352) と比較すると

$$S_{\text{ext}} = \frac{1}{2}\text{Re}[\tilde{E}_{\text{inc}} \times \tilde{H}_{\text{sca}}^* + \tilde{E}_{\text{sca}} \times \tilde{H}_{\text{inc}}^*] \tag{6.357}$$

が得られる。散乱体による消衰パワー W_{ext} は次式で与えられる。

$$W_{\text{ext}} = -\int_A S_{\text{ext}} \cdot \hat{n} dA \tag{6.358}$$

上と同様に閉曲面を直方体にとり，この表面での入射場と散乱場を用いると，直方体の $-x$ 側表面では

$$\begin{aligned} (S_{\text{ext}} \cdot \hat{n})_{-x} = \frac{1}{2} &\left(\tilde{E}'_{iy}\tilde{H}'_{sz} + \tilde{E}''_{iy}\tilde{H}''_{sz} - \tilde{E}'_{iz}\tilde{H}'_{sy} - \tilde{E}''_{iz}\tilde{H}''_{sy} \right. \\ &\left. + \tilde{E}'_{sy}\tilde{H}'_{iz} + \tilde{E}''_{sy}\tilde{H}''_{iz} - \tilde{E}'_{sz}\tilde{H}'_{iy} - \tilde{E}''_{sz}\tilde{H}''_{iy} \right) \end{aligned} \tag{6.359}$$

$-y$ 側表面では

$$(S_{\text{ext}} \cdot \hat{n})_{-y} = \frac{1}{2}\left(-\tilde{E}'_{ix}\tilde{H}'_{sz} - \tilde{E}''_{ix}\tilde{H}''_{sz} + \tilde{E}'_{iz}\tilde{H}'_{sx} + \tilde{E}''_{iz}\tilde{H}''_{sx}\right.$$
$$\left.-\tilde{E}'_{sx}\tilde{H}'_{iz} - \tilde{E}''_{sx}\tilde{H}''_{iz} + \tilde{E}'_{sz}\tilde{H}'_{ix} + \tilde{E}''_{sz}\tilde{H}''_{ix}\right) \quad (6.360)$$

$-z$ 側表面では

$$(S_{\text{ext}} \cdot \hat{n})_{-z} = \frac{1}{2}\left(\tilde{E}'_{ix}\tilde{H}'_{sy} + \tilde{E}''_{ix}\tilde{H}''_{sy} - \tilde{E}'_{iy}\tilde{H}'_{sx} - \tilde{E}''_{iy}\tilde{H}''_{sx}\right.$$
$$\left.+\tilde{E}'_{sx}\tilde{H}'_{iy} + \tilde{E}''_{sx}\tilde{H}''_{iy} - \tilde{E}'_{sy}\tilde{H}'_{ix} - \tilde{E}''_{sy}\tilde{H}''_{ix}\right) \quad (6.361)$$

となる。ここで，$'$ は実部を $''$ は虚部を表す。+ 側界面では各項の符号はすべて逆になる。これらの計算を直方体の全表面 S で行い，その総和を入射光強度で割り算することで消衰断面積が得られる。

例えば，入射場が z 伝搬 x 偏光の場合，$\tilde{E}_{iy} = \tilde{E}_{iz} = \tilde{H}_{ix} = \tilde{H}_{iz} = 0$ なので，$-x$ 側表面では

$$(S_{\text{ext}} \cdot \hat{n})_{-x} = -\frac{1}{2}(\tilde{E}'_{sz}\tilde{H}'_{iy} + \tilde{E}''_{sz}\tilde{H}''_{iy}) \quad (6.362)$$

$-y$ 側表面では

$$(S_{\text{ext}} \cdot \hat{n})_{-y} = -\frac{1}{2}(\tilde{E}'_{ix}\tilde{H}'_{sz} + \tilde{E}''_{ix}\tilde{H}''_{sz}) \quad (6.363)$$

$-z$ 側表面では

$$(S_{\text{ext}} \cdot \hat{n})_{-z} = \frac{1}{2}(\tilde{E}'_{ix}\tilde{H}'_{sy} + \tilde{E}''_{ix}\tilde{H}''_{sy} + \tilde{E}'_{sx}\tilde{H}'_{iy} + \tilde{E}''_{sx}\tilde{H}''_{iy}) \quad (6.364)$$

となる。また，入射場が z 伝搬 y 偏光の場合，$\tilde{E}_{ix} = \tilde{E}_{iz} = \tilde{H}_{iy} = \tilde{H}_{iz} = 0$ なので，$-x$ 側表面では

$$(S_{\text{ext}} \cdot \hat{n})_{-x} = \frac{1}{2}(\tilde{E}'_{iy}\tilde{H}'_{sz} + \tilde{E}''_{iy}\tilde{H}''_{sz}) \quad (6.365)$$

$-y$ 側表面では

$$(S_{\text{ext}} \cdot \hat{n})_{-y} = \frac{1}{2}(\tilde{E}'_{sz}\tilde{H}'_{ix} + \tilde{E}''_{sz}\tilde{H}''_{ix}) \quad (6.366)$$

$-z$ 側表面では

$$(\boldsymbol{S}_{\text{ext}} \cdot \hat{\boldsymbol{n}})_{-z} = -\frac{1}{2}(\tilde{E}'_{iy}\tilde{H}'_{sx} - \tilde{E}''_{iy}\tilde{H}''_{sx} + \tilde{E}'_{sy}\tilde{H}'_{ix} - \tilde{E}''_{sy}\tilde{H}''_{ix}) \quad (6.367)$$

となる.

吸収断面積 C_{abs} は定義より

$$C_{\text{abs}} = C_{\text{ext}} - C_{\text{sca}} \quad (6.368)$$

から計算できる.

6.6.2 吸収分布

単位セル当りの吸収パワー ΔP は，ポインティングの定理より次式で計算できる.

$$\Delta P = \frac{1}{2}\sigma|\boldsymbol{E}|^2 \Delta x \Delta y \Delta z \quad (6.369)$$

光学領域では導電率 σ の代わりに複素誘電率が用いられることが多い．複素誘電率 ε^* と σ の関係は

$$\varepsilon^* = \varepsilon + \frac{i\sigma}{\varepsilon_0 \omega} \quad (6.370)$$

で与えられる．したがって，ドルーデ分散の場合，導電率は

$$\sigma = \frac{\varepsilon_0 \omega_p^2 \Gamma}{\omega^2 + \Gamma^2} \quad (6.371)$$

となる．また，ローレンツ分散の場合は

$$\sigma = \frac{2\varepsilon_0 \Delta\varepsilon_p \omega_p^2 \omega^2 \Gamma}{(\omega_p^2 - \omega^2)^2 + 4\omega^2 \Gamma^2} \quad (6.372)$$

となる.

6.6.3 電荷密度分布

電荷密度 $\rho(\boldsymbol{r})$ はガウスの法則

$$\nabla \cdot \boldsymbol{D}(\boldsymbol{r}) = \rho(\boldsymbol{r}) \quad (6.373)$$

を用いれば求めることができる．E セルの頂点（H セルの中心）での値を求め

るのが簡単である．すなわち

$$
\begin{aligned}
\rho|_{i,j,k} = & \frac{\varepsilon_x|_{i+\frac{1}{2},j,k} E_x|_{i+\frac{1}{2},j,k} - \varepsilon_x|_{i-\frac{1}{2},j,k} E_x|_{i-\frac{1}{2},j,k}}{\Delta x} \\
& + \frac{\varepsilon_y|_{i,j+\frac{1}{2},k} E_y|_{i,j+\frac{1}{2},k} - \varepsilon_y|_{i,j-\frac{1}{2},k} E_y|_{i,j-\frac{1}{2},k}}{\Delta y} \\
& + \frac{\varepsilon_z|_{i,j,k+\frac{1}{2}} E_z|_{i,j,k+\frac{1}{2}} - \varepsilon_z|_{i,j,k-\frac{1}{2}} E_z|_{i,j,k-\frac{1}{2}}}{\Delta z}
\end{aligned}
\quad (6.374)
$$

となる．

6.6.4 緩和調和振動の振幅と位相

連続波（CW）光源を用いた場合に，ある時刻の電場ではなく位相を含めた電場振幅を求めたい場合が多々ある．また，双極子励起などによって局在プラズモンのモードパターンを求めたいときなどは，**緩和（減衰）調和振動**の振幅を求める必要がある．この場合の未知数は減衰定数（時定数の逆数）Γ，振幅 a，位相 ϕ，および完全には除去しきれなかったバイアス成分 b である．さらに，一定であるサンプリング間隔 ΔT を未知数とするなら，全部で五つの未知数がある．したがって，これらの五つの未知数を求めるためには，電磁場を一定間隔 ΔT で，少なくとも 5 回サンプリングした値が必要である．5 回のサンプリングで得られる電場は

$$
\begin{aligned}
E_1 &= E\left(t_0 - \frac{3}{2}\Delta T\right) \\
&= b + a \exp\left(\frac{3}{2}\Gamma \Delta T\right) \cos\left[\omega\left(t_0 - \frac{3}{2}\Delta T\right) + \phi'\right]
\end{aligned}
\quad (6.375)
$$

$$
\begin{aligned}
E_2 &= E\left(t_0 - \frac{1}{2}\Delta T\right) \\
&= b + a \exp\left(\frac{1}{2}\Gamma \Delta T\right) \cos\left[\omega\left(t_0 - \frac{1}{2}\Delta T\right) + \phi'\right]
\end{aligned}
\quad (6.376)
$$

$$
\begin{aligned}
E_3 &= E\left(t_0 + \frac{1}{2}\Delta T\right) \\
&= b + a \exp\left(-\frac{1}{2}\Gamma \Delta T\right) \cos\left[\omega\left(t_0 + \frac{1}{2}\Delta T\right) + \phi'\right]
\end{aligned}
\quad (6.377)
$$

$$E_4 = E\left(t_0 + \frac{3}{2}\Delta T\right)$$
$$= b + a\exp\left(-\frac{3}{2}\Gamma\Delta T\right)\cos\left[\omega\left(t_0 + \frac{3}{2}\Delta T\right) + \phi'\right] \quad (6.378)$$
$$E_5 = E\left(t_0 + \frac{5}{2}\Delta T\right)$$
$$= b + a\exp\left(-\frac{5}{2}\Gamma\Delta T\right)\cos\left[\omega\left(t_0 + \frac{5}{2}\Delta T\right) + \phi'\right] \quad (6.379)$$

となる。上の五つの方程式からバイアス成分 b が求められ

$$b = (E_3^2 - 2E_2E_3E_4 + E_1E_4^2 + E_2^2E_5 - E_1E_3E_5)$$
$$/(E_2^2 - E_1E_3 - 2E_2E_3 + 3E_3^2 + 2E_1E_4 - 2E_2E_4$$
$$-2E_3E_4 + E_4^2 - E_1E_5 + 2E_2E_5 - E_3E_5) \quad (6.380)$$

となる。このバイアス成分を式 (6.375)〜(6.379) から引き算する。さらに，$\gamma = \Gamma\Delta T$，$\phi = \omega t_0 + \phi'$，$\Phi = (1/2)\omega\Delta T$ とおくと

$$E_1' = a\exp\left(\frac{3}{2}\gamma\right)\cos(\phi - 3\Phi) \quad (6.381)$$

$$E_2' = a\exp\left(\frac{1}{2}\gamma\right)\cos(\phi - \Phi) \quad (6.382)$$

$$E_3' = a\exp\left(-\frac{1}{2}\gamma\right)\cos(\phi + \Phi) \quad (6.383)$$

$$E_4' = a\exp\left(-\frac{3}{2}\gamma\right)\cos(\phi + 3\Phi) \quad (6.384)$$

となる。これらの式の積や 2 乗をとることにより

$$E_1'E_3' = \frac{1}{2}a^2\exp(\gamma)\left[\cos(2\phi - 2\Phi) + \cos 2\Phi\right] \quad (6.385)$$

$$E_2'^2 = \frac{1}{2}a^2\exp(\gamma)\left[\cos(2\phi - 2\Phi) + 1\right] \quad (6.386)$$

$$E_2'E_4' = \frac{1}{2}a^2\exp(-\gamma)\left[\cos(2\phi + 2\Phi) + \cos 2\Phi\right] \quad (6.387)$$

$$E_3'^2 = \frac{1}{2}a^2\exp(-\gamma)\left[\cos(2\phi + 2\Phi) + 1\right] \quad (6.388)$$

が得られる。式 (6.385), (6.386), および式 (6.387), (6.388) を用いると

$$E_2'^{\,2} - E_1'E_3' = \frac{1}{2}a^2 \exp(\gamma)\left[1 - \cos 2\Phi\right] \tag{6.389}$$

$$E_3'^{\,2} - E_2'E_4' = \frac{1}{2}a^2 \exp(-\gamma)\left[1 - \cos 2\Phi\right] \tag{6.390}$$

が得られる。式 (6.389) を式 (6.390) で割り算して平方根をとると

$$\exp(-\gamma) = \sqrt{\frac{E_3^2 - E_2E_4}{E_2^2 - E_1E_3}} \tag{6.391}$$

となる。つぎに、この結果を用いて減衰項を割り算して除去した電場

$$E_1'' = a\cos(\phi - 3\Phi) \tag{6.392}$$

$$E_2'' = a\cos(\phi - \Phi) \tag{6.393}$$

$$E_3'' = a\cos(\phi + \Phi) \tag{6.394}$$

$$E_4'' = a\cos(\phi + 3\Phi) \tag{6.395}$$

を用いる。式 (6.392) と式 (6.395), および式 (6.393) と式 (6.394) を, それぞれ辺々, 足し算および引き算すると

$$E_1'' + E_4'' = 2a\cos\phi\cos 3\Phi \tag{6.396}$$

$$E_1'' - E_4'' = 2a\sin\phi\sin 3\Phi \tag{6.397}$$

$$E_2'' + E_3'' = 2a\cos\phi\cos\Phi \tag{6.398}$$

$$E_2'' - E_3'' = 2a\sin\phi\sin\Phi \tag{6.399}$$

が得られる。式 (6.396) と式 (6.398), および式 (6.397) と式 (6.399) より

$$\frac{E_1'' + E_4''}{E_2'' + E_3''} = \frac{\cos 3\Phi}{\cos \Phi} = 4\cos^2\Phi - 3 \tag{6.400}$$

$$\frac{E_1'' - E_4''}{E_2'' - E_3''} = \frac{\sin 3\Phi}{\sin \Phi} = -4\sin^2\Phi + 3 \tag{6.401}$$

となる。これらの式より

$$\cos^2 \Phi = \frac{1}{4}\left(3 + \frac{E_1'' + E_4''}{E_2'' + E_3''}\right) \tag{6.402}$$

$$\sin^2 \Phi = \frac{1}{4}\left(3 - \frac{E_1'' - E_4''}{E_2'' - E_3''}\right) \tag{6.403}$$

となる。一方，式 (6.398) と式 (6.399) の辺々を 2 乗すると

$$(E_2'' + E_3'')^2 = 4a^2 \cos^2 \phi \cos^2 \Phi \tag{6.404}$$

$$(E_2'' - E_3'')^2 = 4a^2 \sin^2 \phi \sin^2 \Phi \tag{6.405}$$

となる。式 (6.402) と式 (6.404)，および式 (6.403) と式 (6.405) より

$$\frac{(E_2'' + E_3'')^2}{\left(3 + \dfrac{E_1'' + E_4''}{E_2'' + E_3''}\right)} = a^2 \cos^2 \phi \tag{6.406}$$

$$\frac{(E_2'' - E_3'')^2}{\left(3 - \dfrac{E_1'' - E_4''}{E_2'' - E_3''}\right)} = a^2 \sin^2 \phi \tag{6.407}$$

が得られる。式 (6.406) と式 (6.407) の辺々を足し算すると

$$a^2 = \frac{(E_2'' + E_3'')^3}{3(E_2'' + E_3'') + (E_1'' + E_4'')} + \frac{(E_2'' - E_3'')^3}{3(E_2'' - E_3'') - (E_1'' - E_4'')} \tag{6.408}$$

となる。

つぎに位相を求める。式 (6.398) と式 (6.399) より

$$\tan \phi = \frac{\cos \Phi}{\sin \Phi} \frac{E_2'' - E_3''}{E_2'' + E_3''} \tag{6.409}$$

となる。この式と，式 (6.402) および式 (6.403) を用いると，ϕ が得られる。式 (6.409) の分母および分子の符号を考慮すれば，ϕ は $(-\pi, \pi]$ の範囲で一意的に決まる。また，$\Phi \sim \pi/4$ すなわち $\Delta T \sim \pi/2\omega$ にとっておくと，$\cos \Phi$ および $\sin \Phi$ の符号は共に正となる。

実際の計算においては，振幅が小さい場所では丸め誤差によって，式 (6.402) および式 (6.403) の右辺が負となることがある。このとき $\cos \Phi$ や $\sin \Phi$ は虚数

となってしまう。これを避けるため，実際の計算においては，例えば，$\cos\Phi$を計算する場合

$$\cos\Phi = \frac{1}{2}\sqrt{3 + \left|\frac{E_1'' + E_4''}{E_2'' + E_3''}\right|} \tag{6.410}$$

としたほうがよい。

電場や磁場の振幅と位相が得られた後は，定常状態の任意の時刻の電場分布や磁場分布を求めることができる。ここでどの時刻（位相）の場を表示するべきかという問題が生じる。局在プラズモン共鳴などの増強場を表示しようとした場合は，振幅が最大値をとる位置での場の位相を基準とするのがよさそうである。この位相を ϕ_0 とすると，表示すべき振幅は，例えば電場 E_x の場合

$$E_x(x,y,z) = |E_x(x,y,z)|\sin\left[\phi_{Ex}(x,y,z) - \phi_0 + \frac{\pi}{2}\right] \tag{6.411}$$

となる。ここで，気を付けておきたいことは，共鳴周波数において，共鳴モードの振動の位相は入射場の位相から $\pi/2$ だけ遅れるということである。したがって，上の式に従って場を計算した場合，入射場の振幅はほとんど0となる。一方で，上式の鉤括弧の中の $\pi/2$ を0とすると，主として入射場のみが得られ，共鳴による増強場はほとんど0となる。

6.7 局在表面プラズモン共鳴の計算例

FDTD法の応用として，金属ナノ粒子における局在表面プラズモン共鳴の解析について述べる。局在表面プラズモン共鳴とは金属微粒子中の自由電子の集団が入射場に対して共鳴的に振動する現象である[28]。ここでは図 **6.17** (a) に示すような真空中に置かれた直径150 nm，厚さ50 nmの金の円盤における局在表面プラズモン共鳴について調べる。円盤の中心軸が z 軸に一致するように座標系の中心に配置する。Yee格子の大きさは $2.5 \times 2.5 \times 2.5$ nm^3 で，物体領域は $500 \times 500 \times 500$ nm^3 である。周囲はすべて8層のPMLで終端する。金の誘電率は文献値29)の波長 $0.5 \sim 2.0$ μm の値を用いてドルーデ分散の式で

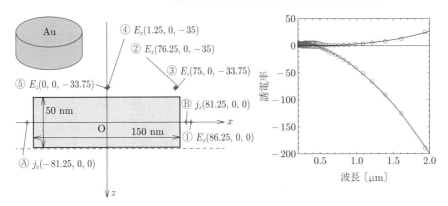

(a) 金円盤と座標系（ⒶおよびⒷは双極子の位置，①〜⑤は観測点の位置）

(b) ドルーデモデルで表した金の誘電率（実線）と実験値（丸印）[29]

図 **6.17** 金円盤の局在表面プラズモン共鳴

フィッティングした結果を用いた．フィッティングにより得られたパラメータは，$\varepsilon_\infty = 10.38$, $\omega_p = 1.375 \times 10^{16}$ Hz, $\varGamma = 1.181 \times 10^{14}$ Hz である．この値を用いて金の誘電率を表した結果が図 (b) である．短波長域における実験値のドルーデモデルからのずれは，金のバンド間遷移による．より忠実に金の誘電率を表すためには，誘電率をドルーデ分散とローレンツ分散の和で表す必要がある．

まず，$+z$ 方向に伝搬する x 偏光パルス平面波を入射し，吸収，散乱，および消衰スペクトルを求める．入射光はTS/FS法を用いて入力する．そのために，散乱場領域を物体領域の外側に 3 セル分設けた．パルス波形は正弦波変調されたガウス波形で，中心周波数は真空中の波長に換算して 600 nm とした．ガウス波形の標準偏差は変調波の周期の 1/2 倍とした．図 **6.18** (a) に，得られた散乱，吸収，および消衰断面積のスペクトルを示す．波長 598 nm に大きなピークと，波長 458 nm と 492 nm に二つの小さなピークが見られる．

つぎに，これらのピークがどのような局在表面プラズモンの共鳴モードに対応しているかを調べる．そのためには，共鳴モードの電磁場分布を可視化するのがわかりやすい．

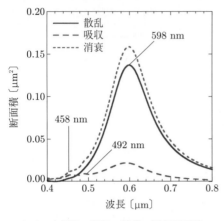

(a) 金円盤の吸収・散乱・消衰断面積のスペクトル

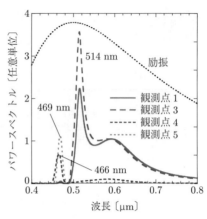

(b) 金円盤の側面に単一の双極子を置き，パルス波形で励起したときの各観測点での電場パワースペクトル

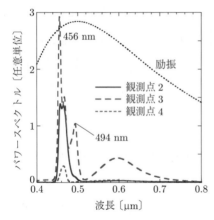

(c) 金円盤の両側の側面に x 方向を向いた二つの双極子を置き，パルス波形で励起したときの各観測点での電場のパワースペクトル

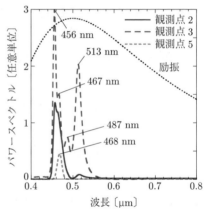

(d) (c) と同じ配置で，双極子の振動を対称と（逆位相で励振）したときの電場のパワースペクトル

図 6.18 金円盤の局在表面プラズモン共鳴のスペクトル

まず，波長 598 nm の共鳴モードについて調べる．そのため，入射光として波長 598 nm の単色平面波の連続波を入射し，定常状態における電場分布を計算する．その結果を**図 6.19** に示す．図 (a) および図 (b) は，それぞれ $z = 0$ お

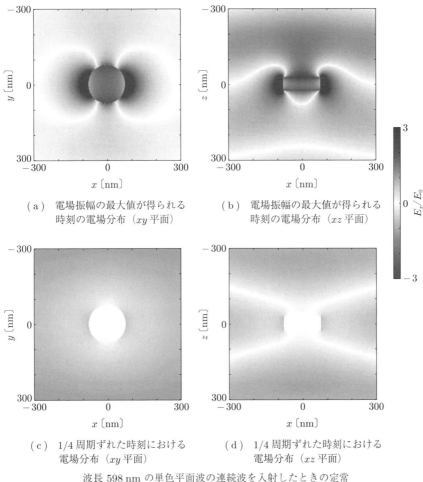

(a) 電場振幅の最大値が得られる時刻の電場分布（xy 平面）

(b) 電場振幅の最大値が得られる時刻の電場分布（xz 平面）

(c) 1/4 周期ずれた時刻における電場分布（xy 平面）

(d) 1/4 周期ずれた時刻における電場分布（xz 平面）

波長 598 nm の単色平面波の連続波を入射したときの定常状態における電場分布

図 6.19 金円盤の局在表面プラズモンの電場 E_x の分布

よび $y = 0$ 断面における x 方向の電場 E_x をプロットしたものである．各場所における電場振幅と位相を計算し，これらを用いて，電場振幅の最大値が得られる時刻の電場を示した．図 (b) からもわかるように，局在表面プラズモン共鳴による増強電場と入射電場が重畳しており，共鳴モードだけの電場分布とはなっていない．ちなみに，図 (c) と図 (d) は，それぞれ図 (a) および図 (b)

から1/4周期ずれた時刻における電場分布であり，増強場はほとんど見えず，ほぼ入射場のみが表示されている。

入射場を除去するためには，途中で入射場による励振を停止すればよい。共鳴モードは長い寿命をもつため，励振の停止後もしばらくは振動している。その振幅を求めれば，入射場を取り除くことができる。ここで気を付けておかなければならないのは，用いる入射場のスペクトル波形である。入射場は，正弦波と時間幅が有限の包絡線を表す関数（包絡関数）との積で表されるが，この波形のスペクトルは，デルタ関数と包絡関数のフーリエ変換との畳み込み積分で表される。包絡関数のフーリエ変換は，一般にある幅をもったピークとなる。さらに，そのピークの両側には無視できない大きさをもつ側帯波（サイドローブ）が現れ，ピークから離れるに従い減衰はするが，完全には消滅はせずに無限につづく。したがって，所望とするモードのQ値が低く，その近傍に別のQ値の高いモードが存在する場合，このサイドローブがこのモードも同時に励振する。入射光の中心周波数は所望のQ値の低いモードの共鳴周波数に一致させているため，所望のモードは大きな振幅で励起される。それと同時に近傍のQ値の高いモードも小さな振幅ではあるが励振される。Q値の高いモードのほうが寿命が長いため，励振をつづけているとこのモードがより強く励起され，さらに，励振を停止した後も長時間振動が持続する。その結果，入射光が計算領域外にすべて出ていった後に振幅分布を観測すると，所望のQ値の低いモードではなく，近傍のQ値の高いモードの振幅分布を観測することになりかねない，という問題がある。

これを避けるためには，入射場の包絡関数の形状を工夫することが必要である。これは周波数解析において研究されてきた窓関数の問題と一致する。包絡関数は窓関数そのものである。入射場のスペクトルにおけるピークとサイドローブの形状は，窓関数の形状に依存する。このとき，ピークの幅とサイドローブの大きさは相反する関係にある。ピークの幅を小さくしようとするとサイドローブが大きくなり，一方，サイドローブを小さくしようとするとピーク幅が大きくなる。Q値の低いモードを励起する場合，ピーク幅は大きくてもよいので，なる

べくサイドローブが小さい窓関数を選ぶことが必要である。この条件を満足する関数の一つとして，**Nuttall** 窓がある[30]。Nuttall が提案した窓関数 $w(t)$ は

$$w(t) = \frac{1}{L} \sum_{k=0}^{K} a_k \cos\left(2\pi \frac{kt}{L}\right) \qquad \left(|t| \leq \frac{L}{2}\right) \tag{6.412}$$

の形をとり，いくつかの a_k の組が示されている。その中で，"4–Term with Continuous First Derivative" と呼ばれている

$$a_0 = 0.355\,768 \tag{6.413}$$

$$a_1 = 0.487\,396 \tag{6.414}$$

$$a_2 = 0.144\,232 \tag{6.415}$$

$$a_3 = 0.012\,604 \tag{6.416}$$

のセットは最大のローブの強度が -93.32 dB で，ローブの減衰が 18 dB/octave という優れた特徴をもつ。

このようにして求めた波長 598 nm の共鳴モードの分布を図 **6.20** に示す。入射場が取り除かれた対称性の高い電場分布が得られている。この図から，このモードが**双極子モード**であることがわかる。

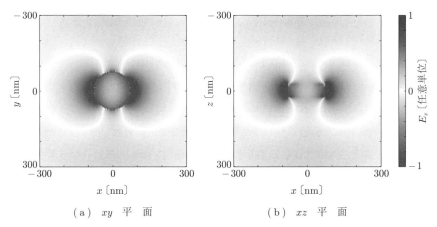

（a） xy 平 面 　　　（b） xz 平 面

図 **6.20** 波長 598 nm に対応する振動数で双極子を励振し停止した後の電場 E_x の分布

つぎに波長 492 nm の共鳴ピークについて調べる。波長 598 nm の双極子モードの場合と同様に，波長 492 nm の単色平面波で励振をつづけた後，励振を停止してしばらく経った後の電場分布を，図 6.21 に示す。この分布は波長 598 nm のモードの場合と比較して対称性が悪い。その理由として，この電場分布が一つのモードだけを表しているのではなく，複数のモードの重ね合わせを表していることが考えられる。図 6.18 (a) のスペクトルからもわかるように，598 nm の共鳴ピークの裾がこの波長まで広がっており，このモードが重畳していると考えられる。このような場合は，励振スペクトルの幅をいくら狭くしても，共鳴ピークの裾が重なっている他のモードの影響を排除することはできない。

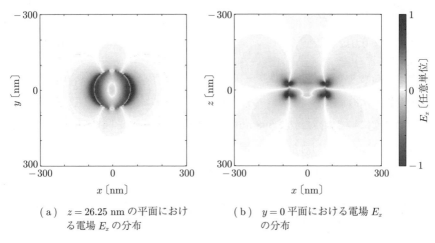

（a） $z = 26.25$ nm の平面における電場 E_x の分布

（b） $y = 0$ 平面における電場 E_x の分布

いずれも電場振幅の最大値が得られる時刻の電場分布である

図 6.21 波長 492 nm の単色平面波の連続波を入射したときの定常状態における電場 E_x の分布

このように平面波励起で得られたスペクトルで完全に分離できないモードは，平面波による励振ではなく，観測したいモードだけを励振するような波源を用いて分離する必要がある。その方法の一つとして，双極子による励振がある。図 6.18 (b) は，x 軸上の円盤の側面より 6.25 nm 離れた位置に，x 方向に振動する双極子を一つ置いてパルスで励振したときの，四つの位置における電場のパワースペクトルを示している。観測点の位置と観測した電場の方位は，図 6.17

に示すとおりである．新たに 514 nm と 469 nm に共鳴ピークが現れたが，図 6.18（a）の短波長側の二つのピークは消失した．したがって，この双極子の配置では，492 nm の共鳴モードは観測できない．

そこで，より平面波入射に近い電場分布を再現するため，円盤の両側の対称の位置に x 方向（方向に関しては反対称）を向いた二つの双極子を配置し励振を行った．観測された電場のパワースペクトルを図 6.18（c）に示す．図 6.18（a）で観測された短波長側の共鳴ピークが，双極子モードのピークと比べて強く励起されていることがわかる．さらに，図 6.18（a）では一つに見えた最も短波長側のピークは，二つの共鳴ピークが重なっていたことがわかる．この双極子の配置で，波長 494 nm に対応する振動数で双極子を励振し，停止した後の電場分布をプロットした結果が**図 6.22** である．E_x の表示だけではわかりづらいので，円盤の下側表面から 1.25 nm 下方の z 軸に垂直な平面（図 6.17（a）の破線）上の E_z の振幅分布を，図 6.22（c）に示す．この図より，このモードが**六重極**モードであることが明瞭となる．最短波長の二つのモードは，この双極子の配置ではうまく分離できない．分離するためには，双極子の配置にさらなる工夫が必要である．

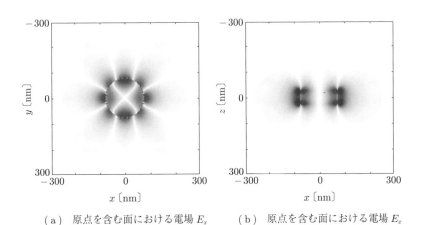

（a）原点を含む面における電場 E_x の分布（xy 平面）　　（b）原点を含む面における電場 E_x の分布（xz 平面）

図 6.22 波長 494 nm に対応する振動数で双極子を励振し停止した後の電場分布

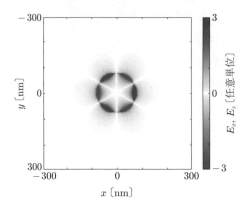

（c） $z = 26.25$ nm の平面における電場 E_z の分布

図 **6.22** 波長 494 nm に対応する振動数で双極子を励振し停止した後の電場分布（つづき）

つぎに，図 6.18（b）の波長 514 nm のモードの電場分布を求める。このモードも波長 598 nm の双極子モードの大きな裾と重なっているので，一つの双極子による励振でこのモードだけを励起するのは困難である。そこで，以下の工夫をする。円盤の両側に二つの双極子を置くところまでは図 6.18（c）の場合

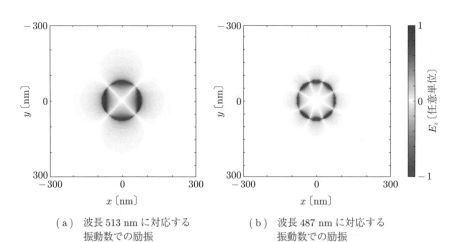

（a）波長 513 nm に対応する振動数での励振

（b）波長 487 nm に対応する振動数での励振

図 **6.23** 双極子を励振し停止した後の $z = 26.25$ nm の平面における電場 E_z の分布

と同じであるが，双極子の振動が対称になるように振動の位相をたがいに π だけずらして励振する．その結果を図 6.18 (d) に示す．この励振方法では，双極子モードは完全に見えなくなり，それと同時に短波長側のピークの強度が大きくなり明瞭となる．**図 6.23** に，二つの双極子を波長 513 nm と 487 nm に対応した振動数で励振し，励振を停止した後に求めた E_z の分布を示す．それぞれ，**四重極モード**および**八重極モード**であることがわかる．より短波長側の共鳴ピークの同定には，双極子の配置にさらなる工夫が必要である．

6.8 サンプルプログラム

FDTD 法のプログラムの例を巻末付録のプログラム A.6.1 (runfdtd.py)，プログラム A.6.2 (fdtd.py)，およびプログラム A.6.3 (preprocess.py) に示す．物体空間の外周は PML で終端している．波源は x 偏光 z 伝搬の平面波と双極子の場合に対応している．平面波は TF/SF 法を用いて導入している．単位はすべて SI 単位系を用いている．

`regionx`, `regiony` および `regionz` は物体空間の大きさで，`dx`, `dy` および `dz` はセルの大きさである．`source` は，波源が平面波 (`'plane'`) か双極子 (`'dipole'`) かを指定している．`pulse` は，波源の波形が連続波 (`'cw'`) かガウス波形を包絡関数とする正弦波 (`'pulse'`) かを指定している．`lambda0` は波源の中心波長である．`mt` は時間発展の回数，`mfft` はスペクトル計算に用いる時間波形のサンプリング数，`extrapol` は，スペクトル計算時の 0 充填をサンプリング数の何倍行うかを指定している．この倍数は，得られるスペクトルのサンプリング点の内挿の密度に等しい．`msf` は散乱領域の幅を，`mpml` は PML の層数を与えている．また，`kappamax`, `amax` および `mpow` は，PML のパラメータのそれぞれ $\kappa_{\max}$, $a_{\max}$ および乗数 m である．

`objs` は物体空間に配置する物体を指定している．本プログラムに組み込んだ物体形状は球と平面基板のみである．また媒質は真空 (`'vacuum'`)，シリカ (`'SiO2'`)，金 (`'Au'`) および銀 (`'Ag'`) のみである．`dipoles` は，波源として

の双極子の偏光,位相（0 か π のみ）および位置を指定している。fieldmons は,座標軸に垂直な断面の電場分布または磁場分布を一定時間間隔で保存するためのパラメータを指定している。epsmons は,保存する座標軸に垂直な断面の媒質の分布の位置を指定している。detectors は,時間発展波形およびスペクトルを保存する電場または磁場,およびその位置を指定している。

電場および磁場を格納する配列の添字の値は,図 **6.24** に示すセルを単位とした座標に対応している。

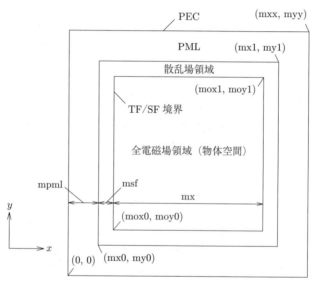

図 **6.24** コンピュータ内の電場や磁場の配列の添字とセルを単位とした空間座標との関係（z 方向も同様）

引用・参考文献

1) K.S. Yee："Numerical solution of initial boundary value problems involving Maxwell's equations in isotropic media," IEEE Trans. Antennas and Propagat., **14**, pp.302–207 (1966)
2) A. Taflove and S.C. Hagness："Computational electrodynamics: the finite–difference time–domain method, 3rd ed.," Artech House, Boston (2005)

3) M. Okoniewski, M. Mrozowski and M.A. Stuchly : "Simple treatment of multi-term dispersion in FDTD," IEEE Microwave Guided Wave Lett., **7**, pp.121–123 (1997)
4) V.G. Padalka and I.N. Shklyarevskii : "Determination of the microcharacteristics of silver and gold from the infrared optical constants and the conductivity at 82 and 295°K," Opt. Spectrosc., **11**, pp.285–288 (1961)
5) J.-P. Berenger : "A perfectly matched layer for the absorption of elctromagnetic waves," J. Comput. Phys., **114**, pp.185–200 (1994)
6) S.D. Gedney : "An anisotropic PML absorbing media for the FDTD simulation for fields in lossy and dispersive media," Electromagnetics, **16**, pp.399–415 (1996)
7) W.C. Chew and W.H. Weedon : "A 3D perfectly matched medium from modified Maxwell's equations with stretched coordinates," Microwave Opt. Tech. Lett., **7**, pp.599–604 (1994)
8) S.D. Gedney : "An anisotropic perfectly matched layer-absorbing medium for truncation of FDTD lattices," IEEE Trans. Antennas and Propagat., **44**, pp.1630–1639 (1996)
9) J.A. Roden and S.D. Gedney : "Convolution PML (CPML): An efficient FDTD implementation of the CFS–PML for arbitrary media," Microwave Opt. Tech. Lett., **27**, pp.334–339 (2000)
10) M. Kuzuoglu and R. Mittra : "Frequency dependence of the constitutive parameters of causal perfectly matched anisotropic absorbers," IEEE Microwave Guided Wave Lett., **6**, pp.447–449 (1996)
11) 宇野　亮：「FDTD法による電磁界およびアンテナ解析」, コロナ社 (1998)
12) S.D. Gedney : "Introduction to the Finite–Difference Time–Domain (FDTD) Method for Electromagnetics," Morgan & Claypool (2011)
13) L. Zhang and T. Seideman : "Rigorous formulation of oblique incidence scattering from dispersive media," Phys. Rev. B, **82**, 155117 (2010)
14) Y.-N. Jiang, D.-B. Ge and S.-J. Ding : "Analysis of tf-sf boundary for 2d-fdtd with plane p–wave propagation in layered dispersive and lossy media," Prog. Electromagn. Res., **83**, pp.157–172 (2008)
15) I.R. Çapoğlu and G.S. Smith : "A total–field/scattered–field plane-wave source for the FDTD analysis of layered media," IEEE Trans. Antennas and Propagat., **56**, pp.158–169 (2008)

16) F. Yang, J. Chen, R. Qiang and A. Elsherbeni : "A simple and efficient FDTD/PBC algorithm for scattering analysis of periodic structures," Radio Sci., **42**, RS4004 (2007)

17) P. Harms, R. Mittra and W. Ko : "Implementation of the periodic boundary condition in the finite–difference time–domain algorithm for FSS structures," IEEE Trans. Antennas and Propagat., **42**, pp.1317–1324 (1994)

18) J.A. Roden, S.D. Gedney, M.P. Kesler, J.G. Maloney and P.H. Harms : "Time–domain analysis of periodic structures at oblique incidence: Orthogonal and nonorthogonal FDTD implementations," IEEE Trans. Microwave Theory Tech., **46**, pp.420–427 (1998)

19) A. Aminian and Y. Rahmat–Samii : "Spectral FDTD: a novel computational technique for the analysis of periodic structures," IEEE Trans. Antennas and Propagat., **54**, pp.1818–1825 (2006)

20) D. Schurig : "Off–normal incidence simulations of metamaterials using FDTD," Int. J. Numer. Model., **19**, pp.215–228 (2006)

21) K. Umashankar and A. Taflove : "A novel method to analyze electromagnetic scattering of complex objects," IEEE Trans. Electromagn. Compa., EMC–**24**, pp.397–405 (1982)

22) P. Yang and K.N. Liou : "Finite–difference time domain method for light scattering by small ice crystals in three–dimensional space," J. Opt. Soc. Am. A, **13**, pp.2072–2085 (1996)

23) W. Sun, N.G. Loeb and Q. Fu : "Finite–difference time–domain solution of light scattering and absorption by particles in an absorbing medium," Appl. Opt., **41**, pp.5728–5743 (2002)

24) P.W. Zhai, C.H. Li, G.W. Kattawar and P. Yang : "FDTD far–field scattering amplitudes: Comparison of surface and volume integration methods," J. Quant. Spectrosc. Radiat. Transfer, **106**, pp.590–594 (2007)

25) R.J. Luebbers, K.S. Kunz, M. Shneider and F. Hunsberger : "A finite–difference time–domain near zone to far zone transformation," IEEE Trans. Antennas and Propagat., **39**, pp.429–433 (1991)

26) D.J. Robinson and J.B. Schneider : "On the use of the geometric mean in FDTD near–to–far–field transformations," IEEE Trans. Antennas and Propagat., **55**, pp.3204–3211 (2007)

27) C.F. Bohren and D.R. Huffman : "Absorption and scattering of light by

small particles," p.63, Wiley, New York (1983)

28) 岡本隆之, 梶川浩太郎：「プラズモニクス－基礎と応用」, 講談社 (2010)

29) P.B. Johnson and R.W. Christy："Optical constants of the noble metals," Phys. Rev. B, **6**, pp.4370–4379 (1972)

30) A.H. Nuttall："Some windows with very good sidelobe behavior," IEEE Trans. Acoust. Speech Signal Process., ASSP–**29**, pp.84–91 (1981)

7 DDA（離散双極子近似）

電磁界解析にはさまざまな方法があるが，そのうちの一つに**離散双極子近似**（discrete dipole approximation, **DDA**）がある[1),2)]。対象の構造を光電場により誘起された双極子の集まりと近似して，双極子−双極子相互作用を計算することにより光学応答を導く方法である（図 7.1 参照）。孤立構造の光学応答，特に散乱や吸収の計算に適している。元々は球以外の形状をもつ星間物質の散乱や吸収，消光のスペクトル予測を目的として提案された。Draine と Flatau により開発されたプログラム（DDSCAT）が公開されているため，それを用いることができる。このプログラムの使い方は，ユーザガイドに詳しく述べられている。本章ではその原理を簡単に紹介する。

7.1 DDA の原理

図 **7.1** に示すように，位置 r_j に生じる双極子 p_j は，局所電場 $E_{j,\mathrm{loc}}$ と分極率テンソル $\tilde{\alpha}$ を使って以下のように書き表すことができる。

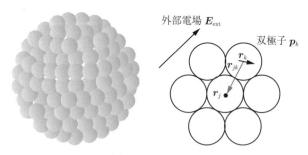

左図が計算する対象の構造の例であり，ここでは球を対象としている。DDAでは対象の構造を双極子の集まりとして近似する

左図では，その双極子の位置 r を中心とした小さな球として対象の構造を表している。右図は，双極子の部分を拡大したものであり，位置 r_j における局所場は式 (7.2)，(7.3) で与えられる

図 7.1 離散双極子近似

7.1 DDAの原理

$$p_j = \tilde{\alpha} E_{j,\text{loc}} \tag{7.1}$$

局所電場 $E_{j,\text{loc}}$ は，位置 r_j における外部から入射される電場 $E_{j,\text{ext}}$ と他の双極子が位置 r_j につくる電場 $E_{j,\text{dip}}$ の和である．

$$E_{j,\text{loc}} = E_{j,\text{ext}} + E_{j,\text{dip}} \tag{7.2}$$

$E_{j,\text{dip}}$ は，伝搬による遅延効果も含めて，位置 r_k における双極子 p_k を使って以下のように書ける．

$$E_{j,\text{dip}} = \frac{\exp(ikr_{jk})}{r_{jk}} \left\{ k^2 \left[r_{jk} \times (r_{jk} \times p_k) \right] \right.$$
$$\left. + \frac{1 - ikr_{jk}}{r_{jk}^2} \left[r_{jk}^2 p_k - 3 r_{jk} (r_{jk} \cdot p_k) \right] \right\} \tag{7.3}$$

ここで k は真空中の波数であり，$r_{jk} = r_j - r_k$，$r_{jk} = |r_{jk}|$ である．双極子数 N は考慮する双極子の数である．式 (7.2) と式 (7.3) をまとめると

$$E_{j,\text{loc}} = E_{j,\text{ext}} + \sum_{j \neq k}^{N} \tilde{A}_{jk} p_k \tag{7.4}$$

となる．$\tilde{A}_{jk}$ は成分計算により求めることができ，p_k も，同じように位置 r_k における局所電場 $E_{k,\text{loc}}$ により誘起された双極子である．これを $E_{j,\text{ext}}$ について解くと

$$E_{j,\text{ext}} = \tilde{\alpha}^{-1} p_j + \sum_{j \neq k}^{N} \tilde{A}_{jk} p_k \tag{7.5}$$

となる．すべての双極子を考慮するために，各位置における電場と双極子を縦に並べる．対応するテンソル $\tilde{A}_{jk}$ をまとめた行列の形にして書き表すと

$$\begin{bmatrix} E_{1,\text{ext}} \\ \vdots \\ E_{j,\text{ext}} \\ \vdots \\ E_{N,\text{ext}} \end{bmatrix} = \begin{bmatrix} \tilde{A}_{11} & \cdots & \tilde{A}_{1j} & \cdots & \tilde{A}_{1N} \\ \vdots & \ddots & & & \vdots \\ \tilde{A}_{j1} & \cdots & \tilde{A}_{jj} & \cdots & \tilde{A}_{jN} \\ \vdots & & & \ddots & \vdots \\ \tilde{A}_{N1} & \cdots & \tilde{A}_{Nj} & \cdots & \tilde{A}_{NN} \end{bmatrix} \begin{bmatrix} p_1 \\ \vdots \\ p_j \\ \vdots \\ p_N \end{bmatrix} \tag{7.6}$$

となる．外部電場を縦に並べたベクトル E_{ext} と $\tilde{A}_{jk}$ をまとめた $\tilde{A}$ は既知である．双極子を縦に並べたベクトル P は未知である．P の成分を未知数とした連立方程式を解けばよいように思えるが，$\tilde{A}$ は $3N \times 3N$ の成分をもち，$N = 10^3 \sim 10^7$ であることを考えると逆行列を求めることは難しい．よって，共役勾配法などの非定常反復法を使ったアルゴリズムで解を収束させる方法をとる．DDSCAT 7.3 では5種類のアルゴリズムが実装されており，必要に応じて切り替えることができる．

分極率 α は物質の屈折率より求める．物質の屈折率 n と分極率 α の間のよく知られた関係には，**クラウジウス・モソッティの式**がある．それは cgs 単位系で

$$\alpha = \frac{3V}{4\pi} \frac{n^2 - 1}{n^2 + 2} \tag{7.7}$$

と書ける．V は双極子一つが占める体積であり，1辺が d の立方格子では $V = d^3$ となる．クラウジウス・モソッティの式は周波数が 0 の場合の近似であり，光学周波数では必ずしもよい近似とはならない．周波数依存性も考慮したさらに進んだ近似がいくつか提案されており[3]，それらが実装されている．

7.2　DDSCAT の使い方の実際

DDSCAT は Fortran のソースコードが配布されており，それをコンパイルすれば利用できる．Windows 用には実行ファイルも公開されている．得られた成果を出版物にする場合には，ユーザガイドで指定されている出典の記載が求められている．実行条件は，ddscat.par というファイルに記述する．これ以外の名前のファイルに記載した場合には，引数としてそのファイル名を指定する．計算する波長やサイズの範囲と偏光方向，構造の回転などもこのファイルに記載する．球や楕円体，直角プリズム，それらの集合体など，代表的な構造は，キーワードを指定することにより計算できる．キーワードは ddscat.par の中に記載する．いくつかの物質（Au やグラファイトなど）の屈折率や誘電率

が記載されたファイルが，dielというディレクトリに納められている．これ以外の物質を扱う際には，自分で準備する．そのフォーマットは，ファイルを見ればわかる．

用意されている形状以外を計算する場合には，キーワードに"FROM_FILE"を指定して，双極子の座標と物質をリストしたshape.datという名前のファイルを同じディレクトリに置く．双極子の座標などの記載方法の詳細は，ユーザガイドに述べられている．座標は，試料座標系における双極子間隔dで規格化した値である．

FDTD法などの他の計算手法ではセルサイズを直接指定するのに対して，DDSCATを使った計算では直接dを指定しない．代わりに，計算する構造の双極子数N，その構造の体積と等しい体積をもつ球の半径を実行半径a_{eff}として指定する．両者には

$$d = a_{\text{eff}} \left(\frac{3N}{4\pi}\right)^{-1/3} \tag{7.8}$$

の関係がある．提供されている形状を指定した場合には，Nは自動的に計算される．dは計算結果のファイルに記載されているが，計算の前にdを知りたい場合には，形状パラメータからNを計算して式(7.8)からdを求める．Nの計算は形状により異なるので，ユーザガイドを参照する．"FROM_FILE"を指定した場合には，Nの値をshape.datに直接入力する．

計算結果はいくつかのファイルに格納される．mtableには計算で用いた波長と屈折率，誘電率が記載されている．qtableには，各波長，各有効半径a_{eff}ごとの消光効率Q_{ext}，吸収効率Q_{abs}，散乱効率Q_{sca}，**微分散乱効率**Q_{bk}などが記されている．消光効率Q_{ext}は以下の式で計算される．

$$Q_{\text{ext}} = \frac{C_{\text{ext}}}{\pi a_{\text{eff}}^2} = \frac{1}{\pi a_{\text{eff}}^2} \frac{4\pi k}{|E_{\text{ext}}|^2} \sum_{j=1}^{N} \text{Im}[E_{\text{ext}}^* \cdot \boldsymbol{p}_j] \tag{7.9}$$

ここで，C_{ext}は消光断面積，$\boldsymbol{p}_j$は双極子モーメント，kは波数である．また，吸収効率Q_{abs}は以下の式で計算される．

$$Q_{\text{abs}} = \frac{C_{\text{abs}}}{\pi a_{\text{eff}}^2} = \frac{1}{\pi a_{\text{eff}}^2} \frac{4\pi k}{|E_{\text{ext}}|^2} \sum_{j=1}^{N} \left\{ \text{Im}[\boldsymbol{p}_j \cdot (\tilde{\alpha}_j^{-1})^* \cdot \boldsymbol{p}_j^*] - \frac{2}{3} k^3 |\boldsymbol{p}_j|^2 \right\}$$
(7.10)

ここで，C_{abs} は吸収断面積である．散乱効率 Q_{sca} は $Q_{\text{sca}} = Q_{\text{ext}} - Q_{\text{abs}}$ から求まる．

qtable2 には位相シフト効率 Q_{pha} や偏光効率指数 Q_{pol}，円偏光効率指数 Q_{cpol} が記されている．偏光効率指数 Q_{pol} は二つの直交する偏光における消光効率 Q_{ext} の差であり，円偏光効率指数 Q_{cpol} は $Q_{\text{cpol}} = Q_{\text{pol}} Q_{\text{pha}}$ で定義される．位相シフト効率 Q_{pha} は構造を光が通過する際に生じる位相遅れの程度を示すパラメータであり，塵などを通った光の位相遅れを計算する際に役立つ．計算は以下の式で行われる．

$$Q_{\text{pha}} = \frac{C_{\text{pha}}}{\pi a_{\text{eff}}^2} = \frac{1}{\pi a_{\text{eff}}^2} \frac{2\pi k}{|\boldsymbol{E}_{\text{ext}}|^2} \sum_{j=1}^{N} \text{Re}[\boldsymbol{E}_{\text{ext}}^* \cdot \boldsymbol{p}_j]$$
(7.11)

であり，C_{pha} は位相シフト断面積である．

wXXXrYYY.avg ファイルには XXX 番目の波長と YYY 番目の実効半径における計算結果の詳細が記されている．また，キーワードを用いて構造を作製した場合に生成される target.out というファイルには，双極子の座標が記載されている．この座標は，FROM_FILE を用いた場合に使われる shape.dat ファイルに対応する．

7.3　DDSCAT のためのプログラム

DDSCAT では，代表的な形状はキーワードを指定することにより計算できる．ddscat.par ファイルの 11 行目の "Target Geometry and Composition" 項目に，例えば "ELLIPSOID" を，12 行目の "shape parameters" に，例えば "30 30 30" を記述して，金微粒子の場合には 14 行目に '../diel/Au_evap' と指定すれば，金の微小球の光学応答を計算できる．球のサイズは 31 行目の

7.3 DDSCAT のためのプログラム　　233

effective radii で指定する．各波長における消光や吸収，散乱の効率は qtable に格納される．これを gnuplot などのグラフツールで図示すればよいが，多少面倒である．qtable に格納されたデータを直接読み込んで図示するプログラム 7.1 を，以下に示す．

プログラム 7.1

```
 1  import matplotlib.pyplot as plt
 2  import numpy as np
 3  from scipy import zeros
 4  from matplotlib.pyplot import plot,show,xlabel,ylabel,title,legend,grid,axis,
        tight_layout
 5
 6  f = open("qtable","r")  # "qtable"ファイルをオープン
 7  dat = f.read()          # 文字変数 dat にすべての文字列を読み込む
 8  f.close()               # "qtable"ファイルをクローズ
 9
10  dat = dat.split("\n")   # 文字変数 dat を分割
11  datLEN=len(dat)-15      # 分割した dat からヘッダの部分を除いた行数を求める
12
13  WLx=zeros(datLEN)
14  Qext=zeros(datLEN)
15  Qabs=zeros(datLEN)
16  Qsca=zeros(datLEN)
17
18  DDSversion=dat[0] # "qtable"の 0 行目　　DDSCAT のバージョン
19  Target=dat[1]  # "qtable"の 1 行目　キーワード (target の種類)
20  Shape=dat[4]  # "qtable"の 4 行目　target の形状
21  NumDipole=dat[5]  # "qtable"の 5 行目　双極子数
22  aEff=dat[15][1:11]  # "qtable"の 15 行目　有効半径
23
24  i=14
25  j=0
26  while j <= datLEN-1:
27      WLx[j]=float(dat[i][12:22])*1000  # 波長の読込み　μm を nm に変換
28      Qext[j]=float(dat[i][23:33])   # 消光断面積の読込み　μm を nm に変換
29      Qabs[j]=float(dat[i][34:44])   # 吸収断面積の読込み　μm を nm に変換
30      Qsca[j]=float(dat[i][45:55])   # 散乱断面積の読込み　μm を nm に変換
31      i=i+1
32      j=j+1
33
34  plot(WLx,Qsca, label=r"$Q_{\rm sca}$",linewidth = 3.0, color='black')
35  plot(WLx,Qext, label=r"$Q_{\rm ext}$",linewidth = 3.0, color='gray')
36  plot(WLx,Qabs, label=r"$Q_{\rm abs}$",linewidth = 3.0, color='black',
        linestyle='dashed')
37
38  xlabel("wavelength (nm)",fontsize=22)
39  ylabel("Efficiency",fontsize=22)
40  title("Efficiency",fontsize=22)
41  grid(True)
42  axis([400,800,0,15]) e
43  plt.tick_params(labelsize=20)
44  legend(fontsize=20,loc='upper right')
45  tight_layout()
46  show()
```

6行目で，f = open("qtable","r") としてファイルをオープンして変数 dat にファイルの内容を読み込む。split 関数を使って改行コードで切り離す。その後，Qext などに代入してからプロットを行う。文字列から値に変換するには float コマンドを用いる。

つぎに，FROM_FILE キーワードを使って任意の構造を計算する際に必要な shape.dat ファイルを出力するプログラム 7.2 を紹介する。shape.dat には，双極子数や各双極子の座標と材料に関する情報を記述する。まず，xmin や xmax に座標範囲を指定する。実際のサイズは ddscat.par ファイルの 31 行目の effective radii で指定する。双極子間隔 d は式 (7.8) から有効半径 a_eff（プログラムでは effective radii）と双極子数で決まる。構造の形状は 34 行目で決めている。すなわち，x, y, z 方向に xmin から xmax にループを回して，28 行目に記述した式に当てはまる場合（true）には p[x,y,z] に 1 を代入し，当てはまらない場合（false）には 0 とする。最後に，p[x,y,z]=1 の座標をファイルに出力している。28 行目を書き換えることにより任意の形状の shape.dat ファイルを出力することができる。この際，どのような形状が生成されるか調べるプログラム A.7 を巻末付録に示す。28 行目で任意の形状を規定する。その後，ShapeGenerator.py で出力する座標を 3 次元グラフにプロットする。28 行目に記述した条件が所望の構造になっているかどうかを，巻末付録に示したプログラム A.7（ShapePlot）で出力する前にチェックすることができる。

プログラム 7.2

```
1   import matplotlib.pyplot as plt
2   import numpy as np
3   from scipy import zeros, array
4   from matplotlib.pyplot import plot,show,xlabel,ylabel,title,legend,grid, axis
        ,subplot
5
6   xmin = -100  # 計算範囲の設定
7   xmax = 100
8   ymin = -100
9   ymax = 100
10  zmin = -100
11  zmax = 100
12
13  numx = xmax-xmin+1  #    x 方向の計算する座標の数
14  numy = ymax-ymin+1  #    y 方向の計算する座標の数
15  numz = zmax-zmin+1  #    z 方向の計算する座標の数
```

7.3 DDSCATのためのプログラム

```python
16  num = numx*numy*numz    # すべての計算する座標の数
17
18  p = np.zeros([numx,numy,numz],dtype=int) # フラグ p(x,y,z) の初期化
19
20  iii=0
21  xorigin=0      # x 方向  形状の重心  初期化
22  yorigin=0      # y 方向  形状の重心  初期化
23  zorigin=0      # z 方向  形状の重心  初期化
24
25  for z in range(zmin, zmax):
26      for y in range(ymin, ymax):
27          for x in range(xmin, xmax):
28              if x**2 + y**2 + z**2 <= 10**2:  # 形状を構成する座標か，の判断
29                  p[x-xmin,y-ymin,z-zmin] = 1 # 形状を構成する座標の場合には p=1
30                                  # p の配列は 0 以上の整数なので，xmin だけずらしている
31                  xorigin=xorigin+(x-xmin)   # 形状の重心を求めるために
                          x 座標の和をとる
32                  yorigin=yorigin+(y-ymin)   # 形状の重心を求めるために
                          y 座標の和をとる
33                  zorigin=zorigin+(z-zmin)   # 形状の重心を求めるために
                          z 座標の和をとる
34                  iii+=1
35              else:
36                  p[x-xmin,y-ymin,z-zmin] = 0 # 形状を構成する座標ではない場合に
                          は p=0
37
38  Xorigin=xorigin/iii # 形状の重心の x 座標
39  Yorigin=yorigin/iii # 形状の重心の y 座標
40  Zorigin=zorigin/iii # 形状の重心の z 座標
41
42  l1="--- ddscat calc for FROM_FILE ---"
43
44  l3="1.000    0.000    0.000" # a1 vector
45  l4="1.000    1.000    0.000" # a2 vector
46  l5="1.       1.       1.     " # d_x/d d_y/d d_z/d (normally 1 1 1)
47  l7="J       JX        JY        JZ      ICOMPX    ICOMPY    ICOMPZ"
48
49  f = open("shape.dat","w")    # "shape.dat"ファイルを書込みモードでオープン
50  f.write(l1+"\n")         # 1 行目  書込み
51  f.write(str(iii)+"\n")     # 2 行目  書込み (双極子数)
52  f.write(l3+"\n")         # 3 行目  書込み (a1 ベクトル)
53  f.write(l4+"\n")         # 4 行目  書込み (a2 ベクトル)
54  f.write(l5+"\n")         # 5 行目  書込み
55  f.write(str(Xorigin)+"   "+str(Yorigin)+"   "+str(Zorigin)+"\n")  #
              6 行目  書込み
56  f.write(l7+"\n")         # 7 行目  書込み
57
58  ii=1 # 座標データの書込み   x-xmin が配列中のアドレスで x が実際の座標に対応
59  for z in range(zmin, zmax):
60      for y in range(ymin, ymax):
61          for x in range(xmin, xmax):
62              if p[x-xmin,y-ymin,z-zmin] == 1:
63                  f.write(str(ii)+"   "+str(x-xmin)+"     "+str(y-ymin)+"
                          "+str(z-zmin)+"    1      1       1"+"\n")
64                  ii+=1
65  f.close()
```

引用・参考文献

1) B.T. Draine and P.J. Flatau："Discrete–dipole approximation for scattering calculations," J. Opt. Soc. Am. A, **11**, pp.1491–1499 (1994)
2) M.A. Yurkin, V.P. Maltsevb and A.G. Hoekstra："The discrete dipole approximation for simulation of light scattering by particles much larger than the wavelength," J. Quantitive Specroscopy & Radiative Transfer, **106**, pp.546–557 (2007)
3) B.T. Draine and J. Goodman："Beyond Clausius–Mossotti: Wave Propagation on a Polarizable Point Lattice and the Discrete Dipole Approximation," Astrophys. J., **405**, pp.685–697 (1993)

付　録

A.1　表面プラズモン共鳴のプログラム

プログラム A.1（plannerSPR.py）

```python
import scipy as sp
import matplotlib as mpl
import matplotlib.pyplot as plt

from scipy import pi,sin,cos,tan,arcsin,exp,linspace,arange,sqrt,zeros,array,\
    matrix,asmatrix
from matplotlib.pyplot import plot,show,xlabel,ylabel,title,legend,grid,axis,\
    tight_layout

def mMATs(n1z,n2z):
    return (1/(2*n1z))*matrix([[n1z+n2z,n1z-n2z],[n1z-n2z,n1z+n2z]])
                          # s-偏光 M_{ij} 行列の定義
def mMATp(n1z,n2z,n1,n2):
    return (1/(2*n1*n2*n1z))*\
            matrix([[n1**2*n2z+n2**2*n1z,n1**2*n2z-n2**2*n1z],\
                    [n1**2*n2z-n2**2*n1z,n1**2*n2z+n2**2*n1z]])
                          # p-偏光 M_{ij} 行列の定義
def matFAI(n1z,d1,k0):
    return matrix([[exp(1j*n1z*k0*d1), 0],[0,exp(-1j*n1z*k0*d1)]])
                          # Φ 行列の定義

n1=1.86 # 媒質 1（プリズム）の屈折率
n2=sqrt(-10.8 + 1j*1.47) # 媒質 2（金）の屈折率
n3=1.5 # 媒質 3（誘電体薄膜）の屈折率
n4=1.33 # 媒質 4（水）の屈折率
ep1=n1**2 # 媒質 1 の誘電率
ep2=n2**2 # 媒質 2 の誘電率
ep3=n3**2 # 媒質 3 の誘電率
ep4=n4**2 # 媒質 4 の誘電率
d2=47 # 媒質 2（金）の厚さ d2 [nm]
d3=10 # 媒質 2（誘電体）の厚さ d2 [nm]
WL=633 # 真空中の波長 WL [nm]
k0=2*pi/WL # 真空中の波数

t1start=40 # 始めの角度
t1end=70 # 終わりの角度
t1points=300 # プロット数

t1DegOut = linspace(t1start,t1end,t1points) # 入射角 t1 の配列の生成〔°〕
t1 = 0.25*pi+(1/n1)*arcsin((t1DegOut-45) /180*pi) # 入射角をラジアンに直す
s1 = sin(t1) # sin(t1)
c1 = cos(t1) # cos(t1)
s2 = n1/n2*s1 # sin(t2)
```

```
42   c2 = sqrt(1-s2**2) # cos(t2)
43   s3 = n1/n3*s1 # sin(t3)
44   c3 = sqrt(1-s3**2) # cos(t3)
45   s4 = n1/n4*s1 # sin(t4)
46   c4 = sqrt(1-s4**2) # cos(t4)
47
48   n1z=n1*c1 # n1z=k1z/k0
49   n2z=n2*c2 # n2z=k1z/k0
50   n3z=n3*c3 # n2z=k1z/k0
51   n4z=n4*c4 # n2z=k1z/k0
52
53   matT0=zeros((t1points,2,2),dtype=complex) # 伝搬行列 T0 の初期化
54   matT1=zeros((t1points,2,2),dtype=complex) # 伝搬行列 T1 の初期化
55   r0=zeros((t1points),dtype=complex) # 反射係数（誘電体なし）の初期化
56   r1=zeros((t1points),dtype=complex) # 反射係数（誘電体あり）の初期化
57
58   for i in range(t1points):
59
60       matT0[i]=mMATp(n4z[i],n2z[i],n4,n2)@matFAI(n2z[i],d2,k0)@mMATp(n2z[i],n1z
         [i],n2,n1)
61                               # p-偏光伝搬行列 T0
62       matT1[i]=mMATp(n4z[i],n3z[i],n4,n3)@matFAI(n3z[i],d3,k0)@mMATp(n3z[i],n2z
         [i],n3,n2)@matFAI(n2z[i],d2,k0)@mMATp(n1z[i],n1z[i],n2,n1)
63                               # p-偏光伝搬行列 T1
64
65       r0[i]=-matT0[i,1,0]/matT0[i,1,1] # p-偏光反射係数（誘電体なし）
66       r1[i]=-matT1[i,1,0]/matT1[i,1,1] # p-偏光反射係数（誘電体あり）
67
68   R0Abs=abs(r0)**2 # p-偏光反射率（誘電体なし）
69   R1Abs=abs(r1)**2 # p-偏光反射率（誘電体あり）
70
71   plt.figure(figsize=(8,6))
72   plt.figure(figsize=(8,6))
73   plot(t1DegOut,R1Abs, label="R1",linewidth = 3.0, color='gray')
74   plot(t1DegOut,R0Abs, label="R0",linewidth = 3.0, color='black')
75   xlabel(r"$\theta_1$ (deg.)",fontsize=20)
76   ylabel(r"Reflectivity",fontsize=20)
77   title("Surface Plasmon Resonance",fontsize=20)
78   grid(True)
79   legend(fontsize=20,loc='lower right')
80   plt.tick_params(labelsize=20)
81   tight_layout()
82   show()
```

A.2　多層 EMA の計算プログラム

プログラム A.2（multilayerEMA.py）

```
1   import scipy as sp
2   import matplotlib as mpl
3   import matplotlib.pyplot as plt
4
5   from scipy import pi,sin,cos,tan,arcsin,exp,linspace,sqrt,zeros,matrix,arange
```

A.2 多層 EMA の計算プログラム

```python
from matplotlib.pyplot import plot,show,xlabel,ylabel,title,legend,grid,axis,
    tight_layout


def func_nAg(WLs):
    ep=3.691-9.1522**2/((1240/WLs)**2+1j*0.021*(1240/WLs))
    index=sqrt(ep)
    return index

def func_nTiO2(WLs):
    ep=5.193 + 0.244/((WLs/1000)**2-0.0803)
    index=sqrt(ep)
    return index

def mMATs(n1z,n2z):
    return (1/(2*n1z))*matrix([[n1z+n2z,n1z-n2z],[n1z-n2z,n1z+n2z]])
                             # s-偏光 $\mathbf{M}_{ij}$ 行列の定義
def mMATp(n1z,n2z,n1,n2):
    return (1/(2*n1**2*n1z))*matrix([[n1**2*n2z+n2**2*n1z,n1**2*n2z-n2**2*
        n1z],[n1**2*n2z-n2**2*n1z,n1**2*n2z+n2**2*n1z]])
                             # p-偏光 $\mathbf{M}_{ij}$ 行列の定義
def matFAI1(n1z,d1,k0):
    return matrix([[exp(1j*n1z*k0*d1), 0],[0,exp(-1j*n1z*k0*d1)]])
                             # $\Phi$ 行列の定義

def matPI1(n1,n1z):
    return matrix([[n1z/n1,n1z/n1,0,0],[n1,-n1,0,0],[0,0,1,1],[0,0,n1z,-
        n1z]])

def matPI2(n2o,n2oz,n2ez,c2dash):
    return matrix([[c2dash,-c2dash,0,0],[n2o**2/n2ez*c2dash,n2o**2/n2ez*
        c2dash,0,0],[0,0,1,1],[0,0,n2oz,-n2oz]])

def matPI2inv(n2o,n2oz,n2ez,c2dash):
    return 0.5*matrix([[1/c2dash,n2ez/(n2o**2*c2dash),0,0],[-1/c2dash,n2ez
        /(n2o**2*c2dash),0,0],[0,0,1,1/n2oz],[0,0,1,-1/n2oz]])

def matPI3(n3,n3z):
    return matrix([[n3z/n3,n3z/n3,0,0],[n3,-n3,0,0],[0,0,1,1],[0,0,n3z,-
        n3z]])

def matPI3inv(n3,n3z):
    return 0.5*matrix([[n3/n3z,1/n3,0,0],[n3/n3z,-1/n3,0,0],[0,0,1,1/n3z
        ],[0,0,1,-1/n3z]])

def matFAI2(k0,n2ez,n2oz,d2):
    return matrix([[exp(1j*n2ez*k0*d2), 0,0,0],[0,exp(-1j*n2ez*k0*d2
        ),0,0],[0,0,exp(1j*n2oz*k0*d2),0],[0,0,0,exp(-1j*n2oz*k0*d2)]])

############# 初期化 #############
WLmin = 300    # 始めの波長
WLmax = 1000   # 終わりの波長
WLperiod = 1   # 波長間隔
WLx = arange(WLmin, WLmax+1, WLperiod) # 波長の配列
NumWLx = int((WLmax-WLmin)/WLperiod)+1 # 波長の配列数
k0=2*pi/WLx    # 波数の配列

t1Deg = 45     # 入射角〔°〕
```

```
56  t1 = t1Deg /180*pi    # 入射角をラジアンに直す
57
58  ############# 多層膜A モデルの計算 #############
59
60  n1=1
61  nA=1
62  n2=zeros(NumWLx, dtype=complex)
63  n3=zeros(NumWLx, dtype=complex)
64  n4=zeros(NumWLx, dtype=complex)
65  n5=zeros(NumWLx, dtype=complex)
66  n6=zeros(NumWLx, dtype=complex)
67  n7=zeros(NumWLx, dtype=complex)
68  n8=zeros(NumWLx, dtype=complex)
69  n9=zeros(NumWLx, dtype=complex)
70  d2=d4=d6=d8=10
71  d3=d5=d7=d9=10
72
73  for i in range(NumWLx):
74      n2[i]=n4[i]=n6[i]=n8[i]=func_nAg(WLx[i])
75      n3[i]=n5[i]=n7[i]=n9[i]=func_nTiO2(WLx[i])
76
77  s1 = sin(t1)
78  c1 = cos(t1)
79  s2, s3, s4, s5, s6, s7, s8, s9, sA = n1/n2*s1, n1/n3*s1, n1/n4*s1, n1/n5*s1
        , n1/n6*s1, n1/n7*s1, n1/n8*s1, n1/n9*s1, n1/nA*s1
80  c2, c3, c4, c5, c6, c7, c8, c9, cA = sqrt(1-s2**2), sqrt(1-s3**2), sqrt(1-
        s4**2), sqrt(1-s5**2), sqrt(1-s6**2), sqrt(1-s7**2), \
81                                       sqrt(1-s8**2), sqrt(1-s9**2), sqrt(1-sA
                                         **2),
82  n1z, n2z, n3z, n4z, n5z, n6z, n7z, n8z, n9z, nAz = n1*c1, n2*c2, n3*c3, n4*
        c4, n5*c5, n6*c6, n7*c7, n8*c8, n9*c9, nA*cA
83
84  matTs=zeros((NumWLx,2,2),dtype=complex) # s-偏光伝搬行列の初期化
85  matTp=zeros((NumWLx,2,2),dtype=complex) # p-偏光伝搬行列の初期化
86  rsML1=zeros((NumWLx),dtype=complex) # s-偏光反射係数の初期化
87  tsML1=zeros((NumWLx),dtype=complex) # s-偏光透過係数の初期化
88  rpML1=zeros((NumWLx),dtype=complex) # p-偏光反射係数の初期化
89  tpML1=zeros((NumWLx),dtype=complex) # p-偏光透過係数の初期化
90
91  for i in range(NumWLx):
92
93      matTs[i]= mMATs(nAz,n9z[i])@matFAI1(n9z[i],d9,k0[i])@mMATs(n9z[i],n8z[i
            ])@matFAI1(n8z[i],d8,k0[i])@mMATs(n8z[i],n7z[i]) \
94          @matFAI1(n7z[i],d7,k0[i])@mMATs(n7z[i],n6z[i])@matFAI1(n6z[i],d6,k0[i
            ])@mMATs(n6z[i],n5z[i])@matFAI1(n5z[i],d5,k0[i]) \
95          @mMATs(n5z[i],n4z[i])@matFAI1(n4z[i],d4,k0[i])@mMATs(n4z[i],n3z[i])
                @matFAI1(n3z[i],d3,k0[i])@mMATs(n3z[i],n2z[i]) \
96          @matFAI1(n2z[i],d2,k0[i])@mMATs(n2z[i],n1z)
97                                       # s-偏光伝搬行列計算
98      matTp[i]= mMATp(nAz,n9z[i],nA,n9[i])@matFAI1(n9z[i],d9,k0[i])@mMATp(n9z[i
            ],n8z[i],n9[i],n8[i])@matFAI1(n8z[i],d8,k0[i]) \
99          @mMATp(n8z[i],n7z[i],n8[i],n7[i])@matFAI1(n7z[i],d7,k0[i])@mMATp(n7z[i
            ],n6z[i],n7[i],n6[i])@matFAI1(n6z[i],d6,k0[i]) \
100         @mMATp(n6z[i],n5z[i],n6[i],n5[i])@matFAI1(n5z[i],d5,k0[i])@mMATp(n5z[i
            ],n4z[i],n5[i],n4[i])@matFAI1(n4z[i],d4,k0[i]) \
101         @mMATp(n4z[i],n3z[i],n4[i],n3[i])@matFAI1(n3z[i],d3,k0[i])@mMATp(n3z[i
            ],n2z[i],n3[i],n2[i])@matFAI1(n2z[i],d2,k0[i]) \
102         @mMATp(n2z[i],n1z,n2[i],n1)
```

A.2 多層 EMA の計算プログラム

```
103                                             # p-偏光伝搬行列計算
104     rsML1[i]=-matTs[i,1,0]/matTs[i,1,1] # reflection coefficient calculation
            for s-polarizaion
105     tsML1[i]=matTs[i,0,0]-matTs[i,0,1]*matTs[i,1,0]/matTs[i,1,1] #
            transmission coefficient calculation for s-polarizaion
106     rpML1[i]=-matTp[i,1,0]/matTp[i,1,1] # reflection coefficient calculation
            for p-polarizaion
107     tpML1[i]=matTp[i,0,0]-matTp[i,0,1]*matTp[i,1,0]/matTp[i,1,1] #
            transmission coefficient calculation for p-polarizaion
108
109 RsML1=abs(rsML1)**2 # s-偏光反射率（多層膜 A）
110 RpML1=abs(rpML1)**2 # p-偏光反射率（多層膜 A）
111 TsML1=abs(tsML1)**2 # s-偏光透過率（多層膜 A）
112 TpML1=abs(tpML1)**2 # p-偏光透過率（多層膜 A）
113
114 ########## 多層膜B モデルの計算 ############
115
116 n1=1
117 nA=1
118 n2=zeros(NumWLx, dtype=complex)
119 n3=zeros(NumWLx, dtype=complex)
120 n4=zeros(NumWLx, dtype=complex)
121 n5=zeros(NumWLx, dtype=complex)
122 n6=zeros(NumWLx, dtype=complex)
123 n7=zeros(NumWLx, dtype=complex)
124 n8=zeros(NumWLx, dtype=complex)
125 n9=zeros(NumWLx, dtype=complex)
126 d2=d4=d6=d8=10
127 d3=d5=d7=d9=10
128
129 for i in range(NumWLx):
130     n2[i]=n4[i]=n6[i]=n8[i]=func_nTiO2(WLx[i])
131     n3[i]=n5[i]=n7[i]=n9[i]=func_nAg(WLx[i])
132
133 s1 = sin(t1)
134 c1 = cos(t1)
135 s2, s3, s4, s5, s6, s7, s8, s9, sA = n1/n2*s1, n1/n3*s1, n1/n4*s1, n1/n5*s1
        , n1/n6*s1, n1/n7*s1, n1/n8*s1, n1/n9*s1, n1/nA*s1
136 c2, c3, c4, c5, c6, c7, c8, c9, cA = sqrt(1-s2**2), sqrt(1-s3**2), sqrt(1-
        s4**2), sqrt(1-s5**2), sqrt(1-s6**2), sqrt(1-s7**2), \
137                                     sqrt(1-s8**2), sqrt(1-s9**2), sqrt(1-sA
                                            **2),
138 n1z, n2z, n3z, n4z, n5z, n6z, n7z, n8z, n9z, nAz = n1*c1, n2*c2, n3*c3, n4*
        c4, n5*c5, n6*c6, n7*c7, n8*c8, n9*c9, nA*cA
139
140 matTs=zeros((NumWLx,2,2),dtype=complex) # s-偏光伝搬行列初期化
141 matTp=zeros((NumWLx,2,2),dtype=complex) # p-偏光伝搬行列初期化
142 rsML2=zeros((NumWLx),dtype=complex) # rs 初期化
143 tsML2=zeros((NumWLx),dtype=complex) # ts 初期化
144 rpML2=zeros((NumWLx),dtype=complex) # rp 初期化
145 tpML2=zeros((NumWLx),dtype=complex) # tp 初期化
146
147 for i in range(NumWLx):
148
149     matTs[i]= mMATs(nAz,n9z[i])@matFAI1(n9z[i],d9,k0[i])@mMATs(n9z[i],n8z[i
            ])@matFAI1(n8z[i],d8,k0[i])@mMATs(n8z[i],n7z[i]) \
150            @matFAI1(n7z[i],d7,k0[i])@mMATs(n7z[i],n6z[i])@matFAI1(n6z[i],d6,k0[i
                ])@mMATs(n6z[i],n5z[i])@matFAI1(n5z[i],d5,k0[i]) \
```

```
151             @mMATs(n5z[i],n4z[i])@matFAI1(n4z[i],d4,k0[i])@mMATs(n4z[i],n3z[i])
                    @matFAI1(n3z[i],d3,k0[i])@mMATs(n3z[i],n2z[i]) \
152             @matFAI1(n2z[i],d2,k0[i])@mMATs(n2z[i],n1z)
153                                         # s-偏光伝搬行列の計算
154     matTp[i]= mMATp(nAz,n9z[i],nA,n9[i])@mMATp(n9z[i],d9,k0[i])@mMATp(n9z[i
                ],n8z[i],n9[i],n8[i])@matFAI1(n8z[i],d8,k0[i]) \
155             @mMATp(n8z[i],n7z[i],n8[i],n7[i])@matFAI1(n7z[i],d7,k0[i])@mMATp(n7z[i
                ],n6z[i],n7[i],n6[i])@matFAI1(n6z[i],d6,k0[i]) \
156             @mMATp(n6z[i],n5z[i],n6[i],n5[i])@matFAI1(n5z[i],d5,k0[i])@mMATp(n5z[i
                ],n4z[i],n5[i],n4[i])@matFAI1(n4z[i],d4,k0[i]) \
157             @mMATp(n4z[i],n3z[i],n4[i],n3[i])@matFAI1(n3z[i],d3,k0[i])@mMATp(n3z[i
                ],n2z[i],n3[i],n2[i])@matFAI1(n2z[i],d2,k0[i]) \
158             @mMATp(n2z[i],n1z,n2[i],n1)
159                                         # p-偏光伝搬行列の計算
160     rsML2[i]=-matTs[i,1,0]/matTs[i,1,1] # s-偏光反射係数（多層膜モデル）
161     tsML2[i]=matTs[i,0,0]-matTs[i,0,1]*matTs[i,1,0]/matTs[i,1,1] #
            transmission coefficient calculation for s-polarizaion
162     rpML2[i]=-matTp[i,1,0]/matTp[i,1,1] # p-偏光反射係数（多層膜モデル）
163     tpML2[i]=matTp[i,0,0]-matTp[i,0,1]*matTp[i,1,0]/matTp[i,1,1] #
            transmission coefficient calculation for p-polarizaion
164
165 RsML2=abs(rsML2)**2 # s-偏光反射率（多層膜 B）
166 RpML2=abs(rpML2)**2 # p-偏光反射率（多層膜 B）
167 TsML2=abs(tsML2)**2 # s-偏光透過率（多層膜 B）
168 TpML2=abs(tpML2)**2 # p-偏光透過率（多層膜 B）
169
170 ##### EMA モデルの計算（異方性をもつ薄膜の 3 層問題）######
171
172 n1=1
173 n3=1
174 d2=80
175
176 nTiO2=zeros((NumWLx),dtype=complex)
177 nAg=zeros((NumWLx),dtype=complex)
178
179 for i in range(NumWLx):
180     nTiO2[i]=func_nTiO2(WLx[i])
181     nAg[i]=func_nAg(WLx[i])
182
183 epx=0.5*(nTiO2**2 + nAg**2)
184 epz=2*(nTiO2**2)*(nAg**2)/((nTiO2**2)+(nAg**2))
185
186 no=sqrt(epx)
187 ne=sqrt(epz)
188
189 s1 = sin(t1)
190 c1 = cos(t1)
191 kappa=n1*s1
192 s3 = n1/n3*s1
193 c3 = sqrt(1-s3**2)
194
195 n1z=n1*c1
196 n3z=n3*c3
197
198 n2oz=sqrt(no**2-kappa**2)
199 n2ez=(no/ne)*sqrt(ne**2-kappa**2)
200 c2dash=(ne*sqrt(ne**2-kappa**2))/sqrt(ne**4+kappa**2*(no**2-ne**2))
201
```

```python
matT=zeros((NumWLx,4,4),dtype=complex) # s-偏光伝搬行列初期化
rsEMA=zeros((NumWLx),dtype=complex) # rs 初期化
tsEMA=zeros((NumWLx),dtype=complex) # ts 初期化
rpEMA=zeros((NumWLx),dtype=complex) # rp 初期化
tpEMA=zeros((NumWLx),dtype=complex) # tp 初期化

for i in range(NumWLx):
    matT[i]=matPI3inv(n3,n3z)@matPI2(no[i],n2oz[i],n2ez[i],c2dash[i])@matFAI2
        (k0[i],n2ez[i],n2oz[i],d2)@matPI2inv(no[i],n2oz[i],n2ez[i],c2dash[i
        ])@matPI1(n1,n1z)
    rsEMA[i]=-matT[i,3,2]/matT[i,3,3]
    tsEMA[i]=matT[i,2,2]-matT[i,2,3]*matT[i,3,2]/matT[i,3,3]
    rpEMA[i]=-matT[i,1,0]/matT[i,1,1]
    tpEMA[i]=matT[i,0,0]-matT[i,0,1]*matT[i,1,0]/matT[i,1,1]

RsEMA=abs(rsEMA)**2 # s-偏光反射率（EMA モデル）
RpEMA=abs(rpEMA)**2 # p-偏光反射率（EMA モデル）
TsEMA=abs(tsEMA)**2 # s-偏光透過率（EMA モデル）
TpEMA=abs(tpEMA)**2 # p-偏光透過率（EMA モデル）


############# PLOT ##############

plt.figure(figsize=(8,6))
plot(WLx,RsML1, label="RsML1",linewidth = 3.0, color='black')
plot(WLx,RsML2, label="RsML2",linewidth = 3.0, color='gray')
plot(WLx,RsEMA, label="RsEMA",linewidth = 3.0, color='black', linestyle='
    dashed')
xlabel(r"Wavelength(nm)",fontsize=22)
ylabel(r"reflectivity",fontsize=22)
title("",fontsize=22)
grid(True)
axis([300,1000,0,1.1])
legend(fontsize=20,loc='lower right')
plt.tick_params(labelsize=20)
tight_layout()
show()

plt.figure(figsize=(8,6))
plot(WLx,RpML1, label="RpML1",linewidth = 3.0, color='black')
plot(WLx,RpML2, label="RpML2",linewidth = 3.0, color='gray')
plot(WLx,RpEMA, label="RpEMA",linewidth = 3.0, color='black', linestyle='
    dashed')
xlabel(r"Wavelength(nm)",fontsize=22)
ylabel(r"reflectivity",fontsize=22)
title("",fontsize=22)
grid(True)
axis([300,1000,0,1.1])
legend(fontsize=20,loc='lower right')
plt.tick_params(labelsize=20)
tight_layout()
show()

plt.figure(figsize=(8,6))
plot(WLx,TsML1, label="TsML1",linewidth = 3.0, color='black')
plot(WLx,TsML2, label="TsML2",linewidth = 3.0, color='gray')
plot(WLx,TsEMA, label="TsEMA",linewidth = 3.0, color='black', linestyle='
    dashed')
```

```
255  xlabel(r"Wavelength(nm)",fontsize=22)
256  ylabel(r"transmittance",fontsize=22)
257  title("",fontsize=22)
258  grid(True)
259  axis([300,1000,0,1.1])
260  legend(fontsize=20,loc='lower right')
261  plt.tick_params(labelsize=20)
262  tight_layout()
263  show()
264
265  plt.figure(figsize=(8,6))
266  plot(WLx,TpML1, label="TpML1",linewidth = 3.0, color='black')
267  plot(WLx,TpML2, label="TpML2",linewidth = 3.0, color='gray')
268  plot(WLx,TpEMA, label="TpEMA",linewidth = 3.0, color='black', linestyle='
         dashed')
269  xlabel(r"Wavelength(nm)",fontsize=22)
270  ylabel(r"transmittance",fontsize=22)
271  title("",fontsize=22)
272  grid(True)
273  axis([300,1000,0,1.1])
274  legend(fontsize=20,loc='lower right')
275  plt.tick_params(labelsize=20)
276  tight_layout()
277  show()
```

A.3　2連球の光学応答の計算プログラム

プログラム A.3 (Bisphere.py)

```
1   import scipy as sp
2   import scipy.special
3   import matplotlib as mpl
4   import matplotlib.pyplot as plt
5   import math
6   from scipy import pi,sin,cos,tan,arcsin,exp,linspace,arange,sqrt,zeros,array,
        matrix,asmatrix,real,imag,interpolate
7   from matplotlib.pyplot import plot,show,xlabel,ylabel,title,legend,grid,axis,
        tight_layout
8   from scipy.special import spherical_jn,spherical_yn, factorial
9   from RI import WLx, epAg, epAu, RIAu, RIAg
10
11  def kjo(k):
12      return math.factorial(k)
13
14  def perpendi(k,j,r0,ep1,ep2,ep3):
15      return ((ep1-ep3)*k*kjo(k+j))/(((k+1)*ep1+k*ep3)*kjo(k)*kjo(j)*(2*r0
            )**(k+j+1))
16
17  def paralleldi(k,j,r0,ep1,ep2,ep3):
18      return -((ep1-ep3)*k*kjo(k+j))/(((k+1)*ep1+k*ep3)*kjo(k+1)*kjo(j
            -1)*(2*r0)**(k+j+1))
19
20
```

```python
def uhen(ep1,ep2,ep3):
    return (ep1-ep3)/(2*ep1+ep3)

import RI

WLmin = RI.WLmin
WLmax = RI.WLmax
WLperiod = RI.WLperiod
WLx = RI.WLx
NumWLx = RI.NumWLx

k0=2*pi/WLx  # 真空中の波数
qq=15  # 計算する多重極の次数
r=50   # 粒子の半径
gap=1/2  # ギャップ長の半分
d=gap+r   # D パラメータ
r0=d/r    # r0 パラメータ

alpha_A=zeros(NumWLx, dtype=complex) # A 係数初期化
alpha_B=zeros(NumWLx, dtype=complex) # B 係数初期化

ep1=zeros(NumWLx, dtype=complex)
ep2=zeros(NumWLx, dtype=complex)
ep3=zeros(NumWLx, dtype=complex)
al=zeros([NumWLx,qq,qq], dtype=complex)
bl=zeros([NumWLx,qq,qq], dtype=complex)
fl=zeros([NumWLx,qq], dtype=complex)
Xal=zeros([NumWLx,qq], dtype=complex)
Xbl=zeros([NumWLx,qq], dtype=complex)
a1l1=zeros([NumWLx,qq], dtype=complex)
b1l1=zeros([NumWLx,qq], dtype=complex)


for i in range(NumWLx):
    ep1[i]=1    # 周辺媒質の誘電率
    ep2[i]=RI.epAu[i]  # 球の誘電率
    ep3[i]=RI.epAu[i]  # 基板の誘電率
    for k in range(qq):  # 連立方程式の作成  垂直方向 (A 係数)
        for j in range(qq):
            if k==j:
                al[i,k,j]=1+perpendi(k+1,j+1,r0,ep1[i],ep2[i],ep3[i])
            else:
                al[i,k,j]=perpendi(k+1,j+1,r0,ep1[i],ep2[i],ep3[i])

    for k in range(qq):  # 連立方程式の作成  垂直方向 (B 係数)
        for j in range(qq):
            if k==j:
                bl[i,k,j]=1+paralleldi(k+1,j+1,r0,ep1[i],ep2[i],ep3[i])
            else:
                bl[i,k,j]=paralleldi(k+1,j+1,r0,ep1[i],ep2[i],ep3[i])

    for k in range(qq):
        if k==0:
            fl[i,k]=uhen(ep1[i],ep2[i],ep3[i])
        else:
            fl[i,k]=0

    Xal[i]=sp.linalg.solve(al[i],fl[i])  # 連立方程式を解く (A 係数)
```

```python
79        Xb1[i]=sp.linalg.solve(b1[i],f1[i])   # 連立方程式を解く (B 係数)
80
81     alpha_A[i]=-4*pi*r**3*ep1[i]*Xa1[i,0]   # 分極率を求める (A 係数)
82     alpha_B[i]=-4*pi*r**3*ep1[i]*Xb1[i,0]   # 分極率を求める (B 係数)
83
84  Csca_A = k0**4/(6*pi)*abs(alpha_A)**2  # 散乱断面積を求める (A 係数)
85  Csca_B = k0**4/(6*pi)*abs(alpha_B)**2  # 散乱断面積を求める (B 係数)
86  Cabs_A = k0*imag(alpha_A)       # 吸収断面積を求める (A 係数)
87  Cabs_B = k0*imag(alpha_B)       # 吸収断面積を求める (B 係数)
88
89  Qsca_A = Csca_A / (2* (r**2) * pi)   # 散乱効率を求める (A 係数)
90  Qabs_A = Cabs_A / (2* (r**2) * pi)   # 吸収効率を求める (A 係数)
91  Qsca_B = Csca_B / ((r**2) * pi)      # 吸収効率を求める (B 係数)
92  Qabs_B = Cabs_B / ((r**2) * pi)      # 吸収効率を求める (B 係数)
93
94  plt.figure(figsize=(8,6))
95  plot(WLx,Qsca_A, label=r"$Q_{\rm sca}$",linewidth = 3.0, color='black')
96  plot(WLx,Qabs_A, label=r"$Q_{\rm abs}$",linewidth = 3.0, color='gray')
97  axis([400,700,0,12])
98  #xlabel("wavelength (nm)",fontsize=22)
99  #ylabel("efficiency",fontsize=22)
100 plt.tick_params(labelsize=20)
101 #legend(fontsize=20,loc='upper left')
102 tight_layout()
103 show()
104
105 plt.figure(figsize=(8,6))
106 plot(WLx,Qsca_B, label=r"$Q_{\rm sca}$",linewidth = 3.0, color='black')
107 plot(WLx,Qabs_B, label=r"$Q_{\rm abs}$",linewidth = 3.0, color='gray')
108 axis([400,700,0,4])
109 #xlabel("wavelength (nm)",fontsize=12)
110 #ylabel("efficiency",fontsize=12)
111 plt.tick_params(labelsize=20)
112 #legend(fontsize=20,loc='upper right')
113 tight_layout()
114 show()
```

A.4 切断球の光学応答の計算プログラム

プログラム A.4 (truncated.py)

```
1  import scipy as sp
2  import scipy.special
3  import math
4  import matplotlib as mpl
5  import matplotlib.pyplot as plt
6
7  from scipy import pi,sin,cos,tan,arcsin,exp,linspace,arange,sqrt,zeros,array,
        matrix,asmatrix,real,imag,interpolate,integrate
8  from matplotlib.pyplot import plot,show,xlabel,ylabel,title,legend,grid,axis,
        tight_layout
9  from scipy.special import spherical_jn,spherical_yn, factorial,lpmv,
        eval_legendre
```

A.4 切断球の光学応答の計算プログラム

```python
from RI import WLx, NumWLx, epAg, epAu, RIAu, RIAg

def kjo(k):
    return math.factorial(k)

def perpen(k,j,r0,ep1,ep2,ep3):
    return ((ep2-ep1)*(ep1-ep3)*k*kjo(k+j))/((ep2+ep1)*((k+1)*ep1+k*ep3)*
        kjo(k)*kjo(j)*(2*r0)**(k+j+1))

def parallel(k,j,r0,ep1,ep2,ep3):
    return ((ep2-ep1)*(ep1 - ep3)*k*kjo(k+j))/((ep2+ep1)*((k+1)*ep1+k*ep3)*
        kjo(k+1)*kjo(j-1)*(2*r0)**(k+j+1))

def uhen(ep1,ep2,ep3):
    return (ep1-ep3)/(2*ep1+ep3)

def funcIMG(r, r0, t):
    return r*r-4*r*r0*t+4*r0*r0

def funcIMG2(r0, t):
    return 1+4*r0*r0-4*r0*t

def funcV(m, j, r, t, r0):
    return funcIMG(r,r0,t)**(-(j+1)/2)*lpmv(m,j,(r*t-2*r0)*funcIMG(r,r0,t
        )**(-1/2))

def funcV2(m, j, t, r0):
    return funcIMG2(r0,t)**(-0.5*(3+j))*(-(1+j)*funcIMG2(r0,t)*lpmv(m,j,(t
        -2*r0)/sqrt(funcIMG2(r0,t)))-2*(1+j-m)*r0*sqrt(funcIMG2(r0,t))*lpmv
        (m,j+1,(t-2*r0)/sqrt(funcIMG2(r0,t))))

def funcW(m, j, r, t, r0):
    return funcIMG(r,r0,t)**(j/2)*lpmv(m,j,(r*t-2*r0)*funcIMG(r,r0,t
        )**(-1/2))

def funcW2(m, j, t, r0):
    return funcIMG2(r0,t)**(j/2-1)*((j-4*j*r0*r0+2*r0*(t-2*r0))*lpmv(m,j,(
        t-2*r0)/sqrt(funcIMG2(r0,t)))-2*(1+j-m)*r0*sqrt(funcIMG2(r0,t))*
        lpmv(m,j+1,(t-2*r0)/sqrt(funcIMG2(r0,t))))

qq=11           # 考慮する多重極子の次数
theta_a = 90 # theta_a = 180 - theta_sh 球: 0deg    半球: 90deg
theta_a = theta_a * pi/180
r0 = cos(theta_a)
rr=25 #  半径

k0=2*pi/WLx

ep1=zeros(NumWLx, dtype=complex)
ep2=zeros(NumWLx, dtype=complex)
ep3=zeros(NumWLx, dtype=complex)
ep4=zeros(NumWLx, dtype=complex)

matrixCinteg=zeros([qq,qq], dtype=float)
matrixDinteg=zeros([qq,qq], dtype=float)
matrixEinteg=zeros([qq], dtype=float)
matrixFinteg=zeros([qq,qq], dtype=float)
matrixGinteg=zeros([qq,qq], dtype=float)
```

```
60   matrixJinteg=zeros([qq,qq], dtype=float)
61   matrixKinteg=zeros([qq,qq], dtype=float)
62   matrixMinteg=zeros([qq,qq], dtype=float)
63   matrixNinteg=zeros([qq,qq], dtype=float)
64   matrixPinteg=zeros([qq], dtype=float)
65
66   matrixClist=zeros([NumWLx,qq,qq], dtype=complex)
67   matrixDlist=zeros([NumWLx,qq,qq], dtype=complex)
68   matrixElist=zeros([NumWLx,qq], dtype=complex)
69   matrixFlist=zeros([NumWLx,qq,qq], dtype=complex)
70   matrixGlist=zeros([NumWLx,qq,qq], dtype=complex)
71   matrixHlist=zeros([NumWLx,qq], dtype=complex)
72   matrixJlist=zeros([NumWLx,qq,qq], dtype=complex)
73   matrixKlist=zeros([NumWLx,qq,qq], dtype=complex)
74   matrixLlist=zeros([NumWLx,qq], dtype=complex)
75   matrixMlist=zeros([NumWLx,qq,qq], dtype=complex)
76   matrixNlist=zeros([NumWLx,qq,qq], dtype=complex)
77   matrixPlist=zeros([NumWLx,qq], dtype=complex)
78
79   matrixRA=zeros([NumWLx,2*qq,2*qq], dtype=complex)
80   matrixRB=zeros([NumWLx,2*qq,2*qq], dtype=complex)
81   matrixQA=zeros([NumWLx,2*qq], dtype=complex)
82   matrixQB=zeros([NumWLx,2*qq], dtype=complex)
83   vectorA=zeros([NumWLx,2*qq], dtype=complex)
84   vectorB=zeros([NumWLx,2*qq], dtype=complex)
85   alpha_A=zeros([NumWLx], dtype=complex)
86   alpha_B=zeros([NumWLx], dtype=complex)
87
88   ep1 = 1
89   ep2 = ep4 = 1.5**2
90   ep3 = epAu
91
92   for k in range(qq):
93       matrixEinteg[k], dummy = integrate.quad(lambda t: lpmv(0,k+1,t)*(t-r0),
             -1, r0)
94       matrixPinteg[k], dummy = integrate.quad(lambda t: lpmv(1,k+1,t)*lpmv
             (1,1,t), -1, r0)
95
96       for j in range(qq):
97           matrixCinteg[k,j], dummy = integrate.quad(lambda t: lpmv(0,k+1,t)*(
                 lpmv(0,j+1,t)-(-1)**(j+1)*funcV(0,j+1,1,t,r0)), -1, r0)
98           matrixDinteg[k,j], dummy = integrate.quad(lambda t: lpmv(0,k+1,t)*(
                 lpmv(0,j+1,t)-(-1)**(j+1)*funcW(0,j+1,1,t,r0)), -1, r0)
99           matrixFinteg[k,j], dummy = integrate.quad(lambda t: lpmv(0,k+1,t)*((
                 j+2)*lpmv(0, j+1, t)-(-1)**(j+1)*funcV2(0, j+1, t, r0)), -1,
                 r0)
100          matrixGinteg[k,j], dummy = integrate.quad(lambda t: lpmv(0,k+1,t)*((
                 j+1)*lpmv(0, j+1, t)+(-1)**(j+1)*funcW2(0, j+1, t, r0)), -1,
                 r0)
101
102          matrixJinteg[k,j], dummy = integrate.quad(lambda t: lpmv(1,k+1,t)*(
                 lpmv(1,j+1,t)+(-1)**(j+1)*funcV(1,j+1,1,t,r0)), -1, r0)
103          matrixKinteg[k,j], dummy = integrate.quad(lambda t: lpmv(1,k+1,t)*(
                 lpmv(1,j+1,t)+(-1)**(j+1)*funcW(1,j+1,1,t,r0)), -1, r0)
104          matrixMinteg[k,j], dummy = integrate.quad(lambda t: lpmv(1,k+1,t)*((
                 j+2)*lpmv(1, j+1, t)+(-1)**(j+1)*funcV2(1, j+1, t, r0)), -1,
                 r0)
105          matrixNinteg[k,j], dummy = integrate.quad(lambda t: lpmv(1,k+1,t)*((
```

A.4 切断球の光学応答の計算プログラム

```
                    j+1)*lpmv(1, j+1, t)-(-1)**(j+1)*funcW2(1, j+1, t, r0)), -1,
                    r0)
106
107 for i in range(NumWLx):
108     for k in range(qq):
109         for j in range(qq):
110             if k==j:
111                 matrixClist[i,k,j]=4*ep1/((ep1+ep2)*(2*(k+1)+1))-(ep1-ep2
                    )/(ep1+ep2)*matrixCinteg[k,j]
112             else:
113                 matrixClist[i,k,j]=-(ep1-ep2)/(ep1+ep2)*matrixCinteg[k,j]
114
115     for k in range(qq):
116         for j in range(qq):
117             if k==j:
118                 matrixDlist[i,k,j]=-4*ep3[i]/((ep3[i]+ep4)*(2*(k+1)+1))+(
                    ep3[i]-ep4)/(ep3[i]+ep4)*matrixDinteg[k,j]
119             else:
120                 matrixDlist[i,k,j]=(ep3[i]-ep4)/(ep3[i]+ep4)*matrixDinteg[k,
                    j]
121
122     for k in range(qq):
123         if k==0:
124             matrixElist[i,k]=-2*ep1/(3*ep2)-(1-ep1/ep2)*matrixEinteg[k]
125         else:
126             matrixElist[i,k]=-(1-ep1/ep2)*matrixEinteg[k]
127
128     for k in range(qq):
129         for j in range(qq):
130             if k==j:
131                 matrixFlist[i,k,j]=-4*ep1*ep2*(k+2)/((ep1+ep2)*(2*(k
                    +1)+1))-(ep1*(ep1-ep2))/(ep1+ep2)*matrixFinteg[k,j]
132             else:
133                 matrixFlist[i,k,j]=-(ep1*(ep1-ep2))/(ep1+ep2)*matrixFinteg[k
                    ,j]
134
135     for k in range(qq):
136         for j in range(qq):
137             if k==j:
138                 matrixGlist[i,k,j]=-4*ep3[i]*ep4*(k+1)/((ep3[i]+ep4)*(2*(k
                    +1)+1))-(ep3[i]*(ep3[i]-ep4))/(ep3[i]+ep4)*
                    matrixGinteg[k,j]
139             else:
140                 matrixGlist[i,k,j]=-(ep3[i]*(ep3[i]-ep4))/(ep3[i]+ep4)*
                    matrixGinteg[k,j]
141
142     for k in range(qq):
143         if k==0:
144             matrixHlist[i,k]=-2*ep1/3
145         else:
146             matrixHlist[i,k]=0
147
148
149     for k in range(qq):
150         for j in range(qq):
151             if k==j:
152                 matrixJlist[i,k,j]=4*ep1*(k+1)*(k+2)/((ep1+ep2)*(2*(k
                    +1)+1))-(ep1-ep2)/(ep1+ep2)*matrixJinteg[k,j]
```

```
                    else:
                        matrixJlist[i,k,j]=-(ep1-ep2)/(ep1+ep2)*matrixJinteg[k,j]

        for k in range(qq):
            for j in range(qq):
                if k==j:
                    matrixKlist[i,k,j]=-4*ep3[i]*(k+1)*(k+2)/((ep3[i]+ep4
                        )*(2*(k+1)+1))+(ep3[i]-ep4)/(ep3[i]+ep4)*matrixKinteg
                        [k,j]
                else:
                    matrixKlist[i,k,j]=(ep3[i]-ep4)/(ep3[i]+ep4)*matrixKinteg[k,
                        j]

        for k in range(qq):
            if k==0:
                matrixLlist[i,k]=-4/3
            else:
                matrixLlist[i,k]=0

        for k in range(qq):
            for j in range(qq):
                if k==j:
                    matrixMlist[i,k,j]=-4*ep1*ep2*(k+1)*(k+2)**2/((ep1+ep2
                        )*(2*(k+1)+1))-(ep1*(ep1-ep2))/(ep1+ep2)*matrixMinteg[
                        k,j]
                else:
                    matrixMlist[i,k,j]=-(ep1*(ep1-ep2))/(ep1+ep2)*matrixMinteg[k
                        ,j]

        for k in range(qq):
            for j in range(qq):
                if k==j:
                    matrixNlist[i,k,j]=-4*ep3[i]*ep4*(k+1)**2*(k+2)/((ep3[i]+
                        ep4)*(2*(k+1)+1))-(ep3[i]*(ep3[i]-ep4))/(ep3[i]+ep4)*
                        matrixNinteg[k,j]
                else:
                    matrixNlist[i,k,j]=-(ep3[i]*(ep3[i]-ep4))/(ep3[i]+ep4)*
                        matrixNinteg[k,j]

        for k in range(qq):
            if k==0:
                matrixPlist[i,k]=-4*ep2/3-(ep1-ep2)*matrixPinteg[k]
            else:
                matrixPlist[i,k]=-(ep1-ep2)*matrixPinteg[k]

for i in range(NumWLx):
    for k in range(qq):
        for j in range(qq):
            matrixRA[i,k,j]=matrixClist[i,k,j]
            matrixRA[i,k,j+qq]=matrixDlist[i,k,j]
            matrixRA[i,k+qq,j]=matrixFlist[i,k,j]
            matrixRA[i,k+qq,j+qq]=matrixGlist[i,k,j]

for i in range(NumWLx):
    for k in range(qq):
        matrixQA[i,k]=matrixElist[i,k]
        matrixQA[i,k+qq]=matrixHlist[i,k]
```

A.4 切断球の光学応答の計算プログラム

```python
for i in range(NumWLx):
    for k in range(qq):
        for j in range(qq):
            matrixRB[i,k,j]=matrixJlist[i,k,j]
            matrixRB[i,k,j+qq]=matrixMlist[i,k,j]
            matrixRB[i,k+qq,j]=matrixKlist[i,k,j]
            matrixRB[i,k+qq,j+qq]=matrixNlist[i,k,j]

for i in range(NumWLx):
    for k in range(qq):
        matrixQB[i,k]=matrixLlist[i,k]
        matrixQB[i,k+qq]=matrixPlist[i,k]

for i in range(NumWLx):
    vectorA[i]=sp.linalg.solve(matrixRA[i],matrixQA[i])
    vectorB[i]=sp.linalg.solve(matrixRB[i],matrixQB[i])

    alpha_A[i]=-4*pi*rr**3*ep1*vectorA[i,0]
    alpha_B[i]=-4*pi*rr**3*ep1*vectorB[i,0]

alpha_A_Re = real(alpha_A)
alpha_B_Re = real(alpha_B)
alpha_A_Im = imag(alpha_A)
alpha_B_Im = imag(alpha_B)
alpha_A_Abs = abs(alpha_A)
alpha_B_Abs = abs(alpha_B)

Csca_A = k0**4 / (6*pi) * abs(alpha_A)**2
Csca_B = k0**4 / (6*pi) * abs(alpha_B)**2
Cabs_A = k0 * imag(alpha_A)
Cabs_B = k0 * imag(alpha_B)

crossA = rr**2 * ((pi - theta_a) + 0.5 * sin(2 * theta_a))
crossB = rr**2 * pi

Qsca_A = Csca_A / crossA
Qabs_A = Cabs_A / crossA
Qsca_B = Csca_B / crossB
Qabs_B = Cabs_B / crossB

plt.figure(figsize=(8,6))
plot(WLx,Qabs_A, label=r"$Q_{\rm abs}^{z}$",linewidth = 3.0, color='black'
    )
plot(WLx,Qabs_B, label=r"$Q_{\rm abs}^{||}$",linewidth = 3.0, color='gray'
    )
axis([400,800,0,5])
xlabel("wavelength (nm)",fontsize=22)
ylabel("efficiency",fontsize=25)
plt.tick_params(labelsize=20) # scale fontsize=18pt
legend(fontsize=20,loc='upper right')
tight_layout()
show()
```

A.5 RCWA法の計算プログラム

プログラム A.5 (rcwa.py)

```
#!/usr/bin/env python3

import scipy.interpolate, scipy.special, scipy.linalg
import math
import cmath
import numpy as np
import matplotlib.pyplot as plt

def Rcwa1d(pol, lambda0, kx0, period, layer, norder):
    """ RCWA for 1D binary grating
    pol: 偏光, 'p' または 's'
    lambda0: 入射光の波長 [μm]
    kx0: 入射光の面内波数 [1/μm]
    period: 周期 [μm]
    layer: 層構成
    norder: 計算に取り込む回折次数(±m 次まで取り込む場合は 2m+1)"""

    nlayer = len(layer) # 入射側媒質と透過側媒質を含んだ層数
    depth = np.zeros(nlayer) # 各層の厚さ
    metal = np.array([False]*nlayer)
        # 層中の媒質が誘電率の虚数部をもつ場合は True
    maxsect = max([len(v) for v in layer])//2
        # 1 周期中の媒質の分割要素数の最大値
    nsect = np.zeros(nlayer, dtype=int) # 1 周期中の媒質の分割要素数
    refra = np.zeros((nlayer, maxsect))
        # 分割要素の(複素)屈折率
    filfac = np.zeros((nlayer, maxsect)) # 周期で規格化した分割要素の幅

    for j in range(nlayer): # layer から各パラメータの抽出
        nsect[j] = len(layer[j])//2
        depth[j] = layer[j][0]
        for i in range(nsect[j]):
            refra[j][i] = layer[j][i*2+1]
            if abs(refra[j][i].imag) > 1e-100:
                metal[j] = True
            filfac[j][i] = layer[j][i*2+2]
    nsect[0] = 1
    nsect[nlayer-1] = 1
    filfac[0][0] = 1.
    filfac[nlayer-1][0] = 1.

    k0 = 2.0*math.pi/lambda0 # 真空中の波数
    kc = k0*refra[nlayer-1][0] # 入射側媒質における波数
    ks = k0*refra[0][0] # 透過側媒質における波数

    nmax = (norder-1)//2 # 最大回折次数
    I = np.arange(-nmax, nmax+1) # 回折次数の配列

    Zm = np.zeros([norder, norder]) # 零行列
    p = norder//2 # 配列中の 0 次の位置
```

A.5 RCWA法の計算プログラム

```
51      Eye = np.eye( norder) # 単位行列
52      M = norder-1 # 誘電率分布のフーリエ級数の最大次数
53
54      K = 2.0*math.pi/period # 格子ベクトル
55      kx = kx0+I*K # 回折光の面内波数
56
57      kzc = np.sqrt((kc**2-kx**2).astype(np.complex))
58           # 入射側媒質における回折光の波数の法線成分
59      np.where((kzc.real+kzc.imag)> 0, kzc, -kzc) # 符号の修正
60
61      kzs = np.sqrt((ks**2-kx**2).astype(np.complex))
62           # 透過側媒質における回折光の波数の法線成分
63      if metal[0]:
64          np.where((kzs.imag)>0, kzs, -kzs) # 符号の修正
65      else:
66          np.where((kzs.real+ kzs.imag)>0, kzs, -kzs) # 符号の修正
67
68      Kx = np.diag(kx)/k0 # 回折光の面内波数の対角行列
69      Kzc = np.diag(kzc)/k0 # 入射側回折光の波数の法線成分の対角行列
70      Kzs = np.diag(kzs)/k0 # 透過側回折光の波数の法線成分の対角行列
71
72      EpsilonX = np.zeros([nlayer, norder, norder], dtype=np.complex)
73           # 誘電率のフーリエ係数のToeplitz 行列の格納用配列
74      AlphaX = np.zeros([nlayer, norder, norder], dtype=np.complex)
75           # 誘電率の逆数のフーリエ係数のToeplitz 行列の格納用配列
76
77      for kk in range(0, nlayer):
78          if nsect[kk] > 1:
79              vX = np.zeros(M*2+1) # 誘電率のフーリエ係数の格納用配列
80              ivX = np.zeros(M*2+1) # 誘電率の逆数のフーリエ係数の格納用配列
81
82              for jj in range(0, nsect[kk]): # フーリエ級数の計算
83                  disp = np.sum(filfac[kk][0:jj+ 1])- filfac[kk][jj]/2.0
84                  epsX = refra[kk][jj]**2 # permittivity
85                  asinc = filfac[kk][jj] \
86                      *np.sinc(filfac[kk][jj]*np.arange(1, M+1))
87                  vm = epsX*asinc[::-1]
88                  v0 = np.array([epsX*filfac[kk][jj]])
89                  vp = epsX*asinc
90                  vX = vX + np.concatenate((vm, v0, vp)) \
91                      *np.exp(-1j*2*math.pi*disp*np.arange(-M, M+1))
92
93                  ivm = 1/epsX*asinc[::-1]
94                  iv0 = np.array([1/epsX*filfac[kk][jj]])
95                  ivp = 1/epsX*asinc
96                  ivX = ivX + np.concatenate((ivm, iv0, ivp)) \
97                      *np.exp(-1j*2*math.pi*disp*np.arange(-M, M+1))
98
99              EpsilonX[kk, :, :] \
100                 = scipy.linalg.toeplitz(vX[norder-1:2*norder-1], \
101                     vX[norder-1::-1]) # 誘電率のフーリエ係数のToeplitz行列の生成
102             AlphaX[kk, :, :] \
103                 = scipy.linalg.toeplitz(ivX[norder-1:2*norder-1], \
104                     ivX[norder-1::-1])
105                 # 誘電率の逆数のフーリエ係数の Toeplitz 行列の生成
106         else: # 層が均一な場合のToeplitz 行列の生成
107             EpsilonX[kk, :, :] = Eye*(refra[kk][0]**2)
108             AlphaX[kk, :, :] = Eye/(refra[kk][0]**2)
```

```python
        if pol == "s": # s-偏光 (TE 偏光) の場合
            Rdu = Zm
            Rud = Zm
            Tuu = Eye
            Tdd = Eye
            for ii in range(0, nlayer):
                epsr = refra[ii][0]**2 # 透過側媒質の誘電率
                if nsect[ii] > 1:
                    A = Kx*Kx - EpsilonX[ii, :, :]
                    # 式(5.14)右辺の行列
                    Eigen, W1 = np.linalg.eig(A)
                    # 式(5.14)右辺の行列の固有値と固有ベクトル
                else:
                    W1= Eye # 層が均質な場合の固有ベクトル
                    Eigen = ((kx/k0)**2-epsr).astype(np.complex)
                    # 層が均質な場合の固有値
                if ii == 0:
                    W00 = W1
                Q = np.sqrt(-Eigen) # 式(5.20)の行列 Q の対角成分
                if metal[ii]:
                    Q = np.where(Q.imag>0.0, Q, -Q) # 符号の修正
                else:
                    Q = np.where((Q.real+ Q.imag)>0.0, Q, -Q) # 符号の修正
                V1 = np.dot(W1, np.diag(Q)) # 式(5.20)
                if ii > 0:
                    Q1 = np.dot(np.linalg.inv(W1), W0) # 式(5.118)
                    Q2 = np.dot(np.linalg.inv(V1), V0) # 式(5.118)
                    RudTilde = np.dot(Phip, np.dot(Rud, Phip)) # 式(5.110)
                    TddTilde = np.dot(Tdd, Phip) # 式(5.111)
                    F = np.dot(Q1, Eye+RudTilde) # 式(5.116)
                    G = np.dot(Q2, Eye-RudTilde) # 式(5.117)
                    Tau = np.linalg.inv(F+ G) # 式(5.117)
                    Rud = Eye - 2.0*np.dot(G, Tau) # 式(5.120)
                    Tdd = 2.0*np.dot(TddTilde, Tau) # 式(5.121)
                if ii != nlayer-1:
                    Phip = np.diag(np.exp(1j*k0*Q*depth[ii]))
                    # 式(5.25)の $\Phi_+$
                    W0 = W1
                    V0 = V1
            Rud = np.dot(np.dot(W1,Rud), np.linalg.inv(W1))
            # 式(5.131)右辺 ($i$ を除く)
            Tdd = np.dot(np.dot(W00,Tdd), np.linalg.inv(W1))
            # 式(5.132)右辺 ($i$ を除く)
            Rs = Rud[:, p] # 式(5.131)
            Ts = Tdd[:, p] # 式(5.132)
            IR = (np.abs(Rs)**2)*np.real(kzc)/np.real(kzc[p]) # 反射回折効率
            IT = (np.abs(Ts)**2)*np.real(kzs)/np.real(kzc[p]) # 透過回折効率

        else: # p-偏光 (TM 偏光) の場合
            Rdu = Zm
            Rud = Zm
            Tuu = Eye
            Tdd = Eye
            for ii in range(0, nlayer):
                epsr = refra[ii][0]**2 # 透過側媒質の誘電率
                if nsect[ii] > 1:
                    A = np.dot(Kx, np.dot(np.linalg.inv(EpsilonX[ii, :, :]), \
```

```
167                    Kx)) - Eye # 式(5.39)右辺の括弧内
168                Eigen, W1 = np.linalg.eig(np.dot( \
169                    np.linalg.inv(AlphaX[ii, :, :]), A))
170                    # 式(5.39)右辺の行列の固有値と固有ベクトル
171            else:
172                W1 = Eye # 層が均質な場合の固有ベクトル
173                Eigen = ((kx/k0)**2-epsr).astype(np.complex)
174                    # 層が均質な場合の固有値
175            if ii == 0:
176                W00 = W1
177            Q = np.sqrt(-Eigen) # 式(5.39)の行列 Q の対角成分
178            if metal[ii]:
179                Q = np.where(Q.imag>0.0, Q, -Q) # 符号の修正
180            else:
181                Q = np.where((Q.real+Q.imag)>0.0, Q, -Q) # 符号の修正
182            if nsect[ii]> 1:
183                V1 = np.dot(np.dot(AlphaX[ii, :, :], W1), np.diag(Q))
184                    # 式(5.47)
185            else:
186                V1 = np.diag(Q)/epsr # 式(5.47)
187            if ii > 0:
188                Q1 = np.dot(np.linalg.inv(W1), W0) # 式(5.118)
189                Q2 = np.dot(np.linalg.inv(V1), V0) # 式(5.118)
190                RudTilde = np.dot(np.dot(Phip, Rud), Phip) # 式(5.110)
191                TddTilde = np.dot(Tdd, Phip) # 式(5.111)
192                F = np.dot(Q1, (Eye+RudTilde)) # 式(5.116)
193                G = np.dot(Q2, (Eye-RudTilde)) # 式(5.117)
194                Tau = 2.0*np.linalg.inv(F+ G) # 式(5.117)
195                Rud = Eye-np.dot(G, Tau) # 式(5.120)
196                Tdd = np.dot(TddTilde, Tau) # 式(5.121)
197            if ii != nlayer-1:
198                Phip = np.diag(np.exp(1j*k0*Q*depth[ii]))
199                    # 式(5.25)の$\Phi_+$
200                W0 = W1
201                V0 = V1
202        Rud = np.dot(np.dot(W1, Rud), np.linalg.inv(W1))
203            # 式(5.131)右辺（$i$ を除く）
204        Tdd = np.dot(np.dot(W00, Tdd), np.linalg.inv(W1))
205            # 式(5.132)右辺（$i$ を除く）
206        Rp = Rud[:, p] # 式(5.131)
207        Tp = Tdd[:, p] # 式(5.132)
208        IR = (np.abs(Rp)**2)*np.real(kzc)/np.real(kzc[p]) # 反射回折効率
209        IT = (np.abs(Tp)**2)*np.real(kzs/refra[0][0]**2) \
210            / np.real(kzc[p]/refra[nlayer-1][0]**2) # 透過回折効率
211    return IR, IT

213 if __name__ == "__main__":
214    layer= ((0, 1.5, 1.0), (0.25, 1.5, 1/2, 1.0, 1/3, 1.5, 1/6), \
215        (0.25, 1.5, 1/3, 1.0, 2/3), (0, 1.0, 1.0)) # 層構成
216    pitch = 1. # 周期〔μm〕
217    norder = 21 # 計算に取り入れる回折次数($2m+1$)
218    disporder = range(-2,3) # 表示する回折次数
219    angle = 30*math.pi/180 # 入射角〔rad〕
220    wl_start = 0.5 + 1e-10 # 計算開始波長〔μm〕
221    wl_end = 1.5 # 計算終了波長〔μm〕
222    wl = np.linspace(wl_start, wl_end, 200) # 計算波長の配列
223    imax = len(wl)
224    ir = np.zeros([imax, norder]) # 反射回折効率の格納用
```

```
225     it = np.zeros([imax, norder])  # 透過回折効率の格納用
226     for i in range(0, imax):
227         ir[i,:], it[i,:] = Rcwa1d('p', wl[i], \
228             2* math.pi*math.sin(angle)/wl[i], pitch, layer, norder)
229                            # RCWA の呼出し
230
231     plt.figure(1) # 透過回折効率の表示
232     lines = ('solid', 'dashed', 'dashdot', 'dotted', 'solid')
233     for m in disporder:
234         plt.plot(wl, it[:, m+norder//2], label="m = {0}".format(m), \
235             linewidth= 3, linestyle= lines[m-disporder[0]])
236     plt.xlim(wl_start, wl_end)
237     plt.xlabel('Wavelength ($\mu$m)', fontsize=16)
238     plt.ylabel('Transmittance', fontsize=16)
239     plt.legend(loc='center', frameon=False, fontsize=16)
240
241     plt.figure(2) # 反射回折効率の表示
242     for m in disporder:
243         plt.plot(wl, ir[:, m+norder//2], label="m = {0}".format(m), \
244             linewidth=3, linestyle=lines[m-disporder[0]])
245     plt.xlim(wl_start, wl_end)
246     plt.xlabel('Wavelength ($\mu$m)', fontsize=16)
247     plt.ylabel('Reflectance', fontsize=16)
248     plt.legend(loc='center', frameon=False, fontsize=16)
249
250     plt.show()
```

A.6 FDTD 法の計算プログラム

プログラム A.6.1 (runfdtd.py)

```
1   import time
2   from collections import namedtuple
3   from fdtd import *
4
5   if __name__ == "__main__":
6
7       regionx = 200.0e-9 # object region
8       regiony = 200.0e-9 # object region
9       regionz = 200.0e-9 # object region
10      dxtarget = 2.5e-9 # dx [m]
11      dytarget = 2.5e-9 # dy [m]
12      dztarget = 2.5e-9 # dz [m]
13
14      source = 'dipole' # 'dipole' or 'plane' wave source
15      pulse = 'pulse' # 'pulse' or 'cw' source
16
17      lambda0 = 0.561e-6 # center wavelength in vacuum [m]
18      courantfac = 0.98 # Courant factor
19      mt= 2**15 # number of iterations, must be integer power of 2
20      mfft= 2**9 # number of sampling for FFT, must be integer power of 2
21      extrapol = 4 # zero-filling factor before FFT
22
```

```
23      msf = 3 # width for scattering field region (>=3)
24      mpml = 8 # number of perfectly matched layers
25      kappamax = 100.0 # parameter for CFS-CPML
26      amax = 10.0 # parameter for CFS-CPML
27      mpow = 3 # parameter for CFS-CPML
28
29      r1 = 25.0e-9 # radius of inner sphere
30      Obj = namedtuple('Obj', ('shape', 'material', 'position', 'size'))
31      objs = (
32          Obj('background', 'vacuum', 0, 0),
33          Obj('substrate', 'SiO2', (0, 0, r1), 0),
34          Obj('sphere', 'Au', (0, 0, 0), r1)
35          )
36
37      Dipole = namedtuple('Dipole', ('pol', 'phase', 'x', 'y', 'z'))
38      # phase: 'in' in-phase, 'anti' antiphase
39      dipoles= (
40          Dipole('z', 'in', 0, 0, -30e-9),
41          )
42
43      # field monitors
44      savenum = 32 # total number of data saving
45      saveint = mt//savenum # interval for data saving
46      Fmon= namedtuple('Fmon', ('ehfield', 'axis', 'position'))
47      fieldmons = (savenum, saveint,
48          Fmon('Ex', 'y', 0),
49          Fmon('Ex', 'z', 0),
50          Fmon('Ez', 'y', 0),
51          Fmon('Hy', 'x', 0)
52          )
53
54      # epsilon monitors
55      Epsmon = namedtuple('Epsmon', ('pol', 'axis', 'position'))
56      epsmons = (
57          Epsmon('x', 'z', 0), \
58          Epsmon('x', 'y', 0), \
59          Epsmon('z', 'z', 0))
60
61      r1 = 25.0e-9 # radius of sphere
62      Dtct = namedtuple('Dtct', ('pol', 'x', 'y', 'z'))
63      detectors = (
64          Dtct('x', 0, 0, 0),
65          Dtct('x', r1 + 5.0e-9, 0, 0),
66          Dtct('z', r1 + 5.0e-9, 0, 0),
67          Dtct('x', r1, 0, r1),
68          Dtct('z', r1, 0, r1),
69          )
70
71      em = Fdtd(\
72          source, pulse, lambda0, courantfac, mt, mfft, extrapol, \
73          regionx, regiony, regionz, dxtarget, dytarget, dztarget, \
74          mpml, msf, kappamax, amax, mpow, \
75          objs, fieldmons, epsmons, detectors, dipoles)
76      start = time.time()
77      em.sweep()
78      print('Elapsed time = %f s' % (time.time() - start))
```

プログラム **A.6.2** (fdtd.py)

```
import sys
import math
import os
import numpy as np
from preprocess import *

class Fdtd(Preprocess):

    def sweep(self):
        """ Time development with CFS-PML and ADE """

        self.save_idv()
        numt = 0
        for jt in range(self.mt):
            # update E-field
            self.sweep_isolate_e()
            self.sweep_boundary_e()
            # E-field source injection
            if self.source == 'plane':
                self.normalinc_p_e(jt)
            else:
                self.dipole_source(jt)
            # auxiary E-field update
            self.develop_pcurrent()

            # update H-field
            self.sweep_isolate_h()
            self.sweep_boundary_h()
            # H-field source injection
            if self.source == 'plane':
                self.normalinc_p_h()

            # store H and E fields
            if (jt+1)%self.saveint == 0 and numt < self.savenum:
                self.save_ehfield(numt)
                numt = numt+1
            self.detect_efield(jt)

            # update arrays
            self.update_field()

        # calculate spectra
        self.detect_spectra()

    def dipole_source(self, jt):
        """ Dipole source """

        env_factor = 1.0/4.0

        tau = math.pi/self.omega0
        if self.pulse == 'pulse':
            t0 = 5.0*tau
        else:
            t0 = 0.0
            omega_env = self.omega0*env_factor
        tempe = (jt-1)*self.dt - t0
```

A.6 FDTD 法の計算プログラム

```python
            if self.pulse == 'pulse':
                campe = math.sin(self.omega0*tempe)
                j00 = math.exp(-tempe*tempe/tau/tau) * campe
            else:
                tempe2 = tempe - math.pi/omega_env
                campe = math.cos(self.omega0*tempe2)
                if tempe2 < -math.pi/omega_env:
                    j00 = 0
                elif tempe2 < 0:
                    j00 = 0.5 * (1+math.cos(omega_env*tempe2)) * campe
                else:
                    j00 = campe

            for dipole in self.idipoles:
                if dipole.pol == 'x':
                    self.Ex2[dipole.iz, dipole.iy, dipole.ix] = \
                        self.Ex2[dipole.iz, dipole.iy, dipole.ix] - dipole.phase*
                            j00
                elif dipole.pol == 'y':
                    self.Ey2[dipole.iz, dipole.iy, dipole.ix] = \
                        self.Ey2[dipole.iz, dipole.iy, dipole.ix] - dipole.phase*
                            j00
                elif dipole.pol == 'z':
                    self.Ez2[dipole.iz, dipole.iy, dipole.ix] = \
                        self.Ez2[dipole.iz, dipole.iy, dipole.ix] - dipole.phase*
                            j00
                else:
                    print('Error at dipole_source!')

            self.esource[jt] = j00

    def normalinc_p_e(self, jt):
        """
        Source: x-polarized and z-propagating plane wave
        TF/SF compensation for E
        """

        # generation of the temporal shape of the source wave
        iz00 = self.mz1 # origin for incident wave
        env_factor = 1.0/4.0
        tau = math.pi/self.omega0
        if self.pulse == 'pulse':
            t0 = 5.0*tau
        else:
            t0 = 0.0
            omega_env = self.omega0*env_factor

        tempe = (jt+ 0.5)*self.dt - t0 \
            - (self.izst- iz00)*self.dz*math.sqrt(self.epsr[self.bgmater])/
                self.cc
        temph = jt*self.dt - t0- (self.izst-iz00-0.5) \
            * self.dz*math.sqrt(self.epsr[self.bgmater])/self.cc
        campe = math.sin(self.omega0*tempe)
        camph = math.sin(self.omega0*temph)
        if self.pulse == 'pulse':
            SEx00 = math.exp(-tempe*tempe/tau/tau)*campe
            SHy00 = math.exp(-temph*temph/tau/tau)*camph \
                / (self.zz0/math.sqrt(self.epsr[self.bgmater]))
```

```
            else:
                if tempe < 0.0:
                    SEx00 = 0.0
                elif tempe < math.pi/omega_env:
                    SEx00 = 0.5 * (1.0-math.cos(omega_env*tempe)) * campe
                else:
                    SEx00 = campe

                if temph < 0.0:
                    SHy00 = 0.0
                elif temph < math.pi/omega_env:
                    SHy00 = 0.5*(1.0-math.cos(omega_env* temph))*camph \
                          / (self.zz0/math.sqrt(self.epsr[self.bgmater]))
                else:
                    SHy00= camph / (self.zz0/math.sqrt(self.epsr[self.bgmater]))

            # store source E field
            self.esource[jt] = SEx00

            # store source E and H fields for FFT
            if jt%self.sampint == 0:
                jfft = jt//self.sampint

            # Ex development
            for iz in range(1, self.mzz):
                imater = self.isdx[iz]
                self.SEx2[iz] = self.SEx1[iz]*self.ce1[imater] \
                              - self.spx2[iz]*self.ce3[imater] \
                              - (self.SHy1[iz]-self.SHy1[iz-1])*self.ckez[iz]*self.ce2[
                                  imater]

            # -z pml
            for iz in range(1, self.mz1):
                self.SpsiExz2m[iz] = self.SpsiExz1m[iz]*self.cbze[iz] \
                    + (self.SHy1[iz]-self.SHy1[iz-1])*self.ccze[iz]
                self.SEx2[iz] = self.SEx2[iz] - self.SpsiExz2m[iz]*self.ce2[self.
                    isdx[iz]]

            # +z pml
            for iz in range(self.mz2+ 1, self.mzz):
                izz = iz - self.mz2
                izzr = self.mzz - iz
                self.SpsiExz2p[izz] = self.SpsiExz1p[izz]*self.cbze[izzr] \
                    + (self.SHy1[iz]-self.SHy1[iz-1])*self.ccze[izzr]
                self.SEx2[iz] = self.SEx2[iz] - self.SpsiExz2p[izz]*self.ce2[self
                    .isdx[iz]]

            # source compensation for E
            self.SEx2[self.izst] = self.SEx2[self.izst] + self.cez2[self.isdx[
                self.izst]]*SHy00

            self.SEx2[0] = 0.0
            self.SEx2[self.mzz] = 0.0

            # Hy development
            for iz in range(self.mzz):
                self.SHy2[iz] = self.SHy1[iz] - (self.SEx2[iz+1]-self.SEx2[iz])*
                    self.ckhz1[iz]
```

```python
            iy2 = self.myy
            iz2 = self.mzz

            for iy in range(iy1, iy2):
                self.Hx2[iz1:iz2,iy,ix1:ix2] = self.Hx1[iz1:iz2,iy,ix1:ix2] \
                    - (self.Ez2[iz1:iz2,iy+1,ix1:ix2]-self.Ez2[iz1:iz2,iy,ix1:ix2
                        ]) \
                    * self.ckhy1[iy]
            for iz in range(iz1, iz2):
                self.Hx2[iz,iy1:iy2,ix1:ix2] = self.Hx2[iz,iy1:iy2,ix1:ix2] \
                    + (self.Ey2[iz+1,iy1:iy2,ix1:ix2]-self.Ey2[iz,iy1:iy2,ix1:ix2
                        ]) \
                    * self.ckhz1[iz]

            # Hy development

            ix2= self.mxx
            iy2= self.myy+ 1
            iz2= self.mzz

            for iz in range(iz1, iz2):
                self.Hy2[iz,iy1:iy2,ix1:ix2] = self.Hy1[iz,iy1:iy2,ix1:ix2] \
                    - (self.Ex2[iz+1,iy1:iy2,ix1:ix2]-self.Ex2[iz,iy1:iy2,ix1:ix2
                        ]) \
                    * self.ckhz1[iz]
            for ix in range(ix1, ix2):
                self.Hy2[iz1:iz2,iy1:iy2,ix] = self.Hy2[iz1:iz2,iy1:iy2,ix] \
                    + (self.Ez2[iz1:iz2,iy1:iy2,ix+1]-self.Ez2[iz1:iz2,iy1:iy2,ix
                        ]) \
                    * self.ckhx1[ix]

            # Hz development

            ix2 = self.mxx
            iy2 = self.myy
            iz2 = self.mzz+ 1

            for ix in range(ix1, ix2):
                self.Hz2[iz1:iz2,iy1:iy2,ix] = self.Hz1[iz1:iz2,iy1:iy2,ix] \
                    - (self.Ey2[iz1:iz2,iy1:iy2,ix+1]-self.Ey2[iz1:iz2,iy1:iy2,ix
                        ]) \
                    * self.ckhx1[ix]
            for iy in range(iy1, iy2):
                self.Hz2[iz1:iz2,iy,ix1:ix2] = self.Hz2[iz1:iz2,iy,ix1:ix2] \
                    + (self.Ex2[iz1:iz2,iy+1,ix1:ix2]-self.Ex2[iz1:iz2,iy,ix1:ix2
                        ]) \
                    * self.ckhy1[iy]

    def sweep_boundary_h(self):

        # -x boundary

        # Hy PML
        ix1 = 0
        iy1 = 0
        iz1 = 0
        ix2 = self.mx1
        iy2 = self.myy+ 1
```

```
            iz2 = self.mzz

            for ix in range(ix1, ix2):
                self.psiHyx2m[iz1:iz2,iy1:iy2,ix] \
                    = self.psiHyx1m[iz1:iz2,iy1:iy2,ix]*self.cbxh[ix] \
                    + (self.Ez2[iz1:iz2,iy1:iy2,ix+1]-self.Ez2[iz1:iz2,iy1:iy2,ix
                        ]) \
                    * self.ccxh[ix]
                self.Hy2[iz1:iz2,iy1:iy2,ix]= self.Hy2[iz1:iz2,iy1:iy2,ix] \
                    + self.psiHyx1m[iz1:iz2,iy1:iy2,ix]* self.coefh

            # Hz PML
            ix2 = self.mx1
            iy2 = self.myy
            iz2 = self.mzz+ 1

            for ix in range(ix1, ix2):
                self.psiHzx2m[iz1:iz2,iy1:iy2,ix] \
                    = self.psiHzx1m[iz1:iz2,iy1:iy2,ix]*self.cbxh[ix] \
                    + (self.Ey2[iz1:iz2,iy1:iy2,ix+1]-self.Ey2[iz1:iz2,iy1:iy2,ix
                        ]) \
                    * self.ccxh[ix]
                self.Hz2[iz1:iz2,iy1:iy2,ix]= self.Hz2[iz1:iz2,iy1:iy2,ix] \
                    - self.psiHzx1m[iz1:iz2,iy1:iy2,ix]*self.coefh

            # +x boundary

            # Hy PML
            ix1 = self.mx2
            iy1 = 0
            iz1 = 0
            ix2 = self.mxx
            iy2 = self.myy+ 1
            iz2 = self.mzz

            for ix in range(ix1, ix2):
                ixx = ix- self.mx2
                ixxr = self.mxx- ix- 1
                self.psiHyx2p[iz1:iz2,iy1:iy2,ixx] \
                    = self.psiHyx1p[iz1:iz2,iy1:iy2,ixx]* self.cbxh[ixxr] \
                    + (self.Ez2[iz1:iz2,iy1:iy2,ix+1]-self.Ez2[iz1:iz2,iy1:iy2,ix
                        ]) \
                    * self.ccxh[ixxr]
                self.Hy2[iz1:iz2,iy1:iy2,ix]= self.Hy2[iz1:iz2,iy1:iy2,ix] \
                    + self.psiHyx1p[iz1:iz2,iy1:iy2,ixx]*self.coefh

            # Hz PML
            ix2 = self.mxx
            iy2 = self.myy
            iz2 = self.mzz+ 1

            for ix in range(ix1, ix2):
                ixx = ix- self.mx2
                ixxr = self.mxx- ix- 1
                self.psiHzx2p[iz1:iz2,iy1:iy2,ixx] \
                    = self.psiHzx1p[iz1:iz2,iy1:iy2,ixx]*self.cbxh[ixxr] \
                    + (self.Ey2[iz1:iz2,iy1:iy2,ix+1]-self.Ey2[iz1:iz2,iy1:iy2,ix
                        ]) \
```

A.6 FDTD法の計算プログラム

```
                    * self.ccxh[ixxr]
    self.Hz2[iz1:iz2,iy1:iy2,ix]= self.Hz2[iz1:iz2,iy1:iy2,ix] \
        - self.psiHzx1p[iz1:iz2,iy1:iy2,ixx]*self.coefh

    # -y boundary

    # Hx PML
    ix1 = 0
    iy1 = 0
    iz1 = 0
    ix2 = self.mxx+1
    iy2 = self.my1
    iz2 = self.mzz

    for iy in range(iy1, iy2):
        self.psiHxy2m[iz1:iz2,iy,ix1:ix2] \
            = self.psiHxy1m[iz1:iz2,iy,ix1:ix2]*self.cbyh[iy] \
            + (self.Ez2[iz1:iz2,iy+1,ix1:ix2]-self.Ez2[iz1:iz2,iy,ix1:ix2
                ]) \
            * self.ccyh[iy]
        self.Hx2[iz1:iz2,iy,ix1:ix2]= self.Hx2[iz1:iz2,iy,ix1:ix2] \
            - self.psiHxy1m[iz1:iz2,iy,ix1:ix2]*self.coefh

    # Hz PML
    ix2 = self.mxx
    iy2 = self.my1
    iz2 = self.mzz+ 1

    for iy in range(iy1, iy2):
        self.psiHzy2m[iz1:iz2,iy,ix1:ix2] \
            = self.psiHzy1m[iz1:iz2,iy,ix1:ix2]*self.cbyh[iy] \
            + (self.Ex2[iz1:iz2,iy+1,ix1:ix2]-self.Ex2[iz1:iz2,iy,ix1:ix2
                ]) \
            * self.ccyh[iy]
        self.Hz2[iz1:iz2,iy,ix1:ix2]= self.Hz2[iz1:iz2,iy,ix1:ix2] \
            + self.psiHzy1m[iz1:iz2,iy,ix1:ix2]*self.coefh

    # +y boundary

    # Hx PML
    ix1 = 0
    iy1 = self.my2
    iz1 = 0
    ix2 = self.mxx+ 1
    iy2 = self.myy
    iz2 = self.mzz

    for iy in range(iy1, iy2):
        iyy = iy- self.my2
        iyyr = self.myy- iy- 1
        self.psiHxy2p[iz1:iz2,iyy,ix1:ix2] \
            = self.psiHxy1p[iz1:iz2,iyy,ix1:ix2]*self.cbyh[iyyr] \
            + (self.Ez2[iz1:iz2,iy+1,ix1:ix2]-self.Ez2[iz1:iz2,iy,ix1:ix2
                ]) \
            * self.ccyh[iyyr]
        self.Hx2[iz1:iz2,iy,ix1:ix2]= self.Hx2[iz1:iz2,iy,ix1:ix2] \
            - self.psiHxy1p[iz1:iz2,iyy,ix1:ix2]*self.coefh
```

```python
                # Hz PML
                ix2 = self.mxx
                iy2 = self.myy
                iz2 = self.mzz+ 1

                for iy in range(iy1, iy2):
                    iyy = iy- self.my2
                    iyyr = self.myy- iy- 1
                    self.psiHzy2p[iz1:iz2,iyy,ix1:ix2] \
                        = self.psiHzy1p[iz1:iz2,iyy,ix1:ix2]*self.cbyh[iyyr] \
                        + (self.Ex2[iz1:iz2,iy+1,ix1:ix2]-self.Ex2[iz1:iz2,iy,ix1:ix2
                            ]) \
                        * self.ccyh[iyyr]
                    self.Hz2[iz1:iz2,iy,ix1:ix2]= self.Hz2[iz1:iz2,iy,ix1:ix2] \
                        + self.psiHzy1p[iz1:iz2,iyy,ix1:ix2]*self.coefh

                # -z boundary

                # Hx PML
                ix1 = 0
                iy1 = 0
                iz1 = 0
                ix2 = self.mxx+ 1
                iy2 = self.myy
                iz2 = self.mz1

                for iz in range(iz1, iz2):
                    self.psiHxz2m[iz,iy1:iy2,ix1:ix2] \
                        = self.psiHxz1m[iz,iy1:iy2,ix1:ix2]*self.cbzh[iz] \
                        + (self.Ey2[iz+1,iy1:iy2,ix1:ix2]-self.Ey2[iz,iy1:iy2,ix1:ix2
                            ]) \
                        * self.cczh[iz]
                    self.Hx2[iz,iy1:iy2,ix1:ix2]= self.Hx2[iz,iy1:iy2,ix1:ix2] \
                        + self.psiHxz1m[iz,iy1:iy2,ix1:ix2]*self.coefh

                # Hy PML
                ix2 = self.mxx
                iy2 = self.myy+ 1
                iz2 = self.mz1

                for iz in range(iz1, iz2):
                    self.psiHyz2m[iz,iy1:iy2,ix1:ix2] \
                        = self.psiHyz1m[iz,iy1:iy2,ix1:ix2]*self.cbzh[iz] \
                        + (self.Ex2[iz+1,iy1:iy2,ix1:ix2]-self.Ex2[iz,iy1:iy2,ix1:ix2
                            ]) \
                        * self.cczh[iz]
                    self.Hy2[iz,iy1:iy2,ix1:ix2]= self.Hy2[iz,iy1:iy2,ix1:ix2] \
                        - self.psiHyz1m[iz,iy1:iy2,ix1:ix2]*self.coefh

                # +z boundary

                # Hx PML
                ix1 = 0
                iy1 = 0
                iz1 = self.mz2
                ix2 = self.mxx+ 1
                iy2 = self.myy
                iz2 = self.mzz
```

A.6 FDTD 法の計算プログラム

```python
        for iz in range(iz1, iz2):
            izz = iz- self.mz2
            izzr = self.mzz- iz- 1
            self.psiHxz2p[izz,iy1:iy2,ix1:ix2] \
                = self.psiHxz1p[izz,iy1:iy2,ix1:ix2]*self.cbzh[izzr] \
                + (self.Ey2[iz+1,iy1:iy2,ix1:ix2]-self.Ey2[iz,iy1:iy2,ix1:ix2
                    ]) \
                * self.cczh[izzr]
            self.Hx2[iz,iy1:iy2,ix1:ix2]= self.Hx2[iz,iy1:iy2,ix1:ix2] \
                + self.psiHxz1p[izz,iy1:iy2,ix1:ix2]*self.coefh

        # Hy PML
        ix2 = self.mxx
        iy2 = self.myy+ 1
        iz2 = self.mzz
        for iz in range(iz1, iz2):
            izz = iz- self.mz2
            izzr = self.mzz- iz- 1
            self.psiHyz2p[izz,iy1:iy2,ix1:ix2] \
                = self.psiHyz1p[izz,iy1:iy2,ix1:ix2]*self.cbzh[izzr] \
                + (self.Ex2[iz+1,iy1:iy2,ix1:ix2]-self.Ex2[iz,iy1:iy2,ix1:ix2
                    ]) \
                * self.cczh[izzr]
            self.Hy2[iz,iy1:iy2,ix1:ix2]= self.Hy2[iz,iy1:iy2,ix1:ix2] \
                - self.psiHyz1p[izz,iy1:iy2,ix1:ix2]*self.coefh

    def sweep_isolate_e(self):

        ix2 = self.mxx
        iy2 = self.myy
        iz2 = self.mzz
        """--------------------
            Ex development
        --------------------"""
        ix1 = 0
        iy1 = 1
        iz1 = 1
        for iy in range(iy1, iy2):
            self.Ex2[iz1:iz2,iy,ix1:ix2] \
                = self.Ex1[iz1:iz2,iy,ix1:ix2]*self.ce1[self.idx[iz1:iz2,iy,
                    ix1:ix2]] \
                - self.px2[iz1:iz2,iy,ix1:ix2]*self.ce3[self.idx[iz1:iz2,iy,
                    ix1:ix2]] \
                + (self.Hz1[iz1:iz2,iy,ix1:ix2]-self.Hz1[iz1:iz2,iy-1,ix1:ix2
                    ]) \
                * self.ckey[iy]*self.ce2[self.idx[iz1:iz2,iy,ix1:ix2]]

        for iz in range(iz1, iz2):
            self.Ex2[iz,iy1:iy2,ix1:ix2]= self.Ex2[iz,iy1:iy2,ix1:ix2] \
                - (self.Hy1[iz,iy1:iy2,ix1:ix2]-self.Hy1[iz-1,iy1:iy2,ix1:ix2
                    ]) \
                * self.ckez[iz]*self.ce2[self.idx[iz,iy1:iy2,ix1:ix2]]

        """--------------------
            Ey development
        --------------------"""
        ix1 = 1
```

```
544                iy1 = 0
545                iz1 = 1
546                for iz in range(iz1, iz2):
547                    self.Ey2[iz,iy1:iy2,ix1:ix2] \
548                        = self.Ey1[iz,iy1:iy2,ix1:ix2]*self.ce1[self.idy[iz,iy1:iy2,
                                ix1:ix2]] \
549                        - self.py2[iz,iy1:iy2,ix1:ix2]*self.ce3[self.idy[iz,iy1:iy2,
                                ix1:ix2]] \
550                        + (self.Hx1[iz,iy1:iy2,ix1:ix2]-self.Hx1[iz-1,iy1:iy2,ix1:ix2
                                ]) \
551                        * self.ckez[iz]*self.ce2[self.idy[iz,iy1:iy2,ix1:ix2]]
552                for ix in range(ix1, ix2):
553                    self.Ey2[iz1:iz2,iy1:iy2,ix] = self.Ey2[iz1:iz2,iy1:iy2,ix] \
554                        - (self.Hz1[iz1:iz2,iy1:iy2,ix]-self.Hz1[iz1:iz2,iy1:iy2,ix
                                -1]) \
555                        * self.ckex[ix]*self.ce2[self.idy[iz1:iz2,iy1:iy2,ix]]
556
557                """--------------------
558                    Ez development
559                --------------------"""
560                ix1 = 1
561                iy1 = 1
562                iz1 = 0
563                for ix in range(ix1, ix2):
564                    self.Ez2[iz1:iz2,iy1:iy2,ix] \
565                        = self.Ez1[iz1:iz2,iy1:iy2,ix]*self.ce1[self.idz[iz1:iz2,iy1:
                                iy2,ix]] \
566                        - self.pz2[iz1:iz2,iy1:iy2,ix]*self.ce3[self.idz[iz1:iz2,iy1:
                                iy2,ix]] \
567                        + (self.Hy1[iz1:iz2,iy1:iy2,ix]-self.Hy1[iz1:iz2,iy1:iy2,ix
                                -1]) \
568                        * self.ckex[ix]*self.ce2[self.idz[iz1:iz2,iy1:iy2,ix]]
569                for iy in range(iy1, iy2):
570                    self.Ez2[iz1:iz2,iy,ix1:ix2]= self.Ez2[iz1:iz2,iy,ix1:ix2] \
571                        - (self.Hx1[iz1:iz2,iy,ix1:ix2]-self.Hx1[iz1:iz2,iy-1,ix1:ix2
                                ]) \
572                        * self.ckey[iy]*self.ce2[self.idz[iz1:iz2,iy,ix1:ix2]]
573
574            def sweep_boundary_e(self):
575
576                ix2 = self.mxx
577                iy2 = self.myy
578                iz2 = self.mzz
579
580                # -x-side boundary
581                # Ey PML
582                iy1 = 0
583                iz1 = 1
584                for ix in range(1, self.mx1):
585                    self.psiEyx2m[iz1:iz2,iy1:iy2,ix] \
586                        = self.psiEyx1m[iz1:iz2,iy1:iy2,ix]*self.cbxe[ix] \
587                        + (self.Hz1[iz1:iz2,iy1:iy2,ix]-self.Hz1[iz1:iz2,iy1:iy2,ix
                                -1]) \
588                        * self.ccxe[ix]
589                    self.Ey2[iz1:iz2,iy1:iy2,ix] = self.Ey2[iz1:iz2,iy1:iy2,ix] \
590                        - self.psiEyx2m[iz1:iz2,iy1:iy2,ix] \
591                        * self.ce2[self.idy[iz1:iz2,iy1:iy2,ix]]
592                self.Ey2[:,:,0] = 0.0
```

A.6 FDTD法の計算プログラム

```
593
594            # Ez PML
595            iy1 = 1
596            iz1 = 0
597            for ix in range(1, self.mx1):
598                self.psiEzx2m[iz1:iz2,iy1:iy2,ix] \
599                    = self.psiEzx1m[iz1:iz2,iy1:iy2,ix]*self.cbxe[ix] \
600                    + (self.Hy1[iz1:iz2,iy1:iy2,ix]-self.Hy1[iz1:iz2,iy1:iy2,ix
                            -1]) \
601                    * self.ccxe[ix]
602                self.Ez2[iz1:iz2,iy1:iy2,ix]= self.Ez2[iz1:iz2,iy1:iy2,ix] \
603                    + self.psiEzx2m[iz1:iz2,iy1:iy2,ix] \
604                    * self.ce2[self.idz[iz1:iz2,iy1:iy2,ix]]
605            self.Ez2[:,:,0] = 0.0
606
607            # +x-side boundary
608            # Ey PML
609            iy1 = 0
610            iz1 = 1
611            for ix in range(self.mx2+ 1, self.mxx):
612                ixx = ix- self.mx2
613                ixxr = self.mxx- ix
614                self.psiEyx2p[iz1:iz2,iy1:iy2,ixx] \
615                    = self.psiEyx1p[iz1:iz2,iy1:iy2,ixx]*self.cbxe[ixxr] \
616                    + (self.Hz1[iz1:iz2,iy1:iy2,ix]-self.Hz1[iz1:iz2,iy1:iy2,ix
                            -1]) \
617                    * self.ccxe[ixxr]
618                self.Ey2[iz1:iz2,iy1:iy2,ix] = self.Ey2[iz1:iz2,iy1:iy2,ix] \
619                    - self.psiEyx2p[iz1:iz2,iy1:iy2,ixx] \
620                    * self.ce2[self.idy[iz1:iz2,iy1:iy2,ix]]
621            self.Ey2[:,:,self.mxx] = 0.0
622
623            # Ez PML
624            iy1 = 1
625            iz1 = 0
626            for ix in range(self.mx2+ 1, self.mxx):
627                ixx = ix- self.mx2
628                ixxr = self.mxx- ix
629                self.psiEzx2p[iz1:iz2,iy1:iy2,ixx] \
630                    = self.psiEzx1p[iz1:iz2,iy1:iy2,ixx]*self.cbxe[ixxr] \
631                    + (self.Hy1[iz1:iz2,iy1:iy2,ix]-self.Hy1[iz1:iz2,iy1:iy2,ix
                            -1]) \
632                    * self.ccxe[ixxr]
633                self.Ez2[iz1:iz2,iy1:iy2,ix] = self.Ez2[iz1:iz2,iy1:iy2,ix] \
634                    + self.psiEzx2p[iz1:iz2,iy1:iy2,ixx] \
635                    * self.ce2[self.idz[iz1:iz2,iy1:iy2,ix]]
636            self.Ez2[:,:,self.mxx] = 0.0
637
638            # -y-side boundary
639            # Ex PML
640            ix1 = 0
641            iz1 = 1
642            for iy in range(1, self.my1):
643                self.psiExy2m[iz1:iz2,iy,ix1:ix2] \
644                    = self.psiExy1m[iz1:iz2,iy,ix1:ix2]*self.cbye[iy] \
645                    + (self.Hz1[iz1:iz2,iy,ix1:ix2]-self.Hz1[iz1:iz2,iy-1,ix1:ix2
                            ]) \
646                    * self.ccye[iy]
```

```
647            self.Ex2[iz1:iz2,iy,ix1:ix2] = self.Ex2[iz1:iz2,iy,ix1:ix2] \
648                + self.psiExy2m[iz1:iz2,iy,ix1:ix2] \
649                * self.ce2[self.idx[iz1:iz2,iy,ix1:ix2]]
650        self.Ex2[:,0,:] = 0.0
651
652        # Ez PML
653        ix1 = 1
654        iz1 = 0
655        for iy in range(1, self.my1):
656            self.psiEzy2m[iz1:iz2,iy,ix1:ix2] \
657                = self.psiEzy1m[iz1:iz2,iy,ix1:ix2]*self.cbye[iy] \
658                + (self.Hx1[iz1:iz2,iy,ix1:ix2]-self.Hx1[iz1:iz2,iy-1,ix1:ix2
                       ]) \
659                * self.ccye[iy]
660            self.Ez2[iz1:iz2,iy,ix1:ix2] = self.Ez2[iz1:iz2,iy,ix1:ix2] \
661                - self.psiEzy2m[iz1:iz2,iy,ix1:ix2] \
662                * self.ce2[self.idz[iz1:iz2,iy,ix1:ix2]]
663        self.Ez2[:,0,:] = 0.0
664
665        # +y-side boundary
666        # Ex PML
667        ix1 = 0
668        iz1 = 1
669        for iy in range(self.my2+ 1, self.myy):
670            iyy = iy - self.my2
671            iyyr = self.myy - iy
672            self.psiExy2p[iz1:iz2,iyy,ix1:ix2] = \
673                self.psiExy1p[iz1:iz2,iyy,ix1:ix2]*self.cbye[iyyr] \
674                + (self.Hz1[iz1:iz2,iy,ix1:ix2]-self.Hz1[iz1:iz2,iy-1,ix1:ix2
                       ]) \
675                * self.ccye[iyyr]
676            self.Ex2[iz1:iz2,iy,ix1:ix2] = self.Ex2[iz1:iz2,iy,ix1:ix2] \
677                + self.psiExy2p[iz1:iz2,iyy,ix1:ix2] \
678                * self.ce2[self.idx[iz1:iz2,iy,ix1:ix2]]
679        self.Ex2[:,self.myy,:] = 0.0
680
681        # Ez PML
682        ix1 = 1
683        iz1 = 0
684        for iy in range(self.my2+ 1, self.myy):
685            iyy = iy - self.my2
686            iyyr = self.myy- iy
687            self.psiEzy2p[iz1:iz2,iyy,ix1:ix2] \
688                = self.psiEzy1p[iz1:iz2,iyy,ix1:ix2]*self.cbye[iyyr] \
689                + (self.Hx1[iz1:iz2,iy,ix1:ix2]-self.Hx1[iz1:iz2,iy-1,ix1:ix2
                       ]) \
690                * self.ccye[iyyr]
691            self.Ez2[iz1:iz2,iy,ix1:ix2] = self.Ez2[iz1:iz2,iy,ix1:ix2] \
692                - self.psiEzy2p[iz1:iz2,iyy,ix1:ix2] \
693                * self.ce2[self.idz[iz1:iz2,iy,ix1:ix2]]
694        self.Ez2[:,self.myy,:] = 0.0
695
696        # -z-side boundary
697        # Ex PML
698        ix1 = 0
699        iy1 = 1
700        for iz in range(1, self.mz1):
701            self.psiExz2m[iz,iy1:iy2,ix1:ix2] \
```

A.6 FDTD法の計算プログラム　271

```
                    = self.psiExz1m[iz,iy1:iy2,ix1:ix2]*self.cbze[iz] \
                    + (self.Hy1[iz,iy1:iy2,ix1:ix2]-self.Hy1[iz-1,iy1:iy2,ix1:ix2
                        ]) \
                    * self.ccze[iz]
            self.Ex2[iz,iy1:iy2,ix1:ix2] = self.Ex2[iz,iy1:iy2,ix1:ix2] \
                    - self.psiExz2m[iz,iy1:iy2,ix1:ix2] \
                    * self.ce2[self.idx[iz,iy1:iy2,ix1:ix2]]
        self.Ex2[0,:,:] = 0.0

        # Ey PML
        ix1 = 1
        iy1 = 0
        for iz in range(1, self.mz1):
            self.psiEyz2m[iz,iy1:iy2,ix1:ix2] \
                = self.psiEyz1m[iz,iy1:iy2,ix1:ix2]*self.cbze[iz] \
                + (self.Hx1[iz,iy1:iy2,ix1:ix2]-self.Hx1[iz-1,iy1:iy2,ix1:ix2
                    ]) \
                * self.ccze[iz]
            self.Ey2[iz,iy1:iy2,ix1:ix2]= self.Ey2[iz,iy1:iy2,ix1:ix2] \
                + self.psiEyz2m[iz,iy1:iy2,ix1:ix2] \
                * self.ce2[self.idy[iz,iy1:iy2,ix1:ix2]]
        self.Ey2[0,:,:] = 0.0

        # +z-side boundary
        # Ex PML
        ix1 = 0
        iy1 = 1
        for iz in range(self.mz2+ 1, self.mzz):
            izz = iz- self.mz2
            izzr = self.mzz- iz
            self.psiExz2p[izz,iy1:iy2,ix1:ix2] \
                    = self.psiExz1p[izz,iy1:iy2,ix1:ix2]*self.cbze[izzr] \
                    + (self.Hy1[iz,iy1:iy2,ix1:ix2]-self.Hy1[iz-1,iy1:iy2,ix1:ix2
                        ]) \
                    * self.ccze[izzr]
            self.Ex2[iz,iy1:iy2,ix1:ix2] = self.Ex2[iz,iy1:iy2,ix1:ix2] \
                    - self.psiExz2p[izz,iy1:iy2,ix1:ix2] \
                    * self.ce2[ self.idx[iz,iy1:iy2,ix1:ix2]]
        self.Ex2[self.mzz,:,:] = 0.0

        # Ey PML
        ix1 = 1
        iy1 = 0
        for iz in range(self.mz2+ 1, self.mzz):
            izz = iz- self.mz2
            izzr = self.mzz- iz
            self.psiEyz2p[izz,iy1:iy2,ix1:ix2] \
                = self.psiEyz1p[izz,iy1:iy2,ix1:ix2]*self.cbze[izzr] \
                + (self.Hx1[iz,iy1:iy2,ix1:ix2]-self.Hx1[iz-1,iy1:iy2,ix1:ix2
                    ]) \
                * self.ccze[izzr]
            self.Ey2[iz,iy1:iy2,ix1:ix2]= self.Ey2[iz,iy1:iy2,ix1:ix2] \
                + self.psiEyz2p[izz,iy1:iy2,ix1:ix2] \
                * self.ce2[ self.idy[iz,iy1:iy2,ix1:ix2]]
        self.Ey2[self.mzz,:,:] = 0.0

    def develop_pcurrent(self):
```

```
            ix2 = self.mxx
            iy2 = self.myy
            iz2 = self.mzz

            # px2 development
            ix1 = 0
            iy1 = 1
            iz1 = 1
            self.px2[iz1:iz2,iy1:iy2,ix1:ix2] \
                = self.cj1[self.idx[iz1:iz2,iy1:iy2,ix1:ix2]] \
                * self.px2[iz1:iz2,iy1:iy2,ix1:ix2] \
                + self.cj3[self.idx[iz1:iz2,iy1:iy2,ix1:ix2]] \
                * (self.Ex2[iz1:iz2,iy1:iy2,ix1:ix2]+ self.Ex1[iz1:iz2,iy1:iy2,
                    ix1:ix2])

            # py2 development
            ix1 = 1
            iy1 = 0
            iz1 = 1
            self.py2[iz1:iz2,iy1:iy2,ix1:ix2] \
                = self.cj1[self.idy[iz1:iz2,iy1:iy2,ix1:ix2]] \
                * self.py2[iz1:iz2,iy1:iy2,ix1:ix2] \
                + self.cj3[self.idy[iz1:iz2,iy1:iy2,ix1:ix2]] \
                * (self.Ey2[iz1:iz2,iy1:iy2,ix1:ix2]+ self.Ey1[iz1:iz2,iy1:iy2,
                    ix1:ix2])

            # pz2 development
            ix1 = 1
            iy1 = 1
            iz1 = 0
            self.pz2[iz1:iz2,iy1:iy2,ix1:ix2] \
                = self.cj1[self.idz[iz1:iz2,iy1:iy2,ix1:ix2]] \
                * self.pz2[iz1:iz2,iy1:iy2,ix1:ix2] \
                + self.cj3[self.idz[iz1:iz2,iy1:iy2,ix1:ix2]] \
                * (self.Ez2[iz1:iz2,iy1:iy2,ix1:ix2]+ self.Ez1[iz1:iz2,iy1:iy2,
                    ix1:ix2])

    def update_field(self):

        self.Ex1[:,:,:] = self.Ex2[:,:,:]
        self.Ey1[:,:,:] = self.Ey2[:,:,:]
        self.Ez1[:,:,:] = self.Ez2[:,:,:]
        self.Hz1[:,:,:] = self.Hz2[:,:,:]
        self.Hx1[:,:,:] = self.Hx2[:,:,:]
        self.Hy1[:,:,:] = self.Hy2[:,:,:]

        self.psiEzx1m[:,:,:] = self.psiEzx2m[:,:,:]
        self.psiEyx1m[:,:,:] = self.psiEyx2m[:,:,:]
        self.psiHzx1m[:,:,:] = self.psiHzx2m[:,:,:]
        self.psiHyx1m[:,:,:] = self.psiHyx2m[:,:,:]
        self.psiHzx1p[:,:,:] = self.psiHzx2p[:,:,:]
        self.psiHyx1p[:,:,:] = self.psiHyx2p[:,:,:]
        self.psiEzx1p[:,:,:] = self.psiEzx2p[:,:,:]
        self.psiEyx1p[:,:,:] = self.psiEyx2p[:,:,:]

        self.psiEzy1m[:,:,:] = self.psiEzy2m[:,:,:]
        self.psiExy1m[:,:,:] = self.psiExy2m[:,:,:]
        self.psiHzy1m[:,:,:] = self.psiHzy2m[:,:,:]
```

```python
        self.psiHxy1m[:,:,:] = self.psiHxy2m[:,:,:]
        self.psiEzy1p[:,:,:] = self.psiEzy2p[:,:,:]
        self.psiExy1p[:,:,:] = self.psiExy2p[:,:,:]
        self.psiHzy1p[:,:,:] = self.psiHzy2p[:,:,:]
        self.psiHxy1p[:,:,:] = self.psiHxy2p[:,:,:]

        self.psiEyz1m[:,:,:] = self.psiEyz2m[:,:,:]
        self.psiExz1m[:,:,:] = self.psiExz2m[:,:,:]
        self.psiHyz1m[:,:,:] = self.psiHyz2m[:,:,:]
        self.psiHxz1m[:,:,:] = self.psiHxz2m[:,:,:]
        self.psiEyz1p[:,:,:] = self.psiEyz2p[:,:,:]
        self.psiExz1p[:,:,:] = self.psiExz2p[:,:,:]
        self.psiHyz1p[:,:,:] = self.psiHyz2p[:,:,:]
        self.psiHxz1p[:,:,:] = self.psiHxz2p[:,:,:]

    def save_idv(self):
        """ save material index distribution """

        for epsmon in self.iepsmons:
            if epsmon.pol == 'x':
                if epsmon.axis == 'x': # normal to x-axis
                    ieps2d = self.idx[:self.mzz+1, \
                        :self.myy+1, epsmon.position]
                elif epsmon.axis == 'y':
                    ieps2d = self.idx[:self.mzz+1, \
                        epsmon.position, :self.mxx]
                else:
                    ieps2d = self.idx[epsmon.position, \
                        :self.myy+1, :self.mxx]
            elif epsmon.pol == 'y':
                if epsmon.axis == 'x':
                    ieps2d = self.idy[:self.mzz+1, \
                        :self.myy, sepsmon.position]
                elif epsmon.axis == 'y':
                    ieps2d = self.idy[:self.mzz+1, \
                        epsmon.position, :self.mxx+1]
                else:
                    ieps2d = self.idy[epsmon.position, \
                        :self.myy, :self.mxx+1]
            else:
                if epsmon.axis == 'x':
                    ieps2d = self.idz[:self.mzz, \
                        :self.myy+1, epsmon.position]
                elif epsmon.axis == 'y':
                    ieps2d = self.idz[:self.mzz, \
                        epsmon.position, :self.mxx+1]
                else:
                    ieps2d = self.idz[epsmon.position, \
                        :self.myy+1, :self.mxx+1]

            if not os.path.exists('./field'):
                os.mkdir('./field')
            np.savetxt(epsmon.fname, ieps2d, fmt= '%d', delimiter= ' ')

    def save_ehfield(self, numt):
        """ save electric field and magnetic field """

        for ifieldmon in self.ifieldmons:
```

```
                location = ifieldmon.position
                ehfield = ifieldmon.ehfield

                # normal to x-axis
                if ifieldmon.axis == 'x':
                    if ehfield == 'Ex':
                        field2d = self.Ex2[0:self.mzz+1,0:self.myy+1,location]
                    elif ehfield == 'Ey':
                        field2d = self.Ey2[0:self.mzz+1,0:self.myy,location]
                    elif ehfield == 'Ez':
                        field2d = self.Ez2[0:self.mzz,0:self.myy+1,location]
                    elif ehfield == 'Hx':
                        field2d = self.Hx2[0:self.mzz,0:self.myy,location]
                    elif ehfield == 'Hy':
                        field2d = self.Hy2[0:self.mzz,0:self.myy+1,location]
                    elif ehfield == 'Hz':
                        field2d = self.Hz2[0:self.mzz+1,0:self.myy,location]

                # normal to y-axis
                elif ifieldmon.axis == 'y':
                    if ehfield == 'Ex':
                        field2d = self.Ex2[0:self.mzz+1,location,0:self.mxx]
                    elif ehfield == 'Ey':
                        field2d = self.Ey2[0:self.mzz+1,location,0:self.mxx+1]
                    elif ehfield == 'Ez':
                        field2d= self.Ez2[0:self.mzz,location,0:self.mxx+1]
                    elif ehfield == 'Hx':
                        field2d= self.Hx2[0:self.mzz,location,0:self.mxx+1]
                    elif ehfield == 'Hy':
                        field2d= self.Hy2[0:self.mzz,location,0:self.mxx]
                    elif ehfield == 'Hz':
                        field2d= self.Hz1[0:self.mzz+1,location,0:self.mxx]

                # normal to z-axis
                elif ifieldmon.axis == 'z':
                    if ehfield == 'Ex':
                        field2d = self.Ex2[location,0:self.myy+1,0:self.mxx]
                    elif ehfield == 'Ey':
                        field2d = self.Ey2[location,0:self.myy,0:self.mxx+1]
                    elif ehfield == 'Ez':
                        field2d = self.Ez2[location,0:self.myy+1,0:self.mxx+1]
                    elif ehfield == 'Hx':
                        field2d = self.Hx2[location,0:self.myy,0:self.mxx+1]
                    elif ehfield == 'Hy':
                        field2d = self.Hy2[location,0:self.myy+1,0:self.mxx]
                    elif ehfield == 'Hz':
                        field2d = self.Hz2[location,0:self.myy,0:self.mxx]

                if not os.path.exists('./field'):
                    os.mkdir('./field')
                fname = ifieldmon.prefix + '{0:0>3}'.format(numt) + '.txt'
                np.savetxt(fname, field2d, fmt= '%e', delimiter=' ')

    def detect_efield(self, jt):
        """ detection of E field """

        for i, detector in enumerate(self.idetectors):
            ix = detector.x
```

A.6 FDTD 法の計算プログラム　　　275

```
927                iy = detector.y
928                iz = detector.z
929                if detector.pol == 'x':
930                    self.edetect[i][jt] = self.Ex1[iz,iy,ix]
931                elif detector.pol == 'y':
932                    self.edetect[i][jt] = self.Ey1[iz,iy,ix]
933                else:
934                    self.edetect[i][jt] = self.Ez1[iz,iy,ix]
935
936        def detect_spectra(self):
937            """ Fourier Transformation to obtain E-field spectra """
938
939            if not os.path.exists('field'):
940                os.mkdir('field')
941            fname = 'field/Response.txt'
942            col = 'Time(ps) Source'
943            for i in range(len(self.idetectors)):
944                col= col+ ' Detector['+ str(i)+ ']'
945            atime = np.arange(0, self.mt)*self.dt*1.0e12
946            atime = np.append([atime], [self.esource], axis=0)
947            atime = np.append(atime, self.edetect, axis=0)
948            np.savetxt(fname, atime.T, fmt='%.4e', delimiter=' ', \
949                header=col, comments='')
950
951            esource2 = self.esource[::self.sampint]
952            esourceft = np.absolute(np.fft.rfft(esource2, n=self.mfft2))** 2
953            edetect2 = self.edetect[:,::self.sampint]
954            edetectft = np.absolute(np.fft.rfft(edetect2, n=self.mfft2))** 2
955            col = 'Frequency(THz) Wavelength(um) Source'
956            for i in range(len(self.idetectors)):
957                col = col + ' Detector[' + str(i) + ']'
958            thz = np.arange(self.mfft2//2+1, dtype=np.float64 ) \
959                * 1.0e-12/(self.dt*self.sampint*self.mfft2)
960            wavelength= np.ones(self.mfft2//2+1) * self.cc * 1.0e-6
961            wavelength[1:] = wavelength[1:] / thz[1:]
962            wavelength[0] = wavelength[1]
963            thz = np.append([thz], [wavelength], axis=0)
964            thz = np.append(thz, [esourceft], axis=0)
965            thz = np.append(thz, edetectft, axis=0)
966            if not os.path.exists('./field'):
967                os.mkdir('./field')
968            fname = './field/Spectra.txt'
969            np.savetxt(fname, thz.T, fmt='%.4e', delimiter=' ', \
970                header=col, comments='')
```

プログラム **A.6.3**（preprocess.py）

```
 1  import sys
 2  import math
 3  import numpy as np
 4  from collections import namedtuple
 5
 6  class Preprocess():
 7
 8      def __init__(
 9          self, source, pulse, lambda0, courantfac, \
10          mt, mfft, extrapol, \
11          regionx, regiony, regionz, dxtarget, dytarget, dztarget, \
```

```
                    mpml, msf, kappamax, amax, mpow, \
                    objs, fieldmons, epsmons, detectors, dipoles):

        self._constants()

        if source == 'plane' or source == 'dipole':
            self.source = source
        else:
            print('Error: no such source! ', source)
            sys.exit()
        if pulse == 'pulse' or pulse == 'cw':
            self.pulse = pulse
        else:
            print('Error: no such source! ', pulse)
            sys.exit()
        self.mt = mt
        self.mfft = mfft
        self.sampint = mt//mfft
        self.extrapol = extrapol
        self.omega0 = 2.0*math.pi*self.cc/lambda0
              # center angular frequency [1/s]
        self.mfft2 = self.mfft* self.extrapol

        self._setgrid(regionx, regiony, regionz, dxtarget, dytarget, dztarget,
                  \
                  mpml, msf)
        self._set_param(courantfac)
        self._create_arrays(mpml)
        self._set_fieldmon(fieldmons)
        self._set_epsmons(epsmons)
        if self.source == 'dipole':
            self._set_dipoles(dipoles)
        self._set_detectors(detectors)
        self._set_materials(lambda0)
        self._set_objects(objs)
        self._devparam()
        self._cpmlparam(mpml, kappamax, amax, mpow)

    def _constants(self):
        self.cc = 2.99792458e8 # the speed of light in vacuum [m/s]
        self.mu0 = 4.0*math.pi*1.0e-7 # permeability of free space [H/m]
        self.eps0 = 1.0 / (self.cc*self.cc*self.mu0)
              # permittivity of free space [F/m]
        self.zz0 = math.sqrt(self.mu0/self.eps0) # impedance of vacuum

    def _setgrid(self, regionx, regiony, regionz, \
             dxtarget, dytarget, dztarget, mpml, msf):

        self.mx = round(regionx/dxtarget)
        self.my = round(regiony/dytarget)
        self.mz = round(regionz/dztarget)
        self.dx = regionx/self.mx
        self.dy = regiony/self.my
        self.dz = regionz/self.mz
        self.x0 = regionx/2 # origin of the object space
        self.y0 = regiony/2
        self.z0 = regionz/2
        if self.source == 'dipole':
```

A.6 FDTD法の計算プログラム

```python
                msf = 0
            else:
                msf= msf

            self.mx1 = mpml # start point of calculation volume
            self.mxx = self.mx + mpml*2 + msf*2
                # total number of cells in z direction
            self.mx2 = self.mx1 + self.mx + msf*2
                # end point of calculation volume
            self.myy = self.my + mpml*2 + msf*2
                # total number of cells in z direction
            self.my1 = mpml # start point of calculation volume
            self.my2 = self.my1 + self.my + msf*2
                # end point of calculation volume

            self.mox1 = self.mx1 + msf # boundary of objec space
            self.mox2 = self.mx2 - msf # boundary of objec space
            self.moy1 = self.my1 + msf # boundary of objec space
            self.moy2 = self.my2 - msf # boundary of objec space

            self.mzz = self.mz + mpml*2 + msf*2
                # total number of cells in z direction
            self.mz1 = mpml # start point of calculation volume
            self.mz2 = self.mz1 + self.mz + msf*2
                # end point of calculation volume
            self.moz1 = self.mz1 + msf # boundary of objec space
            self.moz2 = self.mz2 - msf # boundary of objec space

            self.izst= self.mz1 + msf - 2
            # TF/SF interface (z-position) for source calculation

    def _create_arrays(self, mpml):
        """
        Creating arrays for fields
        """
        self.idx = np.zeros((self.mzz+ 1, self.myy+ 1, self.mxx+ 1), \
            dtype=np.int)
        self.idy = np.zeros((self.mzz+ 1, self.myy+ 1, self.mxx+ 1), \
            dtype=np.int)
        self.idz = np.zeros((self.mzz+ 1, self.myy+ 1, self.mxx+ 1), \
            dtype=np.int)
        self.isdx = np.zeros((self.mzz+ 1), dtype=np.int)
        self.isdy = np.zeros((self.mzz+ 1), dtype=np.int)
        self.isdz = np.zeros((self.mzz+ 1), dtype=np.int)

        self.Ex1 = np.zeros((self.mzz+ 1, self.myy+ 1, self.mxx+ 1))
        self.Ey1 = np.zeros((self.mzz+ 1, self.myy+ 1, self.mxx+ 1))
        self.Ez1 = np.zeros((self.mzz+ 1, self.myy+ 1, self.mxx+ 1))
        self.Hx1 = np.zeros((self.mzz+ 1, self.myy+ 1, self.mxx+ 1))
        self.Hy1 = np.zeros((self.mzz+ 1, self.myy+ 1, self.mxx+ 1))
        self.Hz1 = np.zeros((self.mzz+ 1, self.myy+ 1, self.mxx+ 1))

        self.Ex2 = np.zeros((self.mzz+ 1, self.myy+ 1, self.mxx+ 1))
        self.Ey2 = np.zeros((self.mzz+ 1, self.myy+ 1, self.mxx+ 1))
        self.Ez2 = np.zeros((self.mzz+ 1, self.myy+ 1, self.mxx+ 1))
        self.Hx2 = np.zeros((self.mzz+ 1, self.myy+ 1, self.mxx+ 1))
        self.Hy2 = np.zeros((self.mzz+ 1, self.myy+ 1, self.mxx+ 1))
        self.Hz2 = np.zeros((self.mzz+ 1, self.myy+ 1, self.mxx+ 1))
```

```
127
128            self.psiEzx1m = np.zeros((self.mzz+ 1, self.myy+ 1, mpml))
129            self.psiEyx1m = np.zeros((self.mzz+ 1, self.myy+ 1, mpml))
130            self.psiEzx2m = np.zeros((self.mzz+ 1, self.myy+ 1, mpml))
131            self.psiEyx2m = np.zeros((self.mzz+ 1, self.myy+ 1, mpml))
132            self.psiHzx1m = np.zeros((self.mzz+ 1, self.myy+ 1, mpml))
133            self.psiHyx1m = np.zeros((self.mzz+ 1, self.myy+ 1, mpml))
134            self.psiHzx2m = np.zeros((self.mzz+ 1, self.myy+ 1, mpml))
135            self.psiHyx2m = np.zeros((self.mzz+ 1, self.myy+ 1, mpml))
136
137            self.psiEzx1p = np.zeros((self.mzz+ 1, self.myy+ 1, mpml))
138            self.psiEyx1p = np.zeros((self.mzz+ 1, self.myy+ 1, mpml))
139            self.psiEzx2p = np.zeros((self.mzz+ 1, self.myy+ 1, mpml))
140            self.psiEyx2p = np.zeros((self.mzz+ 1, self.myy+ 1, mpml))
141            self.psiHzx1p = np.zeros((self.mzz+ 1, self.myy+ 1, mpml))
142            self.psiHyx1p = np.zeros((self.mzz+ 1, self.myy+ 1, mpml))
143            self.psiHzx2p = np.zeros((self.mzz+ 1, self.myy+ 1, mpml))
144            self.psiHyx2p = np.zeros((self.mzz+ 1, self.myy+ 1, mpml))
145
146            self.psiExy1m = np.zeros((self.mzz+ 1, mpml, self.mxx+ 1))
147            self.psiEzy1m = np.zeros((self.mzz+ 1, mpml, self.mxx+ 1))
148            self.psiExy2m = np.zeros((self.mzz+ 1, mpml, self.mxx+ 1))
149            self.psiEzy2m = np.zeros((self.mzz+ 1, mpml, self.mxx+ 1))
150            self.psiHxy1m = np.zeros((self.mzz+ 1, mpml, self.mxx+ 1))
151            self.psiHzy1m = np.zeros((self.mzz+ 1, mpml, self.mxx+ 1))
152            self.psiHxy2m = np.zeros((self.mzz+ 1, mpml, self.mxx+ 1))
153            self.psiHzy2m = np.zeros((self.mzz+ 1, mpml, self.mxx+ 1))
154
155            self.psiExy1p = np.zeros((self.mzz+ 1, mpml, self.mxx+ 1))
156            self.psiEzy1p = np.zeros((self.mzz+ 1, mpml, self.mxx+ 1))
157            self.psiExy2p = np.zeros((self.mzz+ 1, mpml, self.mxx+ 1))
158            self.psiEzy2p = np.zeros((self.mzz+ 1, mpml, self.mxx+ 1))
159            self.psiHxy1p = np.zeros((self.mzz+ 1, mpml, self.mxx+ 1))
160            self.psiHzy1p = np.zeros((self.mzz+ 1, mpml, self.mxx+ 1))
161            self.psiHxy2p = np.zeros((self.mzz+ 1, mpml, self.mxx+ 1))
162            self.psiHzy2p = np.zeros((self.mzz+ 1, mpml, self.mxx+ 1))
163
164            self.psiEyz1m = np.zeros((mpml, self.myy+ 1, self.mxx+ 1))
165            self.psiExz1m = np.zeros((mpml, self.myy+ 1, self.mxx+ 1))
166            self.psiEyz2m = np.zeros((mpml, self.myy+ 1, self.mxx+ 1))
167            self.psiExz2m = np.zeros((mpml, self.myy+ 1, self.mxx+ 1))
168            self.psiHyz1m = np.zeros((mpml, self.myy+ 1, self.mxx+ 1))
169            self.psiHxz1m = np.zeros((mpml, self.myy+ 1, self.mxx+ 1))
170            self.psiHyz2m = np.zeros((mpml, self.myy+ 1, self.mxx+ 1))
171            self.psiHxz2m = np.zeros((mpml, self.myy+ 1, self.mxx+ 1))
172
173            self.psiEyz1p = np.zeros((mpml, self.myy+ 1, self.mxx+ 1))
174            self.psiExz1p = np.zeros((mpml, self.myy+ 1, self.mxx+ 1))
175            self.psiEyz2p = np.zeros((mpml, self.myy+ 1, self.mxx+ 1))
176            self.psiExz2p = np.zeros((mpml, self.myy+ 1, self.mxx+ 1))
177            self.psiHyz1p = np.zeros((mpml, self.myy+ 1, self.mxx+ 1))
178            self.psiHxz1p = np.zeros((mpml, self.myy+ 1, self.mxx+ 1))
179            self.psiHyz2p = np.zeros((mpml, self.myy+ 1, self.mxx+ 1))
180            self.psiHxz2p = np.zeros((mpml, self.myy+ 1, self.mxx+ 1))
181
182            self.px2 = np.zeros((self.mxx+ 1, self.myy+ 1, self.mzz+ 1))
183            self.py2 = np.zeros((self.mxx+ 1, self.myy+ 1, self.mzz+ 1))
184            self.pz2 = np.zeros((self.mxx+ 1, self.myy+ 1, self.mzz+ 1))
```

A.6 FDTD法の計算プログラム

```python
            self.SEx1 = np.zeros(self.mzz+1)
            self.SEx2 = np.zeros(self.mzz+1)
            self.SHy1 = np.zeros(self.mzz)
            self.SHy2 = np.zeros(self.mzz)

            self.SpsiExz1m = np.zeros(mpml)
            self.SpsiExz2m = np.zeros(mpml)
            self.SpsiHyz1m = np.zeros(mpml)
            self.SpsiHyz2m = np.zeros(mpml)
            self.SpsiExz1p = np.zeros(mpml)
            self.SpsiExz2p = np.zeros(mpml)
            self.SpsiHyz1p = np.zeros(mpml)
            self.SpsiHyz2p = np.zeros(mpml)

            self.spx2 = np.zeros(self.mzz)
            self.spy2 = np.zeros(self.mzz)
            self.spz2 = np.zeros(self.mzz)

            self.esource = np.zeros(self.mt)

    def _set_param(self, courantfac):

            self.dt = courantfac/ (self.cc* \
                math.sqrt(1.0/ self.dx/ self.dx + 1.0/ self.dy/ self.dy \
                + 1.0/ self.dz/ self.dz))

            # coefficients for time developement
            self.ce = self.dt/self.eps0
            self.coefe = self.dt/self.eps0
            self.coefh = self.dt/self.mu0
            self.cex0 = self.dt/self.dx/self.eps0
            self.cey0 = self.dt/self.dy/self.eps0
            self.cez0 = self.dt/self.dz/self.eps0
            self.chx0 = self.dt/self.dx/self.mu0
            self.chy0 = self.dt/self.dy/self.mu0
            self.chz0 = self.dt/self.dz/self.mu0

    def _set_materials(self, lambda0):

            self.matermax = 20 # 0:vacuum
            self.diemax = 10 # 1-diemax: for constant permittivity
            self.drumax = 20 # diemax-drumax: for Drude

            self.epsr = np.ones(self.drumax)
            self.sigma = np.zeros(self.drumax)
            self.epsinf = np.ones(self.drumax)
            self.omegap = np.ones(self.drumax)
            self.gamma = np.zeros(self.drumax)
            self.deps = np.zeros(self.drumax)

            self.name2mat = {'vacuum':0, 'SiO2':1, 'Ag':11, 'Au':12}

            # vacuum
            self.epsr[self.name2mat['vacuum']] = 1.0
            self.sigma[self.name2mat['vacuum']] = 0.0
            self.epsinf[self.name2mat['vacuum']] = 1.0
```

```
            # SiO2(silica)
            self.epsr[self.name2mat['SiO2']] = self._eps_sio2(lambda0*1.0e6)
            self.sigma[self.name2mat['SiO2']] = 0.0
            self.epsinf[self.name2mat['SiO2']] = self.epsr[self.name2mat['SiO2'
                ]]

            # silver J&C (best fit between 400-800nm)
            self.epsr[self.name2mat['Ag']] = 1.0
            self.epsinf[self.name2mat['Ag']] = 4.07669 # epsilon_\infty
            self.omegap[self.name2mat['Ag']] = 1.40052e16 # [rad/s]
            self.gamma[self.name2mat['Ag']] = 4.21776e13 # [rad/s]

            # gold J&C (best fit between 521-1937.3nm)
            self.epsr[self.name2mat['Au']] = 1.0
            self.epsinf[self.name2mat['Au']] = 10.3829 # epsilon_\infty
            self.omegap[self.name2mat['Au']] = 1.37498e16 # [rad/s]
            self.gamma[self.name2mat['Au']] = 1.18128e14 # [rad/s]

    def _eps_sio2(self, wavelength):
        """ Dielectric constant of SiO2 as a function of wavelength (um
            )"""

        a0 = 2.087510310
        a1 = 7.18480736e-3
        a2 = 1.44309144e-2
        a3 = 7.20981855e-4
        a4 = 4.85560050e-5
        a5 = 8.92406983e-7
        ee = a0 + a1*wavelength**2 + a2/wavelength**2 \
             - a3/wavelength**4 + a4/wavelength**6 - a5/wavelength**8

        return ee

    def _set_objects(self, objs):
        """ setting objects """

        self.bgmater = 0
        for obj in objs:
            objshape = obj.shape
            if objshape == 'background':
                self._background(obj)
            elif objshape == 'sphere':
                self._sphere(obj)
            elif objshape == 'slab':
                self._slab(obj)
            elif objshape == 'substrate':
                self._substrate(obj)
            else:
                print('Error: no such shape! ', objshape)
                sys.exit()

    def _background(self, obj):
        """ setting dielectric constant of background """

        self.bgmater = self.name2mat[obj.material]
        self.idx[:,:,:] = self.bgmater
        self.idy[:,:,:] = self.bgmater
        self.idz[:,:,:] = self.bgmater
```

A.6 FDTD 法の計算プログラム 281

```
            self.isdx[:] = self.bgmater
            self.isdy[:] = self.bgmater
            self.isdz[:] = self.bgmater

    def _sphere(self, obj):
        """ setting sphere """

        materialid = self.name2mat[obj.material]
        rr = obj.size*obj.size

        for iz in range(self.moz1, self.moz2):
            z = (iz-self.moz1+0.5)*self.dz - self.z0 - obj.position[2]
            for iy in range(self.moy1, self.moy2):
                y = (iy-self.moy1+0.5)*self.dy - self.y0 - obj.position[1]
                for ix in range(self.mox1, self.mox2):
                    x = (ix-self.mox1+0.5)* self.dx - self.x0- obj.position[0]
                    if x*x + y*y + z*z <= rr:
                        for jj in [0, 1]:
                            for ii in [0, 1]:
                                iix = ix
                                iiy = iy + ii
                                iiz = iz + jj
                                if iix >= 0 and iix <= self.mxx \
                                    and iiy >= 0 and iiy <= self.myy \
                                    and iiz >= 0 and iiz <= self.mzz:
                                    self.idx[iiz,iiy,iix] = materialid
                                iix = ix + ii
                                iiy = iy
                                iiz = iz + jj
                                if iix >= 0 and iix <= self.mxx \
                                    and iiy >= 0 and iiy <= self.myy \
                                    and iiz >= 0 and iiz <= self.mzz:
                                    self.idy[iiz,iiy,iix] = materialid
                                iix = ix + ii
                                iiy = iy + jj
                                iiz = iz
                                if iix >= 0 and iix <= self.mxx \
                                    and iiy >= 0 and iiy <= self.myy \
                                    and iiz >= 0 and iiz <= self.mzz:
                                    self.idz[iiz,iiy,iix] = materialid

    def _slab(self, obj):
        """ setting slab """

        materialid = self.name2mat[obj.material]
        izmin = math.ceil((self.z0 + obj.position[2] \
            - object.size[2]/ 2.0)/self.dz + self.moz1 - 0.5)
        izmax = math.floor((self.z0 + obj.position[2] \
            + object.size[2]/ 2.0)/self.dz + self.moz1+ 0.5)

        for iz in range(izmin, izmax+ 1):
            self.isdx[iz] = materialid
            self.isdy[iz] = materialid
            if iz >= 0 and iz <= self.mzz:
                for iy in range(0, self.myy+1):
                    for ix in range(0, self.mxx+1):
```

```
356                         self.idx[iz,iy,ix] = materialid
357                         self.idy[iz,iy,ix] = materialid
358
359             for iz in range(izmin, izmax):
360                 self.isdz[iz] = thematerial
361                 if iz >= 0 and iz <= self.mzz:
362                     if iy in range(0, self.myy+ 1):
363                         if ix in range(0, self.mxx+ 1):
364                             self.idz[iz,iy,iz]= materialid
365
366         def _substrate(self, obj):
367             """ setting substrate """
368
369             materialid = self.name2mat[obj.material]
370             izmin = math.ceil((self.z0 + obj.position[2])/self.dz + self.moz1 -
                    0.5)
371
372             for iz in range(izmin, self.mzz+ 1):
373                 if iz >= 0 and iz <= self.mzz:
374                     self.isdx[iz] = materialid
375                     self.isdy[iz] = materialid
376                     for iy in range(0, self.myy+1):
377                         for ix in range(0, self.mxx+1):
378                             self.idx[iz,iy,ix] = materialid
379                             self.idy[iz,iy,ix] = materialid
380             for iz in range(izmin, self.mzz):
381                 if iz >= 0 and iz <= self.mzz:
382                     self.isdz[iz] = materialid
383                     for iy in range(0, self.myy+ 1):
384                         for ix in range(0, self.mxx+ 1):
385                             self.idz[iz,iy,ix] = materialid
386
387         def _set_fieldmon(self, fieldmons):
388
389             self.savenum= fieldmons[0]
390             self.saveint= fieldmons[1]
391             self.ifieldmons= []
392             Fmon2= namedtuple('Fmon2', ('ehfield', 'axis', 'position', '
                    prefix'))
393
394             for fieldmon in fieldmons[2:]:
395                 if fieldmon.axis == 'x':
396                     if fieldmon.ehfield == 'Ex' or fieldmon.ehfield == 'Hy' \
397                             or fieldmon.ehfield == 'Hz':
398                         posi0 = math.floor((self.x0+fieldmon.position)/self.dx)
399                     else:
400                         posi0 = round((self.x0+fieldmon.position)/self.dx)
401                     posi = posi0 + self.mox1
402                     if posi < 0 or posi > self.mxx:
403                         print('Error: fieldmon location is out of range !')
404                         sys.exit()
405                 elif fieldmon.axis == 'y':
406                     if fieldmon.ehfield == 'Ey' or fieldmon.ehfield == 'Hx' \
407                             or fieldmon.ehfield == 'Hz':
408                         posi0 = math.floor((self.y0+fieldmon.position)/self.dy)
409                     else:
410                         posi0 = round((self.y0+fieldmon.position)/self.dy)
411                     posi = posi0 + self.moz1
```

A.6 FDTD法の計算プログラム

```python
            if posi < 0 or posi > self.myy:
                print('Error: fieldmon location is out of range !')
                sys.exit()
        else:
            if fieldmon.ehfield == 'Ez' or fieldmon.ehfield == 'Hx' \
                or fieldmon.ehfield == 'Hy':
                posi0 = round((self.z0+fieldmon.position)/self.dz)
                posi = posi0 + self.moz1
            else:
                posi0 = round((self.z0+fieldmon.position)/self.dz)
            posi= posi0 + self.moz1
            if posi < 0 or posi > self.mzz:
                print('Error: fieldmon location is out of range !')
                sys.exit()

        prefix = './field/' + fieldmon.ehfield + '_' + fieldmon.axis \
            + '{0:0>3}'.format(posi0) + '_'

        self.ifieldmons.append( \
            Fmon2(fieldmon.ehfield, fieldmon.axis, posi, prefix))

def _set_epsmons(self, epsmons):

    self.iepsmons= []
    Epsmon2= namedtuple('Epsmon2', ('pol', 'axis', 'position', 'fname'))

    for epsmon in epsmons:
        if epsmon.axis == 'x':
            if epsmon.pol == 'x':
                posi0 = math.floor((self.x0+epsmon.position)/self.dx)
                posi = posi0 + self.mox1
            elif epsmon.pol == 'y':
                posi0 = round((self.y0+epsmon.position)/self.dy)
                posi = posi0 + self.moy1
            else:
                posi0 = round((self.z0+epsmon.position)/self.dz)
                posi = posi0 + self.moz1
            if posi < 0 or posi > self.mxx:
                print('Error: epsmon location is out of range !')
                sys.exit()
        elif epsmon.axis == 'y':
            if epsmon.pol == 'x':
                posi0 = round((self.x0+epsmon.position)/self.dx)
                posi = posi0 + self.mox1
            elif epsmon.pol == 'y':
                posi0 = math.floor((self.y0+epsmon.position)/self.dy)
                posi = posi0 + self.moy1
            else:
                posi0 = round((self.z0+epsmon.position)/self.dz)
                posi = posi0 + self.moz1
            if posi < 0 or posi > self.myy:
                print('Error: epsmon location is out of range !')
                sys.exit()
        else:
            if epsmon.pol == 'x':
                posi0 = round((self.x0+epsmon.position)/self.dx)
                posi = posi0 + self.mox1
```

```
                    elif epsmon.pol == 'y':
                        posi0 = round((self.y0+epsmon.position)/self.dy)
                        posi= posi0 + self.moy1
                    else:
                        posi0 = math.floor((self.z0+epsmon.position)/self.dz)
                        posit = posi0 + self.moz1
                    if posi < 0 or posi > self.mzz:
                        print('Error: epsmon location is out of range !')
                        sys.exit()

                    fname = './field/eps' + epsmon.pol + '_' + epsmon.axis \
                        + str(posi0) + '.txt'

                    self.iepsmons.append( \
                        Epsmon2(epsmon.pol, epsmon.axis, posi, fname))

    def _set_dipoles(self, dipoles):

        self.idipoles= []
        Dipole2= namedtuple('Dipole2', ('pol', 'phase', 'ix', 'iy', 'iz'
            ))

        for dipole in dipoles:
            if dipole.pol == 'x':
                ix = math.floor((self.x0+dipole.x)/self.dx) + self.mox1
                iy = round((self.y0+dipole.y)/self.dy) + self.moy1
                iz = round((self.z0+dipole.z)/self.dz) + self.moz1
            elif dipole.pol == 'y':
                ix = round((self.x0+dipole.x)/self.dx) + self.mox1
                iy = math.floor((self.y0+dipole.y)/self.dy) + self.moy1
                iz = round((self.z0+dipole.z)/self.dz) + self.moz1
            else:
                ix = round((self.x0+dipole.x)/self.dx) + self.mox1
                iy = round((self.y0+dipole.y)/self.dy) + self.moy1
                iz = math.floor((self.z0+dipole.z)/self.dz) + self.moz1
            if ix < 0 or ix > self.mxx or iy < 0 or iy > self.myy \
                or iz < 0 or iz > self.mzz:
                print('Error: dipole location is out of range !')
                sys.exit()

            if dipole.phase == 'in':
                phase = 1
            else:
                phase = -1

            self.idipoles.append(Dipole2(dipole.pol, phase, ix, iy, iz))

    def _set_detectors(self, detectors):

        self.idetectors= []
        Dtct2= namedtuple('Dtct2', ('pol', 'x', 'y', 'z'))

        for detector in detectors:
            if detector.pol == 'x':
                ix = math.floor((self.x0+detector.x)/self.dx) + self.mox1
                iy = round((self.y0+detector.y)/self.dy) + self.moy1
                iz = round((self.z0+detector.z)/self.dz) + self.moz1
            elif detector.pol == 'y':
```

A.6 FDTD法の計算プログラム 285

```python
                    ix = round((self.x0+detector.x)/self.dx) + self.mox1
                    iy = math.floor((self.y0+detector.y)/self.dy) + self.moy1
                    iz = round((self.z0+detector.z)/self.dz) + self.moz1
                else:
                    ix = round((self.x0+detector.x)/self.dx) + self.mox1
                    iy = round((self.y0+detector.y)/self.dy) + self.moy1
                    iz = math.floor((self.z0+detector.z)/self.dz) + self.moz1
            if ix < 0 or ix > self.mxx or iy < 0 or iy > self.myy \
                or iz < 0 or iz > self.mzz:
                print('Error: detector location is out of range !')
                sys.exit()

            self.idetectors.append(Dtct2(detector.pol, ix, iy, iz))

        self.edetect = np.zeros((len(self.idetectors), self.mt))

    def _cpmlparam(self, mpml, kappamax, amax, mpow):
        """ parameter for CPML """

        self.ckex = np.zeros(self.mxx+1)
        self.ckey = np.zeros(self.myy+1)
        self.ckez = np.zeros(self.mzz+1)
        self.ckhx1 = np.zeros(self.mxx+1)
        self.ckhy1 = np.zeros(self.myy+1)
        self.ckhz1 = np.zeros(self.mzz+1)

        self.cbxe = np.zeros(mpml+1)
        self.cbye = np.zeros(mpml+1)
        self.cbze = np.zeros(mpml+1)
        self.cbxh = np.zeros(mpml)
        self.cbyh = np.zeros(mpml)
        self.cbzh = np.zeros(mpml)

        self.ccxe = np.zeros(mpml+1)
        self.ccye = np.zeros(mpml+1)
        self.ccze = np.zeros(mpml+1)
        self.ccxh = np.zeros(mpml)
        self.ccyh = np.zeros(mpml)
        self.cczh = np.zeros(mpml)

        # x direction

        sigmamax = -(mpow+1)*self.eps0*self.cc*math.log(1.0e-8) \
            / (2.0*mpml*self.dx)

        for ix in range(mpml+ 1):
            sig = sigmamax * ((mpml-ix)/mpml)**mpow
            kappa = 1.0 + (kappamax-1.0)*((mpml- ix)/ mpml)**mpow
            alpha = amax* ix/mpml
            self.ckex[ix] = 1.0/kappa/self.dx
            self.cbxe[ix] \
                = math.exp(-(alpha+ sig/ kappa)*(self.dt/self.eps0))
            self.ccxe[ix] = -(1.0-self.cbxe[ix])*(sig/kappa) \
                / (sig+alpha*kappa)/self.dx

        for ix in range(mpml):
            sig = sigmamax* ((mpml-ix-0.5)/ mpml)**mpow
            kappa= 1.0 + (kappamax-1.0)*((mpml-ix-0.5)/mpml)**mpow
```

```
            alpha = amax*(ix+ 0.5)/mpml
            self.ckhx1[ix] = self.chx0/kappa
            self.cbxh[ix] \
                = math.exp(-(alpha+sig/kappa)*(self.dt/self.eps0))
            self.ccxh[ix] = -(1.0-self.cbxh[ix])* (sig/kappa) \
                / (sig+alpha* kappa)/self.dx

        self.ckex[self.mx2:self.mxx+1] = self.ckex[mpml::-1]
        self.ckhx1[self.mx2:self.mxx] = self.ckhx1[mpml-1::-1]

        self.ckex[self.mx1+1:self.mx2] = 1.0/self.dx
        self.ckhx1[self.mx1:self.mx2] = self.chx0

        # y direction

        sigmamax= -(mpow+1)*self.eps0*self.cc*math.log(1.0e-8) \
              / (2.0*mpml*self.dy)

        for iy in range(mpml+1):
            sig = sigmamax * ((mpml-iy)/mpml)**mpow
            kappa = 1.0 + (kappamax-1.0)*((mpml-iy)/ mpml)**mpow
            alpha = amax* iy/mpml
            self.ckey[iy]= 1.0/kappa/self.dy
            self.cbye[iy] \
                = math.exp(-(alpha+ sig/kappa)*(self.dt/self.eps0))
            self.ccye[iy] = -(1.0-self.cbye[iy])* \
                (sig/kappa)/(sig+alpha*kappa)/self.dy

        for iy in range(mpml):
            sig = sigmamax * ((mpml-iy-0.5)/mpml)**mpow
            kappa = 1.0 + (kappamax-1.0)*((mpml-iy-0.5)/mpml)**mpow
            alpha = amax*(iy+ 0.5)/mpml
            self.ckhy1[iy] = self.chy0/kappa
            self.cbyh[iy] \
                = math.exp(-(alpha+sig/ kappa)*(self.dt/ self.eps0))
            self.ccyh[iy] = -(1.0-self.cbyh[iy]) \
                * (sig/kappa)/(sig+alpha*kappa)/self.dy

        self.ckey[self.my2:self.myy+1] = self.ckey[mpml::-1]
        self.ckhy1[self.my2:self.myy] = self.ckhy1[mpml-1::-1]

        self.ckey[self.my1+1:self.my2] = 1.0/self.dy
        self.ckhy1[self.my1:self.my2] = self.chy0

        # z direction
        sigmamax= -(mpow+1)*self.eps0*self.cc*math.log(1.0e-8) \
              / (2.0* mpml*self.dz)

        for iz in range(mpml+1):
            sig= sigmamax * ((mpml-iz)/ mpml)**mpow
            kappa= 1.0 + (kappamax-1.0)*((mpml-iz)/mpml)**mpow
            alpha= amax* iz/mpml
            self.ckez[iz] = 1.0/kappa/self.dz
            self.cbze[iz] \
                = math.exp(-(alpha+sig/kappa)*(self.dt/self.eps0))
            self.ccze[iz]= -(1.0-self.cbze[iz]) \
                * (sig/kappa)/(sig+alpha*kappa)/self.dz
```

A.6 FDTD法の計算プログラム

```python
        for iz in range(mpml):
            sig = sigmamax * ((mpml-iz-0.5)/mpml)**mpow
            kappa = 1.0 + (kappamax-1.0)*((mpml-iz-0.5)/mpml)**mpow
            alpha = amax* (iz+ 0.5)/mpml
            self.ckhz1[iz] = self.chz0/kappa
            self.cbzh[iz] \
                = math.exp(-(alpha+sig/kappa)*(self.dt/self.eps0))
            self.cczh[iz]= -(1.0-self.cbzh[iz]) \
                * (sig/kappa)/(sig+alpha*kappa)/self.dz

        self.ckez[self.mz2:self.mzz+1] = self.ckez[mpml::-1]
        self.ckhz1[self.mz2:self.mzz] = self.ckhz1[mpml-1::-1]

        self.ckez[self.mz1+1:self.mz2] = 1.0/self.dz
        self.ckhz1[self.mz1:self.mz2] = self.chz0

    def _devparam(self):
        """ parameter for development with ADE """

        self.ce1 = np.zeros(self.drumax)
        self.ce2 = np.zeros(self.drumax)
        self.ce3 = np.zeros(self.drumax)
        self.cj1 = np.zeros(self.drumax)
        self.cj2 = np.zeros(self.drumax)
        self.cj3 = np.zeros(self.drumax)
        self.cex2 = np.zeros(self.drumax)
        self.cey2 = np.zeros(self.drumax)
        self.cez2 = np.zeros(self.drumax)

        for imater in range(self.diemax):
            self.cj1[imater] = 1.0
            self.cj3[imater] = 0.0
            temp1 = self.eps0*self.epsinf[imater]/self.dt \
                - self.sigma[imater]/2.0
            temp2 = self.eps0* self.epsinf[imater]/self.dt \
                + self.sigma[imater]/ 2.0
            self.ce1[imater] = temp1/temp2
            self.ce2[imater] = 1.0/temp2
            self.ce3[imater] = 1.0

        for imater in range(self.diemax, self.drumax):
            self.cj1[imater] = (1.0-self.gamma[imater]*self.dt/ 2.0) \
                / (1.0+self.gamma[imater]*self.dt/2.0)
            self.cj3[imater] = (self.eps0*self.omegap[imater] \
                * self.omegap[imater]*self.dt/2.0) \
                / (1.0+self.gamma[imater]*self.dt/2.0)
            temp1 = self.eps0*self.epsinf[imater]/self.dt \
                - self.cj3[imater]/2.0
            temp2 = self.eps0*self.epsinf[imater]/self.dt \
                + self.cj3[imater]/2.0
            self.ce1[imater] = temp1/temp2
            self.ce2[imater] = 1.0/temp2
            self.ce3[imater] = self.ce2[imater]* (1.0+self.cj1[imater])/2.0

        for imater in range(self.drumax):
            self.cex2[imater] = self.ce2[imater]/self.dx
            self.cey2[imater] = self.ce2[imater]/self.dy
            self.cez2[imater] = self.ce2[imater]/self.dz
```

A.7 形状を可視化するプログラム（DDSCAT 用）

プログラム A.7 (ShapePlot.py)

```
 1  import matplotlib.pyplot as plt
 2  import numpy as np
 3  import matplotlib.pyplot as plt
 4  from mpl_toolkits.mplot3d import Axes3D
 5  from scipy import zeros, array
 6  from matplotlib.pyplot import plot,show,xlabel,ylabel,title,legend,grid, axis
        ,subplot
 7
 8  num=1
 9
10  xmin = -100  # 計算範囲の設定
11  xmax = 100
12  ymin = -100
13  ymax = 100
14  zmin = -100
15  zmax = 100
16
17  numx = xmax-xmin+1  #  x 方向の計算する座標の数
18  numy = ymax-ymin+1  #  y 方向の計算する座標の数
19  numz = zmax-zmin+1  #  z 方向の計算する座標の数
20  num = numx*numy*numz    # すべての計算する座標の数
21
22  p = np.zeros([numx,numy,numz],dtype=int) # フラグ p(x,y,z) の初期化
23
24  iii=0
25  xorigin=0    # x 方向   形状の重心   初期化
26  yorigin=0    # y 方向   形状の重心   初期化
27  zorigin=0    # z 方向   形状の重心   初期化
28
29  for z in range(zmin, zmax):
30      for y in range(ymin, ymax):
31          for x in range(xmin, xmax):
32              if (x/10)**2 + (y/25)**2 + (z/10)**2 <= 1: # 形状を構成する座標
                      か，の判断
33                  p[x-xmin,y-ymin,z-zmin] = 1   # 形状を構成する座標の場合には p=1
34                  xorigin=xorigin+x    # 形状の重心を求めるために x 座標の和をとる
35                  yorigin=yorigin+y    # 形状の重心を求めるために y 座標の和をとる
36                  zorigin=zorigin+z    # 形状の重心を求めるために z 座標の和をとる
37                  iii+=1
38              else:
39                  p[x-xmin,y-ymin,z-zmin] = 0 # 形状を構成する座標ではない場合に
                      は p=0
40
41  Xorigin=xorigin/iii # 形状の重心の x 座標
42  Yorigin=yorigin/iii # 形状の重心の y 座標
43  Zorigin=zorigin/iii # 形状の重心の z 座標
44
45  xx=zeros(iii, dtype=int)
46  yy=zeros(iii, dtype=int)
47  zz=zeros(iii, dtype=int)
```

A.7 形状を可視化するプログラム（DDSCAT 用）

```
i=0
for z in range(zmin, zmax):
    for y in range(ymin, ymax):
        for x in range(xmin, xmax):
            if p[x-xmin,y-ymin,z-zmin] == 1:
                xx[i]=x
                yy[i]=y
                zz[i]=z
                i+=1

fig = plt.figure()
ax = Axes3D(fig)
ax.scatter3D(np.ravel(xx),np.ravel(yy),np.ravel(zz)) #3D プロット

plt.show()
```

索引

【い】
異常光 21
異常光屈折率 21
異常光主屈折率 21
位相シフト効率 232
位相シフト断面積 232

【え】
エバネッセント光 11
エバネッセント波 91
円偏光効率指数 232

【か】
回折次数 89
回転楕円体 69
界面 S 行列 102
界面 T 行列 103
ガウスパルス 193
完全磁気導体 145, 147
完全電気導体 145, 147
緩和調和振動 210

【き】
吸収効率 39
吸収断面積 39, 206
強度 3
共変ベクトル 126
共鳴角 19
局在表面プラズモン共鳴 39, 214
局所電場 229

【く】
クラウジウス・モソッティ
の式 230

【け】
グリッド分散 142, 183
厳密結合波解析 88

【こ】
コアシェル構造 41, 73
格子ベクトル 89
効率 39
コニカル回折 115
固有伝搬モード 23

【さ】
再帰的コンボリューション法 149
サイズパラメータ 40, 42, 58
散乱効率 39
散乱断面積 39, 205

【し】
時間領域差分法 136
準静電近似 38
常光 21
常光屈折率 21
消光効率 39
消光断面積 39
消衰断面積 206
消衰波 11
磁流源 196
真空のインピーダンス 2
侵入長 11

【す】
数値分散 183
スネルの法則 3

【せ】
切断球 81
全電磁場/散乱場法 174
全反射 11

【そ】
双極子モード 219
層 S 行列 102

【た】
体積積分法 196

【ち】
中心差分 138
長波長近似 38

【て】
電気双極子 174
伝搬行列法 12, 16, 24
電流源 196

【と】
透過回折効率 110
透過係数 4
透過率 5
ドルーデ分散 150

【は】
ハイパボリックメタマテリアル 27
八重極子モード 223
波動インピーダンス 198
葉巻型 69, 70
パンケーキ型 69, 72
反射回折効率 110

反射係数		4
反射率		5
反電場係数		70
反変ベクトル		126

【ひ】

微分散乱効率		231
表面積分法		196
表面プラズモン共鳴		19

【ふ】

部分線形再帰的コンボリューション法		149
ブリュースター角		9
分極率		70
分散関係		2

【へ】

ベルマンベクトル		25

偏光		2
偏光効率指数		232

【ほ】

ポインティングベクトル		3
補助微分方程式	150,	154
補助微分方程式法		149

【ま】

窓関数		218

【み】

ミー理論		39

【も】

モジュール		44

【ゆ】

有限差分時間領域法		136

有効媒質近似	28,	33

【よ】

四重極モード		223

【り】

リアクタンス行列		101
離散双極子近似		228
離心率		70
リッカチ・ベッセル関数		40
臨界角	9,	11

【ろ】

六重極モード		221
ローレンツ分散		154

―――◇―――◇―――

【A】

ADE	150,	154
ADE 法		149

【C】

CFS–PML		166
Complex Frequency Shifted PML		166
Convolutional PML		166
Courant 条件		142
CPML		166

【D】

DDA		228
DDSCAT		228

【E】

E セル		143
ENZ 媒質		154

【F】

FDTD 法		136

【H】

H セル		143
HMM		27

【L】

Laurent's rule		98

【N】

Nuttall 窓		219

【P】

PEC		145
PLRC 法		149
PMC		145
PML 吸収境界		157
p–偏光		3

【R】

R 行列		101
RC 法		149
RCWA 法		88

【S】

S 行列		100
S 行列法		100
Sin–Cosine 法		195
Spectral FDTD 法		195
Split–Field 法		195
Split–Field PML		164
Stretched–Coordinate Formulation		165
s–偏光		3

【T】

T 行列		100
T 行列法		100
TE 偏光		3

TF/SF 法	174	math.factorial	76
TM 偏光	3	matplotlib	5
Toeplitz 行列	91	matrix	17

【数字】

1 軸性媒質	21
2 軸性媒質	21
2 連球	79

【U】

Uniaxial PML	166
Un–Split PML	165
UPML	166

【Y】

Yee 格子	136

【Python コマンド】

1j	13
gridmesh	30
import	44
interpolate.interp1d	44
linspace	5
open	234
plot	6
plot_wireframe	30
range	48
scipy	5
sp.array	65
sp.linalg.solve	65
@	19

―――― 著者略歴 ――――

梶川　浩太郎（かじかわ　こうたろう）
- 1987年　東京工業大学工学部有機材料工学科卒業
- 1989年　東京工業大学大学院修士課程修了
　　　　（有機材料工学専攻）
- 1989年　東京工業大学教務職員
- 1991年　東京工業大学助手
- 1992年　博士（工学）（東京工業大学）
- 1993年　理化学研究所フロンティア研究員
- 1994年　理化学研究所基礎科学特別研究員
- 1996年　名古屋大学助手
- 1999年　東京工業大学助教授
- 2007年　東京工業大学准教授
- 2008年　東京工業大学教授
　　　　　現在に至る

岡本　隆之（おかもと　たかゆき）
- 1981年　大阪大学工学部応用物理学科卒業
- 1986年　大阪大学大学院博士後期課程修了
　　　　（応用物理学専攻）
　　　　　工学博士
- 1986年　理化学研究所研究員
- 2022年　理化学研究所退職

Pythonを使った光電磁場解析
Optical Electromagnetic Field Analysis Using Python
　　　　　　　　　　　© Kotaro Kajikawa, Takayuki Okamoto 2019

2019年 8 月 8 日　初版第 1 刷発行　　　　　　　　　　　　　★
2023年 9 月30日　初版第 3 刷発行

検印省略	著　者	梶　川　浩太郎
		岡　本　隆　之
	発行者	株式会社　コロナ社
		代表者　牛来真也
	印刷所	三美印刷株式会社
	製本所	有限会社　愛千製本所

112-0011　東京都文京区千石 4-46-10
発行所　株式会社　コロナ社
CORONA PUBLISHING CO., LTD.
Tokyo Japan
振替 00140-8-14844・電話(03)3941-3131(代)
ホームページ　https://www.coronasha.co.jp

ISBN 978-4-339-00926-2　C3054　Printed in Japan　　　　　　（金）

〈出版者著作権管理機構　委託出版物〉
本書の無断複製は著作権法上での例外を除き禁じられています。複製される場合は，そのつど事前に，出版者著作権管理機構（電話 03-5244-5088，FAX 03-5244-5089，e-mail: info@jcopy.or.jp）の許諾を得てください。

本書のコピー，スキャン，デジタル化等の無断複製・転載は著作権法上での例外を除き禁じられています。購入者以外の第三者による本書の電子データ化及び電子書籍化は，いかなる場合も認めていません。
落丁・乱丁はお取替えいたします。

光エレクトロニクス教科書シリーズ

(各巻A5判，欠番は品切です)

コロナ社創立70周年記念出版 〔創立1927年〕
■企画世話人　西原　浩・神谷武志

配本順			頁	本体
1.（8回）	新版 光エレクトロニクス入門	西原　浩共著 裏　升吾	222	2900円
2.（2回）	光波工学	栖原敏明著	254	3200円
3.	光デバイス工学	小山二三夫著		
4.（3回）	光通信工学（1）	羽鳥光俊監修 青山友紀 小林郁太郎編著	176	2200円
5.（4回）	光通信工学（2）	羽鳥光俊監修 青山友紀 小林郁太郎編著	180	2400円
6.（6回）	光情報工学	黒川隆志編著 滝沢國樹 徳丸春英共著 渡辺敏	226	2900円

フォトニクスシリーズ

(各巻A5判，欠番は品切または未発行です)

■編集委員　伊藤良一・神谷武志・柊元　宏

配本順			頁	本体
1.（7回）	先端材料光物性	青柳克信他著	330	4700円
3.（6回）	太陽電池	濱川圭弘編著	324	4700円
13.（5回）	光導波路の基礎	岡本勝就著	376	5700円

定価は本体価格＋税です。
定価は変更されることがありますのでご了承下さい。

図書目録進呈◆